分布式统一大数据虚拟文件系统

Alluxio原理、技术与实践

顾荣 刘嘉承 毛宝龙 ◎ 著

范斌 ◎ 主审

机械工业出版社

CHINA MACHINE PRESS

图书在版编目（CIP）数据

分布式统一大数据虚拟文件系统：Alluxio 原理、技术与实践 / 顾荣，刘嘉承，毛宝龙著 . —北京：机械工业出版社，2023.8
ISBN 978-7-111-73258-7

Ⅰ. ①分… Ⅱ. ①顾… ②刘… ③毛… Ⅲ. ①分布式数据处理 Ⅳ. ① TP274

中国国家版本馆 CIP 数据核字（2023）第 099123 号

机械工业出版社（北京市百万庄大街 22 号 邮政编码 100037）
策划编辑：姚 蕾 责任编辑：姚 蕾 郎亚妹
责任校对：张昕妍 张 薇 责任印制：常天培
北京铭成印刷有限公司印刷
2023 年 8 月第 1 版第 1 次印刷
186mm×240mm · 24.75 印张 · 534 千字
标准书号：ISBN 978-7-111-73258-7
定价：99.00 元

电话服务 网络服务
客服电话：010-88361066 机 工 官 网：www.cmpbook.com
010-88379833 机 工 官 博：weibo.com/cmp1952
010-68326294 金 书 网：www.golden-book.com
封底无防伪标均为盗版 机工教育服务网：www.cmpedu.com

　　我们今天正处在一个数据革命的时代。随着互联网、人工智能、移动计算、自动驾驶、物联网、元宇宙等新技术的不断发展，我们生成、采集、管理和分析的数据的规模正在呈指数级增长，存储和使用这些大规模数据既需要我们不断地追求技术进步，也为我们带来了极具想象空间的技术革命机遇。在过去的二十年中，我们看到数据处理的技术栈领域发生了很多重要的技术革新。例如，在数据应用层，从最初的 Apache MapReduce 框架衍生出了很多不同的通用化和共性化的系统，包括通用数据处理平台 Apache Spark，流式计算系统 Apache Flink 和 Apache Samza，机器学习与深度学习系统 TensorFlow 和 PyTorch，查询系统 Presto 和 Apache Drill，等等。类似地，整个生态系统的存储层也从 Hadoop 分布式文件系统（HDFS）发展并增加了更多的可选项，例如文件系统、对象存储（object store）系统、二进制大对象存储（blob store）系统、键值对存储（key-value store）系统、NoSQL数据库等。这些不同类型的系统实现了性能、速度、成本、易用性、架构等设计上的不同权衡。

　　随着技术栈复杂程度的不断增加，数据产业的发展也面临着更多的机遇和挑战。数据被存储在不同的存储系统中，这使用户和上层数据应用很难高效地发现、访问和使用这些数据。例如：对于系统开发人员而言，需要进行更多的工作以将一个新的计算或存储部件集成到现有生态系统中；对于应用开发人员而言，高效访问不同数据存储的方式变得更加复杂；对于终端用户而言，从多样化远程数据存储中访问数据，容易导致性能的损失和语义的不一致；对于系统管理员而言，当底层物理存储和上层所有应用都深度耦合时，添加、删除、升级一个现有计算系统或数据系统，或将数据从一个存储系统迁移到另一个存储系统，是非常具有挑战性的。同时，随着云计算和对象存储的蓬勃发展，未来的数据平台架构异构化趋势越来越明显，存储和计算集群进一步分离。在企业上云的过程中，跨数据中心、跨地域，甚至跨云的混合架构屡见不鲜，如何在这一过程中减少数据冗余副本、减少性能损失、降低运维难度，也是一个主要挑战。

　　作为世界上首个分布式虚拟文件系统（distributed virtual file system），Alluxio 应运而

生。它统一了数据访问的方式，为上层计算框架和底层存储系统构建了桥梁，使应用可以通过 Alluxio 提供的统一数据访问方式访问底层任意存储系统中的数据。在大数据生态系统中，Alluxio 位于上层大数据 / 机器学习计算框架和底层分布式存储系统之间，运行在上层的计算框架可以忽略底层分布式存储系统的细节，直接和 Alluxio 进行交互，Alluxio 透明地将上层大数据框架的数据访问请求转发到底层分布式存储系统中，同时将底层多个分布式存储系统中的数据自动缓存到 Alluxio 中，从而提升某些上层大数据计算框架的数据访问速度。Alluxio（前身为 Tachyon）系统曾是我在加利福尼亚大学伯克利分校 AMPLab 的博士研究课题，于 2013 年 4 月正式开源，2015 年项目更名为 Alluxio。

Alluxio 这个名字由浅入深地综合了多种含义。首先，"lux"在拉丁语中是"光"的意思，AL-LUX-IO 代表光速的 I/O；其次，"lux"也代表"luxury"，即我们要做一个有格调和品质的技术与产品；最后，可以将"Alluxio"理解为 ALL-User-eXperience-IO，即无论速度还是格调，我们都希望可以直接体现在用户体验上。Alluxio 项目的核心思想和目标就是面向异构的环境实现高效数据统一管理编排，服务大数据与 AI 应用，为用户提供最优的性能和体验。

自 2013 年 4 月开源以来，已有超过 300 个组织机构、1300 多位贡献者参与到 Alluxio 系统的开发中，其中包括阿里巴巴、百度、卡内基梅隆大学、谷歌、IBM、Intel、加利福尼亚大学伯克利分校、腾讯、京东、Meta、南京大学等科研院所和企业。到今天为止，上千家公司的生产线中已经部署了 Alluxio，其中有的集群已经超过 5000 个节点。随着 Alluxio 开源项目的快速发展和应用需求的日益旺盛，我们于 2015 年创立了 Alluxio 公司，并获得了 Andreessen Horowitz、Seven Seas Partners、高瓴资本、火山石资本等机构的投资。未来我们将致力于让 Alluxio 成为大数据、AI 以及其他数据驱动应用事实上的统一数据编排层，为企业数字化进程提供坚实的数据平台。

我很高兴看到这本系统介绍 Alluxio 项目技术原理和应用实践的书籍即将付梓。本书的三位作者顾荣、刘嘉承、毛宝龙是分布式系统领域的专家，Alluxio 项目的 PMC（项目管理委员会）成员和 Maintainer（维护者）。其中顾荣博士早在 2013 年就开始向 Alluxio 开源社区贡献源码，他是 Alluxio 开源项目在国内的早期参与者，也是至今唯一一来自国内高校的 PMC 成员。此后，他在南京大学担任助理教授并继续从事大数据系统方面的研究，在 Alluxio 方面开展了很多有意义的研究工作，并且一直努力推动 Alluxio 社区在国内的发展。刘嘉承是 Alluxio 的资深开发工程师，Alluxio 元数据模块的技术负责人。他在 Alluxio 的大规模场景优化方面做了大量深入扎实的工作，主导推动了 Alluxio 核心工程团队和中国社区的合作开发，深度参与了 Alluxio 全球多个旗舰用户 / 客户场景的落地，并为其在大规模安全生产过程中部署使用 Alluxio 保驾护航。毛宝龙是腾讯 Alluxio 开源协同团队负责人，同时也是 Alluxio 开源社区的 PMC 成员和 Maintainer，Alluxio 开源社区 JNI-FUSE、Ozone、CephFS、Cosn 等多个模块的创建者和维护者。范斌博士担任了本书的主审，他是 Alluxio 开源项目管理委员会主席、Alluxio 公司创始成员及开源副总裁，目前主导 Alluxio 开源项目的技术架构和社区发展，他是在 GitHub 上 Alluxio 项目里排名第二的贡献者。他们都是

Alluxio 技术社区的顶级技术专家，为 Alluxio 开源社区的发展作出了重要贡献。相信他们完成的这本著作能够很好地帮助那些需要学习 Alluxio 技术的读者。最后，我要特别感谢国内的朋友们一直以来对 Alluxio 开源项目的关心与支持，我们将一如既往地努力投入，在不断完善 Alluxio 软件的同时，让我们的开源社区运转得更加高效，期待后续能产生更多高质量的文章和书籍，以飨读者。

Alluxio 开源项目主席，Alluxio 公司创始人、董事长兼 CEO

李浩源

2022 年 11 月于北京

前　言 *Foreword*

大数据给全球带来了重大的发展机遇与挑战。大规模数据资源蕴涵着巨大的社会价值和商业价值，有效地管理这些数据、挖掘数据的深度价值，将为国家治理、社会管理、企业决策和个人生活带来巨大的作用与影响。然而，大规模数据资源在给人们带来新的发展机遇的同时也带来很多新的技术挑战。

大数据处理的第一个基本问题是，如何有效地存储管理海量的大数据。大数据存储管理是进行后续大数据计算分析和提供大数据应用服务的重要基础。分布式存储是目前公认有效的大数据存储管理方法，在大数据系统中处于基础地位，在行业大数据应用中发挥着重要作用。本书将介绍近些年在数据存储和数据编排领域发展得如火如荼的开源系统Alluxio。Alluxio是全球首个开源分布式虚拟文件系统，最初诞生于加利福尼亚大学伯克利分校的 AMPLab，是目前大数据生态系统中发展很快的开源社区。Alluxio 已在全球数千个企事业单位部署应用，并在超过 5000 个节点的集群上运行。

本书以广泛使用的 Alluxio 2.8.0 版本为基础编写，是一本深入介绍 Alluxio 相关技术原理与实践案例的书籍。本书主要包括 Alluxio 系统入门和使用、Alluxio 系统内核组件的设计和实现原理，还包括 Alluxio 在大型企业中的经典应用案例与生产实践，以及 Alluxio 的开源社区开发者指南。本书从概念和原理上对 Alluxio 的核心框架与相关技术应用进行了详细的解读，是一本适合工业界和学术界分布式数据存储与编排系统领域人员阅读的详细技术书籍，同时也是面向高校分布式 / 大数据存储系统课程的实用教材。

本书目的

Alluxio 项目自 2013 年开源以来，社区得到了长足的发展，贡献者和用户不断增多。但是国内深入介绍 Alluxio 内核实现原理和实践应用案例的书籍与教材少之又少。本书的三位作者均为 Alluxio 项目的 PMC 成员和 Maintainer，在开源社区的交流、高校研究生指导以及课程教学中经常需要回答很多关于 Alluxio 等相关分布式存储系统的原理的问题。因此，我们决定一起写一本关于 Alluxio 分布式存储系统原理方面的书，帮助 Alluxio 用户更加全面、透彻地了解 Alluxio 的基本原理，从而更加轻松地使用 Alluxio。本书在介绍相关技术原理的同时，还讲解了 Alluxio 技术在国内外旗舰科技和数字化公司的使用案例，并在附录部分介绍了如何向国际开源社区贡献源码，具有一定的技术前瞻性和国际视野。

内容快览

本书以广泛使用的 Alluxio 2.8.0 版本为基础进行编写，全书共分为 12 章，主要内容简介如下。

第 1 章介绍 Alluxio 项目的背景与发展历史，并介绍 Alluxio 软件的搭建部署流程。

第 2 章阐述 Alluxio 的核心功能服务，包括文件系统统一命名空间、层级存储与数据缓存、Alluxio 与底层存储系统的集成、Alluxio 与大数据计算框架的集成、Alluxio 与大数据查询系统的集成，以及 Alluxio 与深度学习框架的集成等。

第 3 章介绍 Alluxio 的基本操作方式，并介绍 Alluxio 提供的 7 组高级配置和运维操作，具体包括挂载点运维、元数据同步和备份运维、Journal 日志和高可用运维、Alluxio 的不同配置方式、Log 日志运维、Job Service 使用和查询运维以及安全认证与权限控制。

第 4 章首先概览式地介绍 Alluxio 主节点的核心功能，然后分别介绍 Alluxio 元数据管理的重要结构、统一命名空间和底层存储管理原理、Alluxio 主节点的日志管理与元数据备份功能、Alluxio 主节点（Master）内部对于 Alluxio 工作节点（Worker）的管理机制，最后讲解 Alluxio 主节点的元数据并发机制。

第 5 章介绍 Alluxio Worker 组件的基本功能、Alluxio Worker 读写数据的不同模式、Alluxio 数据块的生命周期和管理、Alluxio Worker 的分层缓存机制，并介绍 Alluxio Worker 针对并发读写和流量控制的一些机制的设计。

第 6 章首先介绍 Alluxio 原生客户端以及基于其实现的 HCFS、POSIX、S3、FUSE 和命令行接口等多种不同访问方式，然后介绍 Alluxio Job Service 的整体架构和主要功能。

第 7 章首先讲解 Alluxio 的推荐系统配置及测算方法，然后系统地介绍 Alluxio Master 的性能优化方法，以及 Alluxio Worker、Alluxio Job Service、Alluxio 客户端的性能优化方法，最后介绍 Alluxio 的性能压力测试工具及其解读方式。

第 8 章着重介绍 Alluxio 在 Kubernetes 环境中的部署、Kubernetes 高级功能的使用，以及云原生的其他部署方式。

第 9 章首先介绍混合云业务场景和常见挑战，然后将 Alluxio 与传统方案进行对比，最后介绍基准测试性能结果，以及多个应用案例情况。

第 10 章重点介绍 Alluxio 和 Presto 整合架构的原理、优势、常见应用场景，以及性能测试评估和多个落地应用案例。

第 11 章重点介绍 Alluxio 和 Spark 结合的架构及原理、ETL 场景部署 Alluxio 的架构优势，以及相关性能评测和落地应用案例。

第 12 章介绍 AI/ML（人工智能 / 机器学习）模型训练对数据平台的常见需求，分析 Alluxio 对比传统技术方案的优势，并介绍多个有代表性的应用案例。

写作分工

顾荣、刘嘉承、毛宝龙对本书各章均做了多轮讨论和修改，其中第 1～3 章主体由顾荣完成，第 4 章、第 5 章、第 8 章主体由刘嘉承完成，第 6 章主体由毛宝龙完成，第 7 章由丁博文和刘嘉承合作完成，顾荣还负责整本书的统稿与修改工作。第 9～12 章是 Alluxio 的实践案例，其中部分内容来自 Alluxio 公司相关案例白皮书和公开分享，由王夷整理并均已得到官方授权使用；还有部分章节来自 Alluxio 开源社区实践者的贡献，其中 10.6 节由金山云企业云团队的赵侃、李金辉完成，12.5 节由哔哩哔哩资深开发工程师的黎磊、倪子凡完成，12.6 节由云知声超算平台的架构师吕冬冬完成。此外，本书部分内容素材来自 Alluxio 公司或者本书作者等开源社区技术专家的开源技术资料文档或论著，均已得到许可或授权使用。

致谢

我们要衷心地感谢 Alluxio 开源社区的广大用户和贡献者，没有大家的支持就没有 Alluxio 开源项目的今天，也就没有本书的出版。感谢本书写作过程中 Alluxio 公司的同事的大力支持和贡献，他们分别是王夷、吕薇、沙鹏、丁博文、范斌、傅正佳、欧阳婧雯、陈寿纬、朱禹、王北南、孙守拙、邱璐、张路、谢健健、孙玮、王晓丹、丁晔磊、Adit Madan 等。此外，本书第 9～12 章的内容得到了多位互联网公司工程师的支持，他们分别是金山云的赵侃、李金辉，联通的张策，哔哩哔哩的黎磊、倪子凡，某头部互联网企业的邓威、颉鹏等。感谢为本书作序的李浩源博士，他在百忙之中阅读了书籍的样稿并提出了很多中肯的建议。感谢南京大学的杨瑞璋、鲍文杰、陈启明、王书麟、汪序、李思勉、陈国旺、陈雨铨等同学对本书格式的校对，以及部分资料整理工作的支持。本书作者之一顾荣还要感谢教育部产学合作协同育人项目、南京大学本科生教改研究课题、江苏省计算机学会教学类专项对他在与本书相关的大数据课程建设方面的支持。最后，要感谢我们的家人，本书编写时间跨度较大，感谢家人一直在背后默默地支持我们，并且对于我们很多节假日不能陪同他们给予了极大的理解与宽容。

由于作者水平有限，书中难免有不准确甚至错误之处，恳请读者批评指正，并将反馈意见发送到邮箱 gurong@nju.edu.cn、jiacheng@alluxio.com 或 maobaolong@apache.org，以便再版时及时修订。

Contents 目　　录

Alluxio 总体介绍与快速入门

本章首先介绍 Alluxio 的发展背景与系统概览，接着介绍 Alluxio 的基本配置部署和程序运行方式，让用户对 Alluxio 的发展情况和具体运行有一个初步的体验。

1.1 Alluxio 的发展背景与系统概览

当今，世界已经进入数据时代。随着互联网、物联网、5G、大数据、人工智能、自动驾驶、元宇宙等信息技术的快速发展，在人类的社会活动中，人、资金、商品、信息的流通和交互越来越多地以数据化的方式呈现。在数据时代，人们产生、收集、存储、治理和分析的总数据量呈快速增长的趋势。大规模数据带来了新的发展机遇，驱动着众多行业开启数字化转型，同时也对信息支撑技术提出了新的挑战。形态多样、格式复杂、规模庞大、产生迅速的行业领域大规模数据驱动了底层新型基础支撑计算技术的快速变革。通过过去十多年来工业界和学术界先行者的指引和实践，分布式并行计算和分布式数据存储的技术生态不断演进。在计算层，生态系统从 MapReduce 框架开始，发展到上百个不同的通用和领域共性计算系统，如 Apache Hadoop MapReduce、Apache HBase、Apache Hive Apache Spark、Apache Flink、Presto 等。在存储层，用户可以选择分布式文件存储 HDFS，也可以选择对象存储、Blob 存储、键值存储等，如 Amazon S3、OpenStack Swift、Aliyun OSS、Ceph、HBase 等。

随着数据规模的不断扩大，数据系统之间的割裂现象愈发严重：

❑ 数据系统日益丰富，数据来源碎片化。越来越多的信息被数据化，通过各种各样的管道与数据系统连接，这也引发了数据孤岛（data silo）问题；

❑ 上层框架对数据的统一访问需求日益旺盛。从接口统一，到权限统一，再到统一的数据虚拟化视图，这些都是非常现实的大数据分析应用需求；

❑ 应用对存储和计算资源需求配比的多样性导致两者难以同等扩展。同时，几乎每隔 5 年就会有新一代的存储和计算框架诞生。因此，过去 10 年，越来越多的公司采用了存算分离的新架构。

在这个分割的数据世界中，数据平台正在变得越来越复杂，有以下三个主要原因：

❑ 当一个集群扩展成多个集群之后，数据开始出现副本管理问题，数据管理的复杂性骤然提高；

❑ 数据分析工具和平台在快速发展，对每个数据工具而言，数据源的接入是重要的问题；

❑ 在资源云化和集群规模的扩展过程中，多集群、多数据中心、多平台的混合架构让应用迁移和数据迁移变得越来越复杂。

在过去十几年间，大量公司的计算存储架构逐步发生演进。从计算存储紧耦合的同置（compution and storage co-locate）集群出发，逐步演进到基于同一个集群实现计算与存储的解耦，从而支持增加更好、更快的计算引擎。在云服务和对象存储出现之后，面对更加混合异构的场景，用户往往需要根据业务的弹性需求，把一部分负载或者数据迁移到公有云或私有云上。同时，随着计算引擎的快速更新，架构设计要考虑更多兼容性需求。随着云对象存储的进一步发展，更多架构开始适应并使用对象存储以取得更高的扩展性。在未来，随着数据规模和计算需求的不断扩大，大量用户应用上云的需求会更加强烈。数据湖或数据仓库会更多地建立在跨数据中心、跨地域、跨云的多个数据孤岛上。

随着存储计算引擎和大数据集群架构演变得愈发复杂，Alluxio 数据编排平台应运而生。Alluxio 主要解决了以下几个重要痛点：

❑ Alluxio 极大地方便了跨数据中心、跨地域、跨云的数据访问。应用上云迁移过程中，混合异构的数据访问模式难以避免，Alluxio 的引入能够显著降低混合架构的额外运维成本和云上资源成本；

❑ 在混合异构场景中，不同的计算引擎需要使用不同的接口（HDFS 接口、S3 接口、POSIX 接口等）访问数据，而底层存储又存在大量数据孤岛和不同服务接口，Alluxio 数据编排层统一了所有的数据接口，在所有的存储和计算应用之间搭建起桥梁，使上层应用的数据访问无须感知底层存储的类型和位置即可访问数据；

❑ Alluxio 提供的诸多数据管理功能进一步优化了云上集群的使用，自适应缓存加速和数据迁移等云原生功能都使集群弹性扩缩容更加简单。

本书第 9~12 章会通过一系列实际应用案例展示 Alluxio 的核心创新给不同大数据分析应用带来的价值。

Alluxio 诞生于 UC Berkeley AMPLab，是世界首个为大数据和人工智能等分析应用服务设计的开源虚拟分布式文件存储与数据编排系统。它在不同数据驱动型应用和底层多样存储系统之间构建桥梁，将数据从底层存储移动到距离上层应用更近、更易访问的位置。

Alluxio 以内存为中心的层次化架构使其数据访问速度与基于常规存储的方案相比，最高可快几个数量级。

如图 1-1 所示，在大数据与人工智能生态系统中，Alluxio 位于数据计算框架（如 Apache Spark、Presto、TensorFlow、Apache Hive 或 Apache Flink）和不同持久化存储系统（如 Amazon S3、Google Cloud Storage、OpenStack Swift、HDFS、GlusterFS、IBM Cleversafe、EMC ECS、Ceph、NFS、Minio 和 Alibaba OSS）之间。Alluxio 将计算和存储解耦，统一底层不同存储系统中的数据，为其上层数据驱动型应用提供统一的客户端 API 和全局命名空间。

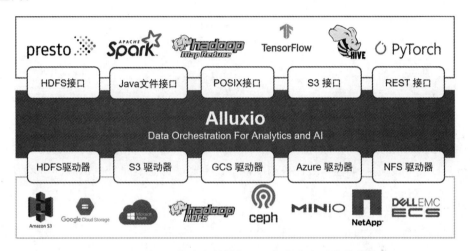

图 1-1　Alluxio 系统在大数据与人工智能生态系统中的位置

Alluxio 本身并不是一个持久化存储系统，但使用 Alluxio 作为生态中的数据平台层具有以下优势。

- ❏ Alluxio 为用户应用程序和计算框架提供了高速存储能力。面对种类繁多的计算引擎，Alluxio 能够帮助实现应用程序之间的数据共享，并增强数据访问的本地性。当访问存储在 Alluxio 本地节点和集群节点上的数据时，应用程序能够分别以内存访问速度和集群内网带宽的速度来访问数据。为获得高性能，Alluxio 与集群中的计算框架应用往往一同部署在计算集群中。

- ❏ Alluxio 连接了大数据应用程序和传统存储系统。由于 Alluxio 对应用程序隐藏了底层存储系统的集成细节，因此在 Alluxio 上运行的应用程序和框架可以使用任意的存储系统。当同时使用多个存储系统时，Alluxio 可作为不同数据源的统一访问层来对应用提供服务。

如图 1-2 所示，Alluxio 可分为三个主要部分：Master、Worker 和 Client。一个典型的集群由一个 Primary Master、多个 Standby Master、一个 Job Master、多个 Standby Job Master、多个 Worker 和多个 Job Worker 组成。Master 进程和 Worker 进程构成了 Alluxio 服

务端，这些进程主要由系统管理员来维护。Spark 作业、MapReduce 作业、Alluxio CLI 或 Alluxio FUSE 层等上层应用程序可以使用 Alluxio Client 来与 Alluxio 服务端通信。

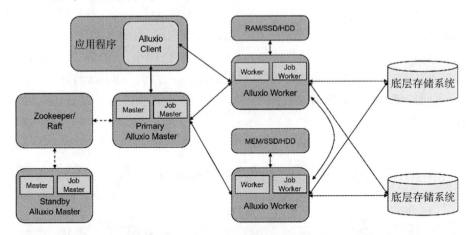

图 1-2　Alluxio 系统功能组件

Alluxio Job Master 和所有 Job Worker 被用于提供一个独立的功能，称为 Job Service。Alluxio Job Service 是一个轻量级任务调度框架，主要负责为不同 Job Worker 分配多种不同类型的任务。这些任务包括：

❑ 从 UFS 向 Alluxio 加载数据；
❑ 将数据持久化到 UFS；
❑ 在 Alluxio 中进行文件复制；
❑ 在 UFS 或 Alluxio 之间移动或复制数据。

尽管 Job Service 的设计使所有与 job 相关的组件（如 Job Master、Job Worker 等）在原理上无须与其余 Alluxio 集群组件在同一位置部署（co-locate），但为了降低 RPC 和数据传输的延迟，还是推荐 Job Worker 组件与相应的 Alluxio Worker 组件部署在同一组节点上。类似地，为便于统一运维管理，社区推荐将 Job Master 与 Master 一起部署。

1.1.1　Alluxio Master 组件

如图 1-3 所示，Alluxio 包含两种不同类型的 Master 进程：Alluxio Master 和 Alluxio Job Master。Alluxio Master 为所有用户请求提供文件系统服务，并在日志文件中记录文件元数据的更改。Alluxio Job Master 扮演文件系统异步操作轻型调度器的角色，将操作调度至 Alluxio Job Worker 上执行。考虑到容错性的需要，Alluxio Master 组件可以被部署为单个 Primary Master 进程和多个 Standby Master 进程。当 Primary Master 进程宕机时，一个 Standby Master 进程会被选为新的 Primary Master 进程。

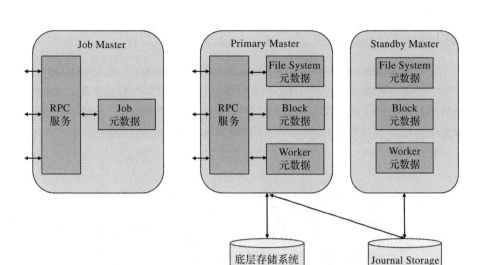

图 1-3　Alluxio Primary Master、Standby Master 和 Job Master 工作机制

Primary Master 组件：在 Alluxio 集群中，只有一个 Master 进程可以成为 Primary Master。Primary Master 负责管理系统的全局元数据，包括文件系统元数据（如文件系统中每一个文件的信息）、数据块元数据（如数据块位置信息）和 Worker 容量元数据（如可用容量和已用容量信息）。Primary Master 仅仅负责管理来源于底层存储系统的文件元数据，实际文件内容则由 Worker 负责缓存。Alluxio Client 与 Primary Master 进行交互以读取或修改元数据。所有 Worker 定期向 Primary Master 发送心跳信息汇报自己的状态，以维持自身参与服务的资格。Primary Master 只通过 RPC 服务来响应请求，而不会主动与其他组件进行通信。Primary Master 将所有文件系统读取与修改的操作记录到一个分布式持久存储中，这样可以确保集群重启后准确恢复 Master 的状态信息。在 Alluxio 中，这些操作记录的集合被称为 Journal 日志。

Standby Master 组件：当 Alluxio 运行在高可用（HA）模式时，Standby Master 运行在不同的服务器上以提供容错能力。Standby Master 读取 Primary Master 写入的日志以确保它们的 Master 状态副本保持最新。它们还创建日志检查点以便未来更快地恢复。但是，它们不处理来自其他 Alluxio 组件的任何请求。当 Primary Master 出现故障后，所有 Standby Master 将重新选举以产生新的 Primary Master。

Job Master 组件：Alluxio Job Master 作为一个独立的进程，主要负责异步调度文件系统涉及的一些耗时操作。通过分离处理耗时的操作和其他操作，Alluxio Master 能够使用更少的资源、以更快的响应速度为更多的用户提供服务。此外，它还提供了一个可添加更多复杂操作的可扩展框架。Alluxio Job Master 负责接收文件系统耗时操作的执行请求，并将这些操作调度到 Alluxio Job Worker 上执行，Alluxio Job Worker 将以客户端的角色来访问 Alluxio 文件系统。

1.1.2 Alluxio Worker 组件

如图 1-4 所示，Alluxio Worker 负责管理分配给 Alluxio 的本地存储资源［例如内存（MEM）、固态闪存（SSD）、硬盘（HDD）］，用户可自行配置这些存储资源。Alluxio Worker 将文件的数据以数据块（block）形式存储。当用户请求读写数据时，Alluxio Worker 对应地在本地资源中读取或创建新的数据块，以响应用户请求。Alluxio Worker 只负责管理数据块和提供操作数据块的接口，而文件到数据块的实际映射关系则由 Master 进行管理。

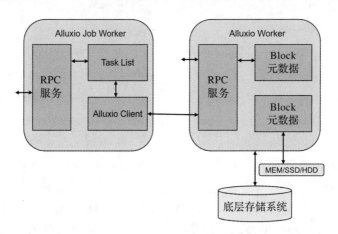

图 1-4　Alluxio Worker 和 Alluxio Job Worker 工作机制

Alluxio Worker 扮演了在底层存储上执行数据操作的角色，这样有两个好处：

❑ 从底层存储读取的数据可以存储在 Worker 中，并立即对其他用户可见；

❑ 数据访问客户端可以是轻量级的，不依赖于底层存储的实际数据访问实现。

缓存空间通常难以存储所有完整数据集。当空间满时，Alluxio Worker 中的数据块可能会被驱逐，Alluxio Worker 采用驱逐策略来决定哪些数据要被驱逐出 Alluxio 空间。同时，Alluxio Worker 支持同时使用多种不同的存储介质作为缓存，从而提供比只采用内存更大的缓存容量。

Alluxio Job Worker 组件：Alluxio Job Worker 是 Alluxio 文件系统的客户端。它们负责执行 Alluxio Job Master 分发的任务。Alluxio Job Worker 收到分发的任务后，会在对应的文件系统路径上执行数据加载、持久化、拷贝、移动或添加副本等操作。从原理逻辑上来看，Alluxio Job Worker 不一定要与相应的 Alluxio Worker 部署于相同的物理节点，但为了更高效地处理，通常建议将两者部署在同一物理节点上。

Alluxio Client 组件：Alluxio Client 为用户提供了与 Alluxio 存储服务进行交互的接口。它通过与 Primary Master 通信执行元数据操作，并通过与 Alluxio Worker 通信读取和写入数据。Alluxio 的原生文件系统 API 是基于 Java 语言的，它支持其他多种语言的 API 绑定，如 REST、POSIX 和 Python 等。Alluxio 还提供与 HDFS 和 Amazon S3 兼容的 API 操作。

值得注意的是，Alluxio Client 从不直接访问底层存储系统。数据的传输都需要通过 Alluxio Worker 进行。

1.1.3　Alluxio Job Service 组件

Alluxio Job Service 是一个轻量级的任务调度框架，能够将 Alluxio 中一些耗时的大规模操作改造成异步的分布式任务，从而更高效地完成这些任务。Job Master 负责将 job 分解为粒度更小的任务以便 Job Worker 执行，并管理 job 的完成状态。Job Worker 将来自 Job Master 的任务放在队列中，并在进程内部维护一个可配置大小的线程池来执行这些任务。

Alluxio Job Service 具有多种不同的作业类型，例如 Load 作业可以将文件以指定数量的副本加载到 Alluxio 中、Migrate 作业能够根据指定的写入类型进行数据复制 / 移动、Persist 作业负责将 Alluxio 的文件持久化到特定底层存储系统的路径中，等等。有关更多不同类型的 Job Service 作业介绍，以及 Alluxio Job Service 功能的详细阐述，请参见 6.6 节～6.10 节的内容。

1.1.4　数据读写流程

下面将描述应用程序通过 Alluxio 进行读写的标准流程。Alluxio 通常与计算框架、应用程序位于同一集群中，而持久存储系统位于远程存储集群或云存储。Alluxio 位于底层存储和计算框架之间，扮演数据编排层和缓存层的角色。本节介绍不同的 Alluxio 缓存命中场景及其对数据访问性能的影响。

本地缓存命中

当请求的数据在本地 Alluxio Worker 中时即本地缓存命中。如图 1-5 所示，如果应用程序通过 Alluxio Client 请求数据访问，Alluxio Client 会向 Alluxio Master 请求存储该数据的 Alluxio Worker 位置。如果数据存储在本地 Alluxio Worker 中，Alluxio Client 可以绕过 Alluxio Worker 直接通过本地文件系统读取数据文件，这种操作叫作短路读。短路读可以避免与 Alluxio Worker 通过网络进行数据传输，并直接对 Worker 的存储介质进行数据访问（最快可达内存级速度）。短路读是从 Alluxio 读取数据的最快方式。

默认情况下，短路读使用本地文件系统操作时需要获取相关许可权限。因此，在 Alluxio Client 进程没有权限直接读写 Alluxio Worker 的存储空间时，无法直接进行短路读写。在默认短路读不可行的情况下，Alluxio 提供基于本地套接字（domain socket）的短路读能力，Alluxio Worker 通过预先指定的本地套接字路径和 Alluxio Client 进行数据传输。

此外，Alluxio 可以管理除内存之外的其他存储介质（如 SSD、HDD），因此本地数据访问速度可能会因本地存储介质不同而有所差异。具体内容将在 2.2 节进行介绍。

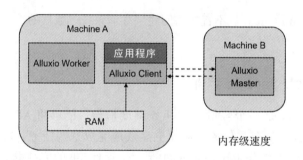

图 1-5　Alluxio 读操作命中本地缓存

远程缓存命中

如图 1-6 所示，当请求的数据没有存储在本地 Alluxio Worker 中，而是存储在同集群其他节点的远程 Alluxio Worker 中时，Alluxio Client 将从存储数据的 Alluxio Worker 中执行远程读取。如果 Client 的本地节点上运行着 Alluxio Worker，当 Alluxio Client 完成数据读取后会通知本地 Alluxio Worker 在本地创建副本，以便将来可以在本地读取相同的数据。远程缓存命中能够以网络速度进行数据读取。由于 Alluxio Worker 之间的网络速度通常比 Alluxio Worker 与底层存储系统之间的网络速度快，Alluxio 优先考虑从远程 Alluxio Worker 读取而不是从底层存储系统中读取。

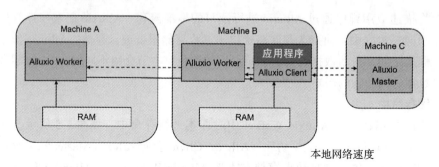

图 1-6　Alluxio 读操作命中远程缓存

缓存未命中

如图 1-7 所示，如果请求数据未存储在 Alluxio 中，即缓存未命中，那么应用程序只能从底层存储中读取数据。Alluxio Client 将读请求委托给一个 Alluxio Worker 从 UFS 中读取数据并缓存到本地。缓存未命中通常会导致较大的延迟，这是因为应用程序必须等待 Alluxio Worker 从底层存储获取数据才可继续执行。缓存未命中（也称为冷读）通常发生在第一次读取数据时。

此外，当客户端仅读取数据块的一部分或随机访问数据块时，客户端可以告知 Alluxio Worker 异步缓存整个块，这称为异步缓存。关于异步缓存的详细原理和适用场景，请参见 5.2.1 节。

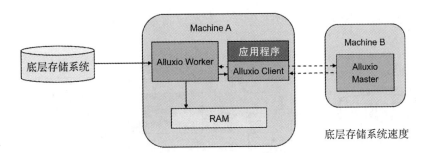

图 1-7　Alluxio 读操作未命中 Worker

关闭缓存

在某些场景中，应用程序需要直接从底层存储系统中读取数据，这时可以将客户端的属性 alluxio.user.file.readtype.default 设置为 NO_CACHE 来关闭 Alluxio 的缓存能力。

下面介绍 Alluxio 的写场景数据流工作流程。用户可以通过选择不同的写入类型来配置数据的写入方式。可以通过 Alluxio API 修改写入类型，也可以在客户端配置属性 alluxio.user.file.writetype.default。以下介绍不同写入类型的行为以及对应用程序的性能影响。

仅写缓存（MUST_CACHE）

如果写入类型为 MUST_CACHE，Alluxio Client 只会将数据写入本地 Alluxio Worker，而不会将数据持久化到底层存储系统中。如图 1-8 所示，在写入过程中，如果可以进行短路写，Alluxio Client 将数据直接写入本地 RAM 或磁盘上，绕过 Alluxio Worker 以避免较慢的网络传输速度。由于数据不会持久化到底层存储中，因此如果机器崩溃或需要释放数据以进行新数据的写入，数据可能会丢失。当应用场景可以容忍数据丢失时（如写入临时数据），设置写入类型为 MUST_CACHE 会带来较高的性能。

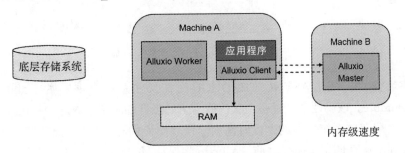

图 1-8　Alluxio 通过短路写进行仅写缓存

同步写缓存与底层存储（CACHE_THROUGH）

如果写入类型为 CACHE_THROUGH，数据会同步写入 Alluxio Worker 和底层存储系统。如图 1-9 所示，Alluxio Client 将写操作委托给本地 Alluxio Worker，而 Alluxio Worker 会写入本地内存并持久化到底层存储中。由于底层存储的写入速度通常比本地存储慢，因此客户端的写入速度取决于底层存储的写入速度。当需要确保数据持久性时，建议使用

CACHE_THROUGH 类型。该类型还会写一个本地副本，以便将来可以直接从本地读取数据。

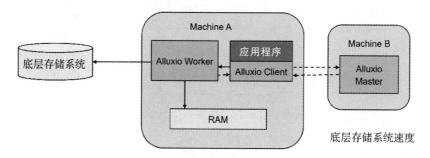

图 1-9　Alluxio 同步写缓存与底层存储

异步写回底层存储（ASYNC_THROUGH）

Alluxio 提供了 ASYNC_THROUGH 写入类型。如图 1-10 所示，通过 ASYNC_THROUGH，数据首先同步写入 Alluxio Worker，然后再异步写入底层存储中。ASYNC_THROUGH 可以以接近 MUST_CACHE 的速度进行数据写入，同时仍然能够对数据进行持久化。自 Alluxio 2.0 以来，ASYNC_THROUGH 是默认的写入类型。

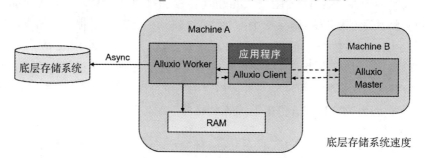

图 1-10　Alluxio 异步写回底层存储

为提供容错性，使用 ASYNC_THROUGH 时需要注意一个重要属性 alluxio.user.file.replication.durable。该属性会设置一个默认值为 1 的最低临时副本数量，并在本地写入完成到持久化到底层存储系统之前的这段时间内，设置对应的写入数据副本数为该属性值。在后台持久化到底层存储系统完成之前，Alluxio 将保持写入数据副本不低于最低临时副本数量，并在之后将存储空间回收，这意味着数据仅会写入 UFS 一次。

使用 ASYNC_THROUGH 类型来写入副本时，如果在持久化完成之前，所有拥有副本数据的 Alluxio Worker 都崩溃，那么将导致数据丢失。

仅写底层存储（THROUGH）

如果写入类型是 THROUGH，数据将被同步写入底层存储中而不会被缓存到 Alluxio Worker。这种写入类型可以确保数据在写入完成后被持久化，但写入速度将取决于底层存储系统。

数据一致性

无论写入类型如何，Alluxio 中的文件 / 目录始终保持强一致性。这是因为所有这些写入操作将首先通过 Alluxio Master，并在修改 Alluxio 文件系统之后将成功写入信息返回给客户端 / 应用程序。因此，相应的写入操作成功完成后，不同的 Alluxio 客户端都将看到最新的写入数据。

对于考虑底层数据存储一致性的用户或应用程序而言，Alluxio 提供了不同写入类型以满足对 Alluxio 存储和底层存储之间多样化、一致性的需求。关于不同写入类型的特点及其原理，请参见 4.3.3 节。

1.2　Alluxio 配置部署与程序运行

1.2.1　获取 / 编译 Alluxio 系统

下面将简要介绍如何直接获取 Alluxio 预编译可执行包，及如何从源代码编译 Alluxio。

1. 直接获取 Alluxio 预编译可执行包

可以直接从 Alluxio 官网下载预编译可执行包。使用以下命令解压缩下载的文件：

```
$ tar -xzf alluxio-2.8.0-SNAPSHOT-bin.tar.gz
$ cd alluxio-2.8.0-SNAPSHOT
```

上述命令会创建一个包含 Alluxio 源文件与 Java 二进制文件的目录 alluxio-2.8.0-SNAPSHOT。

2. 从源代码编译 Alluxio

编译 Alluxio 前，需要预先安装 Java JDK 8 或以上版本、Maven 3.3.9 或以上版本以及 Git。

如果本地没有配置好上述环境，可以使用 Alluxio 预先配置好编译环境的 docker 镜像。使用这个镜像启动名为 alluxio-build 的容器并进入该容器：

```
$ docker run -itd \
  --network=host \
  -v ${ALLUXIO_HOME}:/alluxio  \
  -v ${HOME}/.m2:/root/.m2 \
  --name alluxio-build \
  alluxio/alluxio-maven bash

$ docker exec -it -w /alluxio alluxio-build bash
```

容器路径 /alluxio 被映射到宿主机路径 ${ALLUXIO_HOME}，因此编译文件在容器外也能被访问。容器路径 /root/.m2 被映射到宿主机路径 ${HOME}/.m2，这样可以利用 Maven 缓存的本地副本。

容器使用完毕后，使用如下命令移除：

```
$ docker rm -f alluxio-build
```

首先从 Github 上下载 Alluxio 源代码：

```
$ git clone git://github.com/alluxio/alluxio.git
$ cd alluxio
```

接着使用 Maven 编译源代码：

```
$ mvn clean install -DskipTests
```

可以通过如下选项跳过一些检查来加速编译过程：

```
$ mvn -T 2C clean install \
  -DskipTests \
  -Dmaven.javadoc.skip=true \
  -Dfindbugs.skip=true \
  -Dcheckstyle.skip=true \
  -Dlicense.skip=true
```

Maven 会自动获取依赖包编译源码，运行单元测试，并进行打包。如果是首次编译 Alluxio，可能会需要一段时间下载依赖包，但此后的编译过程将会快很多。

Alluxio 编译成功后，可以通过如下命令验证：

```
$ mkdir ./underFSStorage
$ ./bin/alluxio format
$ ./bin/alluxio-start.sh local SudoMount
```

最后可以通过访问 http://localhost:19999 或查看 logs 目录中的日志来验证 Alluxio 的运行状态。worker.log 与 master.log 中的信息非常有用。Alluxio 的 WebUI 服务可能需要一些时间才能启动。用户可以通过运行一个简单的程序来测试数据能否成功在 Alluxio UFS 中读取与写入数据：

```
$ ./bin/alluxio runTests
```

如果看到结果显示"Passed the test!"，表明编译文件成功通过了测试。可以通过如下命令停止单机模式的 Alluxio：

```
$ ./bin/alluxio-stop.sh local
```

从 Alluxio 1.7 开始，编译完成的 Alluxio 客户端 jar 包位于 /<PATH_TO_ALLUXIO>/ client/alluxio-<version>-client.jar，且兼容不同的计算框架（例如 Spark、Flink、Presto）。

Alluxio 默认针对 Hadoop 3.3 版本的 HDFS 构建。此外，用户还可以运行如下命令指定 <UFS_HADOOP_PROFILE> 与对应的 ufs.hadoop.version 来构建不同版本的 UFS：

```
$ mvn install -pl underfs/hdfs/ \
  -P<UFS_HADOOP_PROFILE> -Dufs.hadoop.version=<HADOOP_VERSION> -DskipTests
```

<UFS_HADOOP_VERSION> 字段可以被设置为不同的 Hadoop 版本。可以使用 ufs-hadoop-1、ufs-hadoop-2、ufs-hadoop-3 来分别指定 Hadoop 版本 1.x、2.x、3.x。版本 3.0.0 及以上的 Hadoop 对于较新版本的 Alluxio 有最好的兼容性。例如：

```
$ mvn clean install -pl underfs/hdfs/ \
  -Dmaven.javadoc.skip=true -DskipTests -Dlicense.skip=true \
  -Dcheckstyle.skip=true -Dfindbugs.skip=true \
  -Pufs-hadoop-3 -Dufs.hadoop.version=3.3.0
```

在执行完上述命令，完成 Alluxio 源代码编译之后，如果在 ${ALLUXIO_HOME}/lib 目录下出现名为 alluxio-underfs-hdfs-<UFS_HADOOP_VERSION>-2.8.0-SNAPSHOT.jar 的包，则说明编译成功。

1.2.2　单机模式安装部署

下面将介绍如何在单机上运行与测试 Alluxio。

安装部署 Alluxio 的前提是已安装 Java 8 或 Java 11。下载 Alluxio 的二进制发行版后，执行以下操作：

1）将 conf/alluxio-site.properties.template 拷贝至 conf/alluxio-site.properties；

2）将 conf/alluxio-site.properties 中的字段 alluxio.master.hostname 设置为 localhost（如 alluxio.master.hostname=localhost）；

3）将 conf/alluxio-site.properties 中的字段 alluxio.master.mount.table.root.ufs 设置为本机文件系统中的 /tmp 目录（如 alluxio.master.mount.table.root.ufs=/tmp）；

4）开启远程访问服务以使用 ssh localhost。可将本机的 SSH 公钥添加至 ~/.ssh/authorized_keys 以避免重复输入密码。

首先执行以下命令挂载 RAMFS 文件系统：

```
$ ./bin/alluxio-mount.sh SudoMount
```

接着执行以下命令格式化 Alluxio 文件系统：

```
$ ./bin/alluxio format
```

> 注意　上述命令仅在首次运行 Alluxio 时才需要执行。如果在已完成部署 Alluxio 的机器上执行该命令，Alluxio 文件系统中的所有数据及元数据都会被抹除，但底层存储中的数据并不会改变。

然后执行以下命令启动 Alluxio 文件系统：

```
# 如果您尚未挂载ramdisk或需重新挂载（如需调整ramdisk大小）
```

```
$ ./bin/alluxio-start.sh local SudoMount
# 如果您已挂载ramdisk
$ ./bin/alluxio-start.sh local
```

注意 在 Linux 中，上述命令需要输入密码获取 sudo 权限以挂载 RAMFS。

接着可以通过访问 http://localhost:19999 或查看 logs 目录中的日志来验证 Alluxio 的运行状态。最后执行以下命令可以进行全面的系统完整性检查：

```
$ ./bin/alluxio runTests
```

执行以下命令可以关闭 Alluxio：

```
$ ./bin/alluxio-stop.sh local
```

关于安装过程中遇到的常见问题的解决方法，可以参考 Alluxio 官方文档[⊖]。

1.2.3 集群模式安装部署

本节将描述在单 Master 集群中运行 Alluxio 的基本设置。这是在集群上部署 Alluxio 的最简单的方法。部署 Alluxio 集群需要下载预编译的 Alluxio 二进制文件，使用以下命令解压文件，并将解压后的目录复制到所有节点（包括运行 Master 和 Worker 的节点）：

```
$ tar -xvzpf alluxio-2.8.0-SNAPSHOT-bin.tar.gz
```

通过将 SSH 公钥添加到相应节点的 ~/.ssh/authorized_keys，可以为 Master 节点启动到自身及所有 Worker 节点的 SSH 免密登录。

开放所有节点之间的 TCP 通信，并确保所有节点的 RPC 端口（例如，Alluxio Master 默认认为 19998）开启以提供基本功能。

当希望 Alluxio 在 Worker 节点上自动挂载 RAMFS 时，需要赋予运行 Alluxio 的用户 sudo 权限。

首先在 Master 节点上，利用配置模板文件创建 conf/alluxio-site.properties：

```
$ cp conf/alluxio-site.properties.template conf/alluxio-site.properties
```

接着在配置文件（conf/alluxio-site.properties）中设置如下参数：

```
alluxio.master.hostname=<MASTER_HOSTNAME>
alluxio.master.mount.table.root.ufs=<STORAGE_URI>
```

第一个字段 alluxio.master.hostname 设置为单 Master 节点的主机名。请确保该地址可以被所有 Worker 节点访问到，比如 alluxio.master.hostname=1.2.3.4 或 alluxio.master.hostname=node1.a.com。第二个字段 alluxio.master.mount.table.root.ufs 设置为挂载到 Alluxio 根目录的底层存储 URI。此共享存储系统必须可被 Master 节点及所有 Worker 节点访问。比如，当

⊖ https://docs.alluxio.io/os/user/stable/en/deploy/Running-Alluxio-Locally.html#faq。

HDFS 作为底层存储系统时，该字段的值可以被设置为 alluxio.master.mount.table.root. ufs=hdfs://1.2.3.4:9000/alluxio/root/。当 Amazon S3 作为底层存储系统时，该字段的值可以被设置为 alluxio.master.mount.table.root.ufs=s3://bucket/dir/。

　　然后，将每个节点的主机名写入对应的 conf/masters 与 conf/workers 文件中。具体而言，就是将 Master 节点信息作为新的一行加入 conf/masters 中，将每个 Worker 节点信息作为新的一行加入 conf/workers 中，同时可以注释掉 localhost 信息。例如，可以将 Master 节点的信息按如下格式写入 conf/masters：

```
# The multi-master Zookeeper HA mode requires that all the masters can access
# the same journal through a shared medium (e.g. HDFS or NFS).
# localhost
ec2-1-111-11-111.compute-1.amazonaws.com
```

接下来，将此配置文件拷贝至所有 Worker 节点。下面的内置函数会将配置文件拷贝至 conf/masters 和 conf/workers 文件中指定的 Master 节点及所有 Worker 节点：

```
$ ./bin/alluxio copyDir conf/
```

上述命令成功运行之后，所有的 Alluxio 节点将会被正确配置好。

　　以上就是运行 Alluxio 的最小化配置。更多配置字段可以按需设置。比如，可以设置某些字段使 Alluxio 能够访问配置文件指定的底层存储（如 AWS S3）。

　　首次运行 Alluxio 之前，需要格式化集群。格式化操作会格式化 Journal 日志和 Worker 上的所有缓存存储，抹除 Alluxio 文件系统中的所有数据及元数据，但底层存储中的数据并不会改变。可以输入如下命令对 conf/masters 和 conf/workers 中声明的所有节点进行格式化操作：

```
$ ./bin/alluxio format
```

　　在启动 Alluxio 集群前，需要确保 conf/masters 与 conf/workers 文件中设置了正确的主机名。接着，可以通过如下命令在 Master 节点上启动 Alluxio 集群：

```
$ ./bin/alluxio-start.sh all SudoMount
```

执行上述命令会在 Master 节点上启动 Alluxio Master，并在 conf/workers 文件中指定的所有 Worker 节点上启动 Alluxio Worker。SudoMount 参数允许 Worker 节点在 RAMFS 尚未挂载的情况下尝试使用 sudo 权限进行挂载。

　　可以通过访问 http://\<alluxio_master_hostname\>:19999 查看 Alluxio Master 的运行状态页面，来检查 Alluxio 的运行状态。Alluxio 自带一个读写样例文件的程序，通过如下命令可以运行此程序：

```
$ ./bin/alluxio runTests
```

1.2.4　Alluxio 服务启停操作

　　下面将介绍一些控制 Alluxio 集群的常见操作。

通过运行以下命令可以终止 Alluxio 服务操作：

```
$ ./bin/alluxio-stop.sh all
```

上述命令会终止在 conf/masters 与 conf/workers 文件指定的节点上运行的所有进程。可以通过如下命令仅终止 Master 节点进程或 Worker 节点进程：

```
$ ./bin/alluxio-stop.sh masters   # 终止conf/masters中的Master节点
$ ./bin/alluxio-stop.sh workers   # 终止conf/workers中的Worker节点
```

如果不想使用 SSH 登录所有节点并停止所有进程，可以在每个节点上单独运行命令以停止每个组件。对于任何节点，可以通过以下方式终止运行其上的 Master 服务或 Worker 服务：

```
$ ./bin/alluxio-stop.sh master    # 终止本地Master节点
$ ./bin/alluxio-stop.sh worker    # 终止本地Worker节点
```

启动 Alluxio 时，类似于上述操作，如果已经配置好 conf/masters 与 conf/workers 文件，可以通过如下命令启动 Alluxio 集群：

```
$ ./bin/alluxio-start.sh all
```

可以通过运行如下命令，仅启动 Master 节点或 Worker 节点：

```
$ ./bin/alluxio-start.sh masters   # 启动conf/masters中的Master节点
$ ./bin/alluxio-start.sh workers   # 启动conf/workers中的Worker节点
```

如果不想使用 SSH 登录并启动所有节点，可以在每个节点上单独运行命令以启动该节点。对于任何节点，可以通过以下方式启动 Master 节点或 Worker 节点：

```
$ ./bin/alluxio-start.sh master    # 启动本地Master节点
$ ./bin/alluxio-start.sh worker    # 启动本地Worker节点
```

向 Alluxio 集群动态添加一个 Worker 节点，就像使用适当的配置启动一个新 Alluxio Worker 进程一样简单。通常情况下，新加 Worker 节点的配置应该与所有其他 Worker 节点的配置相同。在新 Worker 节点上运行以下命令以将其添加到集群中：

```
$ ./bin/alluxio-start.sh worker SudoMount   # 启动本地Worker节点
```

一旦 Worker 节点启动，它会向 Alluxio Master 注册自身信息，并成为 Alluxio 集群的一部分。

移除 Worker 节点也像停止一个 Worker 进程一样简单：

```
$ ./bin/alluxio-stop.sh worker    # 终止本地Worker节点
```

一旦某 Worker 服务被移除关闭，Master 节点将根据配置参数定义的超时达到后（Master 参数 alluxio.master.worker.timeout 配置）将该 Worker 节点标记为丢失。Master 节点将认为该节点已丢失，并不再将其作为集群的一部分。

为了更新 Master 端配置，必须先停止服务，然后在 Master 节点上更新 conf/alluxio-site.properties 文件，接着将其拷贝到所有节点上（如使用 bin/alluxio copyDir conf/），最后重启服务。

如果只需要更新 Worker 节点的本地配置（例如，更改此 Worker 节点存储配额或更新存储目录），Master 节点不需要被终止与重启。仅需停止目标 Worker 节点服务，更新该节点上的配置文件（如 conf/alluxio-site.properties），最后在该节点上重启 Worker 服务即可。

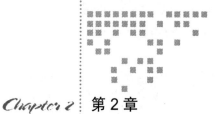

Alluxio 的核心功能服务

本章将简要介绍 Alluxio 的核心功能服务，包括文件系统统一命名空间、层级存储与数据缓存、Alluxio 与各类底层存储系统的集成、Alluxio 与大数据计算框架的集成、Alluxio 与大数据查询系统的集成以及 Alluxio 与深度学习框架的集成。

2.1 文件系统统一命名空间

2.1.1 统一命名空间概览

Alluxio 通过使用透明命名和挂载 API 实现跨不同存储系统的有效数据管理。Alluxio 的核心功能之一是为应用程序提供文件系统逻辑上的统一命名空间。如图 2-1 所示，这种抽象允许应用程序通过相同的命名空间和接口访问多个独立的底层存储系统。应用程序无须管理和理解不同存储系统的实现接口细节，由 Alluxio 统一负责，并直接使用 Alluxio 面向不同存储的优化。

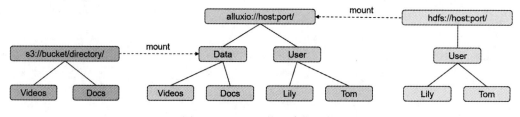

图 2-1　Alluxio 统一命名空间

Alluxio Master 配置属性 alluxio.master.mount.table.root.ufs 的 URI 指定的存储路径将被

挂载到 Alluxio 命名空间的根目录。该目录标识了 Alluxio 的主存储。用户可以使用如下所示的 Alluxio 命令行挂载新的 S3 存储：

```
$ ./bin/alluxio fs mount /mnt/new_storage s3://bucket/prefix
```

除了 Alluxio 提供的统一命名空间外，挂载在 Alluxio 命名空间中的每个底层存储系统（UFS）都有自己的命名空间，它们被称为 UFS 命名空间。如果 UFS 命名空间中的文件未通过 Alluxio 操作的情况下被更改，UFS 命名空间和 Alluxio 命名空间的数据就可能会不一致。在这种情况下，需要执行元数据同步操作来同步两个命名空间的数据信息。此外，Alluxio 还通过透明命名机制维护 Alluxio 命名空间与底层存储系统命名空间之间的标识。

图 2-2 描述了一个 Alluxio 挂载的示例。当用户在 Alluxio 命名空间中创建对象时，可以指定这些对象是否需要持久化到底层存储系统中。对于需要持久化的对象，Alluxio 会将对象保存在负责存储 Alluxio 对象的底层存储系统目录的相对路径中。例如，如果用户创建具有子目录 Lily 和 Tom 的根目录 User，则目录结构和命名将保留在底层存储系统中。同样，当用户重命名或删除 Alluxio 命名空间中的持久化对象时，它在底层存储系统中也会被重命名或删除。用户也可以指定一个删除操作选项只删除在 Alluxio 中的文件和数据，而保留底层存储系统中的文件和数据。

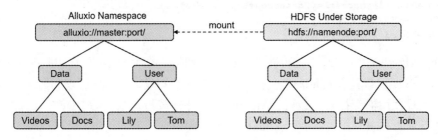

图 2-2　Alluxio 挂载示例

此外，Alluxio 还可以感知底层存储系统中不是通过 Alluxio 创建的内容。例如，如果底层存储系统包含一个目录 Data 以及文件 Videos 和 Docs，并且假设这些文件都不是通过 Alluxio 创建的，那么它们的元数据将在第一次访问时（例如当用户请求打开文件）被加载到 Alluxio 中。在此过程中，文件的内容不会被加载到 Alluxio。当有应用通过 Alluxio 读取文件内容时，Alluxio 才会真正将文件内容加载进来。

2.1.2　挂载底层存储系统

将底层存储系统挂载到 Alluxio 文件系统命名空间是一种定义 Alluxio 命名空间和 UFS 命名空间关联的机制。下面是一个将 HDFS 路径挂载到 Alluxio 根命名空间的样例配置：

```
alluxio.master.mount.table.root.ufs=hdfs://HDFS_HOSTNAME:8020
```

根挂载点的挂载选项可以用 alluxio.master.mount.table.root.option.<some alluxio property>

配置指定。例如，下面的配置操作是将 AWS 证书作为根挂载点：

```
alluxio.master.mount.table.root.option.s3a.accessKeyId=<AWS_ACCESS_KEY_ID>
alluxio.master.mount.table.root.option.s3a.secretKey=<AWS_SECRET_ACCESS_KEY>
```

下例配置展示了如何为根挂载点设置其他参数：

```
alluxio.master.mount.table.root.option.alluxio.underfs.version=2.7
alluxio.master.mount.table.root.option.alluxio.underfs.hdfs.configuration=
  ${alluxio.conf.dir}/core-site.xml:${alluxio.conf.dir}/hdfs-site.xml
alluxio.master.mount.table.root.option.alluxio.security.underfs.hdfs.impersonation
  .enabled=true
```

除了根挂载点外，其他底层文件系统都可以被挂载到 Alluxio 命名空间中。这些额外的挂载点在运行时通过 mount 命令被添加到 Alluxio。 --option 标志允许用户将其他参数传递给挂载操作，例如证书：

```
# the following command mounts an hdfs path to the Alluxio path `/mnt/hdfs`
$ ./bin/alluxio fs mount /mnt/hdfs hdfs://host1:9000/data/
# the following command mounts an s3 path to the Alluxio path `/mnt/s3` with
 additional options specifying the credentials
$ ./bin/alluxio fs mount \
  --option s3a.accessKeyId=<accessKeyId> --option
s3a.secretKey=<secretKey> \
  /mnt/s3 s3://data-bucket/
```

注意，Alluxio 中的挂载点支持嵌套。比如，如果一个 UFS 挂载于 alluxio:///path1，那么另一个 UFS 是可以挂载到 alluxio:///path1/path2 的。不过，为了让管理和运维更简单，我们不建议大量使用嵌套挂载。最后，Alluxio 还支持挂载指定版本的 HDFS。因此，用户可以将不同版本的 HDFS 挂载到单个 Alluxio 命名空间中。

2.1.3 与底层存储系统元数据同步

Alluxio 对不同的底层存储系统提供统一命名空间。默认情况下，Alluxio 期望用户对底层存储系统的所有修改都通过 Alluxio 客户端进行。这将允许 Alluxio 只需要扫描每个 UFS 目录一次，以减少频繁扫描底层存储系统目录来进行同步更新。对于 UFS 元数据操作缓慢的场景，这样做能够显著提高性能。

在用户绕过 Alluxio 直接对 UFS 进行更改的情况下，需要使用元数据同步功能直接对 Alluxio 命名空间和底层存储命名空间进行同步。UFS 元数据同步特性从 Alluxio 1.7.0 版本开始就存在。当 Alluxio 扫描 UFS 目录并为其子路径加载元数据时，它会在 Alluxio Master 中存储该文件的元数据（inode），以便后续操作无须从 UFS 加载。Alluxio 保留每个 UFS 文件的指纹，以便 Alluxio 可以在文件更改时更新文件。UFS 文件的指纹包括文件大小和上次修改时间等信息。如果 UFS 中的文件被修改，Alluxio 将从指纹变化中检测到这一点，释放该文件的过时缓存数据。当用户后续通过 Alluxio 读取该文件数据时，它将从 UFS 拉取更新版本的文件。如果用户在 UFS 中添加或删除文件，Alluxio 也会更新其命名空间中的元数据。

关于底层存储系统元数据同步的更多细节原理介绍，请参见 4.3.4 节的内容。

2.1.4　使用示例

以下示例假设 Alluxio 安装在 ${ALLUXIO_HOME} 目录中，并且 Alluxio 系统在本地运行。

1. 透明命名

在本地文件系统中创建一个临时目录，作为挂载的底层存储：

```
$ cd /tmp
$ mkdir alluxio-demo
$ touch alluxio-demo/hello
```

将创建的本地目录挂载到 Alluxio 命名空间中，并验证它是否出现在 Alluxio 中：

```
$ cd ${ALLUXIO_HOME}
$ ./bin/alluxio fs mount /demo file:///tmp/alluxio-demo
Mounted file:///tmp/alluxio-demo at /demo
$ ./bin/alluxio fs ls -R /
... # note that the output should show /demo and /demo/hello
```

验证未通过 Alluxio 创建的文件的元数据在第一次访问时是否会被加载到 Alluxio 中：

```
$ ./bin/alluxio fs ls /demo/hello
... # should contain /demo/hello
```

在挂载的目录下创建一个文件，并验证该文件是否是在底层文件系统中创建的同名文件：

```
$ ./bin/alluxio fs touch /demo/hello2
/demo/hello2 has been created
$ ls /tmp/alluxio-demo
hello hello2
```

在 Alluxio 中重命名一个文件并验证相应的文件是否也在底层文件系统中被重命名：

```
$ ./bin/alluxio fs mv /demo/hello2 /demo/world
Renamed /demo/hello2 to /demo/world
$ ls /tmp/alluxio-demo
hello world
```

在 Alluxio 中删除一个文件并验证该文件是否也在底层文件系统中被删除：

```
$ ./bin/alluxio fs rm /demo/world
/demo/world has been removed
$ ls /tmp/alluxio-demo
hello
```

卸载挂载的目录并验证该目录是否已从 Alluxio 命名空间中删除，但仍保留在底层文件系统中：

```
$ ./bin/alluxio fs unmount /demo
Unmounted /demo
$ ./bin/alluxio fs ls -R /
... # should not contain /demo
$ ls /tmp/alluxio-demo
hello
```

2. 统一命名空间

这个例子将挂载多个不同类型的底层存储来展示统一文件系统命名空间抽象的功能。此示例将使用由不同 AWS 账户拥有的两个 S3 存储和一个 HDFS 服务。

使用对应的凭据 <accessKeyId1> 和 <secretKey1> 将第一个 S3 存储挂载到 Alluxio 中：

```
$ ./bin/alluxio fs mkdir /mnt
$ ./bin/alluxio fs mount \
  --option s3a.accessKeyId=<accessKeyId1> \
  --option s3a.secretKey=<secretKey1> \
  /mnt/s3bucket1 s3://data-bucket1
```

使用对应的凭据 <accessKeyId2> 和 <secretKey2> 将第二个 S3 存储挂载到 Alluxio 中：

```
$ ./bin/alluxio fs mount \
  --option s3a.accessKeyId=<accessKeyId2> \
  --option s3a.secretKey=<secretKey2> \
  /mnt/s3bucket2 s3://data-bucket2
```

将 HDFS 存储挂载到 Alluxio 中：

```
$ ./bin/alluxio fs mount /mnt/hdfs hdfs://<NAMENODE>:<PORT>/
```

检查是否所有三个目录都被包含在 Alluxio 的一个空间中：

```
$ ./bin/alluxio fs ls -R /
... # should contain /mnt/s3bucket1, /mnt/s3bucket2, /mnt/hdfs
```

2.2 层级存储与数据缓存

2.2.1 存储结构概览

本节主要介绍 Alluxio 的存储结构以及在 Alluxio 存储空间内可执行操作背后的概念。如图 2-3 所示，Alluxio 有助于统一跨底层存储系统的用户数据，同时还能够提高整体 I/O 吞吐量。Alluxio 通过将存储分为两种不同的类别来实现该目标。

❑ UFS（底层文件系统，也称底层存储系统）。该类型存储代表在 Alluxio 管理范围外的存储空间。UFS 存储可能来自外部文件系统，例如 HDFS。通常，UFS 存储的作用是长时间持久存储大量数据。Alluxio 能够连接到一个或多个 UFS 并将它们在单个命名空间中统一呈现。

❑ Alluxio 内部存储。Alluxio 内部存储作为一个分布式缓存管理 Alluxio Worker 的本地存储资源。它还可以作为应用程序和底层存储间的快速数据层，极大提高了 I/O 性能。Alluxio 内部存储主要用于存储热度高的、短期使用的数据，不是长期持久化存储。每个 Alluxio Worker 节点要管理的本地存储容量和介质类别都由用户配置决定。即使数据不在 Alluxio 内部存储中，上层应用仍可以通过 Alluxio 读写在 UFS 上的文件，并支持在操作过程中将数据加载到 Alluxio 内部存储中。

图 2-3　Alluxio 作为中间层连接计算层与存储层

Alluxio 通过将数据存储在计算节点的内存或本地存储中来提高计算应用访问数据的性能。此外，Alluxio 内部存储中的数据还支持多副本机制，从而使"热"数据更容易并行地被 I/O 操作使用。Alluxio 中的数据副本独立于 UFS 中可能存在的副本。由于 Alluxio 依赖 UFS 来进行数据持久化，因此 Alluxio 不需要一直保留数据副本来进行容错。Alluxio 还支持存储系统介质感知的分层存储配置（如 MEM 层、SSD 层和 HDD 层），这种类似于多层级 CPU 缓存的操作方式能够降低获取数据的延迟，具体将在 2.2.2 节介绍。

2.2.2　Alluxio 层级存储

Alluxio 存储配置默认最简单的模式就是单层模式。在启动时，Alluxio 会在每个 Worker 上配置一个 ramdisk，并占用一定比例的内存空间。分配到的 ramdisk 是每个 Alluxio Worker 默认情况下的唯一存储介质。用户可通过修改 Alluxio 配置文件 alluxio-site.properties 来根据需要设置 Alluxio 存储相关信息，例如设置 ramdisk 空间的大小。

考虑到数据的冷热特性不同，Alluxio 也支持多层级存储模式。在某些特定场景中，对存储介质按照 I/O 速度进行分层管理与工作负载适配将使整体性能受益。Alluxio 按 I/O 性能从高到低来对多层存储进行排序。例如，用户经常指定以下层级：MEM（内存）层、SSD（固态硬盘）层、HDD（机械硬盘）层。

对于写数据而言，Alluxio 默认情况下会将其写入顶层存储中。如果顶层存储没有足够的可用空间，则会继续尝试写入下一层存储。如果所有存储层中都找不到需要的存储空间，Alluxio 会根据数据热度释放部分空间来存储新数据。空间释放操作将开始尝试根据设置的策略从 Alluxio Worker 中释放数据块。如果空间释放操作无法释放新空间，则写入操作失败。对于读数据而言，如果 Alluxio 配置了多层存储，则不一定能从顶层存储中读取块，因为需要读取的数据可能已被加载或被无感知地移动到了较低的存储层中。

一个典型的多层存储配置具有 MEM、SSD 和 HDD 三层。如果要在 HDD 层中使用多个硬盘存储，需要在配置 alluxio.worker.tieredstore.level{x}.dirs.path 时指定多个路径。Alluxio 使用块分配策略来定义如何跨多个存储目录（在同一层或跨不同层）分配新的数据块。块分配策略定义了在哪个存储目录中分配新的数据块。

由于数据块分配 / 空间释放不再强制要求新的写入操作写到特定的存储层中，这意味着新写入的数据块最终可能会出现在任何配置的存储层中。这允许用户可以写入比 Alluxio 顶层存储容量更大的数据。但是，这也需要 Alluxio 能够动态管理数据块的放置。为了确保每个存储层的配置符合从访问速度最快到最慢的假设，Alluxio 根据数据块排序策略在各层之间移动数据块。为了实现这样的效果，Alluxio 需要跨层重新组织数据块，以确保较高层的最低块比下一层的最高块具有更高的顺序。这是通过存储层级间的管理任务实现的，该任务一旦检测到各层数据块发生乱序，就会在存储层间交换数据块，从而有效地在各层存储之间将数据块重组，确保热数据块能够使用更快的存储介质。

当较高的存储层中有可用空间时，较低层的数据块会向上移动，这样可以更好地利用更快的存储介质。存储层级管理任务会考虑用户 I/O 负载，并在 Worker 或者存储设备处于高负载状态时推迟执行，这是为了确保 Alluxio 存储管理任务不会对正在进行的用户 I/O 性能产生负面影响。

2.2.3　Alluxio 的数据副本管理机制

与许多分布式文件系统一样，Alluxio 中的每个文件都由一个或多个分布在集群中的数据块组成。默认情况下，Alluxio 可以根据工作负载和存储容量自动调整不同数据块的副本数量。另外，Alluxio 也可能会删除不常用的数据副本块，以便回收空间给更频繁访问的数据块使用。根据访问频率，同一个文件中不同的数据块可能具有不同数量的副本。

默认情况下，对于需要访问 Alluxio 中数据的用户和应用程序而言，这种数据块复制、空间释放策略以及相应的数据传输过程是完全透明的。除动态副本数调整之外，Alluxio 还为用户提供编程 API 和命令行接口，支持用户显式地主动调整相关参数。

2.2.4　使用示例

首先，用户可自行在本地创建测试文件，然后将该文件从本地文件系统上传到 Alluxio 中。

```
$ ./bin/alluxio fs copyFromLocal /local/data /input
Copied file:///local/data to /input
```

在 Alluxio 中查看该文件的缓存信息，此时发现该文件的数据全部被缓存到了 Alluxio 中。

```
$ ./bin/alluxio fs ls /
-rw-r--r--  staff    staff    1356372169      PERSISTED 04-15-2022 10:33:10:264
  100% /input
drwxr-xr-x  staff    staff    0               PERSISTED 04-11-2022 16:29:47:106
  DIR /.alluxio_ufs_persistence
```

由于 Alluxio 设置的写入类型默认是 ASYNC_THROUGH，因此该文件也很快被异步写入 UFS 中。

```
// 查看底层存储
hdfs dfs -ls /alluxioUFS
Found 2 items
drwxr-xr-x  - staff staff          0 2022-04-15 10:33
/alluxioUFS/.alluxio_ufs_persistence
-rw-r--r--  3 staff staff          1356372169 2022-04-15 10:33
/alluxioUFS/input
```

通过使用 free 命令可将已缓存数据从 Alluxio 存储空间中移除，但不会影响 UFS 中的文件内容。

```
$ ./bin/alluxio free /input
/input was successfully freed from Alluxio space.
```

在 Alluxio 中查看该文件的缓存信息，可以发现该文件已经没有任何数据被缓存在 Alluxio 中了。

```
$ ./bin/alluxio fs ls /
-rw-r--r--  staff    staff            1356372169      PERSISTED 04-15-2022
  10:33:10:264 0% /input
drwxr-xr-x  staff    staff            0               PERSISTED 04-11-2022
  16:29:47:106  DIR /.alluxio_ufs_persistence
```

下面的一系列操作用于检测 Alluxio 的加速效果。

```
$ time ./bin/alluxio fs cp /input /copy/input
real      0m21.460s
user      0m5.756s
sys       0m0.998s
```

在 Alluxio 中查看该文件的缓存信息，发现该文件已经被缓存在 Alluxio 中。

```
$ ./bin/alluxio fs ls /
-rw-r--r--  staff    staff              1356372169      PERSISTED 04-15-
    2022 10:33:10:264 100% /input
drwxr-xr-x staff    staff              0               PERSISTED 04-11-
    2022 16:29:47:106  DIR /.alluxio_ufs_persistence
```

此时再次执行该操作，会发现执行时间比第一次更短。

```
$ time ./bin/alluxio fs cp /input /another_copy/input
real     0m1.460s
user     0m2.018s
sys      0m0.667s
```

用户可以通过 setReplication 命令设置文件的最大 / 最小目录副本数量：

```
$ ./bin/alluxio fs setReplication --min 3 --max 5 -R /input
Changed the replication level of /input
replicationMax was set to 5
replicationMin was set to 3
```

通过 stat 命令查看其设置的目录副本数量状态：

```
$ ./bin/alluxio fs stat   /input
/input is a file path.
...
persistenceState=PERSISTED, mountPoint=false, replicationMax=5, replicationMin=3, ..
...
```

通过 setTtl 命令对文件设置 TTL（表示该文件可以存活的时间）。

```
$ ./bin/alluxio fs setTtl --action delete /input 60000
TTL of path '/input' was successfully set to 6000 milliseconds, with expiry action set to DELETE
```

经过一段时间（6000 ms）之后，再次查看 Alluxio 中的文件时，发现该文件已被删除。

```
$ ./bin/alluxio fs ls /
drwxr-xr-x staff    staff              0        PERSISTED 04-11-2022
16:29:47:106  DIR /.alluxio_ufs_persistence
```

2.3　Alluxio 与 HDFS/POSIX 接口存储系统的集成

2.3.1　HDFS 底层存储连接器的基本原理

　　HDFS 底层存储连接器（UFS connector）扩展了 Alluxio 提供的 ConsistentUnderFileSystem 基类，并将所有文件系统访问操作通过 HDFS 的 Filesystem 抽象接口进行访问。COSN、Cephfs-hadoop 都可以通过 HDFS 的 Filesystem 抽象接口访问，因此可以拓展 HDFS 底层存

储连接器模块以实现对 COSN 和 Cephfs-hadoop 的存储适配。目前 HDFS 底层存储连接器模块的使用最广泛，维护度也最高。值得一提的是，Alluxio 本身也提供了 HDFS 兼容的客户端，但与这里提及的 HDFS 底层存储连接器并无关联，版本也不一定是一致的。Alluxio 的 HDFS 兼容客户端是面向上层应用的，这里的 HDFS 底层存储连接器是面向底层存储系统的。

HDFS 底层存储连接器初始化时，还会提供访问控制权限的管理。HDFS 底层存储模块在创建文件和文件夹的时候，以 Alluxio 进程用户身份而不是 Alluxio 客户端用户身份向 HDFS NameNode 发送请求。因此，HDFS 需要把 Alluxio 的启动用户加入超级用户组，这样 HDFS 底层存储模块就可以在创建完文件和文件夹后进行 setOwner 操作，从而把文件或文件夹中的真实用户信息设置到 HDFS 中。

HDFS 底层存储连接器模块可以连接多个版本的 HDFS，而每个版本的 HDFS 客户端都有各自的第三方依赖库。这些不同版本的 HDFS 依赖库之间，及其与 Alluxio 的 Master、Worker 等服务模块依赖的第三方库之间都可能存在版本冲突，从而造成 ClassNotFoundException、NoSuchMethodException 等异常。因此，需要使用 Maven Shade 插件对冲突的依赖增加 alluxio.shaded.hdfs 包前缀从而进行遮掩。通过采用增加 shade 依赖之后的 Hadoop，底层存储连接器模块 HDFS 就可以避免冲突了。

2.3.2　配置 HDFS 作为 Alluxio 的底层存储

用户可以根据需要选择直接下载对应 Hadoop 版本的 Alluxio 预编译的二进制文件（推荐），或者从 Alluxio 源代码自行编译面向某个 Hadoop 版本的编译二进制文件（适用于高级用户）。注意，从源代码构建 Alluxio 时，Alluxio 默认情况下面向 Apache Hadoop HDFS 3.3.0 版本进行编译。如果需要使用其他版本的 Hadoop，需要指定 Hadoop 配置文件并在 Alluxio 目录中运行以下命令：

```
$ mvn install -P<YOUR_HADOOP_PROFILE> -D<HADOOP_VERSION> -DskipTests
```

Alluxio 为 Hadoop 主要版本 2.x 和 3.x 提供了 hadoop-2 和 hadoop-3（默认启用）的预定义构建配置文件。如果要用特定 Hadoop 发行版本构建 Alluxio，也可以在命令中指定版本，例如：

```
# Build Alluxio for the Apache Hadoop version Hadoop 2.7.1
$ mvn install -Pufs-hadoop-2 -Dhadoop.version=2.7.1 -DskipTests
# Build Alluxio for the Apache Hadoop version Hadoop 3.1.0
$ mvn install -Pufs-hadoop-3 -Dhadoop.version=3.1.0 -DskipTests
```

如果一切正常，编译结束后可以看到在 ${ALLUXIO_HOME}/assembly/server/target 目录中创建的 alluxio-assembly-server-2.8.0-SNAPSHOT-jar-with-dependencies.jar。

如果要将 Alluxio 配置为使用 HDFS 作为底层存储，则需要修改配置文件 conf/alluxio-site.properties。如果该文件不存在，则需要从模板创建配置文件：

```
$ cp conf/alluxio-site.properties.template conf/alluxio-site.properties
```

编辑 conf/alluxio-site.properties 文件，以便将底层存储地址设置为 HDFS NameNode 地址和挂载到 Alluxio 的 HDFS 目录。例如，如果 HDFS NameNode 在本地运行，使用默认端口并将 HDFS 根目录映射到 Alluxio，则底层存储地址可以是 hdfs://localhost:8020；如果只有 HDFS 目录 /alluxio/data 映射到 Alluxio，则可以将底层存储地址设置为 hdfs://localhost:8020/alluxio/data。如果需要找出 HDFS 在哪里运行，请使用 hdfs getconf -confKey fs.defaultFS 来获取 HDFS 正在侦听的默认主机名和端口：

```
alluxio.master.mount.table.root.ufs=hdfs://<NAMENODE>:<PORT>
```

此外，用户可能需要指定以下属性作为 HDFS 版本：

```
alluxio.master.mount.table.root.option.alluxio.underfs.version=<HADOOP VERSION>
```

当 HDFS 有非默认配置时，需要配置 Alluxio 以使用正确的配置文件访问 HDFS。注意，一旦配置完成，使用 Alluxio 客户端的应用程序不再需要任何额外配置。指定 HDFS 配置位置有如下两种方法。

❑ 将 hdfs-site.xml 和 core-site.xml 从 Hadoop 复制或创建符号链接到 ${ALLUXIO_HOME}/conf。这需要确保在所有运行 Alluxio 的服务器上进行了此设置。

❑ 也可以在 conf/alluxio-site.properties 中设置属性 alluxio.master.mount.table.root.option.alluxio.underfs.hdfs.configuration 指向 hdfs-site.xml 和 core-site.xml。同样需要确保在所有运行 Alluxio 的服务器上进行了此设置。

```
alluxio.master.mount.table.root.option.alluxio.underfs.hdfs.configuration=/path/
to/hdfs/conf/core-site.xml:/path/to/hdfs/conf/hdfs-site.xml
```

如果需要配置 Alluxio 在高可用模式下使用 HDFS NameNode，那么首先要配置 Alluxio 以使用正确的配置文件访问 HDFS。此外，还需要将底层存储地址设置为 hdfs://nameservice/（nameservice 是 hdfs-site.xml 中已经配置的 HDFS nameservice）。如果只是将 HDFS 子目录而不是整个 HDFS 命名空间挂载到 Alluxio，请将底层存储地址更改为对应的目录名称，例如 hdfs://nameservice/alluxio/data。

```
alluxio.master.mount.table.root.ufs=hdfs://nameservice/
```

Alluxio 支持类似 POSIX 的文件系统用户角色和访问权限体系。为保证 HDFS 中文件/目录的用户、组、模式等权限信息与 Alluxio 一致（例如，将用户 foo 在 Alluxio 中创建的文件持久化到 HDFS，所有者为用户 foo），启动 Alluxio Master 和 Worker 的用户角色必须是：

❑ HDFS 超级用户。即使用与启动 HDFS NameNode 的同一用户来启动 Alluxio Master 和 Worker。

❑ HDFS 超级用户组的成员。编辑 HDFS 配置文件 hdfs-site.xml 并检查配置属性 dfs.

permissions.superusergroup 的值。如果此属性设置为组（例如 hdfs），则将启动 Alluxio 进程的用户（例如 alluxio）添加到该组（hdfs）；如果未设置此属性，可以在此属性中添加一个组，其中 Alluxio 运行用户是此新添加组的成员。

上面设置的只是启动 Alluxio Master 和 Worker 的用户角色身份。一旦 Alluxio 服务启动，就没有必要使用该用户来运行 Alluxio 客户端应用程序了。

如果 HDFS 集群开启了 Kerberos 验证，那么需要配置 Alluxio 服务以使用正确的配置文件访问 HDFS。此外，Alluxio 还需要进行安全配置才能与 HDFS 集群通信。在 alluxio-site.properties 中设置以下 Alluxio 属性：

```
alluxio.master.keytab.file=<YOUR_HDFS_KEYTAB_FILE_PATH>
alluxio.master.principal=hdfs/<_HOST>@<REALM>
alluxio.worker.keytab.file=<YOUR_HDFS_KEYTAB_FILE_PATH>
alluxio.worker.principal=hdfs/<_HOST>@<REALM>
```

如果需要连接到开启 Kerberos 的 HDFS，请在所有 Alluxio 节点上运行 kinit，并在使用之前在 alluxio-site.properties 中配置 hdfs 和密钥。目前，存在一个已知的限制是 Kerberos TGT 可能会在最长续订生命周期后过期。用户可以通过定期更新 TGT 来解决此问题，否则可能会在启动 Alluxio 服务时遇到未提供有效凭据的错误，具体错误提示信息为：No valid credentials provided (Mechanism level: Failed to find any Kerberos tgt)。

默认情况下，Alluxio 将使用机器级别的 Kerberos 配置来确定 Kerberos realm 和 KDC。可以通过设置 JVM 属性 java.security.krb5.realm 和 java.security.krb5.kdc 来覆盖这些默认值。要设置这些属性，需要在 conf/alluxio-env.sh 中设置 ALLUXIO_JAVA_OPTS：

```
ALLUXIO_JAVA_OPTS+=" -Djava.security.krb5.realm=<YOUR_KERBEROS_REALM> -Djava.
    security.krb5.kdc=<YOUR_KERBEROS_KDC_ADDRESS>"
```

用户可以通过多种方式将指定版本的 HDFS 集群作为底层存储挂载到 Alluxio 命名空间中。在挂载特定版本的 HDFS 之前，需要确保已经使用该特定版本的 HDFS 构建了 Alluxio 客户端。用户可以通过进入 Alluxio 安装目录下的 lib 目录来检查此客户端的存在。

如果用户从源代码编译构建的 Alluxio，可以通过在 Alluxio 源代码树的 underfs 目录下运行 mvn 命令构建额外的客户端 JAR 文件。例如，运行以下命令为 HDFS 2.8.0 版本构建 Alluxio 客户端 JAR：

```
$ mvn -T 4C clean install -Dmaven.javadoc.skip=true -DskipTests \
-Dlicense.skip=true -Dcheckstyle.skip=true -Dfindbugs.skip=true \
-Pufs-hadoop-2 -Dufs.hadoop.version=2.8.0
```

在使用 mount 命令时，可以通过挂载选项 alluxio.underfs.version 来指定挂载哪个版本的 HDFS。如果没有指定版本，Alluxio 默认将其视为 Apache HDFS 3.3。例如，以下命令是将两个不同版本的 HDFS（HDFS 2.2 和 HDFS 2.7）分别挂载到 Alluxio 命名空间的 /mnt/hdfs22 和 /mnt/hdfs27 目录下：

```
$ ./bin/alluxio fs mount \
  --option alluxio.underfs.version=2.2 \
  /mnt/hdfs22 hdfs://namenode1:8020/
$ ./bin/alluxio fs mount \
  --option alluxio.underfs.version=2.7 \
  /mnt/hdfs27 hdfs://namenode2:8020/
```

当挂载特定 HDFS 版本的 Alluxio 根目录的底层存储时，可以在 conf/alluxio-site.properties 中添加如下配置：

```
alluxio.master.mount.table.root.ufs=hdfs://namenode1:8020
alluxio.master.mount.table.root.option.alluxio.underfs.version=2.2
```

Alluxio 默认支持以下版本的 HDFS 作为挂载选项 alluxio.underfs.version 的有效参数：

```
Apache Hadoop: 2.2, 2.3, 2.4, 2.5, 2.6, 2.7, 2.8, 2.9, 2.10, 3.0, 3.1, 3.2, 3.3
```

如果需要的 HDFS 版本不在以上列表里，用户可以自行编译 Alluxio 的 HDFS 底层存储连接器模块。

注意，Apache Hadoop 1.0 和 1.2 仍受支持，但不包含在 Alluxio 官方提供的默认下载包中。如需构建此模块，需要首先构建 Hadoop 客户端，然后构建 UFS 模块。

Hadoop 带有一个原生库，与 Java 实现相比，它提供了更好的性能和附加功能。例如，当使用原生库时，HDFS 客户端可以使用原生校验和功能，比默认的 Java 实现更高效。在机器上安装 Hadoop 原生库后，通过添加以下配置来更新 conf/alluxio-env.sh 中的 Alluxio 启动 Java 参数：

```
ALLUXIO_JAVA_OPTS+=" -Djava.library.path=<local_path_containing_hadoop_native_
  library> "
```

完成上述配置后，需要重启 Alluxio 服务使上述改动生效。

2.3.3　配置 CephFS 作为 Alluxio 的底层存储

本节主要介绍如何配置 Alluxio 以使用 CephFS 作为底层存储系统。Alluxio 支持 CephFS 底层存储系统的两种不同实现：CephFS 与 Cephfs-hadoop。用户可以通过编译 Alluxio 或在本地下载来获取 Alluxio 二进制文件。此外，用户还需要根据 ceph packages install 安装 cephfs-java、libcephfs_jni、libcephfs2 包以解决依赖问题。安装完成后需要按如下配置建立软链接：

```
$ ln -s /usr/lib64/libcephfs_jni.so.1.0.0 /usr/lib64/libcephfs_jni.so
$ ln -s /usr/lib64/libcephfs.so.2.0.0 /usr/lib64/libcephfs.so
$ java_path=`which java | xargs readlink | sed 's#/bin/java##g'`
$ ln -s /usr/share/java/libcephfs.jar
$ java_path/jre/lib/ext/libcephfs.jar
```

最后，下载 CephFS Hadoop jar 包，完成所需的软件包和库的准备工作。

```
$ curl -o $java_path/jre/lib/ext/hadoop-cephfs.jar -s
https://download.ceph.com/ tarballs/hadoop-cephfs.jar
```

下面将开始相关的配置操作。用户通过修改 conf/alluxio-site.properties 和 conf/core-site.xml 来配置 Alluxio 使用底层存储系统。如果上述文件不存在，可以从模板创建配置文件：

```
$ cp conf/alluxio-site.properties.template conf/alluxio-site.properties
$ cp conf/core-site.xml.template conf/core-site.xml
```

首先是 CephFS 的配置，修改 conf/alluxio-site.properties 以包括：

```
alluxio.underfs.cephfs.conf.file=<ceph-conf-file>
alluxio.underfs.cephfs.mds.namespace=<ceph-fs-name>
alluxio.underfs.cephfs.mount.point=<ceph-fs-dir>
alluxio.underfs.cephfs.auth.id=<client-id>
alluxio.underfs.cephfs.auth.keyring=<client-keyring-file>
```

接下来是 Cephfs-hadoop 的配置，修改 conf/alluxio-site.properties 以包括：

```
alluxio.underfs.hdfs.configurat ion=${ALLUXIO_HOME}/conf/core-site.xml
```

最后，修改 conf/core-site.xml 以包含如下重要配置信息：

```
<configuration>
  <property>
    <name>fs.default.name</name>
    <value>ceph://mon1,mon2,mon3/</value>
  </property>
  <property>
    <name>fs.defaultFS</name>
    <value>ceph://mon1,mon2,mon3/</value>
  </property>
  <property>
    <name>ceph.data.pools</name>
    <value>${data-pools}</value>
  </property>
  <property>
    <name>ceph.auth.id</name>
    <value>${client-id}</value>
  </property>
  <property>
    <name>ceph.conf.options</name>
    <value>client_mount_gid=${gid},client_mount_uid=${uid},client_mds_namespace=
      ${ceph-fs-name}</value>
  </property>
  <property>
    <name>ceph.root.dir</name>
    <value>${ceph-fs-dir}</value>
  </property>
  <property>
    <name>ceph.mon.address</name>
    <value>mon1,mon2,mon3</value>
```

```
    </property>
    <property>
      <name>fs.AbstractFileSystem.ceph.impl</name>
      <value>org.apache.hadoop.fs.ceph.CephFs</value>
    </property>
    <property>
      <name>fs.ceph.impl</name>
      <value>org.apache.hadoop.fs.ceph.CephFileSystem</value>
    </property>
    <property>
      <name>ceph.auth.keyring</name>
      <value>${client-keyring-file}</value>
    </property>
</configuration>
```

2.3.4 配置 NFS 作为 Alluxio 的底层存储

在 Alluxio Master 和 Workers 访问 NFS 服务器前，用户需要创建 NFS 服务端的挂载点。通常，所有机器的 NFS 共享都位于同一路径，例如 /mnt/nfs。NFS 客户端缓存会干扰 Alluxio 的正常运行，特别是如果 Alluxio Master 在 NFS 上创建了一个文件，但 Alluxio Worker 上的 NFS 客户端继续使用缓存的文件列表，那么它将不会看到新创建的文件。因此，可以将属性缓存超时设置为 0。用户可按如下方式挂载 NFS 共享存储：

```
$ sudo mount -o actimeo=0 nfshost:/nfsdir /mnt/nfs
```

接着，通过修改 conf/alluxio-site.properties 配置 Alluxio 使用底层存储系统。如果不存在，可以从模板创建配置文件：

```
$ bin/alluxio bootstrapConf <MASTER_HOST>
```

假设已经在所有 Alluxio Master 和 Worker 上的 /mnt/nfs 挂载了 NFS 共享存储，下面的内容应该存在于 conf/alluxio-site. properties 文件中：

```
alluxio.master.mount.table.root.ufs=/mnt/nfs
```

类似地，用户可以使用 Mount 命令将 NFS 挂载到 Alluxio 命名空间，有关具体命令，这里不再赘述。

2.4 Alluxio 与对象存储系统的集成

2.4.1 对象类型底层存储连接器的基本原理

Alluxio 支持对接的底层对象存储有很多，包括 S3A、Swift、OBS、GCS、COS、OSS、Kodo，这些底层存储均继承自 ObjectUnderFileSystem。ObjectUnderFileSystem 对 Alluxio

到对象存储的访问和底层存储的对象权限信息进行了抽象。这使得对底层存储的获取文件状态操作转化为使用封装的抽象类组装成抽象的底层文件状态对象，并将相关信息返回给调用者。

Alluxio 很多底层存储系统连接器模块的实现都继承自 ObjectUnderFileSystem，例如 OSSUnderFileSystem、OBSUnderFileSystem、S3AUnderFileSystem、GCSUnderFileSystem 等，如图 2-4 所示。对象存储和文件系统在设计概念方面有诸多不同，比如对象存储中没有文件夹的概念，普遍不支持追加写等。这导致 Alluxio 在为底层对象存储提供上层文件系统访问服务时需要对操作做一些特殊处理和优化。Alluxio 在 ObjectUnderFileSystem 中定义了这些对象存储系统通用的操作转换和优化逻辑。

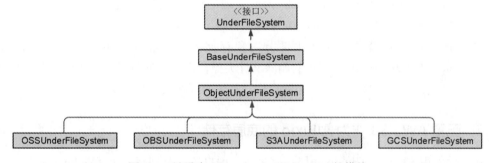

图 2-4　继承自 ObjectUnderFileSystem 的模块

❑ list 操作：因为对象存储是扁平结构，所以每个对象的键为对象路径，并没有真实的文件夹节点。然而，Alluxio 是一个文件系统，需要有文件夹节点，这就需要开启面包屑配置项以自动创建中间的文件夹节点。具体的前缀 list 操作是每一个具体的实现类与底层对象存储交互实现的，如果使用了配置项 alluxio.underfs.object.store.breadcrumbs.enabled=true（默认为 true），则会创建中间文件夹对象。开启配置会创建每一个中间文件夹节点，以提供一个完整的文件系统结构，完成元数据加载之后，后续每个中间节点的 list 操作会很快，但缺点是增加了元数据数量。

❑ open 操作：ObjectUnderFileSystem 提供了一系列关于 open 的包装实现，具体的 openObject 由底层实现类实现。由于一般的对象存储都设计为实现最终一致性，因此为了处理最终一致性语义，当底层元数据与 Alluxio 不一致而导致异常时，系统会进行重试。ObjectUnderFileSystem 则提供了重试策略机制，用户可以根据配置的重试参数 alluxio.underfs.eventual.consistency.retry.base.sleep、alluxio. underfs. eventual.consistency.retry.max.num 和 alluxio.underfs.eventual.consistency.retry.max. sleep 进行相应的重试操作。

❑ mkdirs 操作：由于大部分对象存储系统都没有实际的文件夹节点，因此 ObjectUnderFileSystem 实现的创建文件夹操作会先进行合法性判断。然后，根据 MkdirsOptions 是否被指定允许创建父文件夹进行相关操作。如果被指定，则父文件夹也会被创建出来。

❑ create 操作：对象存储并不是真正意义上的文件系统，其扁平化的命名空间结构不存在真实的父节点，这样能够节省很多元数据空间。但是，在与文件系统语义兼容的场景中，还是需要对象存储创建出中间节点。ObjectUnderFileSystem 实现进行创建文件操作时，如果其 CreateOptions 配置中指定了允许创建父文件夹，并且设置配置项 alluxio.underfs.object.store.skip.parent.directory.creation=false，那么该文件的父文件夹也会被创建出来。许多对象存储（比如 S3）还支持多分片并发上传功能，从而能大幅提升大文件的上传性能。

❑ rename 操作：ObjectUnderFileSystem 实现的重命名操作。它本质上是一个复制后删除的模拟操作，因为大部分对象存储普遍不支持重命名。

❑ deleteDirectory 操作：由于大部分对象存储系统没有实际的文件夹节点，因此 ObjectUnderFileSystem 实现的删除文件夹操作需要先通过 list 子成员判断是否为空文件夹，才可以进行文件夹删除操作。具体的删除操作由底层对象存储系统实现。

2.4.2 配置 AWS S3 作为 Alluxio 的底层存储

在开始使用 S3 作为 Alluxio 底层存储之前，用户还需要创建一个新的 bucket 或者使用一个已经存在的 bucket。同时，用户可以在 bucket 中创建一个新的目录，也可以使用一个已经存在的目录，作为将在 bucket 中使用的目录。为了方便，下面内容中称 S3 bucket 为 S3_BUCKET，并且称其中的目录为 S3_DIRECTORY。

Alluxio 通过统一命名空间（Unified Namespace）来统一对不同的存储系统的访问。S3 存储位置既可以被挂载在 Alluxio 命名空间的根目录下，也可以被挂载在嵌套的目录下。

1. 根挂载点

首先，如果 conf/alluxio-site.properties 文件不存在，则需要从模板创建。

```
$ bin/alluxio bootstrapConf <MASTER_HOST>
```

下面，需要修改 conf/alluxio-site.properties 来配置 Alluxio，以使用 S3 作为其底层存储系统（Under Storage System）。先要通过添加下面的字段来指定一个已经存在的 S3 bucket 和目录作为底层存储系统：

```
alluxio.master.mount.table.root.ufs=s3://<S3_BUCKET>/<S3_DIRECTORY>
```

注意：如果想要挂载整个 S3 bucket，则需要在 bucket 名字后面添加一个反斜线（例如 s3://S3_BUCKET/）。

然后，通过设置该配置文件中的 s3a.accessKeyId 和 s3a.secretKey 字段来指定 AWS 证书以便访问 S3。

```
s3a.accessKeyId=<S3 ACCESS KEY>
s3a.secretKey=<S3 SECRET KEY>
```

配置完成后，可以在本地启动 Alluxio，查看系统是否正常运行，以及根挂载点是否存在：

```
# 启动前的格式化准备
$ ./bin/alluxio format
# 启动Alluxio集群
$ ./bin/alluxio-start.sh local
# 用Mount命令查看所有挂载点，应该看到根挂载点信息
$ ./bin/alluxio fs mount
```

执行 alluxio-start.sh 脚本后，系统会启动 Alluxio Master 和 Alluxio Worker 等集群组件，用户可以在浏览器中访问 http://localhost:19999 来查看 master UI。在运行示例程序前，请确保在 alluxio-site.properties 中设置的根挂载点是 UFS 中合法的路径，确保用户运行的示例程序具有 Alluxio 文件系统中的写权限。

接着，用户可以运行一个简单的示例程序：

```
$ ./bin/alluxio runTests
```

运行成功后，访问 S3 目录 s3://<S3_BUCKET>/<S3_DIRECTORY>，确认其中包含由 Alluxio 创建的文件和目录。在该测试中，创建的文件名称应与下面的文件名称类似：

```
s3://<S3_BUCKET>/<S3_DIRECTORY>/alluxio/data/default_tests_files/Basic_CACHE_
    THROUGH
```

2. 嵌套挂载

在集群运行时，用户可以将一个 S3 位置挂载到 Alluxio 命名空间的一个嵌套目录中，以便统一访问多个底层存储系统。具体的命令行操作示例如下：

```
$ ./bin/alluxio fs mount \
--option s3a.accessKeyId=<AWS_ACCESS_KEY_ID> \
--option s3a.secretKey=<AWS_SECRET_KEY_ID> \
/mnt/s3 s3://<S3_BUCKET>/<S3_DIRECTORY>
```

执行完 Mount 命令后可以用类似的方式查看挂载点：

```
# 用Mount命令查看所有挂载点，应该看到根挂载点信息
$ ./bin/alluxio fs mount
# 查看挂载点下的文件
$ ./bin/alluxio fs ls /mnt/s3/
```

2.4.3　配置阿里云 OSS 作为 Alluxio 的底层存储

本节介绍如何配置 Alluxio 以使用 Aliyun OSS 作为底层文件系统。对象存储服务（OSS）是阿里云提供的一个大容量、安全、高可靠性的云存储服务。

在使用 OSS 之前，请注册 OSS 并创建 OSS bucket。为了配置 Alluxio 以使用 OSS 作为底层存储，需要修改配置文件 conf/alluxio-site.properties，如果该文件不存在，可以从模板文件创建：

```
$ cp conf/alluxio-site.properties.template
conf/alluxio-site.properties
```

编辑 conf/alluxio-site.properties 文件，以设置底层存储地址为需要挂载到 Alluxio 的 OSS bucket 和 OSS 目录。例如，如果想要挂载整个 bucket 到 Alluxio，可以设置底层存储地址为 oss://alluxio-bucket/；如果用户只想把 OSS bucket 中的 /alluxio/data 目录挂载到 Alluxio，可以设置地址为 oss://alluxio-bucket/alluxio/data。

```
alluxio.master.mount.table.root.ufs=oss://<OSS_BUCKET>/<OSS_DIRECTORY>
```

可以通过在 conf/alluxio-site.properties 中添加下面内容指定阿里云的 OSS 访问证书：

```
fs.oss.accessKeyId=<OSS_ACCESS_KEY_ID>
fs.os.accessKeySecret=<OSS_ACCESS_KEY_SECRET>
fs.oss.endpoint=<OSS_ENDPOINT>
```

此处 fs.oss.accessKeyId 和 fs.oss.accessKeySecret 分别为 Access Key ID 字符串和 Access Key Secret 字符串，均受阿里云 AccessKeys 管理界面的管理。

fs.oss.endpoint 是该 Bucket 的互联网 Endpoint，可以在 Bucket 概述页面中看到其相关信息。其取值类似 oss-us-west-1.aliyuncs.com 和 oss-cn-shanghai.aliyuncs.com。关于可用的 Endpoint 信息，可以参考 OSS 的网络 Endpoint 文档⊖。

配置完成后，可以在本地启动 Alluxio，观察系统是否正常运行：

```
$ ./bin/alluxio format
$ ./bin/alluxio-start.sh local
```

该命令会启动一个 Alluxio Master 和一个 Alluxio Worker，可以在浏览器中访问 http://localhost:19999 以查看 master UI。接着，用户可以运行一个简单的示例程序：

```
$ ./bin/alluxio runTests
```

运行成功后，访问 OSS 目录 oss://<OSS_BUCKET>/<OSS_DIRECTORY>，确认其中包含由 Alluxio 创建的文件和目录。在该测试中，创建的文件名称应类似 <OSS_BUCKET>/<OSS_DIRECTORY>/default_tests_files/BasicFile_CACHE_PROMOTE_MUST_CACHE。

OSS 可以挂载在 Alluxio 命名空间的嵌套目录中，以统一访问多个存储系统。类似地，用户可以通过 Mount 命令实现这一目的。例如，下面的命令将 OSS 容器内部的目录挂载到 Alluxio 的 /oss 目录。

```
$ ./bin/alluxio fs mount --option
fs.oss.accessKeyId=<OSS_ACCESS_KEY_ID> \
```

⊖ https://www.alibabacloud.com/help/zh/doc-detail/31837.htm。

```
--option fs.oss.accessKeySecret=<OSS_ACCESS_KEY_SECRET> \
--option fs.oss.endpoint=<OSS_ENDPOINT> \
/oss oss://<OSS_BUCKET>/<OSS_DIRECTORY>/
```

2.4.4 配置 Apache Ozone 作为 Alluxio 的底层存储

本节介绍如何将 Ozone 配置为 Alluxio 的底层存储系统。Apache Ozone 是一个分布式、可扩展的、高性能的对象存储系统。除了支持扩展到数十亿个大小不同的对象外，Ozone 还可以在容器化环境（例如 Kubernetes 和 YARN）中有效运行。在准备 Ozone 与 Alluxio 一起使用时，请遵循 Ozone 本地安装文档⊖安装 Ozone 集群，并遵循相关命令⊜创建 Ozone 集群的卷和存储桶。

要配置 Alluxio 使用 Ozone 作为底层存储系统，需要修改配置文件 conf/alluxio-site. properties。如果此文件不存在，请从模板创建此配置文件。

```
$ bin/alluxio bootstrapConf <MASTER_HOST>
```

编辑 conf/alluxio-site.properties 文件把底层存储地址设置为 Ozone bucket 和准备挂载到 Alluxio 的 Ozone 目录。例如，如果要将整个存储桶挂载到 Alluxio，底层存储的地址可以是 o3fs://<OZONE_BUCKET>.<OZONE_VOLUME>/，如果用户仅将 <OZONE_VOLUME> 的 <OZONE_BUCKET> 内的 /alluxio/data 目录映射到 Alluxio，那么底层存储的地址是 o3fs://<OZONE_BUCKET>.<OZONE_VOLUME>/alluxio/data。

```
alluxio.master.mount.table.root.ufs=o3fs://<OZONE_BUCKET>.<OZONE_VOLUME>/
```

使用 Ozone 本地运行 Alluxio 的示例如下。在启动 Alluxio 集群后，可以运行一个简单的测试程序：

```
$ ./bin/alluxio runTests
```

用户可以使用 HDFS Shell 或 Ozone Shell 来访问 Ozone 目录 o3fs://<OZONE_BUCKET>.<OZONE_VOLUME>/<OZONE_DIRECTORY>，以确认由 Alluxio 创建的文件和目录是否存在。对于此测试，用户应该看到名字类似 <OZONE_BUCKET>.<OZONE_VOLUME>/<OZONE_DIRECTORY>/default_tests_files/BasicFile_CACHE_PROMOTE_MUST_CACHE 的文件。

一个 Ozone 位置可以挂载到 Alluxio 命名空间中的一个嵌套目录来保证对多个底层存储的统一访问。可以使用 Alluxio 的 Mount 命令挂载。例如，用户可以运行以下命令将 Ozone 存储桶中的一个目录挂载到 Alluxio 目录 /ozone 上：

```
$ ./bin/alluxio fs mount \
```

⊖ https://ozone.apache.org/docs/1.2.1/zh/start/onprem.html。

⊜ https://ozone.apache.org/docs/1.2.1/interface/cli.html。

```
--option alluxio.underfs.hdfs.configuration=<DIR>/ozone-site.xml \
/ozone o3fs://<OZONE_BUCKET>.<OZONE_VOLUME>/
```

一种可能的 ozone-site.xml 文件设置信息如下：

```
<configuration>
  <property>
    <name>ozone.om.address</name>
    <value>localhost</value>
  </property>
</configuration>
```

确保相关的配置文件在所有运行 Alluxio 的服务器节点上被重新加载更新。当前，与 Alluxio 测试通过的 Ozone 版本是 1.0.0、1.1.0 和 1.2.1。

2.4.5 配置 Swift 作为 Alluxio 的底层存储

Swift bucket 可以在 Alluxio 命名空间的根目录下或嵌套目录下被挂载。

1. 根挂载

要使用底层存储系统，用户需要编辑 conf/alluxio-site.properties 来配置 Alluxio。如果该文件不存在，那么用户可以从模板创建一个配置文件。

```
$ bin/alluxio bootstrapConf <MASTER_HOST>
```

修改 conf/alluxio-site.properties 配置文件使其包括：

```
alluxio.master.mount.table.root.ufs=swift://<bucket>/<folder>
alluxio.master.mount.table.root.option.fs.swift.user=<swift-user>
alluxio.master.mount.table.root.option.fs.swift.tenant=<swift-tenant>
alluxio.master.mount.table.root.option.fs.swift.password=<swift-user-password>
alluxio.master.mount.table.root.option.fs.swift.auth.url=<swift-auth-url>
alluxio.master.mount.table.root.option.fs.swift.auth.method=<swift-auth-model>
```

使用现有的 Swift 容器地址替换 <container>/<folder>，<swift-use-public> 的值为 true 或 false，<swift-auth-model> 的值为 keystonev3、keystone、tempauth 或 swiftauth。

当采用任意一个 Keystone 认证时，可以有选择地设置下面的参数：

```
alluxio.master.mount.table.root.option.fs.swift.region=<swift-preferred-region>
```

认证成功以后，Keystone 会返回两个访问 URL：公开的和私有的。如果 Alluxio 部署在企业内网环境，并且 Swift 位于同样的网络中，那么建议将 <swift-use-public> 的值设置为 false。

2. 嵌套挂载

用户可以将一个 Swift 位置挂载到 Alluxio 命名空间的一个嵌套目录中，以便统一访问多个底层存储系统。为了达到这一目的，可以使用 Alluxio 的用户命令行操作，详情可参见 3.1.2 节。

```
$ ./bin/alluxio fs mount \
  --option fs.swift.user=<SWIFT_USER> \
  --option fs.swift.tenant=<SWIFT_TENANT> \
  --option fs.swift.password=<SWIFT_PASSWORD> \
  --option fs.swift.auth.url=<AUTH_URL> \
  --option fs.swift.auth.method=<AUTH_METHOD> \
  /mnt/swift swift://<BUCKET>/<FOLDER>
```

用户需要使用 Swift 模块，让 Alluxio 启用 Ceph Object Storage 以及 IBM Soft Layer 对象存储作为底层存储。若要使用 Ceph，必须部署 Rados Gateway 模块。完成配置后，用户可以启动一个 Alluxio 集群，运行一个简单的示例程序：

```
$ ./bin/alluxio runTests
```

访问 Swift 容器，以确认其中是否包含由 Alluxio 创建的文件和目录。在这个测试中，用户应该会看到创建的文件名与下面的文件名类似：

```
<bucket>/<folder>/default_tests_files/BASIC_CACHE_THROUGH
```

2.5　新增底层存储连接模块的集成方法

2.5.1　客户端常见操作与底层存储连接器的交互

Alluxio 作为一个统一虚拟存储系统，底层可以支持接入多种不同类型的存储。为了对这些底层存储进行统一管理和灵活拓展，Alluxio 在实现上为底层存储设计了一套可插拔的机制。具体而言，Alluxio 将底层存储抽象为 UnderFileSystem 接口，每个具体的底层存储就是接口的一个具体实现。按照特性，Alluxio 将底层存储分为以下两大类。

- ❏ ConsistentUnderFileSystem：具备强一致性的底层存储连接器的实现，主要包括 LocalUnderFileSystem、HdfsUnderFileSystem 等。
- ❏ ObjectUnderFileSystem：对象存储底层存储连接器的实现，主要包括 S3AUnderFileSystem、COSUnderFileSystem、OSSUnderFileSystem 等。

如图 2-5 所示，Alluxio 众多底层存储系统连接器均继承自 ConsistentUnderFileSystem 类或者 ObjectUnderFileSystem 类。除此之外，一些基于 HDFS 的存储系统（比如 Ozone、CephFS、COSN）无须实现 UnderFileSystem，只需要实现相应的底层存储连接器模块即可。

Alluxio 的 UnderFileSystem 维护底层存储的客户端连接信息和与其他底层存储相关的描述信息，并基于底层存储连接器实现 Alluxio 对底层存储系统的操作。

接下来介绍常见的 Alluxio 客户端操作涉及的与底层存储连接器的交互。

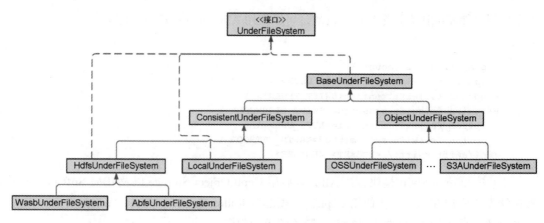

图 2-5　底层存储系统连接器类继承关系图

1. 创建文件夹

如图 2-6 所示，客户端创建一个文件夹时会把请求发送给 Alluxio Master，Alluxio Master 再把创建文件夹请求发送给对应的底层存储连接器。这个过程只有 Alluxio Master 参与，并没有 Alluxio Worker 参与。

2. 查看文件夹

如图 2-7 所示，客户端浏览文件夹时会把请求发送给 Alluxio Master，由 Alluxio Master 通过底层存储连接器向对应的底层存储系统发送查看（list）请求，并将 list 的结果返回客户端。这个过程也只有 Alluxio Master 参与，并没有 Alluxio Worker 参与。

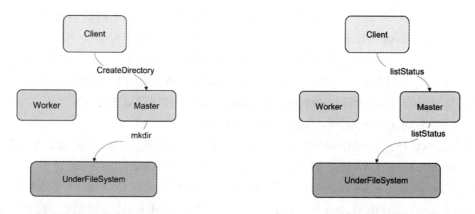

图 2-6　创建文件夹操作客户端与底层
　　　　存储连接器交互图

图 2-7　list 文件夹操作客户端与底层存
　　　　储连接器交互图

3. 创建文件

如图 2-8 所示，客户端创建文件时首先会把请求发送给 Alluxio Master，由 Alluxio

Master 在 Alluxio 中创建一个空文件 inode。当客户端的第一个数据请求到达 Alluxio Worker 之后，就会先创建底层存储系统的文件。当文件写完，客户端关闭输出流时，Alluxio Worker 会接收到客户端发送的 complete 请求，Alluxio Worker 会在完成（complete）文件时再进行一次检查，如果有需要就创建这个文件，因为如果创建的是空文件，不会存在实际数据请求。此外，客户端还会发送 complete 请求到 Alluxio Master 端，将 inode 长度和状态更新为与对应的底层存储一致，标记文件为完成（completed）状态。

4. 读取文件

如图 2-9 所示，客户端打开文件时会把请求发送给 Alluxio Master。当 Alluxio Master 中不存在该文件时，会从底层存储系统获取文件的元数据信息。客户端在读取数据内容时，会根据配置的策略选择合适的 Alluxio Worker 读取数据内容。Alluxio Worker 会与底层存储系统建立数据通信，读取数据内容。

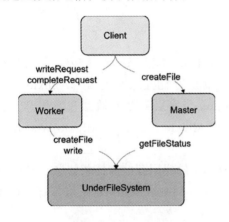

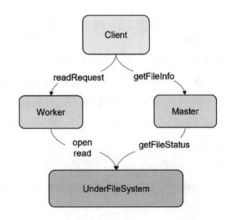

图 2-8　创建文件操作客户端与底层存
储连接器交互图

图 2-9　读取文件操作客户端与底层存
储连接器交互图

2.5.2　底层存储连接器的加载机制

Alluxio 有很多底层存储连接器实现，那么 Alluxio 如何发现这些支持的底层存储连接器呢？Alluxio 服务在运行时会动态加载扩展的 jar 包，这使得 Alluxio 可以与新的底层文件系统通信，并且无须重启服务。Alluxio 的服务使用 Java Services Loader 寻找实现了 UnderFileSystemFactory 接口的底层存储，底层存储实现程序需要创建一个 UnderFileSystemFactory 文件来指定具体的 UnderFileSystemFactory 实现类。

要实现新的底层存储，需要包含透明的依赖包到自己的扩展 jar 包里，我们通常称它为 shaded fat jar。Alluxio 为每一个扩展 jar 包采用独立的类加载器，从而避免 Alluxio 服务和底层扩展之间的依赖冲突。每一个底层存储连接器模块的 jar 包都会在构建之后生成 ${ALLUXIO_HOME}/lib 文件夹，Service Loader 会通过这些 jar 包发现并加载其中的底层存储系统。

图 2-10 所示展示了 Alluxio 的 underfs 模块的子模块。

Alluxio 运行时，lib 文件夹下的文件都会被
扫描加载。

```
$ ls -1 lib
alluxio-underfs-cephfs-hadoop-2.8.0.jar
alluxio-underfs-cosn-2.8.0.jar
alluxio-underfs-hadoop-2.7-2.8.0.jar
alluxio-underfs-hadoop-3.2-2.8.0.jar
alluxio-underfs-local-2.8.0.jar
alluxio-underfs-oss-2.8.0.jar
alluxio-underfs-ozone-2.8.0.jar
alluxio-underfs-s3a-2.8.0.jar
...
```

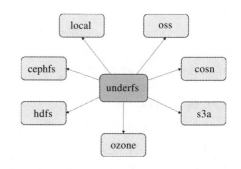

图 2-10　主流的 Alluxio 底层存储连接器模块

2.5.3　底层存储连接器的管理方式

Alluxio Master 和 Alluxio Worker 都对底层存储连接器进行管理。需要访问底层存储系统的 Alluxio 服务具体如下：Alluxio Master 与底层存储元数据交互、Alluxio Worker 与底层存储元数据和数据交互、Alluxio Job Worker 与底层存储元数据和数据交互。而 Alluxio Job Master 以及 Alluxio 客户端都需要通过 Alluxio Master 和 Alluxio Worker 与底层存储交互。

Alluxio Master 端底层存储管理器负责管理 Master 的底层存储和挂载信息。Alluxio 的用户可以通过 updateMount、unMount、Mount 等方式，对挂载表和对应的底层存储连接器模块进行管理。例如：

```
$ bin/alluxio updateMount --readonly --option alluxio.underfs.hdfs.configuration=/
    tmp/ozone-site.xml /ozone
```

上述命令示例表示更新了 Alluxio 的挂载点 /ozone，指定 --readonly 选项表示设置挂载点为只读，通过选项 alluxio.underfs.hdfs.configuration 配置连接 HDFS 时的配置文件。

Alluxio Worker 端底层存储管理器负责管理 Worker 的底层存储和挂载信息，当 Worker 缺少底层存储的挂载信息时，Worker 会从 Master 请求指定挂载点信息，并将其存储到 Worker 端底层存储管理器中。当 Master 端挂载表变化时，Alluxio Worker 也会对应地进行更新。

底层存储系统的实现以及相关的依赖会放到一个 fat jar 文件中，并且 Alluxio 使用不同的类加载器加载底层存储连接器的 JAR。因此，每个底层存储连接器的 JAR 之间及其和 Alluxio 服务组件本身所依赖的三方包之间都不会冲突。例如，两个底层存储模块，一个是 HDFS 1.0，另一个是 HDFS 2.0，而 Alluxio 服务使用的依赖是 HDFS 3.0，由于它们的类加载器不一样，因此不会冲突。

2.5.4　新增底层存储连接器的示例

接下来以 Alluxio 基于 Ozone 的 Hadoop 兼容文件系统客户端实现 Ozone 文件系统连接器为例，讲解如何实现一个新的底层存储连接器。Ozone 可以重新完全实现一个底层存储连接器，但是利用 Ozone 的 Hadoop 兼容文件系统客户端，只需基于 HDFS 底层存储连接器模块就可以实现 Ozone 底层存储连接器模块。

Alluxio 支持 Ozone 底层存储连接器模块中相关修改部分，最重要的是 OzoneUnderFileSystemFactory 类，它扩展自 HdfsUnderFileSystemFactory，可以减少大部分实现工作，也可以减少大部分冗余代码。关键点是可以使用 OzoneFileSystem 来访问 Ozone。OzoneFileSystem 是 Hadoop 兼容文件系统接口的实现类，大部分工作都由 HdfsUnderFileSystemFactory 完成，甚至都不用创建 OzoneUnderFileSystem。

图 2-11 是 Service Loader 需要加载的文件，内容是 OzoneUnderFileSystemFactory 的完成类名，Alluxio 底层文件系统框架会通过这个文件发现 Ozone 底层存储连接器模块。

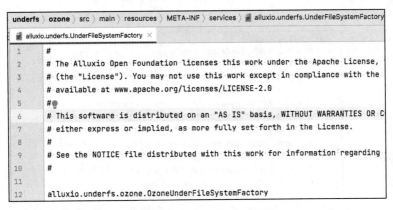

图 2-11　Ozone 底层存储连接器模块 Service Loader 需要加载的文件

1. 实现重要的接口

首先，需要实现 UnderFileSystem 接口。图 2-12 展现出 UnderFileSystem 的所有实现类。选择扩展自一个合适的父类，会事半功倍。

其实具体过程并不复杂，只需要实现很少的接口方法就可以。就像如图 2-13 所示的方法。

此外，还需要在特定的位置创建一个文件 META-INF/services/alluxio.underfs.UnderFileSystemFactory，然后把实现类填写到该文件中，本例 Ozone 的底层存储工厂实现类 alluxio.underfs.ozone.OzoneUnderFileSystemFactory。这是因为 Alluxio 使用 Java Service Loader 机制加载底层存储连接器模块的工厂类。

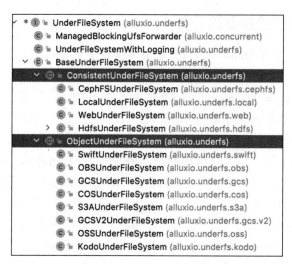

图 2-12 现有的 Alluxio 底层存储连接器

图 2-13 底层存储连接器需要实现的方法

2. 制作 jar 包

由于不同版本的底层存储连接器之间以及底层存储连接器与 Alluxio 服务组件之间可能
会存在三方包类冲突，因此需要为底层存储连接器模块制作 shaded fat jar。为了获取一个
shaded fat jar，需要在新创建的模块的 pom.xml 中新增以下 maven 插件。

```
<build>
  <plugins>
    <plugin>
      <groupId>org.apache.maven.plugins</groupId>
      <artifactId>maven-shade-plugin</artifactId>
    </plugin>
  ...
    </plugins>
</build>
```

下面的文件是从那些底层模块生成的 jar。

```
$ ls -1 lib
alluxio-underfs-cephfs-hadoop-2.8.0.jar
alluxio-underfs-cosn-2.8.0.jar
alluxio-underfs-hdfs-3.3.0-2.8.0.jar
alluxio-underfs-local-2.8.0.jar
alluxio-underfs-ozone-2.8.0.jar
...
```

3. 方案验证

```
$ bin/alluxio fs mount \
  --option alluxio.underfs.hdfs.configuration=<DIR>/ozone-site.xml:<DIR>/core-
    site.xml \
  /ozone o3fs://<OZONE_BUCKET>.<OZONE_VOLUME>/
```

挂载底层存储系统的方法可以在 alluxio-site.properties 里配置，或者调用 Alluxio Java
API 中的 mount 方法。其中，最简单的方式就是使用 Alluxio 提供的 mount 命令进行挂载。
需注意的是，如果指定了配置文件，则需要确保 Alluxio 的 Master 和 Worker 上同样的路径
都存在指定的配置文件，因为 Alluxio 的 Master 和 Worker 都需要访问底层存储。

通过 Alluxio 命令行工具，可以列出 Ozone 文件夹和读取文件内容。

```
$ bin/alluxio fs ls /ozone
-rw-r--r--  mbl   staff   4352   PERSISTED 06-16-2022 11:31:16:601   0% /ozone/A
-rw-r--r--  mbl   staff   4352   PERSISTED 06-16-2022 11:31:16:601   0% /ozone/B
drwxr-xr-x  mbl   staff   1      PERSISTED 05-19-2022 14:16:35:392   DIR /ozone/dir
```

2.6　Alluxio 与大数据计算框架的集成

2.6.1　与 Apache Spark 并行计算框架集成

本节将介绍如何配置 Apache Spark 以访问 Alluxio。Apache Spark 1.1 或更高版本的应

用程序可以通过其 HDFS 兼容接口来访问 Alluxio。使用 Alluxio 作为数据访问层，Spark 应用程序可以透明地访问许多不同类型的持久存储服务（例如 AWS S3 存储桶、Azure 对象存储桶、远程 HDFS 部署等）中的数据。数据可以被主动获取或透明地缓存到 Alluxio 中，以提升 I/O 性能。当 Spark 部署的位置远离数据时，效果特别明显。此外，Alluxio 还可以通过解构计算和存储来帮助简化架构。当持久存储中的数据路径在 Spark 中隐藏时，对存储的数据路径更改可独立于应用程序逻辑；同时，作为一个计算端的缓存，Alluxio 仍然可以提供计算框架的数据本地性。

首先，用户需要安装 Java 8 update 60 或更高版本。然后，需要安装 Alluxio 并运行。这里假设底层持久化存储为部署在本地的 HDFS（${ALLUXIO_HOME}/conf/alluxio-site.properties 文件中 alluxio.master.mount.table.root.ufs=hdfs://localhost:9000/alluxio/）。

Alluxio 客户端 jar 必须分布在运行 Spark 驱动程序或执行程序的所有节点上。将客户端 jar 存放在每个节点上的同一本地路径（例如 /<PATH_TO_ALLUXIO>/client/alluxio-2.8.0-SNAPSHOT-client.jar）上。Alluxio 客户端 jar 必须位于所有 Spark 驱动程序和执行程序的类路径中，以便 Spark 应用程序访问 Alluxio。将以下行添加到运行 Spark 的每个节点的 spark/conf/spark-defaults.conf 文件上。此外，请确保将客户端 jar 复制到运行 Spark 的每个节点。

```
spark.driver.extraClassPath
/<PATH_TO_ALLUXIO>/client/alluxio-2.8.0-SNAPSHOT-client.jar
spark.executor.extraClassPath
/<PATH_TO_ALLUXIO>/client/alluxio-2.8.0-SNAPSHOT-client.jar
```

下面展示如何使用 Alluxio 作为用户 Spark 应用程序的输入 / 输出源。

（1）仅在 Alluxio 中访问数据

将本地数据复制到 Alluxio 文件系统。将 LICENSE 文件放入 Alluxio，假设用户位于 Alluxio 安装目录中：

```
$ ./bin/alluxio fs copyFromLocal LICENSE /Input
```

从 spark-shell 中运行以下命令，假设 Alluxio Master 在 localhost 上运行：

```
val s = sc.textFile("alluxio://localhost:19998/Input")
val double = s.map(line => line + line)
double.saveAsTextFile("alluxio://localhost:19998/Output")
```

打开浏览器并检查 Alluxio WebUI http://localhost:19999/browse。应该有一个输出目录 /Output，其中包含输入文件 Input 的双倍内容。

（2）访问底层存储系统的数据

Spark 应用程序可以通过 Alluxio 透明地从底层存储系统获取数据。在本节中，HDFS 用作分布式存储系统的示例。

将文件 Input_HDFS 放入 HDFS：

```
$ hdfs dfs -copyFromLocal -f ${ALLUXIO_HOME}/LICENSE
hdfs://localhost:9000/ alluxio/Input_HDFS
```

此时，Alluxio 不知道此文件，因为它是直接添加到 HDFS 中的。假设 Alluxio Master 运行在 localhost，用 spark-shell 运行以下命令开始：

```
val s = sc.textFile("alluxio://localhost:19998/Input_HDFS")
val double = s.map(line => line + line)
double.saveAsTextFile("alluxio://localhost:19998/Output_HDFS")
```

打开浏览器并检查 http://localhost:19999/browse。应该有一个输出目录 /Output，其中包含输入文件 Input 的双倍内容。此外，输入文件 Input_HDFS 现在将 100% 加载到 Alluxio 文件系统空间中。

1.高级设置

（1）使用 HA 配置 Spark 使用 Alluxio

当使用内部主节点选举连接到启用了 HA 的 Alluxio 集群时，请通过 ${SPARK_HOME}/conf/spark-defaults.conf 中的 Java 选项设置 alluxio.master.rpc.addresses 属性，以便 Spark 应用程序知道要连接到哪个 Alluxio 主节点。例如：

```
spark.driver.extraJavaOptions
-Dalluxio.master.rpc.addresses=master_hostname_1:19998,master_hostname_2:
  19998,master_hostname_3:19998
spark.executor.extraJavaOptions
-Dalluxio.master.rpc.addresses=master_hostname_1:19998,master_hostname_2:
  19998,master_hostname_3:19998
```

可选择性地为 Hadoop 配置文件 ${SPARK_HOME}/conf/core-site.xml 增加以下属性：

```
<property>
  <name>alluxio.master.rpc.addresses</name>
  <value>master_hostname_1:19998,master_hostname_2:19998,master_hostname_3:19998
    </value>
</property>
```

用户也可以配置 Spark 来连接一个基于 Zookeeper 主节点选举规则的高可用 Alluxio 集群。

（2）为各个 Spark 作业自定义 Alluxio 用户属性

Spark 用户可以使用传递 JVM 系统属性，通过添加 "-Dproperty=value" 到 Spark 执行器的 spark.executor.extraJavaOptions 属性和 Spark 驱动程序的 spark.driver.extraJavaOptions 属性，将 Alluxio 属性设置为 Spark 作业。例如，要提交使用 Alluxio 的 CACHE_THROUGH 写入类型的 Spark 作业，请执行以下操作：

```
$ spark-submit \
--conf 'spark.driver.extraJavaOptions=-Dalluxio.user.file.writetype.
  default=CACHE_THROUGH' \
--conf 'spark.executor.extraJavaOptions=-Dalluxio.user.file.writetype.
  default=CACHE_THROUGH' \
...
```

请注意，在客户端模式下，用户需要设置 --driver-java-options "-Dalluxio.user.file.writetype.default=CACHE_THROUGH"，而不是 --conf spark.driver.extraJavaOptions=-Dalluxio.user.file.writetype.default=CACHE_THROUGH。

2.高级用法

（1）将 RDD 缓存到 Alluxio 中

将 RDD 存储在 Alluxio 内存中就像将 RDD 文件保存到 Alluxio 一样简单。在 Alluxio 中将 RDD 另存为文件的两种常用方法如下。

❑ saveAsTextFile：将 RDD 写入为文本文件，其中每个元素都是文件中的一行。

❑ saveAsObjectFile：通过将 RDD 写入文件，方法是对每个元素使用 Java 序列化。

可以通过使用 sc.textFile 或 sc.objectFile 分别再次读取（从内存中）Alluxio 中保存的 RDD。

```
// as text file
rdd.saveAsTextFile("alluxio://localhost:19998/rdd1")
rdd = sc.textFile("alluxio://localhost:19998/rdd1")

// as object file
rdd.saveAsObjectFile("alluxio://localhost:19998/rdd2")
rdd = sc.objectFile("alluxio://localhost:19998/rdd2")
```

（2）在 Alluxio 中缓存数据框（DataFrame）

将 Spark DataFrame 存储在 Alluxio 内存中就像将 DataFrame 作为文件保存到 Alluxio 一样简单。数据框通过 df.write.parquet() 操作将数据写为 Parquet 格式的文件。将 Parquet 写入 Alluxio 后，可以使用 sqlContext.read.parquet() 从内存中读取它。

```
df.write.parquet("alluxio://localhost:19998/data.parquet")
df = sqlContext.read.parquet("alluxio://localhost:19998/data.parquet")
```

用户在基于 Alluxio 运行 Spark 应用程序时可能会遇到一些故障问题，常见的问题包括日志记录配置、Spark 任务的数据位置级别不正确、YARN 上 Spark 作业的数据位置、SparkSQL 和 Hive Metastore 连接方面。这些问题在 Alluxio 的相关文档⊖中都有详细分析和解决方案，感兴趣的读者可以进行参考。

2.6.2 与 Kubernetes 中的 Spark 并行计算框架集成

Alluxio 可以在 Kubernetes 上运行。本节演示了如何在 Kubernetes 环境中的 Alluxio 上执行 Spark 作业。在 Kubernetes 上运行的 Spark 可以使用 Alluxio 作为数据访问层。下面介绍 Kubernetes 中基于 Alluxio 的 Spark 作业示例，这里使用的示例是一个用于计算文件中行

⊖ https://docs.alluxio.io/os/user/stable/en/compute/Spark.html#troubleshooting。

数的作业 count。

　　首先，用户将准备一个 Spark Docker 镜像，包括 Alluxio 客户端和任何其他必需的 jar。此镜像应在所有 Kubernetes（版本 1.8 及以上）节点上可用。

下载二进制文件

　　下载所需的 Spark 版本。我们使用预先构建的二进制文件来执行命令 spark-submit，并使用 Alluxio 附带的 Dockerfile 构建 Docker 镜像。

　　注意，要下载为 Hadoop 预构建的软件包。

```
$ tar -xf spark-2.4.4-bin-hadoop2.7.tgz
$ cd spark-2.4.4-bin-hadoop2.7
```

构建 Spark Docker 镜像

　　从 Alluxio Docker 镜像中提取 Alluxio 客户端 jar：

```
$ id=$(docker create alluxio/alluxio:2.8.0-SNAPSHOT)
$ docker cp $id:/opt/alluxio/client/alluxio-2.8.0-SNAPSHOT-client.jar \
  - > alluxio-2.8.0-SNAPSHOT-client.jar
$ docker rm -v $id 1>/dev/null
```

添加所需的 Alluxio 客户端 jar，并构建用于 Spark 驱动程序和执行器 pod 的 Docker 镜像。从 Spark 分发目录运行以下命令以添加 Alluxio 客户端 jar。

```
$ cp <path_to_alluxio_client>/alluxio-2.8.0-SNAPSHOT-client.jar jars/
```

　　这里应注意，任何复制到 jars 目录的 jar 在构建时都应该包含在 Spark Docker 镜像中。

　　下面，构建 Spark Docker 镜像：

```
$ docker build -t spark-alluxio -f kubernetes/dockerfiles/spark/Dockerfile .
```

　　请确保所有节点（spark-driver 和 spark-executor pod 将运行的位置）都具有此镜像。

　　下面介绍如何使用构建的 Docker 镜像启动以 Alluxio 作为数据源的 Spark 作业。

1. 短路操作

　　短路访问使 Spark 执行器中的 Alluxio 客户端能够直接访问主机上的 Alluxio 工作存储。通过绕过网络协议栈与 Alluxio Worker 通信以此来提高性能。如果部署 Alluxio 时未设置域套接字，则可以跳过将 hostPath 卷装载到 Spark 执行程序。

　　如果在运行位于 /tmp/alluxio-domain 的 Alluxio 工作进程的主机上设置了域套接字位置，并且 Alluxio 配置为 alluxio.worker.data.server.domain.socket.address=/opt/domain，请使用以下 Spark 配置来挂载 /tmp/alluxio-domain 到 Spark 执行器 pod 地址 /opt/domain 中。以下部分中的 spark-submit 包括这些属性。Alluxio 工作线程上的域套接字可以是 hostPath 卷或 persistententVolumeClaim 卷，具体取决于用户的设置。对于这两个选项，spark-submit 参数将有所不同。

　　如果采用 hostPath 卷作为域套接字，则应将这些属性传递给 Spark：

```
spark.kubernetes.executor.volumes.hostPath.alluxio-domain.mount.path=/opt/domain
  spark.kubernetes.executor.volumes.hostPath.alluxio-domain.mount.readOnly=true
spark.kubernetes.executor.volumes.hostPath.alluxio-domain.options.path=/tmp/
  alluxio-domain
spark.kubernetes.executor.volumes.hostPath.alluxio-domain.options.type=Directory
```

如果采用 persistentVolumeClaim 卷作为域套接字，则应将这些属性传递给 Spark：

```
spark.kubernetes.executor.volumes.persistentVolumeClaim.alluxio-domain.mount.
  path=/opt/domain \
spark.kubernetes.executor.volumes.persistentVolumeClaim.alluxio-domain.mount.
  readOnly=true \
spark.kubernetes.executor.volumes.persistentVolumeClaim.alluxio-domain.options.
  claimName=<domainSocketPVC name>
```

需要注意的是，Spark 中的卷支持是在版本 2.4.0 中添加的。如果不通过域套接字使用
短路访问，用户可能会观察到性能下降。

2. 运行 Spark 作业

首先，需要创建服务账户（可选）。如果没有要使用的服务账户，则可以创建一个服务
账户，以运行具有所需访问权限的 Spark 作业，如下所示：

```
$ kubectl create serviceaccount spark
$ kubectl create clusterrolebinding spark-role --clusterrole=edit \
  --serviceaccount=default:spark --namespace=default
```

然后就可以正式提交 Spark 作业了。以下命令以 Alluxio 中的 /LICENSE 文件运行一
个示例字数统计作业。请确保此文件存在于 Alluxio 集群中，或者提供一个确实存在的
Alluxio 文件路径。用户可以在 Spark 驱动程序 pod 的日志中看到输出和所花费的时间。

用户具体执行 Spark 作业提交的命令如下：

```
$ ./bin/spark-submit --master k8s://https://<kubernetes-api-server>:6443 \
--deploy-mode cluster --name spark-alluxio --conf spark.executor.instances=1 \
--class org.apache.spark.examples.JavaWordCount \
--driver-memory 500m --executor-memory 1g \
--conf spark.kubernetes.authenticate.driver.serviceAccountName=spark \
--conf spark.kubernetes.container.image=spark-alluxio \
--conf spark.kubernetes.executor.volumes.hostPath.alluxio-domain.mount.path=/
  opt/domain \
--conf spark.kubernetes.executor.volumes.hostPath.alluxio-domain.mount.
  readOnly=true \
--conf spark.kubernetes.executor.volumes.hostPath.alluxio-domain.options.path=/
  tmp/alluxio-domain \
--conf spark.kubernetes.executor.volumes.hostPath.alluxio-domain.options.
  type=Directory \
local:///opt/spark/examples/jars/spark-examples_2.11-2.4.4.jar \
alluxio://<alluxio-master>:19998/LICENSE
```

2.6.3　与 Apache Flink 并行计算框架集成

下面介绍如何使用 Apache Flink 运行 Alluxio，以便用户可以轻松地处理存储在 Alluxio 中的文件。Apache Flink 可以通过通用文件系统包装类（可用于 Hadoop 文件系统）来使用 Alluxio。因此，Alluxio 的配置主要是在 Hadoop 配置文件中完成的。

1. 为 core-site.xml 设置属性

如果安装 Flink 的同时安装了 Hadoop，请将以下属性添加到 core-site.xml 配置文件中：

```
<property>
  <name>fs.alluxio.impl</name>
  <value>alluxio.hadoop.FileSystem</value>
</property>
```

如果用户没有安装 Hadoop，则必须创建一个包含以下内容的 core-site.xml 文件：

```
<configuration>
  <property>
    <name> fs.alluxio.impl</name>
    <value> alluxio.hadoop.FileSystem</value>
  </property>
</configuration>
```

2. 在 conf/flink-conf.yaml 中指定到 core-site.xml 的路径

接下来，用户必须在 Flink 中指定 Hadoop 配置的路径。打开 Flink 根目录中的 conf/flink-conf.yaml 文件，并将 fs.hdfs.hadoop.conf 的值设置为包含 core-site.xml 的目录。（对于较新版本的 Hadoop，该目录通常以 etc/hadoop 结尾。）

3. 分发 Alluxio Client jar

为了与 Alluxio 进行通信，我们需要为 Flink 程序提供 Alluxio Client jar 包。建议从 Alluxio 下载页面下载的安装包中获取 Alluxio Client jar。Alluxio 客户端 jar 可以在 /<PATH_TO_ALLUXIO>/client/alluxio-2.8.0-SNAPSHOT-client.jar 上找到。

我们需要使 Alluxio jar 文件能被 Flink 访问，因为它包含配置的 alluxio.hadoop.FileSystem 类。以下方法也可以实现这一点。

❑ 将 /<PATH_TO_ALLUXIO>/client/alluxio-2.8.0-SNAPSHOT-client.jar 文件放入 Flink 的 lib 目录中（用于本地模式和独立集群模式）。

❑ 将 /<PATH_TO_ALLUXIO>/client/alluxio-2.8.0-SNAPSHOT-client.jar 文件放入 YARN 上 Flink 的 ship 目录中。

❑ 在 HADOOP_CLASSPATH 环境变量中指定 jar 文件的位置（确保它在所有集群节点上也可用）。例如：

```
$ export HADOOP_CLASSPATH=/<PATH_TO_ALLUXIO>/client/alluxio-2.8.0-SNAPSHOT-
  client.jar
```

4. 将其他附加 Alluxio 配置项导入 Flink 中

此外，如果在 conf/alluxio-site.properties 中指定了任何与客户端相关的属性，请在 {FLINK_HOME}/conf/flink-conf.yaml 中将其转换为 env.java.opts，以便 Flink 获取 Alluxio 配置。例如，如果要将 Alluxio 客户端配置为 CACHE_THROUGH 写入类型，则应将以下内容添加到 {FLINK_HOME}/conf/flink-conf.yaml。

```
env.java.opts: -Dalluxio.user.file.writetype.default=CACHE_THROUGH
```

> 📷 **注意** 如果 Flink 集群正在运行，请停止 Flink 集群并重新启动它们以应用配置的更改。

要让 Alluxio 与 Flink 一起使用，用户只需指定 schme 为 alluxio:// 路径即可。如果 Alluxio 安装在本地，则有效路径将类似于：alluxio://localhost:19998/user/xxx。下面的示例假定用户已按照前面所述安装了 Alluxio 和 Flink。将 LICENSE 文件放入 Alluxio，假设当前目录为 Alluxio 根目录：

```
$ bin/alluxio fs copyFromLocal LICENSE alluxio://localhost:19998/LICENSE
```

在 Flink 顶级目录运行以下命令：

```
$ bin/flink run examples/batch/WordCount.jar \
  --input alluxio://localhost:19998/LICENSE \
  --output alluxio://localhost:19998/output
```

打开浏览器并检查 http://localhost:19999/browse。应该有一个输出文件 output，其中包含 LICENSE 文件的字数统计结果。

2.7 Alluxio 与大数据查询系统的集成

2.7.1 与 Hive 数据仓库集成

本节介绍如何在 Alluxio 中运行 Apache Hive，使读者更容易地在 Alluxio 的分层存储中存储 Hive 表。

用户需要安装如下运行环境。首先安装并配置 Java 8 或 Java 11，然后下载并安装 Hive。如果使用的是 Hive 2.1 及以上版本，请确保在启动 Hive 之前使用命令 $HIVE_HOME/bin/schematool-dbTypederby-initSchema 来运行 schematool。Alluxio 的用户如果希望在 Hadoop MapReduce 上运行 Hive，需要按照 Alluxio 文档[⊖]关于 Alluxio 与 Hadoop MapReduce 集成的要求完成相关安装配置准备工作。在本节的后续内容中，Hive 是在 Hadoop MapReduce 上运行的。完成环境准备后，就可以开始配置 Alluxio 并启动运行了。

⊖ https://docs.alluxio.io/os/user/stable/en/compute/Hadoop-MapReduce.html。

首先，用户需要获取 Alluxio Client jar，具体可以从 Alluxio 官网下载页面[⊖]下载安装包，然后在 /<PATH_TO_ALLUXIO>/client/alluxio-2.8.0-client.jar 路径中找到 Alluxio Client jar。有开发经验的用户也可以从源代码编译[⊜]此客户端 jar。

然后，用户需要将 Alluxio Client jar 分发到所有安装 Hive 的节点上，并将 Alluxio Client jar 添加到 Hive 的 classpath 中，以便 Hive 可以查询和访问 Alluxio 中的数据。另外，用户需要在 Hive 安装目录中的 conf/hive-env.sh 文件中设置 HIVE_AUX_JARS_PATH：

```
$ export HIVE_AUX_JARS_PATH=/<PATH_TO_ALLUXIO>/client/alluxio-2.8.0-SNAPSHOT-
  client.jar:${HIVE_AUX_JARS_PATH}
```

下面举例说明在 Hive 中如何根据 Alluxio 存储的数据文件创建内部表。通过这种方式，Alluxio 可以像 HDFS 一样作为一个文件系统来存储 Hive 表。该方法的优点是步骤简单，并且 Hive 表之间相互隔离。一个典型的应用场景是将频繁使用的 Hive 表存储在 Alluxio 中，这样就可以通过 Alluxio 缓存来读取文件，进而实现高吞吐量和低延迟。接下来所有 Hive CLI 演示的示例也适用于 Hive Beeline，用户也可以在 Beeline Shell 中尝试使用。

在 Alluxio 中准备数据

下面举例介绍使用 Alluxio 中存储的文件在 Hive 中创建一张表。用户可以从 http:// grouplens.org/datasets/movielens/ 中下载数据文件（例如 ml-100k.zip），下载后解压缩此文件并将文件 u.user 上传到 Alluxio 上的 ml-100k/ 目录中：

```
$ ./bin/alluxio fs mkdir /ml-100k
$ ./bin/alluxio fs copyFromLocal /path/to/ml-100k/u.user
alluxio://master_ hostname:port/ml-100k
```

用户还可以输入 http://<ALLUXIO_MASTER_HOSTNAME>:port 访问 Alluxio Web UI，在页面中可以看到 Hive 创建的目录和文件，如图 2-14 所示。

File Name	Size	Block Size	In-Alluxio	Mode	Owner	Group
🗋 /user/hive/warehouse/u_user/u_user	11.00KB	512.00MB	100%	-rw-r--r--	root	root

图 2-14　通过 Alluxio Web UI 查看 Hive 中的目录和文件

创建一个新的内部表

用户可以通过如下命令新建一个内部表：

```
hive> CREATE TABLE u_user (
userid INT,
age INT,
gender CHAR(1),
```

⊖　https://www.alluxio.io/download/。

⊜　https://docs.alluxio.io/os/user/edge/en/contributor/Building-Alluxio-From-Source.html。

```
occupation STRING,
zipcode STRING)
ROW FORMAT DELIMITED
FIELDS TERMINATED BY '|'
STORED AS TEXTFILE
LOCATION 'alluxio://master_hostname:port/ml-100k';
```

创建一个新的外部表

与前面的示例进行相同设置后，用户可以通过以下命令创建一个新的外部表：

```
hive> CREATE EXTERNAL TABLE u_user (
userid INT,
age INT,
gender CHAR(1),
occupation STRING,
zipcode STRING)
ROW FORMAT DELIMITED
FIELDS TERMINATED BY '|'
STORED AS TEXTFILE
LOCATION 'alluxio://master_hostname:port/ml-100k';
```

外部表和内部表的不同之处在于内部表的生命周期是由 Hive 负责管理的。当用户删除一个内部表时，Hive 会从 Alluxio 中删除表元数据和数据文件。

表查询

用户可以输入如下命令来查询创建的表：

```
hive> select * from u_user;
```

输入命令后，用户可以从控制台看到查询的结果，如图 2-15 所示。

当 Hive 已经开始运行并且管理存储在 HDFS 中的表时，如果 HDFS 为 Alluxio 的底层存储系统，则 Alluxio 也可以为这些表提供服务。在本示例中，假定将一个 HDFS 集群挂载为 Alluxio 根目录的底层存储（即在 conf/alluxio-site.properties 文件中设置 alluxio.master.mount.table.root.ufs=hdfs://namenode:port）。

将 HDFS 中的一张内部表移入 Alluxio 中

用户需要修改 Hive 安装目录中的 conf/hive-default.xml 文件，将属性 hive.metastore.warehouse.dir 设置为默认值 /user/hive/warehouse，并且通过以下命令创建内部表：

```
hive> CREATE TABLE u_user (
userid INT,
age INT,
gender CHAR(1),
occupation STRING,
zipcode STRING)
ROW FORMAT DELIMITED
FIELDS TERMINATED BY '|';

hive> LOAD DATA LOCAL INPATH '/path/to/ml-100k/u.user' OVERWRITE INTO TABLE u_user;
```

```
22/10/13 20:20 INFO ql.Driver: OK
22/10/13 20:20 INFO logger.type: getFileStatus(alluxio://localhost:19998/user/
  hive/warehouse/u_user)
22/10/13 20:20 INFO logger.type: listStatus(alluxio://localhost:19998/user/hive/
  warehouse/u_user)
22/10/13 20:20 INFO logger.type: listStatus(alluxio://localhost:19998/user/hive/
  warehouse/u_user)
22/10/13 20:20 INFO logger.type: getFileStatus(alluxio://localhost:19998/user/
  hive/warehouse/u_user)
22/10/13 20:20 INFO logger.type: listStatus(alluxio://localhost:19998/user/hive/
  warehouse/u_user)
22/10/13 20:20 INFO logger.type: getFileStatus(alluxio://localhost:19998/user/
  hive/warehouse/u_user/u.user)
22/10/13 20:20 INFO mapred.FileInputFormat: Total input paths to process : 1
22/10/13 20:20 INFO logger.type: open(alluxio://localhost:19998/user/hive/
  warehouse/u_user, 4096)
1       24      M       technician      85711
2       53      F       other           94043
3       23      M       writer          32067
4       24      M       technician      43537
5       33      F       other           15213
6       42      M       executive       98101
7       57      M       administrator   91344
8       39      M       administrator   05201
9       29      M       student         01002
...
17      30      M       programmer      06355
```

图 2-15　Hive 查询语句的结果

用户可以通过输入以下 HiveQL 语句将表数据位置从 HDFS 更改为 Alluxio：

```
hive> alter table u_user set location "alluxio://master_hostname:port/user/hive/
  warehouse/u_user";
```

通过输入以下 HiveQL 语句可以验证内部表的位置设置是否正确：

```
hive> desc formatted u_user;
```

需要注意的是，第一次访问 alluxio://master_hostname:port/user/hive/warehouse/u_user 中的文件会被认为是访问 hdfs://namenode:port/user/hive/warehouse/u_user（Hive 内部数据的默认存储位置）中对应的文件。一旦数据缓存在 Alluxio 中，它将在接下来的查询中为其提供服务而无须再次从 HDFS 中加载数据。整个过程对 Hive 和用户而言都是透明的。

将 HDFS 中的一张外部表移动到 Alluxio 中

假设 Hive 中已有一张外部表 u_user，其存储位置位于 hdfs://namenode_hostname:port/ml-100k。用户可以使用以下 HiveQL 语句来检查其存放的位置：

```
hive> desc formatted u_user;
```

通过输入以下 HiveQL 语句，可以将外部表的位置从 HDFS 更改为 Alluxio：

```
hive> alter table u_user set location "alluxio://master_hostname:port/ml-100k";
```

将 Alluxio 中表移动到 HDFS 中

上述两个例子可以将表数据的位置更改为 Alluxio。此外，用户还可以使用以下 HiveQL 语句将表位置更改回 HDFS：

```
hive> alter table TABLE_NAME set location "hdfs://namenode:port/table/path/in/
    HDFS";
```

前面的几个示例介绍了如何使用 Alluxio 作为一个文件系统与其他文件系统（如 HDFS）一起存储 Hive 中的数据表。这些示例不需要更改 Hive 中的全局设置（如默认文件系统）。

移动分区表

移动分区表的过程与移动非分区表非常相似，但有一点需要注意，除更改表位置之外，用户还需要修改所有分区的分区位置。可以通过如下 HiveQL 语句修改分区信息：

```
hive> alter table TABLE_NAME partition(PARTITION_COLUMN = VALUE) set location
    "hdfs://namenode:port/table/path/partitionpath";
```

高级设置——自定义 Alluxio 用户属性

当连接到 Alluxio 服务时，有两种方法可以为 Hive 查询指定 Alluxio Client 的属性：

❑ 在 alluxio-site.properties 文件中指定 Alluxio Client 的属性，并确保该文件位于每个节点上 Hive 服务的 classpath 中；

❑ 为每个节点中的 conf/hive-site.xml 配置文件中添加 Alluxio site 属性。

例如，如果要将 alluxio.user.file.writetype.default 从默认的 ASYNC_THROUGH 更改为 CACHE_THROUGH。一种方式是可以在 alluxio-site.properties 中指定属性并将该文件分发到每个节点上 Hive 服务的 classpath 中：

```
alluxio.user.file.writetype.default=CACHE_THROUGH
```

除此之外，用户还可以对 conf/hive-site.xml 进行如下修改来达到同样的效果：

```
<property>
  <name>alluxio.user.file.writetype.default</name>
  <value>CACHE_THROUGH</value>
</property>
```

高级设置——连接使用 HA 模式的 Alluxio

如果正在运行一个具有 HA 模式且具有内部选举的 Alluxio 集群，用户首先需要确保文件 alluxio-site.properties 位于 Hive 的 classpath 中，然后对该文件中的属性 alluxio.master.rpc.addresses 进行如下修改：

```
alluxio.master.rpc.addresses=master_hostname_1:19998,master_hostname_2:19998,master_
    hostname_3:19998
```

除此之外，用户还可以将如下修改直接添加到 Hive conf/hive-site.xml 中：

```
<configuration>.
  <property>
    <name>alluxio.master.rpc.addresses</name>
<value>master_hostname_1:19998,master_hostname_2:19998,master_hostname_3:19998</
  value>
  </property>
</configuration>
```

关于如何连接基于 ZooKeeper 的 Alluxio HA 集群，请查阅 3.4.4 节的具体内容。

如果 Master 的 RPC 地址在上述列出的其中一个配置文件指明，则用户可以在 Alluxio URI 中省略权限部分而直接使用"alluxio:///"进行编写：

```
hive> alter table u_user set location "alluxio:///ml-100k";
```

从 Alluxio 2.0 开始，用户可以在无须其他任何配置的情况下直接在 Hive 查询中使用 Alluxio HA 风格的权限。

高级设置——使用 Alluxio 作为默认文件系统

本部分主要讨论如何使用 Alluxio 作为 Hive 的默认文件系统。Apache Hive 可以通过通用文件系统接口替换 Hadoop 文件系统来使用 Alluxio。这样，Hive 使用 Alluxio 作为默认文件系统，其内部元数据和中间结果将默认存储在 Alluxio 中。

首先配置 Hive，用户需要将以下属性添加到 conf/hive-site.xml 文件中：

```
<property>
  <name>fs.defaultFS</name>
  <value>alluxio://master_hostname:port</value>
</property>
```

然后在 Alluxio 上运行 Hive，需要在 Alluxio 中为 Hive 创建对应的目录：

```
$ ./bin/alluxio fs mkdir /tmp
$ .bin/alluxio fs mkdir /user/hive/warehouse
$ ./bin/alluxio fs chmod 775 /tmp
$ ./bin/alluxio fs chmod 775 /user/hive/warehouse
```

接着，用户可以按照 Hive 的官方文档[⊖]来使用 Hive。

以下示例为在 Hive 中创建一个表并将本地路径中的文件加载到 Hive 中，该示例中的本地文件再次以 http://grouplens.org/datasets/movielens/ 下 ml-100k.zip 中的数据文件为例。

```
hive> CREATE TABLE u_user (
userid INT,
age INT,
gender CHAR(1),
occupation STRING,
zipcode STRING)
```

⊖　https://cwiki.apache.org/confluence/display/Hive/GettingStarted。

```
ROW FORMAT DELIMITED
FIELDS TERMINATED BY '|'
STORED AS TEXTFILE;

hive> LOAD DATA LOCAL INPATH '/path/to/ml-100k/u.user'
OVERWRITE INTO TABLE u_user;
```

用户可以输入 http://master_hostname:port 来访问 Alluxio Web UI，从而可以看到 Hive 创建的目录和文件，如图 2-16 所示。

File Name	Size	Block Size	In-Alluxio	Mode	Owner	Group
/user/hive/warehouse/u_user/u_user	11.00KB	512.00MB	100%	-rw-r--r--	root	root

图 2-16　Hive 创建的目录和文件

现在，可以通过 HiveQL 来查询创建的表，例如：

```
hive> select * from u_user;
```

输入命令后，用户可以从控制台看到查询的结果，如图 2-17 所示。

```
22/10/13 20:20 INFO ql.Driver: OK
22/10/13 20:20 INFO logger.type: getFileStatus(alluxio://localhost:19998/user/
hive/warehouse/u_user)
22/10/13 20:20 INFO logger.type: listStatus(alluxio://localhost:19998/user/hive/
warehouse/u_user)
22/10/13 20:20 INFO logger.type: listStatus(alluxio://localhost:19998/user/hive/
warehouse/u_user)
22/10/13 20:20 INFO logger.type: getFileStatus(alluxio://localhost:19998/user/
hive/warehouse/u_user)
22/10/13 20:20 INFO logger.type: listStatus(alluxio://localhost:19998/user/hive/
warehouse/u_user)
22/10/13 20:20 INFO logger.type: getFileStatus(alluxio://localhost:19998/user/
hive/warehouse/u_user/u.user)
22/10/13 20:20 INFO mapred.FileInputFormat: Total input paths to process : 1
22/10/13 20:20 INFO logger.type: open(alluxio://localhost:19998/user/hive/
warehouse/u_user, 4096)
1       24      M       technician      85711
2       53      F       other           94043
3       23      M       writer          32067
4       24      M       technician      43537
5       33      F       other           15213
6       42      M       executive       98101
7       57      M       administrator   91344
8       39      M       administrator   05201
9       29      M       student         01002
...
17      30      M       programmer      06355
```

图 2-17　控制台的查询结果

2.7.2　与 Presto 数据仓库集成

Presto 是一个支持大规模数据交互式分析查询的开源分布式 SQL 查询引擎。本节主要描述如何使用 Alluxio 作为分布式缓存层运行 Presto 进行查询。Alluxio 支持多种数据存储系统（如 AWS S3、HDFS、Azure BlobStore、NFS 等）。无论是上述什么数据源，Alluxio 都允许 Presto 访问其中的数据，并且透明地将频繁访问的数据（如常用的表）缓存到 Alluxio 分布式存储中。当其他存储系统处于远程、网络缓慢或者网络拥塞时，将 Alluxio Worker 与 Presto Worker 放置在同一个节点上可以提高数据本地性并减少 I/O 访问延迟。

目前，Alluxio 社区提供了 Presto 直接与 Hive Metastore 交互（更新表定义以使用 Alluxio 路径）的方式。本节讨论其具体方案流程。

在开始运行之前，用户需要做如下环境和配置方面的准备。首先，配置并安装 Java 8 Update 161 或更高版本，然后需要部署 Presto，本节所有的示例已使用 PrestoDB 0.247 进行测试。其次，配置 Alluxio 并启动运行，接着获取 Alluxio Client jar，用户可以从 Alluxio 官网下载页面下载安装包，然后可以在 /<PATH_TO_ALLUXIO>/client/alluxio-2.8.0-client. jar 路径中找到 Alluxio Client jar。最后，需要确保 Hive Metastore 正常运行以提供 Hive 表的元数据信息。

1. 配置 Presto 连接到 Hive Metastore

Presto 通过 Hive 连接器从 Hive Metastore 中获取数据库和表元数据信息（包括文件系统位置）。用户可以按照如下方式对 Presto 中的配置文件 ${PRESTO_HOME}/etc/catalog/hive. properties 进行配置。其中，catalog 使用 Hive 连接器，并且其元数据存储在 localhost 节点中。

```
connector.name=hive-hadoop2
hive.metastore.uri=thrift://localhost:9083
```

2. 将 Alluxio Client jar 分发到 Presto 集群的所有节点

为了让 Presto 能够与 Alluxio 服务通信，Alluxio Client jar 必须位于 Presto 集群所有节点的 classpath 中。将 /<PATH_TO_ALLUXIO>/client/alluxio-2.8.0-SNAPSHOT-client.jar 的 Alluxio Client jar 包放入 Presto 所有节点的 ${PRESTO_HOME}/plugin/hive-hadoop2/ 目录中（此目录可能因版本而异）。修改完成后需要使用如下命令重启 Presto 集群中的 Worker 节点和 Coordinator 节点：

```
$ ${PRESTO_HOME}/bin/launcher restart
```

完成基本配置后，Presto 应该可以直接访问 Alluxio 中的数据。

3. 示例：使用 Presto 在 Alluxio 中查询表

（1）开启 Hive Metastore

用户需要确保 Hive Metastore 服务正在处于运行状态。Hive Metastore 默认监听端口为

9083，如果发现其没有处于运行状态，用户需要执行以下命令来启动 Metastore：

```
$ ${HIVE_HOME}/bin/hive --service metastore
```

（2）在 Alluxio 中创建 Hive 表

下面举例说明在 Hive 中如何根据 Alluxio 存储的数据文件创建内部表。用户可以从 http://grouplens.org/datasets/movielens/ 中下载数据文件（例如 ml-100k.zip），下载好后解压此文件并将文件 u.user 上传到 Alluxio 上的 ml-100k/ 目录中：

```
$ ./bin/alluxio fs mkdir /ml-100k
$ ./bin/alluxio fs copyFromLocal /path/to/ml-100k/u.user alluxio:///ml-100k
```

用户需要创建一个指向 Alluxio 文件位置的 Hive 外部表。

```
hive> CREATE TABLE u_user (
  userid INT,
  age INT,
  gender CHAR(1),
  occupation STRING,
  zipcode STRING)
ROW FORMAT DELIMITED
FIELDS TERMINATED BY '|'
STORED AS TEXTFILE
LOCATION 'alluxio://master_hostname:port/ml-100k';
```

用户还可以输入 http://<ALLUXIO_MASTER_HOSTNAME>:port 来访问 Alluxio Web UI，在页面中可以看到 Hive 创建的目录和文件，如图 2-18 所示。

File Name	Size	Block Size	In-Alluxio	Mode	Owner	Group
/user/hive/warehouse/u_user/u_user	11.00KB	512.00MB	100%	-rw-r--r--	root	root

图 2-18　Alluxio Web UI 查看 Hive 创建的目录和文件

（3）启动 Presto 服务

用户可以通过如下命令来启动 Presto 服务。Presto 服务默认在 8080 端口上运行，用户也可以在 ${PRESTO_HOME}/etc/config.properties 文件中对 http-server.http.port 自定义设置端口号。

```
$ ${PRESTO_HOME}/bin/launcher run
```

（4）使用 Presto 查询表

用户可以按照 Presto CLI 说明[⊖]下载 presto-cli-<PRESTO_VERSION>-executable.jar，将其重命名为 presto，并使用 chmod+x 使其变为可执行文件。如果可执行的 presto 原先就存在于 ${PRESTO_HOME}/bin/presto 中，则可以直接进行使用。

　⊖　https://prestodb.io/docs/current/installation/cli.html。

运行单个查询的命令如下（将 localhost:8080 替换为对应的 Presto 服务主机名和端口）：

```
$ ./presto --server localhost:8080 --execute "use default; select * from u_user
 limit 10;" \
  --catalog hive --debug
```

输入命令后，用户可以从控制台看到查询结果，如图 2-19 所示。

```
$ /home/op1/guojh/presto/presto -server 10.2.26.124:15050 -execute "use default:
  select * \
 from u_user limit 10:" -user op1 -debug
userid    age    gender   occupation          zipcode
1         24     M        technician          85711
2         53     F        other               94043
3         23     M        writer              32067
4         24     M        technician          43537
5         33     F        other               15213
6         42     M        executive           98101
7         57     M        administrator       91344
8         36     M        administrator       05201
9         29     M        student             01002
10        53     M        lawyer              90703

Query 20220113_122253_00006_9ybkz, FINISHED, 1node
```

图 2-19　控制台的查询结果

同时，用户还可以在 Presto Server 日志中看到一些 Alluxio 客户端日志消息，如图 2-20 所示。

4. 高级设置——自定义 Alluxio 用户属性

如果需要配置额外的 Alluxio 属性，用户可以将 alluxio-site.properties 的配置文件路径（即 ${ALLUXIO_HOME}/conf）附加到 Presto 文件夹下 etc/jvm.config 中的 JVM 配置中。这种方法的优点是可以在同一个 alluxio-site.properties 文件中设置所有 Alluxio 的属性。

```
...
-Xbootclasspath/a:<path-to-alluxio-conf>
```

或者，将 Alluxio 属性添加到 Hadoop 配置文件（如 core-site.xml、hdfs-site.xml），并使用文件 ${PRESTO_HOME}/etc/catalog/hive.properties 中的 Presto 属性 hive.config.resources 来为每个 Presto Worker 指明 Hadoop 的资源位置。

```
hive.config.resources=/<PATH_TO_CONF>/core-site.xml,/<PATH_TO_CONF>/hdfs-site.
  xml
```

5. 高级设置——提高并行度

Presto 的 Hive 连接器使用配置 hive.max-split-size 来控制查询的并行度。对于 Alluxio 1.6

或更早版本而言，建议将此大小设置为不小于 Alluxio 的块大小，这样可以避免 Alluxio 同一数据块内的读取竞争。对于更高版本的 Alluxio，由于 Alluxio 具有异步缓存的能力，不再需要对该配置进行设置。

```
22/01/17 11:10 INFO hive.hive.102 alluxio.logger.type Starting sinks with config: {}.
22/01/17 11:10 INFO hive.hive.102 alluxio.logger.type Loading Alluxio properties
  from Hadoop configuration: {}
22/01/17 11:10 INFO hive.hive.102 alluxio.logger.type Alluxio client (version
  1.4.0-SNAPSHOT) is trying to connect with FileSystemMasterClient master
  @ /10.2.26.1.24:19998
22/01/17 11:10 INFO hive.hive.102 alluxio.logger.type Client registered with
  FileSystemMasterClient master @ /10.2.26.124:19998
22/01/17 11:10 INFO hive.hive.102 alluxio.logger.type Alluxio client (version
  1.4.0-SNAPSHOT) is trying to connect with FileSystemMasterClient master
  @ /10.2.26.1.24:19998
22/01/17 11:10 INFO hive.hive.102 alluxio.logger.type Client registered with
  FileSystemMasterClient master @ /10.2.26.124:19998
22/01/17 11:10 DEBUG query.execution.5 com.facebook.presto.execution.
  StageStateMachine Stage 20220117_031058_00007_a979j.1 is SCHEDULED
22/01/17 11:10 DEBUG query.execution.5 com.facebook.presto.execution.
  StageStateMachine Stage 20220117_031058_00007_a979j.1 is RUNNING
22/01/17 11:10 INFO 20220117_031058_00007_a979j.1.0·0·77 alluxio.logger.type
  Client registered with FileSystemMasterClient master @ /10.2.26.124:19998
22/01/17 11:10 INFO 20220117_031058_00007_a979j.1.0·0·77 alluxio.logger.type Created
  a new thrift client alluxio.thrift.BlockWorkerClientServer$Client@63ebc57a
22/01/17 11:10 INFO 20220117_031058_00007_a979j.1.0·0·77 alluxio.logger.type
  Created a new thrift client alluxio.thrift.BlockWorkerClientServer$Client@36d47be3
22/01/17 11:10 INFO 20220117_031058_00007_a979j.1.0·0·77 alluxio.logger.type
  Created a new thrift client alluxio.thrift.BlockWorkerClientServer$Client@690
  4d638
22/01/17 11:10 INFO 20220117_031058_00007_a979j.1.0·0·77 alluxio.logger.type
  Created a new thrift client alluxio.thrift.BlockWorkerClientServer$Client@47dfee05
22/01/17 11:10 INFO 20220117_031058_00007_a979j.1.0·0·77 alluxio.logger.
  type Created netty channel with netty bootstrap Bootstrap(group:
  EpollEventLoopGroup, channelFactory: EpollSocketChannel.class, options: {SO_
  KEEPALIVE=true, TCP_NODELAY=true, ALLOCATOR=PooledByteBufAllocator(direct
  ByDefault: true)}, handler: alluxio.client.netty.NettyClient$1@4208788e,
  remoteAddress: svr7585hw2285.hadoop.fat.qa.nt.ctripcorp.com/10.2.26.126:29999).
22/01/17 11:10 DEBUG 20220117_031058_00007_a979j.1.0·0·77 com.facebook.presto.
  execution.TaskExecutor Split 20220117_031058_00007_a979j.1.0·0 {path=allux
  io://10.2.26.124:19998/user/hive/warehouse/u_user, start=0, length=22628,
  host=[svr7585hw2285.hadoop.fat.qa.nt.ctripcorp.com], database=default, table=u_
  user, forceLocalScheduling=false, partitionName=<UNPARTITIONED>} (start =
  1484622658590, wall = 508ms, cpu = 249ms, calls = 1) is finished
```

图 2-20 Presto Server 日志中关于 Alluxio 客户端日志的内容

6. 高级设置——避免 Presto 读取大文件时出现超时

为了避免 Presto 从远程 Alluxio Worker 中读取大文件时因为超时而失败，建议将 alluxio.user.streaming.data.timeout 设置为较大的值（如 10 分钟）。

以上就是 Alluxio 与 Presto 数据仓库集成使用的配置方法。此外，Trino 也是一个与 Presto 类似的面向大规模数据交互式分析查询的开源分布式 SQL 查询引擎。Alluxio 与 Trino 的集成方法与和 Presto 的集成方法非常类似，这里不再赘述。感兴趣的用户可以参考 Alluxio 的相关文档[⊖]。

2.8　Alluxio 与深度学习框架的集成

得益于可用数据规模的不断增长和算力的飞速提升，深度学习已成为人工智能的流行技术，应用于在众多领域。深度学习的兴起推动了人工智能的发展，但也为需要提供访问数据的存储系统带来了一些挑战。Alluxio 可以帮助解决很多深度学习面临的数据访问方面的挑战。Alluxio 最简单的形式是一个虚拟文件系统，它透明地连接到现有的存储系统，并将它们作为一个统一的文件系统呈现给用户。因此深度学习框架只需要与 Alluxio 交互就可访问任何底层存储系统中的数据，并通过 Alluxio 的缓存加速数据访问。

本节将使用 TensorFlow 作为深度学习框架示例讲解整个过程。这将展示 Alluxio 如何为深度学习作业的数据访问过程提供服务。具体而言，TensorFlow 应用程序将运行在 Alluxio Fuse 上。在完成挂载底层存储后，各种底层存储中的数据立即通过 Alluxio 可用，并且可以透明地访问基准测试，而无须对 TensorFlow 或基准测试脚本进行修改。这极大简化了应用程序开发工作，否则需要为每个特定的存储系统进行集成设置和凭据配置。Alluxio 还带来了性能优势。该基准以读取训练图片速度指标（图片 / 秒）评估训练模型的吞吐量。训练涉及利用不同资源的三个阶段。

- ❑ 数据读取（I/O）：从数据源中选择和读取图片文件。
- ❑ 图像处理（CPU）：将图片记录解码为图片数据、进行预处理并将其组织成 mini-batch。
- ❑ 建模训练（GPU）：计算和更新模型中多个卷积层中的参数。

通过将 Alluxio Worker 与深度学习框架进行亲和性部署，Alluxio 将远程数据缓存在本地以供后续访问，从而提供数据本地化。如果没有 Alluxio，缓慢的远程存储可能会导致 I/O 瓶颈，并使 GPU 资源无法得到充分利用。例如，AlexNet 模型的神经网络结构相对简单，因此当存储变慢时更容易导致 I/O 瓶颈。性能测试表明，使用 Alluxio 能够在 AWS EC2 p2.8xlarge 机器上带来近两倍的性能提升。

⊖　https://docs.alluxio.io/os/user/stable/en/compute/Trino.html。

下面介绍在 Alluxio POSIX API 之上运行 TensorFlow 的示例和技巧。用户首先需要完成一些环境的准备和配置。首先，用户需要安装 Java（Java 8 Update 60 及以上版本），然后部署运行 Alluxio，最后安装 Python 3、NumPy（示例中使用 NumPy 1.19.5）、TensorFlow。（示例中使用 TensorFlow 2.6.2）。

接下来，将介绍如何配置 Alluxio POSIX API 以允许 TensorFlow 应用程序通过 Alluxio POSIX API 访问数据。运行以下命令，在 Linux 上安装 FUSE：

```
$ yum install fuse fuse-devel
```

在 Alluxio 的根目录下创建一个文件夹：

```
$ ./bin/alluxio fs mkdir /training-data
```

创建文件夹 /mnt/fuse，将其所有者更改为当前用户（$(whoami)），并将其权限更改为允许读写：

```
$ sudo mkdir -p /mnt/fuse
$ sudo chown $(whoami) /mnt/fuse
$ chmod 755 /mnt/fuse
```

运行 Alluxio-FUSE Shell 将 Alluxio 文件夹 training-data 挂载到刚刚创建的本地空文件夹中：

```
$ ./integration/fuse/bin/alluxio-fuse mount /mnt/fuse /training-data
```

上面的命令行生成了一个后台用户空间 Java 进程 (Alluxio FUSE)，它将 /training-data 中指定的 Alluxio 路径挂载到指定挂载点 /mnt/fuse 上的本地文件系统。可以通过运行如下命令检查 FUSE 进程的状态：

```
$ ./integration/fuse/bin/alluxio-fuse stat
```

挂载文件夹 /mnt/fuse 已准备好供深度学习框架使用，它将 Alluxio 存储视为本地文件夹。该文件夹将用于下面的 TensorFlow 训练。

示例：图像识别

如果训练数据已经在远程存储中，可以将其挂载到 Alluxio 文件系统的 /training-data 目录下的文件夹。完成挂载后，训练数据将对在本地 /mnt/fuse/ 上运行的应用程序可见。例如，假设 MNIST 数据存储在 S3 存储 s3://alluxio-tensorflow-mnist/ 中。运行以下命令，将此 S3 存储挂载到 Alluxio 路径 /training-data/mnist：

```
$ ./bin/alluxio fs mount /training-data/mnist/ s3://alluxio-tensorflow-mnist/ \
  --option s3a.accessKeyID=<ACCESS_KEY_ID> --option s3a.secretKey=<SECRET_KEY>
```

注意，此命令采用选项来传递存储 S3 证书。这些证书与挂载点相关联，因此未来的访问不需要证书。

如果数据不在远程存储中，可以将其获取到本地，然后上传到 Alluxio 文件系统中，具体如下：

```
$ wget https://storage.googleapis.com/tensorflow/tf-keras-datasets/mnist.npz
$ ./bin/alluxio fs mkdir /training-data/mnist
$ ./bin/alluxio fs copyFromLocal mnist.npz /training-data/mnist
```

当 MNIST 数据存储在 S3 存储 s3://alluxio-tensorflow-mnist/ 中，以下三个命令将在两次挂载过程后显示完全相同的数据：

```
$ aws s3 ls s3://alluxio-tensorflow-mnist/
2021-11-04 17:43:58 11490434 mnist.npz
$ bin/alluxio fs ls /training-data/mnist/
-rwx---rwx alluxio-user alluxio-group 11490434 PERSISTED 11-04-2021 17:45:41:000
  0% mnist.npz
$ ls -l /mnt/fuse/mnist/
total 0
-rwx---rwx 0 alluxio-user alluxio-group 11490434 Nov  4 17:45 mnist.npz
```

下载图像识别深度学习程序并以 /mnt/fuse/mnist.npz 作为训练集进行训练：

```
$ curl -o mnist_test.py -L https://github.com/ssz1997/AlluxioFuseTensorflowExample/
  blob/main/mnist_test.py?raw=true
$ python3 mnist_test.py /mnt/fuse/mnist.npz
```

这将输入 /mnt/fuse/mnist.npz 中的数据来识别图像，如果一切正常，命令提示符中会出现如下内容：

```
Epoch 1, Loss: 0.1307114064693451, Accuracy: 96.0566635131836, Test Loss:
  0.07885940372943878, Test Accuracy: 97.29000091552734
Epoch 2, Loss: 0.03961360827088356, Accuracy: 98.71500396728516, Test Loss:
  0.06348009407520294, Test Accuracy: 97.87999725341797
Epoch 3, Loss: 0.0206863172352314, Accuracy: 99.33999633789062, Test Loss:
  0.060054901987314224, Test Accuracy: 98.20999908447266
Epoch 4, Loss: 0.011528069153428078, Accuracy: 99.61166381835938, Test Loss:
  0.05984818935394287, Test Accuracy: 98.3699951171875
Epoch 5, Loss: 0.008437666110694408, Accuracy: 99.71666717529297, Test Loss:
  0.060016192495822906, Test Accuracy: 98.5199966430664
```

通过 Alluxio POSIX API，用户只需将底层存储挂载到 Alluxio 一次，并将包含训练数据的底层存储的父文件夹挂载到本地文件系统。挂载完成后，数据即可通过 Alluxio FUSE 挂载点被访问，并且可以被 TensorFlow 应用程序透明地读取。如果一个 TensorFlow 应用程序包含数据集位置相关参数配置，我们只需将 FUSE 挂载点内的数据位置传递给 TensorFlow 应用程序，而不需要修改它。

通过将 TensorFlow 应用程序与 Alluxio Worker 部署在一起，Alluxio 将远程数据缓存在本地以供未来访问，从而提供数据本地化。如果没有 Alluxio，缓慢的远程存储可能会导致

I/O 性能瓶颈，并导致 GPU 资源无法得到充分利用。当并发写入或读取大文件时，通过在 Alluxio Worker 节点上使用 Alluxio POSIX API 可以获得更显著的性能提升。实验表明，通过设置一个具有内存空间的 Worker 节点来托管所有训练数据，Alluxio POSIX API 能够提供近两倍的性能提升。

　　许多 TensorFlow 应用程序在其工作流程中会生成许多小的中间文件。这些中间文件本质上是一种临时文件，只在短时间内有用，不需要持久化到底层存储中。如果直接将 TensorFlow 与远程存储链接，所有文件（无论类型是数据文件、中间文件还是结果）都将被写入并保存在远程存储中。通过 Alluxio，用户可以减少不必要的远程持久化工作并缩短写入 / 读取时间。

Alluxio 的基本使用与运维操作

Alluxio 面向管理员和用户提供了丰富的操作使用方式，并且支持多样化的配置参数，从而实现面向不同场景的高效运维。本章将首先介绍 Alluxio 的重要操作命令，然后介绍 Alluxio 提供的多组高级配置和运维操作，具体包括挂载点运维、元数据同步和备份运维、Journal 日志和高可用、参数不同配置方式、日志运维、Job Service 使用和查询运维以及安全认证与权限控制。

3.1 Alluxio 的重要操作命令

3.1.1 管理员操作命令

备份

backup 命令创建 Alluxio 元数据的备份，备份的位置由 alluxio.master.backup.directory 配置，默认位置为 /alluxio_backups。

```
$ ./bin/alluxio fsadmin backup
Backup Host       : masters-1
Backup URI        : hdfs://masters-1:9000/alluxio_backups/alluxio-backup-2020-10-
    13-1602619110769.gz
Backup Entry Count : 4
```

注意，在执行备份命令时，需要具有对备份文件夹的写入权限。

备份到根存储系统中的指定文件夹：

```
$ ./bin/alluxio fsadmin backup /alluxio/special_backups
Backup Host       : masters-1
```

```
Backup URI            : hdfs://masters-1:9000/alluxio/special_backups/alluxio-
   backup-2020-10-13-1602619216699.gz
Backup Entry Count : 4
```

备份到 Primary Master 本地文件系统中的指定目录：

```
$ ./bin/alluxio fsadmin backup /opt/alluxio/backups/ --local
Backup Host           : AlluxioSandboxEJSC-masters-1
Backup URI            : file:///opt/alluxio/backups/alluxio-backup-2020-10-13-
   1602619298086.gz
Backup Entry Count : 4
```

日志

journal 命令为日志管理提供了多种子命令。quorum 参数用于查询和管理由 Embedded Journal（内置日志）驱动的 Primary（领导节点）选举。

```
# 获取MASTER或JOB_MASTER候选节点的相关信息
$ ./bin/alluxio fsadmin journal quorum info -domain <MASTER | JOB_MASTER>

# 从领导节点选举中去除一个候选节点
$ ./bin/alluxio fsadmin journal quorum remove -domain <MASTER | JOB_MASTER>
   -address <HOSTNAME:PORT>

# 从候选节点中指定一个节点成为新的领导节点
$ ./bin/alluxio fsadmin journal quorum elect -address <HOSTNAME:PORT>
```

checkpoint 参数的作用是在 Primary Master 日志系统中创建一个检查点。这个参数通常被用作调试以及避免操作日志无限制地增长。创建检查点会要求 Master 的元数据暂停更新，因此这个参数应该被谨慎使用，从而避免干扰到系统中的其他用户。

```
$ ./bin/alluxio fsadmin journal checkpoint
```

诊断

doctor 命令显示了 Alluxio 的错误和报告，该命令可以诊断出不同 Alluxio 节点之间的配置是否一致，并在工作存储卷丢失时发出警报。

```
# 显示服务端配置的错误与警报
$ ./bin/alluxio fsadmin doctor configuration

# 显示Worker节点存储的错误与警报
$ ./bin/alluxio fsadmin doctor storage
```

获取块信息

getBlockInfo 命令提供了指定块的信息和文件路径，该命令用于寻找系统错误。

```
$ ./bin/alluxio fsadmin getBlockInfo <block_id>
BlockInfo{id=16793993216, length=6, locations=[BlockLocation{worker
   Id=8265394007253444396, address=workerNetAddress{host=local-mbp, rpcPort=29999,
   dataPort=29999, webPort=30000, domainSocketPath=, tieredIdentity=TieredIdentit
```

```
   y(node=local-mbp, rack=null)}, tierAlias=MEM, mediumType=MEM}]}
This block belongs to file {id=16810770431, path=/test2}
```

指标

metrics 命令能够对 Alluxio 中的指标进行操作。metrics clear 命令将会把存储在 Alluxio 集群中的所有指标清空，该命令在需要收集特定任务或测试的指标时很有帮助。然而此命令应该被谨慎使用，因为它会影响正在进行的指标报告以及 Worker 与 Master 之间的心跳报告。

```
# 清除整个Alluxio集群的指标（包含Worker以及Primary Master）
$ ./bin/alluxio fsadmin metrics clear

# 清除Primary Master的指标
$ ./bin/alluxio fsadmin metrics clear --master

# 清除特定Worker的指标
$ ./bin/alluxio fsadmin metrics clear --workers <WORKER_HOSTNAME_1>,<WORKER_
    HOSTNAME_2>

# 并发清除Alluxio集群的指标
$ ./bin/alluxio fsadmin metrics clear --parallelism 10
```

路径属性

pathConf 命令可以管理或配置一些集群路径的默认属性（path defaults）。pathConf list 将列出所有已经被用户配置的路径：

```
$ ./bin/alluxio fsadmin pathConf list
/a
/b
```

上面的命令结果显示以 /a 或 /b 为前缀的路径拥有被用户配置的默认属性。

pathConf show 将显示特定路径的配置。该命令有两种模式：

❏ 带有参数 --all，只显示特定路径配置的默认属性；
❏ 不带参数 --all，显示所有此路径的前缀路径配置的默认属性。

举例来说，假设路径 /a 拥有默认属性 property1=value1，路径 /a/b 拥有默认属性 property2=value2。

```
$ ./bin/alluxio fsadmin pathConf show /a/b
property2=value2
```

从上面的代码可以看到，当不带参数 --all 时，只显示特定路径 /a/b 的默认属性。

```
$ ./bin/alluxio fsadmin pathConf show --all /a/b
property1=value1
property2=value2
```

从上面的代码可以看到，当带有参数 --all 时，除了显示特定路径 /a/b 的默认属性之外，还显示了其前缀路径 /a 的默认属性。

pathConf add 命令将增加或更改路径的默认属性。以下命令操作示例为所有前缀为 / tmp 的路径增加了两个属性: property1=value1 和 property2=value2。

```
$ .bin/alluxio fsadmin pathConf add --property property1=value1 --property
  property2=value2 /tmp
```

下面的命令操作示例将路径 /tmp 的 property1 更改为 value2。

```
$ ./bin/alluxio fsadmin pathConf add --property property1=value2 /tmp
```

pathConf remove 命令将移除指定路径的默认属性，下面的命令操作示例将移除路径 / tmp 中的 property1 和 property2 两个属性。

```
$ ./bin/alluxio fsadmin pathConf remove --keys property1,property2 /tmp
```

报告

report 命令提供了 Alluxio 集群的运行信息。如果没有其他参数，该命令将报告 Primary Master 的地址、Worker 的数量、空间可用性的简要信息。

```
$ ./bin/alluxio fsadmin report
Alluxio cluster summary:
  Master Address: localhost:19998
  Zookeeper Enabled: false
  Live workers: 1
  Lost workers: 0
  Total Capacity: 10.67GB
    Tier: MEM  Size: 10.67GB
  Used Capacity: 0B
    Tier: MEM  Size: 0B
  Free Capacity: 10.67GB
  (only a subset of the results is shown)
```

report capacity 命令将报告 Alluxio 集群在不同 Workers 子集下的空间大小信息。

❑ -live 参数表示存活 Workers。

❑ -lost 参数表示丢失 Workers。

❑ -wokers <worker_names> 参数表示由地址指定的特定 Workers。

```
# 所有Workers的空间大小信息
$ ./bin/alluxio fsadmin report capacity

# 存活Workers的空间大小信息
$ ./bin/alluxio fsadmin report capacity -live

# 特定Workers的空间大小信息
$ ./bin/alluxio fsadmin report capacity -workers Alluxioworker1,127.0.0.1
```

report metrics 将报告记录在 Primary Master 中的指标信息。

```
$ ./bin/alluxio fsadmin report metrics
```

report ufs 将报告所有挂载到 Alluxio 集群的底层存储系统的信息。

```
$ ./bin/alluxio fsadmin report ufs
Alluxio under storage system information:
hdfs://localhost:9000/ on / (hdfs, capacity=-1B, used=-1B, not read-only, not
  shared, properties={})
```

report jobservice 将报告 Job Service 的总结信息。

```
$ bin/alluxio fsadmin report jobservice
worker: MigrationTest-workers-2  Task Pool Size: 10      Unfinished Tasks: 1303
  Active Tasks: 10      Load Avg: 1.08, 0.64, 0.27
worker: MigrationTest-workers-3  Task Pool Size: 10      Unfinished Tasks: 1766
  Active Tasks: 10      Load Avg: 1.02, 0.48, 0.21
worker: MigrationTest-workers-1  Task Pool Size: 10      Unfinished Tasks: 1808
  Active Tasks: 10      Load Avg: 0.73, 0.5, 0.23

Status: CREATED   Count: 4877
Status: CANCELED  Count: 0
Status: FAILED    Count: 1
Status: RUNNING   Count: 0
Status: COMPLETED Count: 8124

10 Most Recently Modified Jobs:
Timestamp: 10-28-2020 22:02:34:001     Id: 1603922371976     Name: Persist
  Status: COMPLETED
Timestamp: 10-28-2020 22:02:34:001     Id: 1603922371982     Name: Persist
  Status: COMPLETED
(only a subset of the results is shown)

10 Most Recently Failed Jobs:
Timestamp: 10-24-2019 17:15:22:946     Id: 1603922372008     Name: Persist
  Status: FAILED

10 Longest Running Jobs:
```

底层存储

　　ufs 命令能够对一个挂载到 Alluxio 的底层存储进行配置更新。参数 --mode 可将一个底层存储转变为维护模式，在维护模式下一些操作将受限。举例来说，readOnly 参数可以将一个底层存储变为只读模式，Alluxio 不会在该底层存储中尝试进行写入。

```
$ ./bin/alluxio fsadmin ufs --mode readOnly hdfs://ns
```

　　fsadmin ufs 子命令接受一个根 UFS URI 作为其参数，例如 hdfs://<name-service>/，而不是 hdfs://<name-service>/<folder>。

配置更新

　　updateConf 命令能够在 alluxio.conf.dynamic.update.enabled 设为 true 的情况下为正在

运行的服务进行设置更新。该命令被直接发往 Alluxio Master，随后被广播到其他服务中，如 Worker、FUSE 及 Proxy。

3.1.2 用户操作命令

Alluxio 命令行接口为用户提供了基本的文件系统操作，可以使用以下命令来得到所有子命令：

```
$ ./bin/alluxio fs
Usage: alluxio fs [generic options]
  [cat <path>]
  [checkConsistency [-r] <Alluxio path>]
  ...
```

1. 通用命令

format 命令将格式化 Alluxio Master 和所有的 Workers。如果带有参数 -s，那么只有在底层存储是本地的且暂时不存在时才进行格式化。此命令会清除在 Alluxio 上持久化的所有内容，包括缓存数据和元数据。但是，存储在底层存储中的数据将不受影响。注意：安装 Alluxio 后第一次运行时，需要执行一次 format 命令，且所有 format 命令只能在 Alluxio 集群没有运行时才能被执行。

```
$ ./bin/alluxio format
$ ./bin/alluxio format -s
```

bootstrapConf 命令将生成一个引导配置文件 ${ALLUXIO_HOME}/conf/alluxio-site.properties，其中传入的参数将被视为 alluxio.master.hostname 的值，操作如下：

```
$ ./bin/alluxio bootstrapConf <ALLUXIO_MASTER_HOSTNAME>
```

getConf 命令将根据给出的特定配置名称返回该配置的具体值，如果输入的配置名称不合法，它将输出一个非零的退出码（exit code）。如果配置名称合法但其对应的值为空，则输出一个空行。如果不指定特定配置名称，那么此命令将输出所有的配置信息。

此命令有以下可选参数。

❑ --master 参数将输出所有被 Master 使用的配置。

❑ --source 参数将输出配置属性的源。

❑ --unit <arg> 参数将把显示的值转换为给定的单位。举例来说，--unit KB 会将 4096B 转换为 4 输出，--unit S 会将 5000ms 转换为 5 输出。可用的空间单位有 B、KB、MB、GB、TB、PB，可用的时间单位有 ms、s、m、h、d。

```
# 显示当前节点的所有配置
$ ./bin/alluxio getConf


# 显示特定配置
$ ./bin/alluxio getConf alluxio.master.hostname
```

```
# 显示Master的配置
$ ./bin/alluxio getConf --master

# 同时显示配置的源
$ ./bin/alluxio getConf --source

# 将配置值转换为给定单位进行显示
$ ./bin/alluxio getConf --unit KB alluxio.user.block.size.bytes.default
$ ./bin/alluxio getConf --unit S alluxio.master.journal.flush.timeout
```

job 命令能够与 Job Service 进行交互，该命令有以下可选参数。

❑ leader：显示 Job Master 的主机名。

❑ ls ：显示最近运行或结束任务的信息，显示的任务数量由 alluxio.job.master.job. capacity 决定。

❑ stat [-v] <id>：显示特定任务的状态，使用 -v 来显示每一个任务的状态。

❑ cancel <id>：取消特定的任务。

```
# 打印Job Master Service Leader的主机名
$ ./bin/alluxio job leader

# 打印最近运行的任务信息
$ ./bin/alluxio job ls
1576539334518 Load COMPLETED
1576539334519 Load CREATED
1576539334520 Load CREATED
1576539334521 Load CREATED
1576539334522 Load CREATED
1576539334523 Load CREATED
1576539334524 Load CREATED
1576539334525 Load CREATED
1576539334526 Load CREATED

# 显示特定任务状态
$ bin/alluxio job stat -v 1579102592778
ID: 1579102592778
Name: Migrate
Description: MigrateConfig{source=/test, destination=/test2, writeType=ASYNC_
  THROUGH, overwrite=true, delet...
Status: CANCELED
Task 0
worker: localhost
Status: CANCELED
Task 1
worker: localhost
Status: CANCELED
Task 2
worker: localhost
Status: CANCELED
...
```

```
...

# 取消特定任务
$ bin/alluxio job cancel 1579102592778

$ bin/alluxio job stat 1579102592778 | grep "Status"
Status: CANCELED
```

logLevel 命令能够返回特定实例上特定类的当前日志级别或者直接更新它的日志级别。它 的 用 法 为 alluxio logLevel --logName=NAME [--target=<master|workers|job_master|job_workers|host:port>] [--level=LEVEL]，其中：

- ❏ --logName <arg> 表明了 logger 的类，例如 alluxio.master.file.DefaultFileSystemMaster。
- ❏ --target <arg> 为需要设置的目标，如果是多个目标就需要用逗号分隔。Host：port 只能用于指定的单个 Worker。该项的默认值包括所有的 Primary Master、Primary Job Master, 所有的 Workers 和 Job Workers。
- ❏ --level <arg>，如果此项的 <arg> 参数被设置，则会将目标的日志级别设置为该值，否则只是返回目标当前的日志级别。

> **注意** 此命令只能在运行时被执行，且不能对 Standby Masters 使用。它们由于没有一个正在运行的网页端服务，因此不会从此命令接收更高日志级别的请求。如果需要更改它们的日志级别，需要更新 log4j.properties 并重启进程。

runTest 命令能够在 Alluxio 集群中运行端到端测试。它的用法为 runTest [--directory <path>] [--operation <operation type>] [--readType <read type>] [--writeType <write type>]，其中：

- ❏ --directory 表示运行测试的工作区，即一条 Alluxio 路径，默认为 ${ALLUXIO_HOME}。
- ❏ --operation 表示需要测试的操作，从 BASIC 和 BASIC_NON_BYTE_BUFFER 中选择，默认两者都进行测试。
- ❏ --readType 表示读取方式，可选项有 NO_CACHE、CACHE，以及 CACHE_PROMOTE，默认三者都进行测试。
- ❏ --writeType 表示写入方式，可选项有 MUST_CACHE、CACHE_THROUGH、THROUGH，以及 ASYNC_THROUGH，默认四者都进行测试。

```
$ ./bin/alluxio runTest --operation BASIC --readType CACHE --writeType MUST_
CACHE
```

readJournal 命令能够解析当前的日志，并在本地文件夹中输出一个便于阅读和理解的结果。根据日志的大小不同，此命令有可能需要一段时间来执行，因此要提前暂停 Alluxio Master 的运行。它的用法为 readJournal[generic options]，具体可以添加的参数及释义如下。

❑ -help 提供了此命令的帮助指南。

❑ -start <arg> 解析日志的起始日志序号，默认为 0。

❑ -end <arg> 解析日志的终点日志序号，默认为 +inf。

❑ -inputDir <arg> 为日志存放的文件夹，默认从系统配置中读取。

❑ -outputDir <arg> 为输出结果存放的文件夹，默认为 journal_dump-${timestamp}。

❑ -master <arg>master 为节点的名称，默认为 FileSystemMaster。

```
$ ./bin/alluxio readJournal
Dumping journal of type EMBEDDED to /Users/alluxio/journal_dump-1602698211916
2020-10-14 10:56:51,960 INFO   RaftStorageDirectory - Lock on /Users/alluxio/
  alluxio/journal/raft/02511d47-d67c-49a3-9011-abb3109a44c1/in_use.lock acquired
  by nodename 78602@alluxio-user
2020-10-14 10:56:52,254 INFO   RaftJournalDumper - Read 223 entries from log /
  Users/alluxio/alluxio/journal/raft/02511d47-d67c-49a3-9011-abb3109a44c1/
  current/log_0-222.
```

killAll 命令将杀死所有包含特定词的进程，包括 Alluxio 进程之外的其他进程。

copyDir 命令将拷贝目标路径下的文件夹到 conf/masters 和 conf/works 所列出的所有节点中，例如：

```
$ ./bin/alluxio copyDir conf/alluxio-site.properties
```

clearCache 命令将清空 OS 的缓存，无须在 Alluxio 运行时进行。

docGen 命令将基于当前的源节点自动生成文档，其用法为 docGen [--metric] [--conf]。

❑ --metric 表示生成指标文档。

❑ --conf 表示生成配置文档。

默认两种文档都会被生成，此命令无须在 Alluxio 运行时执行。

version 命令将显示当前版本，用法为 version --revision [revision_length]，其中 --revision [reversion_length] 将随着 Alluxio 的版本同时显示 git 的修订历史，长度可被指定。

validateConf 命令将检查配置文件是否合法。

validateEnv 命令将检查系统是否能够兼容 Alluxio 服务，并报告所有可能妨碍 Alluxio 正常启动的潜在问题。其用法为 validateEnv COMMAND [NAME] [OPTIONS]，其中 COMMAND 可以是如下值。

❑ local：在本机上运行所有验证任务。

❑ master：在本机上运行 Master 验证任务。

❑ worker：在本机上运行 Worker 验证任务。

❑ all：在所有 Master 和 Worker 节点上运行验证任务。

❑ masters：在所有 Master 节点上运行验证任务。

❑ workers：在所有 Worker 节点上运行验证任务。

❑ list：列出所有验证任务。

```
# 在本机上运行所有验证任务
$ ./bin/alluxio validateEnv local

# 在所有Master和Worker节点上运行验证任务
$ ./bin/alluxio validateEnv all

# 列出所有验证任务
$ ./bin/alluxio validateEnv list
```

可选项 NAME 则代表需要进行的验证任务名称前缀，如果不指定 NAME，那么所有的任务都会运行。

```
# 只运行本地系统资源限制验证
$ ./bin/alluxio validateEnv ulimit

# 只运行名称以ma为前缀的任务，例如master.rpc.port.available
$ ./bin/alluxio validateEnv local ma
```

OPTIONS 可以是一串可选项列表，每个可选项的格式为 -<optionName> [optionValue]。例如，[-hadoopConfDir <arg>] 可以设置运行验证任务时的 Hadoop 配置路径。

collectInfo 命令能够收集 Alluxio 集群的信息来对 Alluxio 进行故障排除。collectInfo 将运行一组子命令，每个子命令收集某一方面的系统信息。子命令包括 collectAlluxioInfo、collectConfig、collectLog、collectMetrics、collectJvmInfo 以及 collectEnv。最后，收集到的信息将被整合到一个 tarball 包中，其中包含大量关于 Alluxio 集群的信息。tarball 包的大小主要取决于集群的规模和收集的信息量。如果集群中有大量日志，则 collectLog 子命令将会造成很大的开销。其他命令通常不会生成大于 1MB 的文件。

collectInfo 有如下几个可选参数。

❑ --max-threads threadNum 参数用于配置收集信息时的并发度。

❑ --local 参数将限制只在本机上进行信息收集。

❑ --help 参数将输出关于此命令的帮助信息。

❑ --additional-logs <filename-prefixes> 参数将增加额外的名称以 <filename-prefixes> 为前缀的日志文件。

❑ --exclude-logs <filename-prefixes> 将忽略名称以 <filename-prefixes> 为前缀的日志文件。

❑ --include-logs <filename-prefixes> 只收集名称以 <filename-prefixes> 为前缀的日志文件。

❑ --end-time <datetime> 忽略 <datetime> 之后的日志文件。

❑ --start-time <datetime> 忽略 <datetime> 之前的日志文件。

2. 文件系统命令

fs 的子命令如 mkdir，其接收的参数为一个完整的 Alluxio URI，例如 alluxio://<master-

hostname>:<master-port>/<path>，或者简写为 </path>，当简写时，其默认主机名和端口通过 conf/allluxio-site.properties 指定。

```
$ ./bin/alluxio fs
Usage: alluxio fs [generic options]
  [cat <path>]
  [checkConsistency [-r] <Alluxio path>]
  ...
```

大多数需要路径参数的命令可以使用通配符以便简化使用，例如：

```
$ ./bin/alluxio fs rm '/data/2014*'
```

该示例命令会将 data 文件夹下以 2014 为文件名前缀的所有文件删除。有些 Shell 会尝试自动补全输入路径，这可能会引起奇怪的错误。作为一种绕开这个问题的方式，用户可以禁用自动补全功能（与具体 Shell 有关，例如 set -f），或者使用转义通配符，例如：

```
$ ./bin/alluxio fs cat /\\*
```

上面是两个转义符号，这是因为该 Shell 脚本最终会调用一个 Java 程序运行，该 Java 程序将获取到转义输入参数（cat /*）。

cat 命令将 Alluxio 中一个文件的内容全部打印在控制台中，这在用户确认一个文件中的内容是否和预想的一致时非常有用。如果你想将文件拷贝到本地文件系统中，使用 copyToLocal 命令。

例如，当测试一个新的计算任务时，cat 命令可以用来快速确认其输出结果：

```
$ ./bin/alluxio fs cat /output/part-00000
```

checkConsistency 命令会对比 Alluxio 和底层存储系统在给定路径下的元数据。如果该路径是一个目录，那么目录下的所有内容都会被对比。该命令会返回所有不一致的文件和目录的列表，系统管理员决定是否对这些不一致数据进行调整。为了避免 Alluxio 与底层存储系统的元数据不一致，用户的系统应该尽量统一通过 Alluxio 来修改文件和目录，避免直接访问底层存储系统进行修改。

如果使用了 -r 选项，那么 checkConsistency 命令会修复不一致的文件或目录。如果不一致的文件或者文件夹只存在于底层存储系统，那么相应的元数据会被加载到 Alluxio 中。如果不一致文件的元数据和具体数据已经存在于 Alluxio 中，那么 Alluxio 会删除具体数据，并且将该文件的元数据重新载入。

🔔 **注意** 该命令需要请求待检查的目录子树的读锁。这意味着在该命令完成之前，用户无法对该目录子树下的文件或者目录进行写操作或者更新操作。

---

checkConsistency 命令可以用来周期性地检查命名空间的一致性：

```
# 列出每一个不一致的文件或文件夹
```

```
$ ./bin/alluxio fs checkConsistency /
```

```
# 修复不一致的文件与文件夹
$ ./bin/alluxio fs checkConsistency -r /
```

checksum 命令输出某个 Alluxio 文件的 md5 值。例如，checksum 可以用来验证 Alluxio 中的文件内容与存储在底层文件系统或者本地文件系统中的文件内容是否匹配：

```
$ ./bin/alluxio fs checksum /LICENSE
md5sum: bf0513403ff54711966f39b058e059a3
md5 LICENSE
MD5 (LICENSE) = bf0513403ff54711966f39b058e059a3
```

chgrp 命令可以改变 Alluxio 中文件或文件夹的所属组，Alluxio 支持 POSIX 标准的文件权限。组在 POSIX 文件权限模型中是一个授权实体，文件所有者或者超级用户可以执行这条命令从而改变一个文件或文件夹的所属组。添加 -R 选项可以递归地改变文件夹中子文件和子文件夹的所属组。

使用 chgrp 命令能够快速修改一个文件的所属组：

```
$ ./bin/alluxio fs chgrp alluxio-group-new /input/file1
```

chmod 命令修改 Alluxio 中文件或文件夹的访问权限，目前可支持八进制模式：三位八进制的数字分别对应于文件所有者、所属组以及其他用户的权限。chmod 命令中数字与权限的对应表如表 3-1 所示。

表 3-1   chmod 命令中数字与权限对应表

数字	权限	rwx	数字	权限	rwx
7	读、写和执行	rwx	3	写和执行	-wx
6	读和写	rw-	2	只写	-w-
5	读和执行	r-x	1	只执行	--x
4	只读	r--	0	无	---

使用 chmod 命令可以快速修改一个文件的权限：

```
$ ./bin/alluxio fs chmod 755 /input/file1
```

chown 命令用于修改 Alluxio 中文件或文件夹的所有者。出于安全性的考虑，只有超级用户才能够更改一个文件的所有者。添加 -R 选项可以递归地改变文件夹中子文件和子文件夹的所有者。

使用 chown 命令可以快速修改一个文件的所有者：

```
$ ./bin/alluxio fs chown alluxio-user /input/file1
$ ./bin/alluxio fs chown alluxio-user:alluxio-group /input/file2
```

copyFromLocal 命令将本地文件系统中的文件或目录拷贝到 Alluxio 中。如果在用户运行该命令的机器上存在 Alluxio Worker，那么数据便会存放在这个 Worker 上。否则，数据将会随机地复制到一个运行 Alluxio Worker 的远程节点上。如果该命令指定的目标是一个文件夹，那么这个文件夹及其所有内容都会被递归复制到 Alluxio 中。

使用 copyFromLocal 命令可以快速将数据复制到 Alluxio 系统中，以便后续处理：

```
$ ./bin/alluxio fs copyFromLocal /local/data /input
```

copyToLocal 命令将 Alluxio 中的文件复制到本地文件系统中，如果该命令指定的目标是一个文件夹，那么该文件夹及其所有内容都会被递归地复制。

使用 copyToLocal 命令可以快速将下载数据输出，从而进行后续分析调试：

```
$ ./bin/alluxio fs copyToLocal /output/part-00000 part-00000
$ wc -l part-00000
```

count 命令输出 Alluxio 中与给定名称前缀匹配的所有文件和文件夹的总数，以及它们的总空间大小。该命令对文件夹中的内容进行递归处理。当用户对文件有预定义命名习惯时，count 命令很有用。

如果文件以创建日期命名，使用 count 命令可以获取任何日期、月份以及年份的所有文件的数目以及它们的总大小：

```
$ ./bin/alluxio fs count /data/2014
```

cp 命令拷贝 Alluxio 文件系统中的一个文件或者目录，也可以在本地文件系统和 Alluxio 文件系统之间相互拷贝。files:// 表示本地文件系统，alluxio:// 或者没有 :// 都表示 Alluxio 文件系统。如果使用了 -R 选项且源路径是一个目录，则 cp 会将源路径下的整个子树拷贝到目标路径，用法为 cp [--thread <num>] [--buffersize <bytes>] [--preserve] <src> <dst>，其中：

❑ --thread <num> 参数指定并发度，默认为 CPU 核心数的两倍；

❑ --buffersize <bytes> 参数读缓冲区大小；

❑ --preserve 参数指定复制时保留所有权；

❑ <src> 参数为源文件（夹）；

❑ <dst> 参数为目标文件（夹）。

例如，cp 可以在底层文件系统之间拷贝文件：

```
$ ./bin/alluxio fs cp /hdfs/file1 /s3/
```

DistributedCp 命令能在 Alluxio 文件系统中使用 Job Service 分布式地拷贝文件。此命令默认会以同步的方式运行，并在任务提交后返回一个 JOB_CONTROL_ID。拷贝命令将等待该任务执行完，输出拷贝文件的数量与状态等。如果数据源是一个文件夹，此命令将会拷贝文件夹下所有文件，该命令的可选参数如下。

❑ --active-jobs：限制 Alluxio Job Service 能够同时提交的最大任务数量，默认为 3000。

❑ --overwrite：是否覆盖目标文件，默认为"是"。

❑ --batch-size：指定一个请求中最多包含多少文件，默认为 20。

❑ --async：命令将以异步执行。

```
$ ./bin/alluxio fs distributedCp --active-jobs 2000 /data/1023 /data/1024
Sample Output:
Please wait for command submission to finish..
Submitted successfully, jobControlId = JOB_CONTROL_ID_1
Waiting for the command to finish ...
Get command status information below:
Successfully copied path /data/1023/$FILE_PATH_1
Successfully copied path /data/1023/$FILE_PATH_2
Successfully copied path /data/1023/$FILE_PATH_3
Total completed file count is 3, failed file count is 0
Finished running the command, jobControlId = JOB_CONTROL_ID_1
```

du 命令输出一个文件的大小。如果指定的目标为文件夹，那么该命令输出该文件夹下所有子文件及子文件夹中内容的大小总和。

如果 Alluxio 空间被过分使用，使用 du 命令可以检测到哪些文件夹占用了大部分空间：

```
# 显示根文件夹下所有文件的大小信息
$ ./bin/alluxio fs du /
File Size      In Alluxio        Path
1337           0 (0%)            /alluxio-site.properties
4352           4352 (100%)       /testFolder/NOTICE
26847          0 (0%)            /testDir/LICENSE
2970           2970 (100%)       /testDir/README.md


# 显示内存空间大小信息
$ ./bin/alluxio fs du --memory /
File Size      In Alluxio        In Memory         Path
1337           0 (0%)            0 (0%)            /alluxio-site.properties
4352           4352 (100%)       4352 (100%)       /testFolder/NOTICE
26847          0 (0%)            0 (0%)            /testDir/LICENSE
2970           2970 (100%)       2970 (100%)       /testDir/README.md


# 显示易读的汇总信息
$ ./bin/alluxio fs du -h -s /
File Size      In Alluxio        In Memory         Path
34.67KB        7.15KB (20%)      7.15KB (20%)      /


# 查看哪个文件夹占据了最大的空间
$ ./bin/alluxio fs du -h -s /\\*
File Size      In Alluxio        Path
1337B          0B (0%)           /alluxio-site.properties
29.12KB        2970B (9%)        /testDir
4352B          4352B (100%)      /testFolder
```

free 命令请求 Alluxio Master 将指定文件的所有数据块从 Alluxio Worker 中删除。如果命令参数为一个文件夹，那么会递归作用于其子文件和子文件夹。该请求不确保会立即产生效果，因为该文件的数据块可能正在被读取。free 命令在被 Alluxio Master 接收后会立即返回。注意：该命令不会删除底层文件系统中的任何数据，而只会影响存储在 Alluxio 系统中的数据。另外，该操作也不会影响 Alluxio 元数据。

使用 free 命令可以手动管理 Alluxio 的数据缓存：

```
$ ./bin/alluxio fs free /unused/data
```

getCapacityBytes 命令返回 Alluxio 的总空间容量（以字节为单位）。

使用 getCapacityBytes 命令能够确认用户系统是否正确启动并配置了空间容量：

```
$ ./bin/alluxio fs getCapacityBytes
```

getUsedBytes 命令返回 Alluxio 中已使用的空间大小（以字节为单位）。

使用 getUsedBytes 命令可以监控集群的存储空间负载健康状态：

```
$ ./bin/alluxio fs getUsedBytes
```

help 命令对一个指定的 fs 子命令打印帮助信息。如果没有指定，则打印所有支持的子命令的帮助信息。

```
# 打印所有子命令
$ ./bin/alluxio fs help

# 对ls 命令打印帮助信息
$ ./bin/alluxio fs help ls
```

leader 命令打印当前 Alluxio 的 Primary Master 节点主机名。

load 命令将底层文件系统中的数据载入 Alluxio 中。如果运行该命令的机器上正在运行一个 Alluxio Worker，那么数据将移动到该 Worker 上；否则，数据会被随机移动到一个 Worker 上。如果该文件已经存在于 Alluxio 中但命令中添加了 --local 选项，并且有本地 Worker，则数据将被移动到该 Worker 上。否则，该命令不进行任何操作。如果该命令的操作目标是一个文件夹，那么其子文件和子文件夹都会被递归载入。

使用 load 命令能够对数据进行预热：

```
$ ./bin/alluxio fs load /data/today
```

loadMetadata 命令会触发 Alluxio 对指定路径的元数据同步，将对应路径的信息从底层存储中加载进 Alluxio 命名空间。该命令只创建元数据，例如文件名及文件大小，而不会加载数据进入 Alluxio 缓存。

当其他系统将数据输出到底层文件系统中（未经过 Alluxio），而在 Alluxio 上运行的某个应用又需要使用这些文件时，就可以使用 loadMetadata 命令帮助 Alluxio 发现这些文件。

```
$ ./bin/alluxio fs load /data/today
```

location 命令返回包含给定文件的所有 Alluxio Worker 的地址。

当使用某个计算框架处理作业时，使用 location 命令可以调试数据局部性：

```
$ ./bin/alluxio fs location /data/2015/logs-1.txt
```

ls 命令列出一个文件夹下的所有子文件和子文件夹，以及文件的大小、上次修改时间和内存状态。对一个文件使用 ls 命令仅仅会显示该文件的信息。ls 命令也将任意文件或者目录下子目录的元数据从底层存储系统加载到 Alluxio 命名空间。此外，ls 将根据给定路径的文件或者目录命令查询底层文件系统，然后会在 Alluxio 中创建一个该文件的镜像文件。此镜像文件只有元数据，比如文件名和大小，从而不发生实际文件数据载入。

ls 命令有如下可选参数。

❑ -d 选项将目录作为普通文件列出。例如，ls -d / 显示根目录的属性。

❑ -f 选项强制加载目录中的子目录的元数据。默认方式下，只有当目录首次被列出时，才会加载元数据。

❑ -h 选项以可读方式显示文件大小。

❑ -p 选项列出所有固定的文件。

❑ -R 选项可以递归地列出输入路径下的所有子文件和子文件夹，并列出从输入路径开始的所有子树。

❑ --sort 对结果进行排序，可以是 size|creationTime|inMemoryPercentage|lastModificationTime|path。

❑ -r 反转排序的顺序。

使用 ls 命令可以浏览文件系统：

```
$ ./bin/alluxio fs mount /s3/data s3://data-bucket/
# Loads metadata for all immediate children of /s3/data and lists them.
$ ./bin/alluxio fs ls /s3/data/
#
# Forces loading metadata.
$ aws s3 cp /tmp/somedata s3://data-bucket/somedata
$ ./bin/alluxio fs ls -f /s3/data
#
# Files are not removed from Alluxio if they are removed from the UFS (s3 here)
  only.
$ aws s3 rm s3://data-bucket/somedata
$ ./bin/alluxio fs ls -f /s3/data
```

masterInfo 命令打印与 Alluxio Master 相关的信息，例如 Primary Master 的地址、所有 Master 的地址列表以及配置的 ZooKeeper 地址。如果 Alluxio 运行在单 Master 模式下，masterInfo 命令会打印出该 Master 的地址；如果 Alluxio 运行在多 Master 容错模式下，masterInfo 命令会打印出当前 Primary 地址、所有 Master 地址列表以及 ZooKeeper 地址。

mkdir 命令在 Alluxio 中创建一个新的文件夹。该命令可以递归创建不存在的父目录。

注意，在该文件夹中的某个文件被持久化到底层文件系统之前，该文件夹不会在底层文件系统中被创建。对一个无效的或者已存在的路径，使用 mkdir 命令会失败。

管理员使用 mkdir 命令可以创建一个基本文件夹结构：

```
$ ./bin/alluxio fs mkdir /users
$ ./bin/alluxio fs mkdir /users/Alice
$ ./bin/alluxio fs mkdir /users/Bob
```

mount 命令将一个底层存储中的路径挂载到 Alluxio 路径。用户在 Alluxio 命名空间中该路径下后续新建的文件和文件夹，会在该对应的底层文件系统路径进行备份。

mount 命令有如下可选项。

❑ --readonly 选项设置挂载点为只读。

❑ --option <key>=<val> 选项将传递一个属性到这个挂载点（如 S3 credentials）。

❑ --shared 选项设置挂载点对用户的权限。

使用 mount 命令可以让其他存储系统中的数据在 Alluxio 中也能获取。

```
$ ./bin/alluxio fs mount /mnt/hdfs hdfs://host1:9000/data/
$ ./bin/alluxio fs mount --shared --readonly /mnt/hdfs2 hdfs://host2:9000/data/
$ ./bin/alluxio fs mount \
--option s3a.accessKeyId=<accessKeyId> \
--option s3a.secretKey=<secretKey> \
/mnt/s3 s3://data-bucket/
```

mv 命令将 Alluxio 中的文件或文件夹移动到其他路径。目标路径不能事先存在于 Alluxio 命名空间中，此外如果目标路径是一个目录，那么该文件或文件夹会成为该目录的子文件或子文件夹。mv 命令仅仅对元数据进行操作，不会影响该文件的数据块。mv 命令不能在不同底层存储系统的挂载点之间操作。

使用 mv 命令可以将过时数据移动到非工作目录：

```
$ ./bin/alluxio fs mv /data/2014 /data/archives/2014
```

persist 命令将 Alluxio 中的数据持久化到底层文件系统中。该命令是面向文件数据的操作，因此其执行耗时取决于该文件的大小。在完成持久化之后，该文件即在底层文件系统中存在了备份。因而该文件在 Alluxio 中的数据块被删除甚至丢失的情况下，仍然能够被访问。

使用场景示例：在从一系列临时文件中过滤出包含有用数据的文件后，便可以使用 persist 命令对其进行持久化。

```
$ ./bin/alluxio fs persist /tmp/experimental-logs-2.txt
```

pin 命令对 Alluxio 中的文件或文件夹进行锁定。该命令只针对元数据进行操作，不会导致任何数据被加载到 Alluxio 中。如果一个文件在 Alluxio 中被 pin 住了，那么该文件的任何数据块都不会从 Alluxio Worker 中被驱逐。如果存在过多被 pin 住的文件，Alluxio

Worker 的剩余可用空间将会变得很小，从而导致无法对其他文件进行缓存。

使用场景示例：如果管理员对作业运行流程十分清楚，那么可以使用 pin 命令手动提高性能。

```
$ ./bin/alluxio fs pin /data/today
```

rm 命令将一个文件从 Alluxio 以及底层文件系统中删除。该命令返回后，被删除的文件便立即不可获取，但实际的数据可能要过一段时间才被真正删除。添加 -R 选项可以递归删除文件夹中的所有内容后再删除文件夹自身。添加 -U 选项将会在尝试删除持久化目录之前，不检查将要删除的底层存储系统内容是否与 Alluxio 一致。

使用场景示例：使用 rm 命令可以删除不再需要的临时文件。

```
$ ./bin/alluxio fs rm '/data/2014*'
```

setTtl 命令设置一个文件或者文件夹的 TTL（Time to Live，存活时间），单位为毫秒。当后续的某一时刻大于该文件的创建时刻与 TTL 设置的时长之和时，将执行 --action 参数指示的操作。delete 操作（默认）将同时删除 Alluxio 和底层文件系统中的文件，而 free 操作将仅仅删除 Alluxio 中的数据缓存，不更改底层存储中的文件。

使用场景示例：管理员在知道某些文件经过一段时间后便不再需要时，可以使用带有 delete 操作的 setTtl 命令来清理文件；如果仅仅希望为 Alluxio 释放更多的空间，可以使用带有 free 操作的 setTtl 命令来清理 Alluxio 中的文件内容。

```
# 一天后同时删除Alluxio和底层存储中的数据
$ ./bin/alluxio fs setTtl /data/good-for-one-day 86400000

# 一天后只删除Alluxio中的数据
$ ./bin/alluxio fs setTtl --action free /data/good-for-one-day 86400000
```

stat 命令将一个文件或者文件夹的主要信息输出到控制台，这主要是为了支持用户对系统进行调试。一般来说，在 Web UI 上的文件信息要容易理解得多。

可以通过指定 -f <arg> 来按指定格式显示信息：

❑ %N: 文件名。

❑ %z: 文件大小（单位为 B）。

❑ %u: 文件拥有者。

❑ %g: 拥有者所在组名。

❑ %y 或 %Y: %y 会将信息显示为 yyyy-MM-dd HH:mm:ss（UTC），%Y 为自 1970 年 1 月 1 日以来的毫秒数。

❑ %b: 为文件分配的数据块数。

使用场景示例：使用 stat 命令能够获取一个文件的数据块的位置，这在获取计算任务中的数据局部性时非常有用。

```
# 显示文件状态
$ ./bin/alluxio fs stat /data/2015/logs-1.txt
#
# 显示文件夹状态
$ ./bin/alluxio fs stat /data/2015
#
# 显示文件大小
$ ./bin/alluxio fs stat -f %z /data/2015/logs-1.txt
```

tail 命令将一个文件的最后 1KB 内容输出到控制台。（head 命令与之相反。）

使用场景示例：使用 tail 命令可以确认一个作业的输出是否符合格式要求，或者包含期望的值。

```
$ ./bin/alluxio fs tail /output/part-00000
```

test 命令测试路径的属性，如果属性为真，则返回 0，否则返回 1。可以添加 -d 选项测试路径是否是目录，添加 -f 选项测试路径是否是文件，添加 -e 选项测试路径是否存在，添加 -z 选项测试文件长度是否为 0，添加 -s 选项测试路径是否为空。

使用场景示例：下面的命令可以判断该路径是否为目录。

```
$ ./bin/alluxio fs test -d /someDir
```

touch 命令创建一个空文件，这些文件在大多数情况下作为标记使用。

使用场景示例：使用 touch 命令可以创建一个空文件，用于标记一个文件夹的分析任务已完成。

```
$ ./bin/alluxio fs touch /data/yesterday/_DONE_
```

unmount 命令是 mount 命令的反向操作，它的作用是将指定的 Alluxio 路径与对应的底层文件系统中目录的链接断开。该挂载点的所有元数据和文件数据都会从 Alluxio 文件系统中被删除，但不影响底层存储系统。

使用场景示例：当用户不再需要底层存储系统中的数据时，使用 unmount 命令可以卸载该底层存储系统。

```
$ ./bin/alluxio fs unmount /s3/data
```

unpin 命令是 pin 命令的反向操作，为 Alluxio 中的文件或文件夹解除标记。该命令仅作用于 Alluxio 元数据，不会剔除或者删除任何数据块。一旦文件被解除 pin，Alluxio Worker 就可以剔除该文件中的数据块了。

使用场景示例：当管理员知道数据访问模式发生改变时，可以使用 unpin 命令。

```
$ ./bin/alluxio fs unpin /data/yesterday/join-table
```

unsetTtl 命令删除 Alluxio 中一个文件的 TTL。该命令仅作用于元数据，不会剔除或者删除 Alluxio 中的数据块。该文件的 TTL 值可以由 setTtl 命令重新设定。

使用场景示例：在一些特殊情况下，当一个原本自动管理生命周期的文件需要变为手动管理时，可以使用 unsetTtl 命令。

```
$ ./bin/alluxio fs unsetTtl /data/yesterday/data-not-yet-analyzed
```

updateMount 命令可以动态地更新挂载点的属性，其用法与 mount 指令类似。

3.1.3 常用的编程 API

1. Java 客户端

Alluxio 提供了用户访问数据的文件系统接口。Alluxio 为文件提供了一次性写入（write-once）的语义：文件全部被写入之后就不会改变，而且文件在写操作完成之前不能进行读操作。Alluxio 提供了两种不同的文件系统 API，本地文件系统 API 和兼容 Hadoop 文件系统的 API。本地文件系统 API 提供了额外的功能，而兼容 Hadoop 文件系统的 API 支持用户灵活利用 Alluxio，但没必要修改基于 Hadoop 文件系统 API 编写的应用代码。

首先，用户可以使用 maven 自动配置一些 Java 依赖，在 pom.xml 中加入 alluxio-shaded-client：

```
<dependency>
  <groupId>org.alluxio</groupId>
  <artifactId>alluxio-shaded-client</artifactId>
  <version>2.9.0-SNAPSHOT</version>
</dependency>
```

该 artifact 支持在 2.0.1 版本之后的 Alluxio 中使用，且它是各类依赖自包含的，使用 shaded 的方式包含所有的依赖从而避免依赖之间的冲突。推荐所有使用 Alluxio Client 的项目都使用此通用组件。

此外，项目也可以使用 alluxio-core-client-fs 组件（artifact）来访问 Alluxio 文件系统接口，或者使用 alluxio-core-client-hdfs 组件（artifact）来访问兼容 Hadoop 文件系统 API。这两个组件并没有以 shaded 的方式包含所有依赖，因此大小要小很多，并且两个组件都被 alluxio-shaded-client 所包含。

若需要使用 Java 代码获取一个 Alluxio FileSystem 实例，可使用：

```
FileSystem fs = FileSystem.Factory.get();
```

所有的元数据操作，以及用于读文件的文件打开操作或用于写文件的文件创建操作，都会通过 FileSystem 对象来执行。因为 Alluxio 文件一旦写入就不会改变，常用的创建文件的方式是使用 FileSystem#createFile(AlluxioURI)，这条语句会返回一个用于写文件的流对象，例如：

```
FileSystem fs = FileSystem.Factory.get();
AlluxioURI path = new AlluxioURI("/myFile");
```

```
// 创建一个文件并获取其输出流
FileOutStream out = fs.createFile(path);
// 写入
out.write(...);
// 完成写入关闭输出流
out.close();
```

如果想要访问一个存在于 Alluxio 中的文件，需要指定该文件的 AlluxioURI，例如读取一个文件的数据：

```
FileSystem fs = FileSystem.Factory.get();
AlluxioURI path = new AlluxioURI("/myFile");
// 打开文件
FileInStream in = fs.openFile(path);
// 读取数据
in.read(...);
// 关闭读取流，释放锁
in.close();
```

对于所有 FileSystem 的操作，都可指定额外的 options 域，允许用户指定该操作的非默认设置。例如：

```
FileSystem fs = FileSystem.Factory.get();
AlluxioURI path = new AlluxioURI("/myFile");
// 指定blocksize为128MB
CreateFileOptions options = CreateFileOptions.defaults().setBlockSize(128 *
  Constants.MB);
FileOutStream out = fs.createFile(path, options);
```

Alluxio 的参数设置可以通过 alluxio-site.properties 来进行变更，但是这些变更是全局性的，会影响所有 Alluxio 实例的配置。因此，如果需要一个细粒度的配置管理，就需要在创建 FileSystem 对象时传入一个配置好的设置参数，这样该 FileSystem 就拥有独立于其他 FileSystem 对象的配置了。

```
FileSystem normalFs = FileSystem.Factory.get();
AlluxioURI normalPath = new AlluxioURI("/normalFile");
// 使用默认配置创建文件
FileOutStream normalOut = normalFs.createFile(normalPath);
...
normalOut.close();

// 使用指定配置创建文件
InstancedConfiguration conf = InstancedConfiguration.defaults();
conf.set(PropertyKey.SECURITY_LOGIN_USERNAME, "alice");
FileSystem customizedFs = FileSystem.Factory.create(conf);
AlluxioURI customizedPath = new AlluxioURI("/customizedFile");
// 新建的文件将在alice名下被创建
FileOutStream customizedOut = customizedFs.createFile(customizedPath);
...
```

```
customizedOut.close();
```

Alluxio 有两种存储类型：Alluxio 空间存储和底层存储。Alluxio 空间存储是分配给 Worker 的 MEM、SSD 和（或）HDD。底层存储是由底层存储系统管理的存储资源，如 S3、Swift 或 HDFS。用户可以通过指定 ReadType 和 WriteType 来与 Alluxio 本地存储或底层存储进行交互。在读文件的时候，ReadType 指定了该数据的读行为，例如该数据是否应该被保留在 Alluxio 存储内。在写新文件的时候，WriteType 指定了该数据的写行为，例如该数据是否应该被写到 Alluxio 存储内。

2. REST API

为了其他语言的可移植性，除使用原生文件系统 Java 客户端外，也可以通过 REST API 形式的 HTTP 代理访问 Alluxio 文件系统。

REST API 的文档可以通过 ${ALLUXIO_HOME}/core/server/proxy/target/miredot/index.html 来访问。 REST API 和 Alluxio Java API 之间的主要区别在于如何表示文件流。Alluxio Java API 可以使用内存中的文件流，REST API 将文件流的创建和访问分离。

HTTP 代理是一个单机服务器，可以使用 ${ALLUXIO_HOME}/bin/alluxio-start.sh proxy 开启服务，使用 ${ALLUXIO_HOME}/bin/alluxio-stop.sh proxy 停止服务。默认情况下，REST API 可在 39999 端口访问。使用 HTTP 代理可能会存在一些性能问题。特别地，使用代理需要额外的跳跃。为了获得最佳性能，建议在每个计算节点上运行代理服务器和 Alluxio 服务进程。

3.1.4 Web 界面展示与操作

Alluxio 提供了用户友好的 Web 界面，以便用户查看和管理。Master 和 Worker 都拥有各自的 Web 界面。Master Web 界面的默认访问端口是 19999，Worker Web 界面的默认访问端口是 30000。Alluxio Master 的 Web 界面访问 http://<MASTER IP>:19999 即可查看。例如，如果用户在本地启动 Alluxio，访问 localhost:19999 即可查看 Master Web 界面。

Alluxio Master 的 Web 界面包含若干不同页面，首先是主页界面。如图 3-1 所示，主页显示了系统状态的概要信息，包括以下部分。

❑ **Alluxio 概要**：Alluxio 系统级信息。
❑ **集群使用概要**：Alluxio 空间存储信息和底层存储信息。Alluxio 的空间存储使用率可以接近 100%，但底层的存储使用率不应该接近 100%。
❑ **存储使用概要**：Alluxio 分层存储信息，分项列出了 Alluxio 集群中每层存储空间的使用量。

点击屏幕上方导航栏中的 Configuration 即可打开配置页面。如图 3-2 所示，配置页面包含所有 Alluxio 配置的属性和设定值的映射。

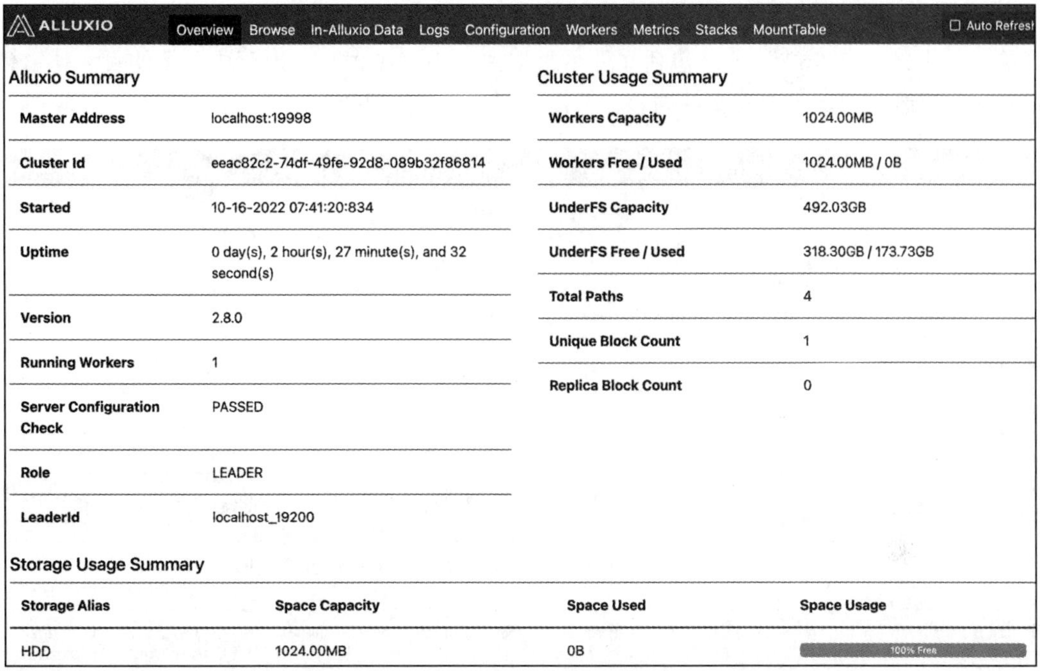

图 3-1　Alluxio Master Web 界面主页

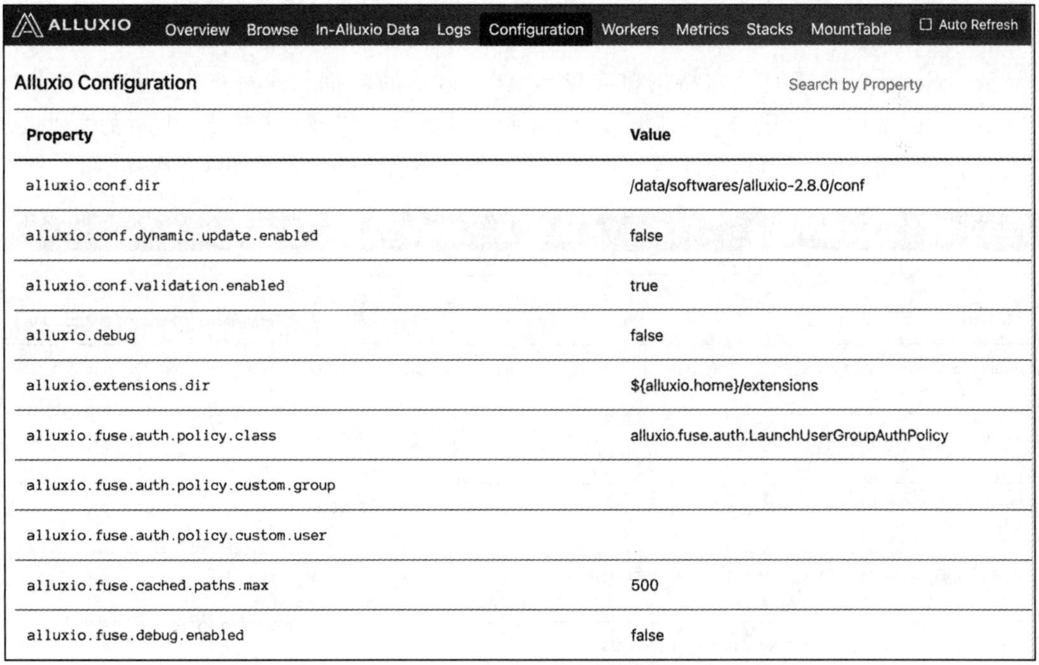

图 3-2　Alluxio Master Web 界面的配置页面

如图 3-3 所示，还可以通过点击导航栏上的 Browse 选项卡来浏览 Alluxio 文件系统。当前文件夹的文件会被列出，包括文件名、文件大小、块大小、内存中数据的百分比、创建时间和修改时间。要查看文件内容，只需点击对应的文件即可。

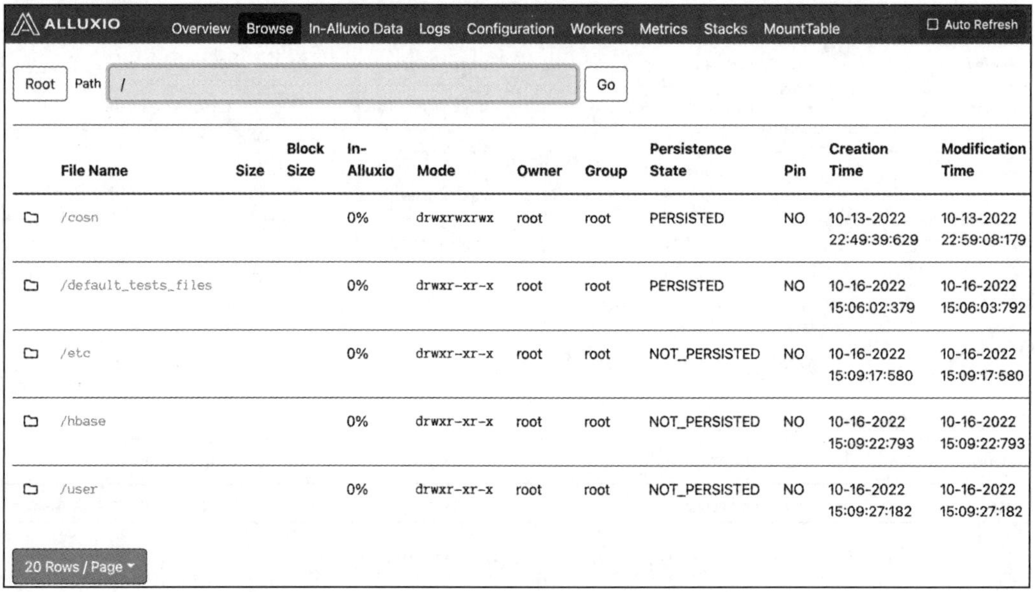

File Name	Size	Block Size	In-Alluxio	Mode	Owner	Group	Persistence State	Pin	Creation Time	Modification Time
/cosn			0%	drwxrwxrwx	root	root	PERSISTED	NO	10-13-2022 22:49:39:629	10-13-2022 22:59:08:179
/default_tests_files			0%	drwxr-xr-x	root	root	PERSISTED	NO	10-16-2022 15:06:02:379	10-16-2022 15:06:03:792
/etc			0%	drwxr-xr-x	root	root	NOT_PERSISTED	NO	10-16-2022 15:09:17:580	10-16-2022 15:09:17:580
/hbase			0%	drwxr-xr-x	root	root	NOT_PERSISTED	NO	10-16-2022 15:09:22:793	10-16-2022 15:09:22:793
/user			0%	drwxr-xr-x	root	root	NOT_PERSISTED	NO	10-16-2022 15:09:27:182	10-16-2022 15:09:27:182

图 3-3　Alluxio 文件系统

Alluxio 的 Web 界面也支持浏览存储在 Alluxio 中的数据。通过点击导航栏中的 In-Alluxio Data 选项卡，用户将看到类似图 3-4 所示的页面。当前在 Alluxio 中的文件列表及其相关信息会被列出，包括文件名、文件大小、块大小、文件是否被固定在内存中。

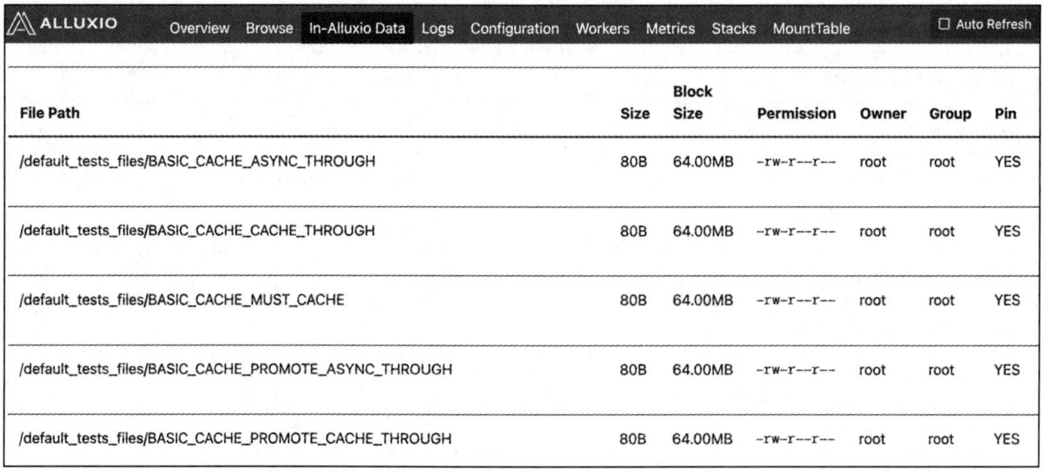

File Path	Size	Block Size	Permission	Owner	Group	Pin
/default_tests_files/BASIC_CACHE_ASYNC_THROUGH	80B	64.00MB	-rw-r--r--	root	root	YES
/default_tests_files/BASIC_CACHE_CACHE_THROUGH	80B	64.00MB	-rw-r--r--	root	root	YES
/default_tests_files/BASIC_CACHE_MUST_CACHE	80B	64.00MB	-rw-r--r--	root	root	YES
/default_tests_files/BASIC_CACHE_PROMOTE_ASYNC_THROUGH	80B	64.00MB	-rw-r--r--	root	root	YES
/default_tests_files/BASIC_CACHE_PROMOTE_CACHE_THROUGH	80B	64.00MB	-rw-r--r--	root	root	YES

图 3-4　Alluxio 中的数据文件

通过点击 Workers 选项卡即可查看所有已知的 Alluxio Worker 信息。如图 3-5 所示，Workers 页面将所有 Alluxio Worker 节点分为两类显示。

- ❑ **存活节点**：所有当前可以处理 Alluxio 请求的节点列表。点击 Worker 名将重定向到 Worker 的 Web 界面。
- ❑ **失效节点**：所有被 Master 宣布失效的 Worker 列表。其失效的原因通常是 Master 等待 Worker 心跳超时，具体因素主要包括 Worker 系统重启或网络故障，或者 Worker 更改地址之后重启、被 Master 认为是一个新的节点等。

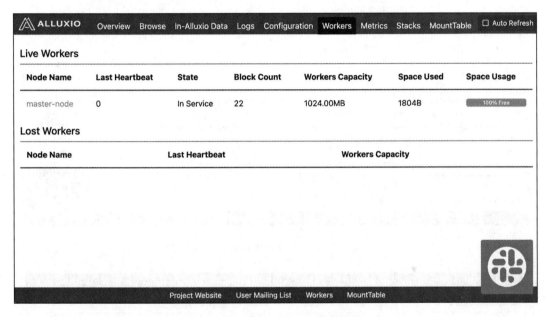

图 3-5　Alluxio Worker 状态界面

点击导航栏中的 Metrics 选项卡即可浏览集群的指标信息。如图 3-6 所示，这部分显示了集群的所有指标信息，包括：

- ❑ **集群级别的整体指标**：集群总体写的字节数、Alluxio 空间使用率。
- ❑ **整体的 I/O 操作的数据大小**：执行本地、远程读和写的数据量。
- ❑ **每分钟整体的 I/O 吞吐率**：每分钟整体的 I/O 数据吞吐量。

Alluxio Worker 的主页和 Alluxio Master 类似，但是显示的是单个 Worker 的特定信息，如图 3-7 所示。

如图 3-8 所示，在块信息页面，用户可以看到 Worker 上的文件以及其他信息，例如文件大小、文件所在的存储层等。当用户点击文件时，可以看到文件的所有块信息。

图 3-6　Alluxio 指标信息

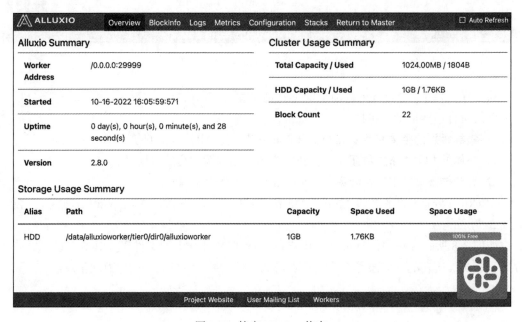

图 3-7　特定 Worker 状态

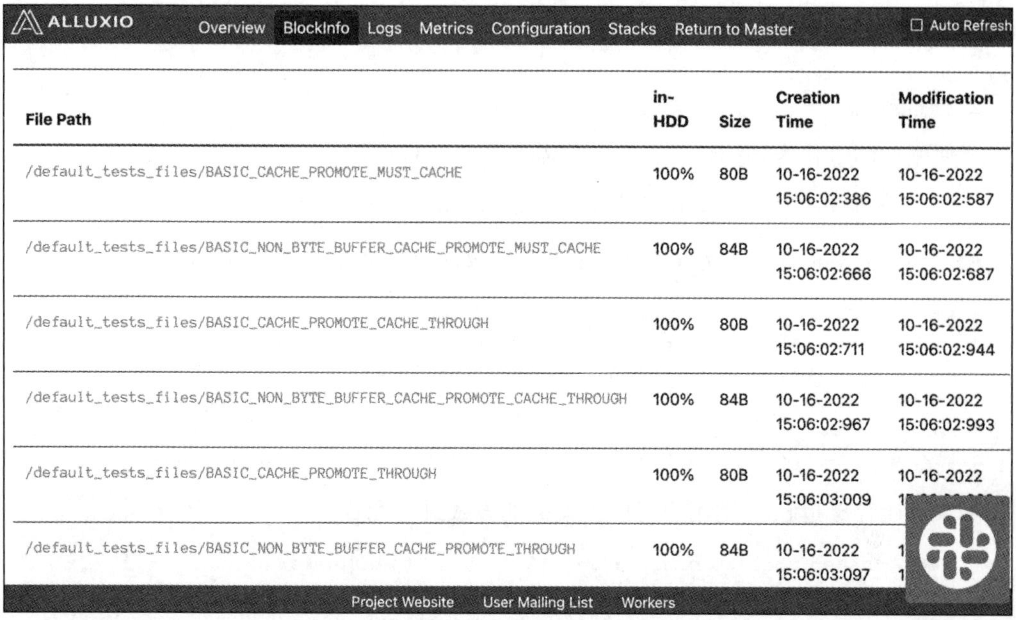

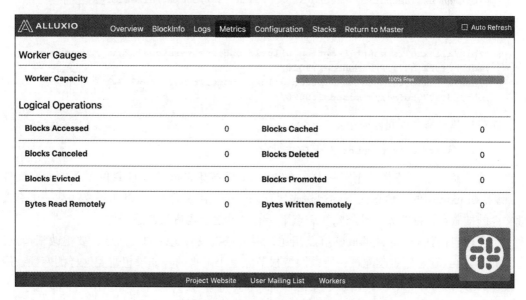

图 3-8　Worker 的块信息

如图 3-9 所示，点击导航栏中的 Metrics 选项卡即可浏览 Worker 的指标（metrics）信息。这部分显示了 Worker 的所有指标信息，包括：

❑ Worker 整体指标：Worker 的整体指标信息。

❑ 逻辑操作：执行的操作数量。

图 3-9　Worker 的指标信息

3.2 Alluxio 的挂载点运维

1. 根挂载点

要使用 HDFS 作为根挂载点，用户就需要在 Alluxio 配置文件中进行定义：

```
alluxio.master.mount.table.root.ufs=hdfs://host:port
```

用户还可以对根挂载点定义更多配置项，比如在上面配置的基础上添加：

```
alluxio.master.mount.table.root.ufs=hdfs://host:port
alluxio.master.mount.table.root.option.alluxio.underfs.version=2.7
alluxio.master.mount.table.root.option.alluxio.underfs.hdfs.
  configuration=${alluxio.conf.dir}/core-site.xml:${alluxio.conf.dir}/hdfs-site.
  xml
alluxio.master.mount.table.root.option.alluxio.underfs.hdfs.remote=true
```

如果底层存储是 S3，则用户可以用类似的方式进行配置：

```
alluxio.master.mount.table.root.ufs=s3://buckets/alluxio/
alluxio.master.mount.table.root.option.aws.accessKeyId=<AWS_ACCESS_KEY_ID>
alluxio.master.mount.table.root.option.aws.secretKey=<AWS_SECRET_ACCESS_KEY>
```

如果要更改根挂载点的位置，需要更改配置文件之后重启 Alluxio 服务。

2. 嵌套挂载点

嵌套挂载点在 Alluxio 启动后，通过如下命令挂载：

```
$./bin/alluxio fs mount --option aws.accessKeyId=<accessKeyId> \
  --option aws.secretKey=<secretKey>  /data s3://bucket/directory/
```

Alluxio 可以通过以下方式同时挂载不同版本的 HDFS：

```
$ ./bin/alluxio fs mount --option alluxio.underfs.version=2.2 \
  /mnt/hdfs22 hdfs://namenode1:8020/
$ ./bin/alluxio fs mount  --option alluxio.underfs.version=2.7 \
  /mnt/hdfs27 hdfs://namenode2:8020/
```

卸载挂载点的命令同样简单：

```
$ ./bin/alluxio fs unmount /mnt/hdfs22
```

值得注意的是，卸载操作实际上会在 Alluxio 系统中清除这个挂载位置下的所有文件（只删除 Alluxio 中的元信息，不会删除底层存储中的实际文件），所以如果要卸载一个有大量文件的挂载点，推荐先手动删除挂载点下所有文件之后再进行卸载操作。

与可以自由挂载/卸载的嵌套节点相比，根节点就没有这样的灵活性，要更改根节点，需要关掉 Alluxio 之后更改配置，所以改变根节点是很困难的。如果想避免这样的麻烦，用户可以直接用一个本地路径作为一个 dummy 根节点启动 Alluxio，并不在该 dummy 根节点下创建任何文件。之后，再把所有要管理的底层文件系统目录用嵌套挂载点的方式挂在

Alluxio 上。这样如果任何一个底层文件系统目录需要变化，用户都可以用命令去动态地调整它，即：

```
# 使用一个本地路径来作为根挂载点，注意这个路径需要在Alluxio Master节点上存在
alluxio.master.mount.table.root.ufs=/alluxio/data
# 在集群启动后使用mount命令挂载每一个想要通过Alluxio管理的底层存储
```

挂载点和挂载操作都会被记录在 Journal 日志中，重启系统不需要重新挂载。

3. 查看挂载点

与 Linux 操作系统类似，可以通过无参数的 mount 命令查看挂载点。

```
$ bin/alluxio fs mount
```

3.3　Alluxio 的元数据同步和备份运维

3.3.1　元数据同步的配置

配置 alluxio.user.file.metadata.sync.interval 的方式大致分为三种，优先级由低到高。高优先级的配置会覆盖低优先级的配置。

1. 在配置文件 / 环境变量中配置

用户可在 alluxio-site.properties/alluxio-env.sh 中设置这个配置项。这是最不灵活的一种方式，因为整个集群里来自不同底层存储系统的文件不可能都使用同一个同步时间间隔。用户可以在这里设置 alluxio.user.file.metadata.sync.interval=-1 来避免无意间触发过多的 Alluxio 元数据同步操作。

2. 设置路径默认值

Alluxio 支持用户对每个路径进行定制化配置，设置的配置会对该路径下的所有文件生效。比如用户通过以下命令对 alluxio:///data_center1/ 添加配置：alluxio.user.file.metadata.sync.interval=1h。

```
$ bin/alluxio fsadmin pathConf add \
    --property alluxio.user.file.metadata.sync.interval=1h \
    /data_center1
```

这样对 /data_center1/ 下的所有子文件进行操作时，都会带有配置 alluxio.user.file.metadata.sync.interval=1h。如果 /data_center1/daily/ 路径下的所有文件想要使用一个不同的配置 alluxio.user.file.metadata.sync.interval=6h，则可以使用类似的命令为 /data_center1/daily/ 子树更改路径默认配置。

```
$ bin/alluxio fsadmin pathConf add \
    --property alluxio.user.file.metadata.sync.interval=6h \
```

```
/data_center1/daily/
```

路径默认值的设置是写入 Journal 日志的，重启集群之后不需要重新配置。

3. 在命令中配置

Alluxio 支持在命令中加入参数配置，命令中的参数配置会最优先生效。如果用户想要列出 alluxio:///data/tables 下的文件，同时对超过一小时的元数据缓存进行刷新，则可以用以下格式运行命令：

```
$ bin/alluxio fs ls -R -Dalluxio.user.file.metadata.sync.interval=1h \ /data/
  tables
```

ls 命令是用于触发元数据同步并列举目录内容的命令。loadMetadata 命令是 ls 的一个变种，与 ls 命令的不同点是，loadMetadata 命令只会返回成功 / 失败而不返回文件元数据。换句话说，如果只想触发元数据同步 / 加载，而不想列举路径下的内容，可以使用 loadMetadata 命令代替 ls 命令来减少开销。 -F 选项是一个语法糖，和 -Dalluxio.user.file.metadata.sync.interval=0 等价，用来强制 Alluxio 进行元数据同步。

```
$ bin/alluxio fs loadMetadata -F /data/tables
```

alluxio.user.file.metadata.sync.interval 的配置和其他 Alluxio 配置项原理相同，都遵从同样的配置项解析和生效顺序。Alluxio 的配置项具体如何解析和生效会在单独的章节中介绍。

如果使用 Active Sync 功能，对某个路径开启 / 关闭 Active Sync 都可以简单地通过以下命令来操作。开启 / 关闭 Active Sync 的操作是受到 Journal 日志保护的，即集群重启后无须再次开启或关闭 Active Sync。

```
# 开启Active Sync
$ ./bin/alluxio fs startSync /syncdir

# 关闭Active Sync
$ ./bin/alluxio fs stopSync /syncdir

# 列举开启了Active Sync的路径
$ ./bin/alluxio fs getSyncPathList
```

3.3.2 自动 / 手动生成备份和从备份恢复集群

与 Journal 日志的 Checkpoint 类似，在进行备份时，正在写备份 Alluxio Master 的所有元数据状态将会上锁，无法处理任何请求。

1. 手动备份

用户可以使用 backup 命令来生成一个备份文件。命令成功后会输出备份文件的位置和包含多少个元数据条目。

```
$ ./bin/alluxio fsadmin backup
Backup Host        : masters-1
Backup URI         : hdfs://masters-1:9000/alluxio_backups/alluxio-backup-2020-10-13-
   1602619110769.gz
Backup Entry Count : 4
```

备份文件默认写入 alluxio:///alluxio/backups 位置，即 Alluxio 根挂载点的 /alluxio/backups 文件夹下。该备份文件将会被命名为 alluxio-backup-YYYY-MM-DD-timestamp.gz。如果想要更改备份文件的位置，可以通过 alluxio.master.backup.directory 进行配置。上面命令的备份文件写入了 HDFS，是因为当时 Alluxio 的根挂载点为 HDFS。注意，执行 backup 命令的用户必须对这个备份文件夹有写权限。

```
alluxio.master.backup.directory=/alluxio/backups
```

除了使用配置项指定路径之外，backup 命令同样支持使用参数指定输出路径。

```
$ ./bin/alluxio fsadmin backup /alluxio/special_backups
Backup Host        : masters-1
Backup URI         : hdfs://masters-1:9000/alluxio/special_backups/alluxio-backup-2020-
   10-13-1602619216699.gz
Backup Entry Count : 4
```

backup 命令还支持使用 --local 选项，将备份文件写入这个 Master 节点的本地存储，而不是 Alluxio 的底层存储。

```
$ ./bin/alluxio fsadmin backup /opt/alluxio/backups/ --local
Backup Host        : AlluxioSandboxEJSC-masters-1
Backup URI         : file:///opt/alluxio/backups/alluxio-backup-2020-10-13-
   1602619298086.gz
Backup Entry Count : 4
```

2. 自动备份

Alluxio 同样支持在每天的固定时刻自动对当前集群的 Primary Master 进行元数据备份。如果当前集群只有一个 Alluxio Master，则备份操作不会自动进行。用户可以用如下方式启动备份功能，注意 alluxio.master.daily.backup.time 是 UTC 时间（格林尼治时间）。

```
alluxio.master.daily.backup.enabled=true
alluxio.master.daily.backup.time=05:00
```

如果想要将备份的时间设置为格林尼治时间的每天下午两点，则可以配置：

```
alluxio.master.daily.backup.time=14:00
```

我们建议将该自动备份的时间设为集群受到压力小的时段，以免对用户正常使用产生影响。在自动备份中，备份的路径将会使用根挂载点的底层存储中的绝对路径 alluxio.master.backup.directory。比如 alluxio.master.backup.directory=/alluxio_backups 和 alluxio.master.mount.table.root.ufs=hdfs://192.168.1.1:9000/alluxio/underfs 时，备份的路径将会是 hdfs://192.168.1.1:

9000/alluxio_backups。由于每天都会有备份文件产生，因此 Alluxio 默认保留多个备份文件。保留的备份文件数量由 alluxio.master.daily.backup.files.retained 控制，默认为最新的3 个。

3. 从备份中恢复集群

要从一个备份文件中恢复 Alluxio 集群，可以按照以下步骤实现。

1）准备好备份文件。

2）关闭所有的 Alluxio Master 进程。

```
$ ./bin/alluxio-stop.sh masters
```

3）格式化当前集群的 Journal 日志。如果是生产系统，建议将当前日志转移到其他位置，避免因为使用了一个损坏的备份文件导致从备份文件中启动集群不成功，而已有的日志也被格式化。

```
$ ./bin/alluxio format
```

4）从备份文件中启动集群。

```
$ ./bin/alluxio-start.sh -i <backup_uri> masters
```

注意，这个备份路径需要是一个绝对路径（如 hdfs://[namenodeserver]:[namenodeport]/alluxio_backups/ alluxio-journal-YYYY-MM-DD-timestamp.gz），并且对所有 Alluxio Master 都可见。如果备份文件是一个本地路径，那么可以将这个本地文件拷贝至每个 Master 节点的同一位置。如果在每台 Master 节点上手动启动 Master，则可以使用 ./bin/alluxio-start.sh -i <backup_uri> master 命令。

5）验证从备份中启动集群是否成功。当 Alluxio Master 读取完备份文件时，将会在这个 Master 节点的 Log 日志（master.log）中见到如下条目：

```
INFO AlluxioMasterProcess - Restored 57 entries from backup
```

6）验证集群是否正常工作。Alluxio Master 会读取备份文件并在 Journal 日志的位置重新生成 Journal 日志，这样下次重启时会回放 Journal 日志，而不是读取备份文件。因此用户也需要验证在配置的 Journal 日志位置下有 Journal 文件正常生成。

值得注意的是，Alluxio Master 启动时，如果看到当前日志目录下有 Journal 日志文件，则不会读取备份文件，而是优先相信 Journal 日志文件的内容。这也就是我们应该先格式化集群、清空 Journal 日志文件夹的原因。

3.4 Journal 日志和高可用运维

Alluxio 作为一个对外提供服务的文件系统，其数据存储的可靠性和可用性对于上层应用服务非常重要。对于数据的可靠性而言，Alluxio 文件系统中的文件数据可以通过底层存储系统的持久化完成，而其中非常重要的 Alluxio 元数据。包含文件元数据、数据块元数据、挂载点元数据和 Worker 元数据等，则需要 Alluxio 系统本身设计考虑。Alluxio 的元数据是整个文件系统的根本所在，一旦元数据丢失则整个文件系统便不再可用。因此，Alluxio 设计了一套 Journal 日志机制来保障元数据的可靠性和不丢失。另外，由于 Alluxio 是一个分布式系统，Master 节点作为一个单点服务，如果一旦因为其他外界因素（断电）等失效，会导致整个文件系统在一段时间内不可用，从而中断上层服务。为了避免该问题，Alluxio 系统还设计实现了一系列的高可用机制。4.4 节将对 Alluxio 的 Journal 日志和高可用的机制原理进行详细介绍。以下内容则是从用户配置运维的角度，介绍用户如何运维 Alluxio 的 Journal 日志和高可用。

3.4.1　UFS Journal 模式配置方式

1. 单节点配置方式

首先，用户需要配置 Journal 的类型：

```
alluxio.master.journal.type=UFS
```

如果使用 HDFS 存储 Journal 日志，则需要对该 UFS 的连接方式进行一定的配置：

```
alluxio.master.journal.type=UFS
alluxio.master.journal.folder=hdfs://[namenodeserver]:[port]/alluxio_journal
alluxio.master.journal.ufs.option.alluxio.underfs.version=2.6
```

如果使用本地存储来存储 Journal 日志，则只需要配置 Journal 日志的存储位置：

```
alluxio.master.journal.folder=/opt/alluxio/journal
```

在第一次启动 Alluxio 集群之前，需要对 Journal 日志路径进行一次格式化操作，来生成 Journal 日志存储的一些文件路径结构：

```
$ ./bin/alluxio format
```

2. 高可用配置方式

前面介绍了如何配置开启 UFS Journal 并指定 Journal 日志存储文件夹路径。在 UFS Journal 模式下开启高可用只需要将 alluxio.zookeeper.enabled 选项打开，并配置 ZooKeeper 服务路径：

```
alluxio.zookeeper.enabled=true
alluxio.zookeeper.address=<ZOOKEEPER_ADDRESS>
alluxio.master.journal.type=UFS
alluxio.master.journal.folder=<JOURNAL_PATH>
```

alluxio.zookeeper.address=<ZOOKEEPER_ADDRESS> 设置了 ZooKeeper 地址。Alluxio

Master 会利用 ZooKeeper 进行领导节点选举，WorKer 节点和客户端利用 ZooKeeper 发现领导节点。多个 ZooKeeper 地址之间可以用逗号分隔，如 alluxio.zookeeper.address=1.2.3.4:2181，alluxio.zookeeper.address=zk1:2181,zk2:2181,zk3:2181。alluxio.master.journal.type=UFS 表明 UFS 被用作日志存储。注意，使用 ZooKeeper 管理高可用时无法使用日志类型 EMBEDDED（使用 Master 节点的内嵌日志）。alluxio.master.journal.folder=<JOURNAL_URI> 设置了领导节点写日志与备用 Master 节点重播日志条目的 URI 地址。此共享存储系统必须可被所有 Master 节点访问。如 alluxio.master.journal.folder=hdfs://1.2.3.4:9000/alluxio/journal/ 或 alluxio.master.journal.folder=/mnt/nfs/journal/。请确保所有 Master 节点与 Worker 节点都正确配置了各自相应的 conf/alluxio-site.properties 配置文件。当所有的 Master 节点与 Worker 节点都按上述配置完成后，即可初始化并启动 Alluxio。

如果 Master 受到请求压力大，可能会导致 Alluxio Master 对 Zookeeper 的心跳产生延迟或超时。因此，推荐将 ZooKeeper 会话超时通过 alluxio.zookeeper.session.timeout（默认为 60 秒）适当调大，建议超时设置为 ZooKeeper 客户端 tickTime 的 2～20 倍。Alluxio 支持 ZooKeeper 领导节点选举的可插拔错误处理策略。alluxio.zookeeper.leader.connection.error.policy 指定了如何处理连接错误。该字段的值可以是 SESSION 或 STANDARD，默认为 SESSION。SESSION 策略利用 ZooKeeper 会话判断领导节点状态是否健康。这意味着只要能够重新建立同一会话的 ZooKeeper 连接，暂停的连接就不会触发当前领导节点的退出。它为维持领导地位提供了更多的稳定性。STANDARD 策略将 ZooKeeper 服务器的任何中断视为错误。因此，即使它的内部 ZooKeeper 会话与 ZooKeeper 服务端保持连接，领导节点也会在错过心跳时退出。这一机制为 ZooKeeper 设置本身的错误和问题提供了更高的安全性。

3.4.2 Embedded Journal 模式配置方式

1. 单节点配置方式

首先，用户需要配置 Journal 的类型：

```
alluxio.master.journal.type=EMBEDDED
```

从 Alluxio 2.2 版本开始，Embedded Journal 成为 Journal 日志的默认方式。与 UFS Journal 模式的方式类似，用户需要配置一个 Journal 日志的存储位置。和通常配置为 HDFS 路径的 UFS Journal 不同，用户配置一个本地的路径：

```
alluxio.master.journal.folder=/local/path/to/store/journal/files/
```

如果集群开启了高可用，那么需要在配置项中通过以下方式声明集群中所有 Master 的 hostname。

```
alluxio.master.embedded.journal.addresses=master_hostname_1:19200,master_
    hostname_2:19200,master_hostname_3:19200
```

不难看出，alluxio.master.embedded.journal.addresses 由每一个 Master 的主机名和19200 端口组成，Master 之间用逗号分隔。端口 19200 是 Alluxio Master 之间默认用于 Raft协议的沟通端口，比如 Alluxio Master 的选举，它和 Alluxio Master 的 RPC/Web 端口有不同的作用。如果使用 Embedded Journal 方式部署 Alluxio，需要在 RPC/Web 端口之外，保证 Journal 端口畅通。这个端口可以使用 alluxio.master.embedded.journal.port 配置。

在集群只有一个 Alluxio Master 的部署方式下，使用 Embedded Journal 只需以下配置：

```
alluxio.master.hostname=<MASTER_HOSTNAME>
alluxio.master.journal.type=EMBEDDED
```

在此配置下，由于 alluxio.master.embedded.journal.addresses 没有设置，Alluxio Master会假定自己是集群唯一的 Master 节点。

在第一次启动 Alluxio 集群之前，需要对 Journal 日志路径进行一次格式化操作，来生成 Journal 日志存储的一些文件路径结构：

```
$ ./bin/alluxio format
```

2. 高可用配置方式

在 Embedded Journal 模式的集群中开启高可用，只需要在已有配置的基础上，在alluxio.master.embedded.journal.addresses 中声明集群中所有 Alluxio Master 的 hostname。

```
alluxio.master.hostname=<MASTER_HOSTNAME>
alluxio.master.journal.type=EMBEDDED
alluxio.master.embedded.journal.addresses=master_hostname_1:19200,master_
    hostname_2:19200,master_hostname_3:19200
```

这样，这个 Master 节点通过 alluxio.master.hostname 不仅得知了自己的 hostname，也知道了集群其他 Master 节点的 hostname。它会自动和其他 Alluxio Master 通过 19200 端口进行通信，根据 Raft 协议将自己加入由所有 Alluxio Master 组成的共识（consensus）中。

基于 Raft 协议，如果一个 Alluxio Master 在一段时间内没有收到来自 Primary Master的消息，它会假定当前的 Primary Master 已经无法正常工作，并再启动一次选举。这段时间的长度是 alluxio.master.embedded.journal.election.timeout.max 和 alluxio.master.embedded.journal.election.timeout.min 之间的一个随机值。在 Primary Master 较为繁忙，即集群负载压力较大的时候，越短的等待时间会使 Primary Master 切换越频繁。

有时我们不希望 Primary Master 频繁切换，因为每次切换都会造成集群服务短暂的不可用，而来自请求的重试反而会让短时间内的请求压力更大，带来集群雪崩的风险。反之，更长的等待时间意味着 Primary Master 不可用之后，其他 Alluxio Master 要等待更久才会触发下一次选举，使集群不可用时间变得更长。用户往往需要根据自己的集群负载，在二者之间做出取舍。

```
# 以下为默认配置
alluxio.master.embedded.journal.election.timeout.max=20s
alluxio.master.embedded.journal.election.timeout.min=10s
```

3.4.3 自动 / 手动生成 Checkpoint

不管是 UFS Journal 模式还是 Embedded Journal 模式，对 Journal 日志的自动压缩都是必要的，否则 Journal 文件将会无限制地增长甚至占满所有磁盘空间，并且在 Alluxio Master 启动时需要大量时间回放。这两种模式下都会自动地对 Journal 日志做 Checkpoint 操作。下面具体介绍在两种不同 Journal 模式下的 Checkpoint 操作。Alluxio 支持在集群运行过程中自动定期生成 Checkpoint 对 Journal 日志进行压缩，同时也支持手动触发 Checkpoint 操作。

Checkpoint 过程中会对 Journal 日志上锁，这个过程中所有对元数据的更改操作都需要等待 Checkpoint 操作完成后才能继续，这对性能会产生很大的影响。因此，当前集群中的 Primary Master 是不会自动生成 Checkpoint 的。这也就是说，如果集群中只有一个 Alluxio Master，那么它不会定期生成 Checkpoint 进行 Journal 日志压缩，只能通过定期地手动触发 Checkpoint（如暂停集群进行维护时）来进行 Journal 日志压缩。如果集群开启了高可用，那么集群可以开启自动的 Checkpoint 管理来定期压缩 Journal 日志。

1. 自动 Checkpoint

我们推荐使用高可用模式，并使用自动 Journal 日志 Checkpoint 压缩。如果集群开启了高可用，则系统中会有多个 Alluxio Master，那么 Checkpoint 操作会在当前的 Standby Master 上发生。默认情况下，Checkpoint 在存在 200 万个 Journal 日志条目时被触发，这可以通过 alluxio.master.journal.checkpoint.period.entries 进行配置。降低这个值可以更加频繁地在 Standby Master 上触发 Checkpoint 操作，减少 Journal 条目对磁盘的占用。

如果是 UFS Journal 模式，那么 Standby Master 会读取所有 Master 共享的 Journal 日志文件，生成 Checkpoint 进行压缩，之后删除那些被压缩的 Journal 日志文件。

如果是 Embedded Journal 模式，那么每一个 Standby Master 会对自己的 Journal 日志进行 Checkpoint 操作，之后清理被压缩的 Journal 日志文件。Primary Master 不会暂停自己进行 Checkpoint 操作，而是直接向 Standby Master 请求一个完成的 Checkpoint，之后清理自己的 Journal 日志文件。

2. 手动 Checkpoint

在无法依赖自动 Checkpoint 进行 Journal 日志压缩的情况下，建议用户定期对集群进行维护，从而手动地触发 Checkpoint 操作，以避免下次 Master 重启时耗时太久或者 Journal 日志占用太多磁盘。Alluxio 提供以下命令在 Primary Master 上进行 Checkpoint 操作：

```
$ bin/alluxio fsadmin journal checkpoint
```

这个 Checkpoint 命令会向 Alluxio Master 发送一个请求（CheckPointRequest）。因为 Alluxio 高可用下只有 Primary Master 会接收请求，所以这个命令只用来在集群中的 Primary Master 上生成 Checkpoint。显然我们希望在 Checkpoint 过程中，集群的可用性受影响越少越好。需要手动进行 Checkpoint 操作的场景比较少。

3.4.4　高可用集群的部署与配置更改

1. 高可用集群的部署

通过在系统的不同节点上运行多个 Alluxio Master 进程，可以实现具有高可用性（HA）的 Alluxio 集群。一个 Alluxio Master 进程被选为领导节点（Primary），作为所有 Worker 与客户端提供服务的主要通信点。其他 Alluxio Master 进程作为备用（Standby）Master，并通过高可用机制同步与领导节点相同的文件系统状态。备用 Master 不为任何客户端或 Worker 请求提供服务；但是，如果领导节点出现故障，会自动选出一个备用 Master 作为新的领导节点。一旦新的领导节点开始提供服务，Alluxio 客户端和 Worker 将正常工作。在选举期间，客户端可能会遇到短暂延迟或瞬时错误。

实现高可用性的主要挑战是在服务重新启动时维护共享文件系统的状态，以及在故障转移后保持 Master 之间关于领导节点身份的共识。在 Alluxio 2.0 及更高的版本中，有两种不同的方式来实现这两个目标。

- ❑ 基于 Raft 的本地日志模式：使用基于 Raft 协议的内部复制状态机来存储文件系统日志和领导节点选举。这种方法是在 Alluxio 2.0 中引入的，不需要依赖外部服务。有关具体安装方式，请参见 3.4.1 节。
- ❑ 具有共享日志的 ZooKeeper 模式：使用外部 ZooKeeper 服务进行领导节点选举，并结合共享日志的共享存储（例如 HDFS）。有关具体安装方式，请参见 3.4.1 节。

2. 高可用集群的配置更改

很多 Master 的配置项在更改配置文件之后重启 Alluxio Master 进程才可以生效。如果集群中只有一个 Master 节点，就会导致在单 Master 节点的集群中，更改 Master 配置会在重启时使 Alluxio 服务在一段时间内不可用。

在高可用模式下，更改配置就变得相对简单，因为用户可以通过滚动重启的方式，每次更新一个 Master 节点，在最大程度保证集群可用性的前提下更新了所有 Alluxio Master 的配置。滚动更新可以通过以下步骤进行。

1）在不重启任何 Alluxio Master 的前提下更新所有 Master 节点上的配置，这样在下次重启时 Alluxio Master 进程就会有最新的配置。

2）轮流重启所有 Standby Master。在 UFS Journal 模式下，集群可以同时重启所有 Standby Master，只要 Primary Master 还能正常提供服务即可。在 Embedded Journal 模式下，需要注意如果失去了多数的 Alluxio Master，集群就会不可用。

3）手动关闭当前的 Primary Master，将 Primary 切换为一个已经有更新配置的 Master 节点。

4）重启旧的 Primary Master。现在集群中所有的 Alluxio Master 进程都有了更新的配置。

5）验证集群的服务状态正常，所有 Alluxio Master 都有了更新的配置。

Alluxio Master 的滚动升级 / 降级也可以遵循类似的流程，只需要在重启 Alluxio Master 服务时使用对应的高 / 低等级二进制 JAR 文件即可。当然，滚动升级需要注意兼容性。如果升级 / 降级前后的 Alluxio 集群 Master 之间无法互相兼容，或者 Journal 日志无法兼容，则没有办法进行滚动升级 / 降级，需要一次性全部重启。

3.4.5　Master 节点的添加 / 移除和 Primary Master 的切换

1. 在 UFS Journal 模式下添加 / 移除 Master 节点

（1）向集群添加一个 Master 节点

因为 Alluxio Master 的选举和 Primary Master 的路径由 ZooKeeper 管理，向集群添加一个新的 Alluxio Master 十分简单，只需要用和其他 Master 相同的配置启动一个新的 Master 进程即可。这个新的 Alluxio Master 需要可以读写同一个 Journal 日志路径，并且找到相同的 ZooKeeper 服务。新的 Master 会以 Standby Master 模式启动，因为当前集群已经有了 Primary Master。在找到 ZooKeeper 服务后，ZooKeeper 会将新的 Master 列入候选节点列表，在之后 Primary Master 切换时，新的 Master 和其他已有 Standby Master 有相同的机会当选。

注意，这个新 Master 的配置可以从集群中的其他 Master 节点拷贝，但是不要忘记更新它的 alluxio.master.hostname。新的 Master 节点会读取 UFS Journal 中的 Checkpoint 和 Journal 日志，并回放 Checkpoint 和 Journal 日志的内容，这样它维护的元数据状态将会和集群中的所有其他 Master 一致。

（2）从集群移除 Master 节点

要从集群中移除一个 Master 节点，只需要将这个 Master 进程杀掉即可。如果集群中只有一个 Master，那么关掉最后一个 Master 等同于停止 Alluxio 服务。在高可用集群中，停止当前 Primary Master 会触发 ZooKeeper 进行选举，在当前所有 Standby Master 中选出一个新 Primary Master。如果停止的是一个 Standby Master，那么当前 Primary Master 不会受到影响，ZooKeeper 会感知到一个 Standby Master 离开了集群，并且把它从候选节点名单中移除。

（3）切换 Primary Master

在 UFS Journal 模式下，切换 Primary Master 的唯一方式就是将当前的 Primary Master 进程关闭。在 Primary 完成切换后，用户再重启这个 Alluxio Master，让它以 Standby 的角色加入集群。这样，用户使 Primary 切换到了另一个 Master，也没有减少集群中 Master 的数量。

2. 在 Embedded Journal 模式下添加 / 移除 Master 节点

（1）向集群添加一个 Master 节点

由于 Raft 协议实现的限制，用户一次只能添加一个 Master 节点。如果需要在集群中增加多个 Alluxio Master，那么需要分多次将这些新 Master 节点轮流添加到集群。以下是将新 Master 添加到集群的步骤。

1）在新的 Master 节点上准备好配置文件，并在 alluxio.master.embedded.journal.addresses 中配置集群中已有的所有 Master 节点和自己的地址。

2）启动这个新 Alluxio Master 进程。新的 Master 将会加入已有 Master 组成的共识小组中。与 UFS Journal 不同的是，这个新 Master 的 Journal 日志是空的，并且因为每一个 Master 维护自己的 Journal 日志存储，这个 Master 无法直接读别人的 Journal 日志来跟上当前集群的进度。因此，当前 Primary Master 将会把 Journal 日志的条目按顺序发送给新的 Master 来让它回放所有的 Journal 日志内容。如果已知 Journal 日志条目很多，Primary Master 会先发送 Checkpoint。

3）更新集群中所有其他 Master 节点上的配置文件，将这个新 Master 地址添加到 alluxio.master.embedded.journal.addresses。在这些 Master 重启时新的配置就会生效，从而可以使用最新的 Master 拓扑。

需要注意的是，如果当前的集群中只有一个 Alluxio Master，那么添加一个新 Master 时需要将已有 Master 关闭，两个 Master 更改配置之后再同时重新启动。

（2）从集群移除 Master 节点

需要注意的是，Raft 协议的选举和操作都是在 Master 共识小组中取得多数票的情况下才能成功。换句话说，无论何时都必须保证集群中多数 Master 仍然正常工作，即 floor（$n/2$）的 Master 正常工作，否则集群将会不可用。比如在一个由 5 个 Master 构成的议会（quorum）中，如果想要移除 3 个 Master，一次关闭 3 个 Master 将会使集群失去多数的 Master 节点，从而在 quorum 中不可能得到多数票，集群会无法继续提供服务。所以应该和添加 Master 节点一样，一次移除一个 Master 节点，以保证在每一步集群都不会失去多数节点而出现问题。

Alluxio 提供了从共识小组中移除成员 Master 节点的命令。

1）关闭目标 Master 进程。

2）使用以下命令查看当前 quorum 中有哪些 Master。该命令会展示当前 quorum 中所有成员的状态，需要确认目标节点状态已经是 UNAVAILABLE。

```
$ ./bin/alluxio fsadmin journal quorum info -domain MASTER
```

3）从 quorum 中移除目标 Master。

```
$ ./bin/alluxio fsadmin journal quorum remove -domain MASTER \
  -address <HOSTNAME:PORT>
```

4）检查目标 Master 已经被移除出 quorum。

```
$ ./bin/alluxio fsadmin journal quorum info -domain MASTER
```

5）更新所有 Master 节点上的配置文件，从 alluxio.master.embedded.journal.addresses 中移除目标节点。这样在这些 Alluxio Master 重启时新的配置就会生效，从而可以使用最新的 Master 拓扑。

（3）更改 quorum 中的 Master

这个操作等价于在 quorum 中先添加一个成员，再移除一个成员。

（4）切换 Primary Master

与 UFS Journal 模式下的高可用类似，将当前的 Primary Master 进程关掉可以触发一次选举并产生新的 Primary Master。但是这样会造成在选举完成前集群服务不可用。为此，Alluxio 提供了命令来手动将集群中的一个 Master 节点指定为 Primary Master，这样可以直接触发一次选举，其他 Master 无须再经过一段时间感知到当前 Primary Master 已经停止服务。手动指定新 Primary Master 的操作步骤如下。

1）检查当前的 quorum 状态。这个命令将会展示 quorum 中所有的成员状态。只有当前状态为可用（AVAILABLE）的节点才可以被选择为新的 Primary Master。

```
$ ./bin/alluxio fsadmin journal quorum info -domain MASTER
```

2）进行切换。如果切换成功，将会看到命令返回成功，否则命令将返回失败。

```
$ ./bin/alluxio fsadmin journal quorum elect -address <HOSTNAME:PORT>
```

3.4.6 客户端配置连接高可用 Master

在使用高可用模式时，集群中的组件都需要知道 Master 节点的地址，才能知道去哪里连接 Alluxio Master。这里的组件包括集群中的 Alluxio Worker、Job Master、Job Worker、计算应用和 Alluxio 命令行此类客户端，还包括所有其他的 Alluxio Master。

1. 在配置文件或环境变量中配置 Alluxio 服务地址

如果客户端用这样的方式配置了 Alluxio Master 的高可用地址，那么读写文件时在路径 URI 中可以省略 Alluxio 的集群位置，使用 alluxio:///path 这种三斜杠的方式访问文件，而无须声明 alluxio://master1:19200,master2:19200,master3:19200/path 这种带有集群位置的路径。这样做的好处是如果 Master 节点的位置有变化（或者在 UFS Journal 模式和 Embedded Journal 模式间切换），那么只需要更改对应的配置文件，而无须担心文件路径的配置是否有遗漏。

（1）UFS Journal 模式下的高可用路径

UFS Journal 模式下，Primary Master 的地址受 ZooKeeper 管理，所以 Alluxio 客户端只需要找到 ZooKeeper 服务就可以知道当前的 Primary Master 地址，并向它发起请求。

```
alluxio.zookeeper.enabled=true
alluxio.zookeeper.address=<ZOOKEEPER_ADDRESS>
```

如果 ZooKeeper 有多个节点，在配置 alluxio.zookeeper.address 时用逗号分隔。

```
alluxio.zookeeper.enabled=true
alluxio.zookeeper.address=zk@zkHost1:2181,zkHost2:2181,zkHost3:2181
```

（2）Embedded Journal 模式下的高可用路径

Embedded Journal 模式下，用户只需要设置 alluxio.master.rpc.addresses，这样客户端会从这三个 Master 节点中找出谁是当前的 Primary Master，并向它发起请求。

```
alluxio.master.rpc.addresses=master_hostname_1:19998,master_hostname_2:19998,
    master_hostname_3:19998
```

以 Spark 为例，可以将 Alluxio 高可用服务地址放在 spark.executor.extraJavaOptions 和 spark.driver.extraJavaOptions 中，之后提交的任务就可以以 alluxio:///path 的方式读写文件了：

```
$ spark-submit --conf  'spark.driver.extraJavaOptions=-Dalluxio.master.
  rpc.addresses=master_hostname_1:19998,master_hostname_2:19998,master_
  hostname_3:19998' \
--conf 'spark.executor.extraJavaOptions=-Dalluxio.master.rpc.addresses=master_
  hostname_1:19998,master_hostname_2:19998,master_hostname_3:19998' \
…
WordCount.java alluxio:///test.txt
```

2. 在 Alluxio 路径中配置 Alluxio 服务地址

用户同样可以在 Alluxio 文件路径中指定 Alluxio 高可用服务地址。在文件路径中指定的 Alluxio 服务路径会覆盖来自配置文件和环境变量的路径设置。在 UFS Journal 模式下，可以使用 alluxio://zk@<ZOOKEEPER_ADDRESS>/path 访问文件。如果 ZooKeeper 有多个节点，可以使用 alluxio://zk@zkHost1:2181,zkHost2:2181,zkHost3:2181/path 格式访问文件。

在 Embedded Journal 模式下，可以使用 alluxio://master_hostname_1:19998, master_hostname_2:19998,master_hostname_3:19998/path 来访问文件。在一些应用中，路径 URL 不可以包含逗号，用户可以使用分号作为分隔符，如 alluxio://master_hostname_1:19998;master_hostname_2:19998;master_hostname_3:19998。

3. 使用逻辑路径连接 Alluxio 服务

有些框架不支持以上几种连接高可用 Alluxio 集群的路径，所以 Alluxio 支持使用逻辑路径连接方式。

（1）使用逻辑路径连接 UFS Journal 模式下的 ZooKeeper 路径

Alluxio 支持使用 alluxio://zk@[logical-name] 格式的路径来连接 UFS Journal 模式下的高可用 Alluxio 集群，如 alluxio://zk@my-alluxio-cluster。对于这个逻辑路径，还需要如下

配置 ZooKeeper 节点的路径：

```
# 此处node1、node2、node3不需要是ZooKeeper节点的主机名
alluxio.master.zookeeper.nameservices.my-alluxio-cluster=node1,node2,node3

# node1、node2、node3对应的地址在下面配置
alluxio.master.zookeeper.address.my-alluxio-cluster.node1=host1:2181
alluxio.master.zookeeper.address.my-alluxio-cluster.node2=host2:2181
alluxio.master.zookeeper.address.my-alluxio-cluster.node3=host3:2181
```

（2）使用逻辑路径连接 Embedded Journal 模式下的 Alluxio Master 路径

Alluxio 同样支持使用 alluxio://ej@[logical-name] 格式的路径来连接 Embedded Journal 模式下的高可用 Alluxio 集群，如 alluxio://ej@my-alluxio-cluster。对于这个逻辑路径，还需要如下配置 Alluxio Master 节点的路径：

```
# 此处node1、node2、node3不需要是Alluxio Master节点的主机名
alluxio.master.nameservices.my-alluxio-cluster=master1,master2,master3

# node1、node2、node3对应的地址在下面配置
alluxio.master.rpc.address.my-alluxio-cluster.master1=master1:19998
alluxio.master.rpc.address.my-alluxio-cluster.master2=master2:19998
alluxio.master.rpc.address.my-alluxio-cluster.master3=master3:19998
```

3.5　Alluxio 的不同配置方式

Alluxio 通过不同的配置项控制系统和功能的具体行为。Alluxio 的配置项大致分为两种：一种是 Alluxio 服务端配置，用来控制 Alluxio 集群的行为；另一种是 Alluxio 的客户端配置，用来控制上层应用和命令行中 Alluxio 的客户端行为。

根据 Alluxio 配置项的名称，通常可以推断它影响的组件。以 alluxio.user 为前缀的是客户端配置，应该在 Alluxio 客户端通过应用配置。以 alluxio.master 为前缀的是服务端配置，应该定义在 Alluxio Master 节点的配置文件中，对 Alluxio Master 组件生效。类似地，以 alluxio.worker 为前缀的配置项应该定义在 Worker 节点的配置文件中。有些配置项前缀不包含组件名称，比如以 alluxio.security 为前缀的 alluxio.security.login.username，这些配置项的生效对象由它们的功能决定。

3.5.1　Alluxio 的配置方式和生效优先级

不同位置的 Alluxio 配置生效是有先后顺序的，当同一个配置项在不同来源被设置时，高优先级的值会覆盖低优先级的配置值。配置项的优先级顺序如下。

1. JVM 配置项（-Dproperty=key）

通过 JVM 配置项给定的配置会有最高的优先级，用户通常使用这种方式覆盖配置文件

中的设定。这种方式对 Alluxio 集群和客户端都适用。比如 Alluxio 命令行可以使用以下方式在创建文件时指定写入 Alluxio 的模式。

```
$ ./bin/alluxio fs -Dalluxio.user.file.writetype.default=CACHE_THROUGH \
  copyFromLocal README.md /README.md
```

2. 环境变量

Alluxio 为不同的进程和功能提供了不同的环境变量，用来为对应的组件设置 JVM 启动项和 Alluxio 配置。比如用户可以通过以下方式对 Alluxio Master 进程进行设置：

```
$ export ALLUXIO_MASTER_HOSTNAME="localhost"
$ export ALLUXIO_MASTER_MOUNT_TABLE_ROOT_UFS="hdfs://localhost:9000"
$ export ALLUXIO_MASTER_JAVA_OPTS="-Xmx30g -Xms30g -Dalluxio.master.journal.
  type=EMBEDDED
```

Alluxio 常用的环境变量如表 3-2 所示，可以在 Alluxio 官方文档中查看所有的环境变量。

表 3-2　Alluxio 常用的环境变量

环境变量	描述
ALLUXIO_CONF_DIR	Alluxio 的配置文件夹地址。这个环境变量对应配置项 alluxio.conf.dir，我们建议通过环境变量配置，不要在配置文件中直接设置 alluxio.conf.dir 。默认为 ${ALLUXIO_HOME}/conf/
ALLUXIO_LOGS_DIR	Alluxio 的 Log 日志文件夹。这个环境变量对应配置项 alluxio.logs.dir，我们建议通过环境变量设置，不要在配置文件中直接设置 alluxio.logs.dir。默认为 ${ALLUXIO_HOME}/logs/
ALLUXIO_JAVA_OPTS	所有 Alluxio 进程（服务端、客户端和命令行）都会使用这里配置的 JVM 选项。这里的内容也会被添加到所有 ALLUXIO_*_JAVA_OPTS 环境变量
ALLUXIO_MASTER_JAVA_OPTS	Alluxio Master 进程的 JVM 配置项
ALLUXIO_JOB_MASTER_JAVA_OPTS	Alluxio Job Master 进程的 JVM 配置项
ALLUXIO_WORKER_JAVA_OPTS	Alluxio Worker 进程的 JVM 配置项
ALLUXIO_JOB_WORKER_JAVA_OPTS	Alluxio Job Worker 进程的 JVM 配置项
ALLUXIO_USER_JAVA_OPTS	Alluxio 客户端的 JVM 配置项
ALLUXIO_SHELL_JAVA_OPTS	Alluxio 命令行的 JVM 配置项

用户可以在 Shell 命令或 conf/alluxio-env.sh 中设置这些环境变量。Alluxio 同样提供了 conf/alluxio-env.sh.template 文件作为模板。Alluxio 在 Kubernetes 中的部署方式主要依赖 ConfigMap 中定义的环境变量对 Alluxio 服务进行配置。

3. 配置文件

当 Alluxio 集群启动时，集群中的进程（Alluxio Master、Worker 等）都会依次在以下路径下搜索 alluxio-site.properties 文件：${CLASSPATH}、${HOME}/.alluxio/、/etc/alluxio/

和 ${ALLUXIO_HOME}/conf。因为搜索是按顺序依次进行的，所以当多个路径下均存在 alluxio-site.properties 文件时，只有第一个被发现的配置文件会生效，其他的配置文件会被忽略。我们不建议同时维护多个配置文件并且依赖覆盖逻辑。为了保证集群的可维护性，机器上应该只存在一份 alluxio-site.properties 配置文件，并在每一台服务器上被维护在相同的路径下。

Alluxio 提供了 conf/alluxio-site.properties.template 模板供用户使用。在启动集群之前，用户应该确保每一个节点都有更新的配置文件。在配置文件更改之后，对应的进程需要重启后才会再次加载配置文件。

4. 路径默认配置

Alluxio 支持基于路径设置默认配置，即为不同应用设置不同的默认配置值。基于路径的默认配置比集群统一的默认配置更加灵活，也比用户对每个任务进行单独配置更加方便。Alluxio 的路径默认配置只支持 Alluxio 客户端配置。例如，管理员可以通过以下命令设置 /tmp/ 路径下的文件默认使用 MUST_CACHE 方式写入 Alluxio：

```
$ bin/alluxio fsadmin pathConf add --property \ alluxio.user.file.writetype.
  default=MUST_CACHE /tmp
```

路径默认配置是支持更新的，比如管理员可以在之后通过以下命令将路径的默认配置改成使用 THROUGH 方式，直接写入底层存储：

```
$ bin/alluxio fsadmin pathConf add --property \ alluxio.user.file.writetype.
  default=THROUGH /tmp
```

在路径默认配置更新后，客户端会通过和 Master 的定期心跳察觉到配置的改动并更新自己。用户可以通过 pathConf 命令查看当前集群中所有的路径默认配置。注意，路径默认配置是受 Journal 日志保护的，即集群重启后，已有的配置会从 Journal 日志中获取，用户无须重启后再次配置。更多的 pathConf 命令使用信息可参见 Alluxio 官方文档。

```
$ bin/alluxio fsadmin pathConf list
```

5. 集群默认配置

每一个 Alluxio 组件在启动时都会从 Alluxio Master 读取当前集群的默认配置，即在 Alluxio Master 上的配置。换言之，在没有本地配置时，一个 Alluxio 进程的配置会和 Alluxio Master 对齐。因此，管理员可以在 Alluxio Master 端配置合理的用户端配置项，避免用户在使用时需要控制太多的配置细节。例如，配置项 alluxio.user.file.writetype.default 的默认值是基于异步持久化的 ASYNC_THROUGH。如果管理员想要 Alluxio 服务默认为用户提供同步持久化的写入方式，则可以在集群默认配置中定义 alluxio.user.file.writetype.default=CACHE_THROUGH。此时，数据应用会使用来自 Master 的集群默认配置。有需求的用户可以在自己的应用端使用更高优先级的方式覆盖集群默认值。

6. 配置项的默认值

如果配置项没有在任何位置被设置，并且这个配置项有默认值，那么它的默认值会生效，否则该配置项的值为空。

3.5.2　Alluxio 客户端配置方式

1. Alluxio 命令行

用户可以用如下方式在命令中通过 JVM 配置项添加配置：

```
$ ./bin/alluxio fs -Dalluxio.user.file.writetype.default=CACHE_THROUGH \
  copyFromLocal README.md /README.md
```

用户可以通过 ALLUXIO_SHELL_JAVA_OPTS 环境变量对 Alluxio 的命令行进程进行配置。用户同样可以通过 ALLUXIO_USER_JAVA_OPTS 对命令行进程中的 Alluxio 客户端进行配置。Alluxio 命令行会读取 ${ALLUXIO_HOME}/conf/alluxio-site.properties 路径下的配置文件。换言之，该配置文件下的配置项会对 Alluxio 命令行生效，环境变量同理。Alluxio 命令行作为客户端同样会向 Alluxio Master 读取集群的路径配置和集群默认配置。

2. 应用端配置 Alluxio 客户端

3.5.1 节介绍的所有配置方式（除环境变量外）对数据应用端的 Alluxio 客户端同样生效。Alluxio 客户端会尝试读取 alluxio-site.properties 配置文件，并在成功连接 Alluxio Master 后读取路径默认配置和集群默认配置。有关具体应用的推荐配置方式，请参考 Alluxio 开源社区对应版本的官方文档。

值得一提的是，当需要统一更改 Alluxio 的应用端配置时，对所有的业务代码进行配置更改往往十分困难。如果管理员可以在计算应用运行的集群中设置合适的配置文件，就可以统一更改所有集群上的应用端行为。这是因为应用端的 Alluxio 客户端也会读取这些配置文件。我们不建议在应用端代码或 JVM 配置项中设置 Alluxio Master 的地址和高可用连接方式，也不建议在代码中定义 Alluxio 文件路径时指定 Alluxio 服务地址，因为更改起来十分复杂。我们建议在代码中指定 Alluxio 路径时使用省略 Alluxio 服务具体地址的三斜杠方式（alluxio:///path），这样管理员可以通过修改配置文件的方式统一更改 Alluxio 的服务地址。

```
// 不建议
AlluxioURI uri = new AlluxioURI("alluxio://host:port/file");

// 同样不建议
AlluxioURI uri = new AlluxioURI("alluxio://master1:19200,master2:19200,mast
  er3:19200/file");

// 推荐方式
```

```
// Alluxio服务方式由Alluxio客户端通过读取本机Alluxio配置文件定义
AlluxioURI uri = new AlluxioURI("alluxio:///file");
```

3.5.3　Alluxio 集群配置方式

3.5.1 节的所有配置方式对 Alluxio 集群生效，建议集群使用统一管理的配置文件进行配置。所有的 Alluxio 配置项集中在 conf/alluxio-site.properties 文件中，所有的 JVM 配置项（如 JVM 的大小、GC 参数）集中在 conf/alluxio-env.sh 文件中通过每个组件对应的环境变量进行管理。所有的配置文件应当有版本控制，便于在问题发生时快速发现问题配置并回滚。

对于一个配置项，应当尽量避免在多个位置进行重复定义，避免因未知来源的配置参数生效导致集群行为的改变。我们建议对需要的配置项定义一个有意义的集群默认配置值，而非依赖 Alluxio 配置项本身的默认值，因为后者可能随着 Alluxio 版本而改变。这样所有 Alluxio 进程和客户端在不进行特殊配置时，可使用来自 Alluxio Master 的集群默认配置。

3.5.4　查看配置项

用户可以用 getConf 命令查看某一个具体配置项的值，--source 选项可以用来查看配置项的来源（如来自环境变量）。

```
$ ./bin/alluxio getConf alluxio.worker.rpc.port
29998
$ ./bin/alluxio getConf --source alluxio.worker.rpc.port
DEFAULT
```

无参数的 getConf 命令会打印出所有的 Alluxio 配置项和对应的值。--source 选项同样适用。用户可以通过 --source 选项找到当前生效的配置值在哪里被定义：

```
$ ./bin/alluxio getConf --source
alluxio.conf.dir=/Users/bob/alluxio/conf (SYSTEM_PROPERTY)
alluxio.debug=false (DEFAULT)
...
```

值得注意的是，getConf 命令会解析当前机器上的所有配置文件和默认值，而非直接获取某一个进程运行时的配置项。比如，用户在运行 Alluxio Worker 的服务器上运行 getConf 命令，getConf 命令并不会直接读取 Worker 进程当前生效的配置项，而是解析机器上的配置文件并打印解析出的所有配置值。

在给定 --master 选项时，getConf 命令会向 Alluxio Master 读取集群默认配置。注意这个操作需要 Alluxio Master 正在提供服务。

```
$ ./bin/alluxio getConf --master --source
alluxio.conf.dir=/Users/bob/alluxio/conf (SYSTEM_PROPERTY)
alluxio.debug=false (DEFAULT)
...
```

3.6　Alluxio 的 Log 日志运维

3.6.1　Log 日志位置

1. 集群端 Log 日志

每一个 Alluxio 服务进程的 Log 日志都可以在 ${ALLUXIO_HOME}/logs/ 中被找到。Log 日志的位置由环境变量 ALLUXIO_LOGS_DIR 设定。以下例子中，所有 *.log 的文件都是由 log4j 生成的 Log 日志，记录了 Alluxio 进程的所有 Log 日志。Alluxio 的 Log 日志中记录了 Alluxio 系统运行中的信息和事件，可以用来查看系统的运行状态和追踪异常事件原因。每一个组件的 Log 日志都以自己的名字命名，如 master.log 对应着 Alluxio Master 进程。下面的例子中不仅有 master.log 文件，还有 master.log.1 等文件。默认配置下，在一个 Log 日志文件达到 10MB 时，会创建新的文件记录日志。每一个组件的 Log 日志输出最多有 101 个文件，最新的 101 个文件会被保留，更久远的 Log 日志文件会被丢弃。

```
$ ls -al logs
total 649144
-rwxrwxrwx  1 alluxio-user  alluxio-group   9.0M May   5 15:13 job_master.log
-rwxrwxrwx  1 alluxio-user  alluxio-group    0B Apr 19 22:18 job_master.out
-rwxrwxrwx  1 alluxio-user  alluxio-group    0B Feb 17 19:59 job_master_audit.log
-rwxrwxrwx  1 alluxio-user  alluxio-group   8.9M May   5 15:13 job_worker.log
-rwxrwxrwx  1 alluxio-user  alluxio-group    0B Apr 19 22:18 job_worker.out
-rw-r--r--  1 alluxio-user  alluxio-group   1.1M May   5 15:13 master.log
-rw-r--r--  1 alluxio-user  alluxio-group   10M Apr 19 21:47 master.log.1
-rw-r--r--  1 alluxio-user  alluxio-group   10M Mar 18 12:42 master.log.2
-rw-r--r--  1 alluxio-user  alluxio-group   10M Mar 18 12:42 master.log.3
-rwxrwxrwx  1 alluxio-user  alluxio-group    0B Apr 23 23:11 master.out
-rwxrwxrwx  1 alluxio-user  alluxio-group    0B Jan 30 15:04 master_audit.log
-rwxrwxrwx  1 alluxio-user  alluxio-group   3.2M May   5 15:12 proxy.log
-rwxrwxrwx  1 alluxio-user  alluxio-group    0B Apr 19 21:49 proxy.out
-rw-r--r--  1 alluxio-user  alluxio-group   7.3K Apr 19 22:17 task.log
drwxrwxrwx  4 alluxio-user  alluxio-group  128B Mar 12 22:34 user
-rwxrwxrwx  1 alluxio-user  alluxio-group   2.4M May   5 15:13 worker.log
-rwxrwxrwx  1 alluxio-user  alluxio-group    0B Apr 19 22:18 worker.out
```

在上面的例子中，*.out 文件记录了对应组件 stdout 和 stderr 的输出。这个文件不会像 *.log 文件一样周期性地向不同文件中分散写入，而是只会写入一个文件并一直增大。建议用户定期检查该文件的大小并进行回收，以防占用太多磁盘空间。

在上面的例子中可以找到所有 Alluxio 组件的 Log 日志，如 Master、Worker。*_audit.log 是对应 Alluxio 组件的审计日志，记录了所有的审计事件，如每一个用户的每一个操作。

conf/log4j.properties 文件中定义了每一个 Alluxio 组件的 Log 日志（logger），如 Alluxio Master 的 Log 日志定义如下。下面的例子中定义了 Alluxio Master 的 Log 日志输出到 master.log 文件中，并且在达到 10MB 时创建新的 master.log 文件。最多在 master.log 文件之外保留

100 个 Log 日志文件（master.log.1～master.log.100）。

```
# Appender for Master
log4j.appender.MASTER_LOGGER=org.apache.log4j.RollingFileAppender
log4j.appender.MASTER_LOGGER.File=${alluxio.logs.dir}/master.log
log4j.appender.MASTER_LOGGER.MaxFileSize=10MB
log4j.appender.MASTER_LOGGER.MaxBackupIndex=100
log4j.appender.MASTER_LOGGER.layout=org.apache.log4j.PatternLayout
log4j.appender.MASTER_LOGGER.layout.ConversionPattern=%d{ISO8601} %-5p %c{1} -
    %m%n
```

2. 客户端 Alluxio Log 日志

应用侧的 Alluxio 客户端输出的 Log 日志一般可以在应用自身 Log 日志输出中找到，比如 Spark 使用 Alluxio 时，Alluxio 客户端的 Log 日志可以在 Spark 的应用日志中发现。

Alluxio 命令行的 Log 日志可以在 ${ALLUXIO_HOME}/logs/user/user_${user_name}.log 中找到。user/ 文件夹下可以找到来自用户命令行的 Log 日志，每一个用户都有自己的 Log 日志文件 user/user_${user_name}.log，当一个命令失败时可以在这里找到对应的报错和输出。Alluxio FUSE 也是一个特殊的 Alluxio 客户端，它的 Log 日志可以在 ${ALLUXIO_HOME}/logs/fuse.log 找到。

3.6.2　改变 Log 日志等级

log4j 是一个被广泛使用的基于 Java 的 Log 日志框架，提供了便捷的日志写入和管理功能。Alluxio 的 Log 日志也基于 log4j 实现。根据事件的重要程度，log4j 定义了 Log 日志条目的不同等级（重要程度由高到低）。

- ❑ FATAL：系统出现致命异常，无法继续运行，必须马上退出。
- ❑ ERROR：系统出现错误，但是不一定需要结束进程，需要用户注意并采取措施。
- ❑ WARN：系统出现告警，用户需要注意。但错误影响较小，系统可以正常运行。
- ❑ INFO：记录系统进度或状态，为用户提供信息。
- ❑ DEBUG：只用于 debug 的系统事件细节，正常情况下不需要记录也不需要留意。
- ❑ TRACE：非常细节的信息，一般只用于 debug 某个具体操作或事件。

默认情况下，Alluxio 的 Log 日志输出为 INFO 等级，即大于等于 INFO 等级的日志条目都会被输出到 Log 日志文件。关于 log 日志的更多配置和管理信息，可以参考 Alluxio 对应版本的官方文档。

1. 更改 log4j 配置

用户可以通过更改 conf/log4j.properties 文件来改变 Log 日志等级。在更改了机器上的 log4j.properties 文件后，机器上的 Alluxio 进程在重启后会读到新的 log4j.properties 配置文件并采用新的 Log 日志等级。

用户可以在 conf/log4j.properties 文件中添加一行命令，更改所有 Alluxio 代码（package 前缀名为 alluxio.*）的 Log 等级为 DEBUG，即输出大于等于 DEBUG 等级的所有 Log 日志。将 Log 等级设为 DEBUG 可以让某些失败的操作在 Log 日志中输出更多信息，在很多情况下可以帮助定位问题。

```
log4j.logger.alluxio=DEBUG
```

将全部代码的 Log 日志等级提升为 DEBUG，在一些情况下可能会输出过多的 Log 日志，反而造成真正的问题被大量无关日志淹没。很多时候，我们只需要有针对性地调整某些代码的 Log 等级。如用户可以用同样的方式在 log4j.properties 中添加如下一行，只调整 alluxio.client.file.FileSystemMasterClient 类的 Log 等级为 DEBUG。

```
log4j.logger.alluxio.client.file.FileSystemMasterClient=DEBUG
```

进行上述设置时，Alluxio 客户端所有的文件系统操作将会输出具体的 RPC 消息内容和回复内容，帮助用户了解具体的 RPC 消息内容和逻辑。这对于相关问题的定位可能有帮助。但是在遇到问题时，调整那些代码的 Log 等级在很多情况并不容易，用户需要对具体代码有所了解，或者向 Alluxio 社区寻求帮助。

在数据应用方面，可以使用类似的方式调整 log4j 配置，更改 Alluxio 客户端的 Log 等级。但是不同应用的 log4j 配置方式不同，用户可以查询数据应用对应的文档，在此不做赘述。

2. 动态调整 Log 等级

在一些场景中，更改 log4j 配置文件并重启进程比较麻烦，比如更改 Alluxio Master 的 Log 等级需要重启 Master 并影响服务状态。Alluxio 提供了 logLevel 命令来动态更改运行中进程的 Log 等级。下面的命令可以对集群中的所有 Alluxio Worker（在运行节点的 conf/workers 中定义的所有 Worker）生效，将它们 HdfsUnderFileSystem 的 Log 等级更改为 DEBUG，深入观察 Worker 和 HDFS 之间的运行状态：

```
$ ./bin/alluxio logLevel --logName=alluxio.underfs.hdfs.HdfsUnderFileSystem \
--target=workers --level=DEBUG
```

logLevel 命令同样支持对多种不同的目标同时进行配置，如在下面的例子中，logLevel 对当前集群 Master 和 192.168.100.100:30000 的 Alluxio 组件同时发送更新：

```
$ ./bin/alluxio logLevel --logName=alluxio.underfs.hdfs.HdfsUnderFileSystem \
  --target=master,192.168.100.100:30000 --level=DEBUG
```

这类似于 log4j 配置文件的语法，因为 log4j 的 logger 配置可以使用前缀匹配，用户可以用 --logName 定义一个前缀名，如定义为 alluxio 时，所有 Alluxio 代码的 logger 都会生效。用户可以非常便捷地在开始问题分析时调整 Alluxio 集群全部组件的 Log 等级，在结束分析时将集群恢复，无须对任何组件进行重启：

```
# 开始debug时调整Alluxio集群全部组件的Log等级
$ ./bin/alluxio logLevel --logName=alluxio --level=DEBUG

# debug结束, 恢复原状
$ ./bin/alluxio logLevel --logName=alluxio --level=INFO
```

3.6.3　Alluxio 的集群指标

为方便用户在运行时观测 Alluxio 服务的状态，Alluxio 提供了各种运行时指标，反映集群的状态、容量、性能等各方面信息，帮助用户进行诊断和调优。Alluxio 的指标系统由 ${ALLUXIO_HOME}/conf/metrics.properties 文件配置。Alluxio 提供了一个配置模板 ${ALLUXIO_HOME}/conf/metrics.properties.template 供用户参考。

Alluxio 的全部服务组件都开启了运行时指标，包括 Master、Worker、Job Master 和 Job Worker。这些组件通过自己的 Web 服务器公开运行时指标。Alluxio 客户端和集群中的 Worker 也会将自己的运行时指标定期通过心跳发送给当前集群的 Primary Master 进行汇总。

在高可用模式下，因为默认配置下 Standby Master 和 Standby Job Master 不提供 Web 服务，所以它们的运行时指标不可见。在 Alluxio 2.8 版本后，用户可以通过开启 alluxio. standby.master.metrics.sink.enabled，让 Standby Master 和 Standby Job Master 也公开自己的运行时指标。虽然 Standby Master 的指标不包含集群的指标汇总，也不反映元数据请求的性能，但是用户可以通过 Standby Master 的指标观测该进程和 Journal 日志 Checkpoint 等操作的状态。在使用 Alluxio FUSE 时，同样可以通过开启 alluxio.fuse.web.enabled 让 Alluxio FUSE 进程也公开运行时指标。

1. 收集 JSON 格式指标

Alluxio 默认开启 JSON 格式的运行时指标。用户可以向对应组件的 Web 端口通过 HTTP 请求获取 JSON 格式的指标。

```
# 查看Primary Master和Worker的运行时指标
$ curl <LEADING_MASTER_HOSTNAME>:<MASTER_WEB_PORT>/metrics/json/
$ curl <WORKER_HOSTNAME>:<WORKER_WEB_PORT>/metrics/json/

# 在本机启动Alluxio集群时查看运行时指标
$ curl 127.0.0.1:19999/metrics/json/
$ curl 127.0.0.1:30000/metrics/json/
```

如果 Alluxio FUSE 也开放了运行时指标，可以通过以下命令观测：

```
$ curl <FUSE_WEB_HOSTNAME>:<FUSE_WEB_PORT>/metrics/json/
$ curl 127.0.0.1:49999/metrics/json/
```

2. 收集 Prometheus 格式指标

除 JSON 格式外，Alluxio 同样支持常用的指标格式 Prometheus。用户可以在 $ALLUXIO_

HOME/conf/metrics.properties 配置文件中加入以下内容，开启进程的 Prometheus 格式指标：

```
sink.prometheus.class=alluxio.metrics.sink.PrometheusMetricsServlet
```

用户需要确保集群中的所有服务器都更新了配置，配置更新会在进程重启后生效。同样，Alluxio FUSE 需要在 ${ALLUXIO_HOME}/conf/alluxio-site.properties 中开启 alluxio.fuse.web.enabled。

在 Prometheus 指标开启后，用户可以向对应组件的 Web 端口通过 HTTP 请求获取 Prometheus 格式的指标。

```
$ curl <LEADING_MASTER_HOSTNAME>:<MASTER_WEB_PORT>/metrics/prometheus/
$ curl <WORKER_HOSTNAME>:<WORKER_WEB_PORT>/metrics/prometheus/
$ curl <FUSE_WEB_HOSTNAME>:<FUSE_WEB_PORT>/metrics/prometheus/

# 在本机部署时，默认的Alluxio Master Web端口为19999
$ curl 127.0.0.1:19999/metrics/prometheus/
# 默认的Alluxio Worker Web端口为30000
$ curl 127.0.0.1:30000/metrics/prometheus/
# 默认的Alluxio FUSE Web端口为49999
$ curl 127.0.0.1:49999/metrics/prometheus/
```

Prometheus 格式的指标通常和 Grafana 或 Datadog 等第三方指标监控分析工具搭配使用。如使用 Grafana 时可以在 prometheus.yml 文件中进行如下配置：

```
scrape_configs:
  - job_name: "alluxio master"
    metrics_path: '/metrics/prometheus/'
    static_configs:
    - targets: [ '<LEADING_MASTER_HOSTNAME>:<MASTER_WEB_PORT>' ]
  - job_name: "alluxio worker"
    metrics_path: '/metrics/prometheus/'
    static_configs:
    - targets: [ '<WORKER_HOSTNAME>:<WORKER_WEB_PORT>' ]
  - job_name: "alluxio standalone fuse"
    metrics_path: '/metrics/prometheus/'
    static_configs:
    - targets: [ '<FUSE_WEB_HOSTNAME>:<FUSE_WEB_PORT>' ]
```

值得注意的是，Prometheus 格式中的指标名字会和 JSON 格式有所不同。在查询指标时，用户可能需要对指标名字进行一些转换。

3. 收集 CSV 格式指标

Alluxio 同样支持将指标输出到本地的 CSV 文件。将大量指标输出到 CSV 文件会对性能有影响，所以这个选项通常只用来通过指标进行 debug。这种方式的优点是会自动将指标输出，并且不需要搭建 Grafana 等第三方应用。类似地，用户需要在 $ALLUXIO_HOME/conf/metrics.properties 配置文件中添加以下内容：

```
# 开启CSV输出
sink.csv.class=alluxio.metrics.sink.CsvSink

# 进行输出的间隔
sink.csv.period=1
sink.csv.unit=seconds

# CSV文件会被输出到这个文件夹下，用户需要确保这个路径存在
# CSV文件名对应每一个指标名
sink.csv.directory=/tmp/alluxio-metrics
```

3.7　Job Service 使用和查询运维

3.7.1　用命令行查询作业状态

用户可以使用 fsadmin report jobservice 命令查看 Job Service 的服务状态：

```
$ ./bin/alluxio fsadmin report jobservice
Worker: Test-workers-2   Task Pool Size: 10      Unfinished Tasks: 1303    Active
Tasks: 10      Load Avg: 1.08, 0.64, 0.27
Worker: Test-workers-3   Task Pool Size: 10      Unfinished Tasks: 1766    Active
Tasks: 10      Load Avg: 1.02, 0.48, 0.21
Worker: Test-workers-1   Task Pool Size: 10      Unfinished Tasks: 1808    Active
Tasks: 10      Load Avg: 0.73, 0.5, 0.23

Status: CREATED    Count: 4877
Status: CANCELED   Count: 0
Status: FAILED     Count: 1
Status: RUNNING    Count: 0
Status: COMPLETED  Count: 8124

10 Most Recently Modified Jobs:
Timestamp: 10-28-2020 22:02:34:001     Id: 1603922371976     Name: Persist
Status: COMPLETED
Timestamp: 10-28-2020 22:02:34:001     Id: 1603922371982     Name: Persist
Status: COMPLETED
(only a subset of the results is shown)

10 Most Recently Failed Jobs:
Timestamp: 10-24-2019 17:15:22:946     Id: 1603922372008     Name: Persist
Status: FAILED

10 Longest Running Jobs:
```

job ls 命令可以用来查看 Job Service 处理过的异步作业历史记录：

```
$ ./bin/alluxio job ls
1613673433925   Persist    COMPLETED
```

```
1613673433926    Persist    COMPLETED
1613673433927    Persist    COMPLETED
1613673433928    Persist    COMPLETED
1613673433929    Persist    COMPLETED
```

job stat -v \<job_id\> 命令可以用来查看某一个作业的执行和结果细节，使用 -v 参数时输出结果会包含这个作业中每一个任务的执行细节：

```
$ bin/alluxio job stat -v 1613673433929
ID: 1613673433929
Name: Persist
Description: PersistConfig{filePath=/test5/lib/alluxio-2.8.0-SNAPSHOT.jar,
  mountId=1, overwrite=false, ufsPath=...
Status: COMPLETED
Task 0
  Worker: 192.168.42.71
  Status: COMPLETED
```

3.7.2　作业执行 Log 日志跟踪

在任务执行中，Alluxio Job Master 负责将一个作业分割成更小的任务并分发给相关的 Job Worker，Job Worker 负责执行任务。这些任务包括很多不同的内容，例如 Alluxio 客户端对 Alluxio Master 进行元数据操作，或 Alluxio 客户端对本地的 Worker 进行 I/O 操作。因此，一个作业的执行过程中经常会涉及多个 Alluxio 组件。

如果 Job Worker 执行任务的过程中遇到了问题，Job Worker 向 Job Master 汇报的任务状态中会包含遇到问题的报错信息。在遇到某些问题如 I/O 失败或元数据操作失败时，Job Worker 汇报的任务状态可能难以包含完整的报错信息，这时可以在 Master 或对应 Worker 的 Log 日志中找到具体操作的完整日志或报错。

3.8　Alluxio 的安全认证与权限控制

本节介绍的 Alluxio 安全性相关功能如下。

❑ 身份验证：如果 alluxio.security.authentication.type=SIMPLE（默认情况下），Alluxio 文件系统将区分使用服务的用户。如果用户需要使用其他高级安全特性（如访问权限控制以及审计日志），SIMPLE 身份验证需要被开启。Alluxio 还支持其他身份验证模式，如 NOSASL 和 CUSTOM。

❑ 访问权限控制：如果 alluxio.security.authorization.permission.enabled=true（默认情况下），根据请求用户和要访问的文件或目录的 POSIX 权限模型，Alluxio 文件系统将授予或拒绝用户访问。注意，身份验证不能是 NOSASL，因为授权需要用户信息。

❑ 用户模拟：Alluxio 支持用户模拟，以便某个用户可以代表其他用户访问 Alluxio。这个机制在 Alluxio 客户端需要为多个用户提供数据访问的服务时非常有用。

❑ 审计日志：通过将 alluxio.master.audit.logging.enabled 设置为 true，可以开启 Alluxio 的审计日志（audit log）功能。

3.8.1 安全认证模式

安全认证模式由配置项 alluxio.security.authentication.type 决定，其默认值为 SIMPLE。

1. SIMPLE 模式

当 alluxio.security.authentication.type 被设置为 SIMPLE 时，身份验证被启用。在客户端访问 Alluxio 服务之前，该客户端将按下列步骤获取用户信息以汇报给 Alluxio 服务进行身份验证。

1）如果属性 alluxio.security.login.username 在客户端上被设置，其值将作为此客户端的登录用户。

2）否则，将从操作系统获取登录用户。

客户端检索用户信息后，将使用该用户信息连接该服务。在客户端创建目录 / 文件之后，将用户信息添加到元数据中并且可以在用户命令行和 Web 界面中检索。

2. NOSASL 模式

当 alluxio.security.authentication.type 为 NOSASL 时，身份验证被禁用。Alluxio 服务将忽略客户端的用户，并不把任何用户信息与创建的文件或目录关联。

3. CUSTOM 模式

当 alluxio.security.authentication.type 为 CUSTOM 时，alluxio.security.authentication.custom.provider.class 所指定的类将被用于查找用户信息。此类必须实现 alluxio.security.authentication.AuthenticationProvider 接口。注意：这种模式目前还处于试验阶段，应该只在测试中使用。

3.8.2 访问权限控制

Alluxio 文件系统为目录和文件实现了一个访问权限模型，该模型与 POSIX 标准的访问权限模型类似。每个文件和目录都与以下各项相关联。

❑ 一个所属用户，即在 client 进程中创建该文件或文件夹的用户。

❑ 一个所属组，即从用户 - 组映射（user-groups mapping）服务中获取到的组。

❑ 访问权限。

访问权限包含以下三个部分。

❑ 所属用户权限，即该文件的所有者的访问权限。

❑ 所属组权限，即该文件的所属组的访问权限。

❑ 其他用户权限，即上述用户之外的其他所有用户的访问权限。

每项权限有以下三种行为。

❑ read (r)。

❑ write (w)。

❑ execute (x)。

对于文件，读取该文件需要 read 权限，修改该文件需要 write 权限。对于目录，列出该目录的内容需要 read 权限，在该目录下创建、重命名或者删除其子文件或子目录需要 write 权限，访问该目录下的子项需要 execute 权限。

例如，当启用访问权限控制时，运行 Shell 命令 ls 后其输出如下：

```
$ ./bin/alluxio fs ls /
drwxr-xr-x alluxio-user alluxio-group 24 SISTED 11-20-2017 13:24:15:649 DIR /
  default_tests_files
-rw-r--r--alluxio-user alluxio-group 80 NOT_PERSISTED 11-20-2017 13:24:15:649
  100% /default_tests_files/BASIC_CACHE_PROMOTE_MUST_CACHE
```

用户 – 组映射

对于一个给定用户，其组列表通过一个组映射服务确定，该服务通过 alluxio.security. group.mapping.class 配 置，其 默 认 实 现 是 alluxio.security.group.provider.ShellBasedUnix-GroupsMapping，该实现通过在本地机器执行 groups Shell 命令获取一个给定用户的组关系。用户 – 组映射默认使用了一种缓存机制，映射关系默认会缓存 60 秒，可以通过 alluxio. security.group.mapping.cache.timeout 进行配置，如果该值被设置为 0，则缓存就不会启用。

Alluxio 内置了一个超级用户，该用户拥有管理员所需的特殊权利，可以被用于维护系统。超级用户就是启动 Alluxio Master 进程的用户。alluxio.security.authorization.permission. supergroup 属性定义了一个超级组，该组中所有用户都是超级用户。

目录与文件访问权限

一个文件和目录的默认访问权限是 666 和 777。在 Alluxio 中默认的 umask 值为 022，因此，新创建的目录权限为 777 – 022 = 755，文件为 666 – 022 = 644。umask 可以通过 alluxio.security.authorization.permission.umask 属性设置。

所属用户、所属组以及访问权限可以通过以下两种方式进行修改：

❑ 应用程序可以调用 FileSystem API 或 Hadoop API 的 setAttribute() 方法。

❑ 用户命令行，例如 chown、chgrp、chmod。

所属用户只能由超级用户修改。所属组和访问权限只能由超级用户和文件所有者修改。

访问控制列表

POSIX 权限模型允许管理员向文件所有者、所有组和其他用户授予权限。在大多数情况下，这种基本的权限模型就足够了。然而，为了帮助管理员使用更复杂的安全策略，Alluxio 还支持访问控制列表（ACL）。ACL 允许管理员向任何用户或组授予权限。

文件或目录的访问控制列表由多个条目组成。ACL 条目分为两类：普通 ACL 条目和默认 ACL 条目（Default ACL）。

普通类型的 ACL 条目用于指定特定用户或组的读、写和执行权限。该类型的每个 ACL 条目包括：

❏ 类型，可以是用户、组或掩码之一；

❏ 可选名称；

❏ 类似于 POSIX 权限位的权限字符串。

表 3-3 显示了 ACL 中可能出现的不同 ACL 条目。

表 3-3　不同 ACL 条目

ACL 条目	描　　述
user:userid:permission	为某个用户设置 ACL。如果 userid 为空则意味着为该文件的拥有者设置 ACL
group:groupid:permission	为某个组设置 ACL。如果 groupid 为空，则表示为该文件的拥有组设置 ACL
other::permission	为所有上面没涉及的用户设置 ACL
mask::permission	设置有效权限掩码。ACL 掩码表示除所有者和组之外的所有用户允许的最大权限

请注意，使用标准 POSIX 权限位模型也能够达到 ACL 中某些条目的效果，例如描述所有者、拥有组和其他人权限的 ACL 条目。例如，标准 POSIX 模型中的 755 权限就可以被转换为 ACL 条目，如下所示：

```
user::rwx
group::r-x
other::r-x
```

这三个条目始终存在于每个文件和目录中。当这些标准条目之外还有其他条目时，该 ACL 被视为扩展 ACL。扩展 ACL 会自动生成 ACL 掩码。除非用户特别设置，否则掩码的值将调整为受掩码项影响的所有权限的并集，即除所有者和所有组条目之外的所有用户条目。下面举两个实际的 ACL 条目的例子来进一步说明 ACL 的用法。

对于 ACL 条目 user::rw-：

❏ 目标类型是 user；

❏ 名称为空，表示该 ACL 设定的是文件所有者的权限；

❏ 权限字符串是 rw-。

也就是说该 ACL 描述的是文件所有者拥有读写权限，但没有执行权限。

对于 ACL 条目 group:interns:rwx 和 ACL 掩码 mask::r--：

❏ 该条目将文件的所有权限（读，写，执行）授予组 interns；

❏ 除文件的拥有组之外的用户，ACL 掩码设定了其仅拥有读取权限。

这最终导致组 interns 只有读取权限，因为 ACL 掩码不允许非文件所有者拥有其他权限。

默认 ACL（Default ACL）条目则针对目录权限的配置。在具有默认 ACL 的目录中创建的任何新文件或目录都将继承默认 ACL 作为其访问 ACL。在具有默认 ACL 的目录中创建的任何新目录也将继承默认 ACL 作为其默认 ACL。

默认 ACL 还包括普通 ACL 条目，与普通 ACL 中的条目类似。以 default 关键字作为前缀来区分。例如，default:user:alluxiouser:rwx 和 default:other::r-x 都是有效的默认 ACL 条目。

给定一个名称为 documents 的目录，若将其默认 ACL 设置为 default:user:alluxiouser:rwx，对于 documents 目录中创建的任何新文件，用户 alluxiouser 都将拥有对它的所有访问权限，即这些新文件的访问 ACL 条目将被设置为 user:alluxiouser:rwx。请注意，ACL 不会授予用户 alluxiouser 对目录的任何附加权限。

ACL 可以通过以下两种方式进行管理：

❑ 用户应用程序调用 setFacl() 方法更改 ACL 或调用 getFacl() 方法以获取当前 ACL。

❑ Shell 中的命令行接口，例如 getfacl 和 setfacl。

一个文件或目录的 ACL 只能被超级用户或者该文件的拥有者修改。

3.8.3　用户模拟功能

在 Hadoop 环境中使用 Alluxio 时，可以为 Hadoop 客户端和 Alluxio 客户端分别指定各自的用户。由于 Hadoop 客户端用户和 Alluxio 客户端用户可以独立指定，因此用户可能会彼此不同。Hadoop 客户端用户与 Alluxio 客户端用户甚至可能各自位于单独的用户权限命名体系中。

Alluxio 客户端通过用户模拟功能解决了 Hadoop 客户端用户与 Alluxio 客户端用户不同的问题。使用此功能，Alluxio 客户端将检查 Hadoop 客户端用户，然后尝试扮演该 Hadoop 客户端用户。

例如，用户 foo 正在运行一个 Hadoop 应用程序，然而 Alluxio 客户端将用户配置为 yarn。这意味着任何数据交互的结果都将被归结为用户 yarn 的行为。通过用户模拟，Alluxio 客户端将检测到 Hadoop 客户端用户是 foo，然后用一个模拟用户线程连接到 Alluxio 服务端。通过这种模拟，数据交互的结果将归因于用户 foo 的行为。注意：此功能仅在使用 Hadoop 兼容客户端访问 Alluxio 时适用。

为了能够进行用户模拟，需要分别对 Allluxio 客户端和服务进程进行配置。

Alluxio 集群端配置

为了能够让特定的用户模拟其他用户，需要配置 Alluxio 服务端（Master 和 Worker）。服务端的配置属性包括：alluxio.master.security.impersonation.<USERNAME>.users 和 alluxio.master.security.impersonation.<USERNAME>.groups。对于 alluxio.master.security.impersonation.

<USERNAME>.users，用户可以指定由逗号分隔的用户列表，这些用户可以被 <USERNAME> 模拟。通配符"＊"表示所有用户都可以被 <USERNAME> 模拟。以下是一些示例。

- ❑ alluxio.master.security.impersonation.alluxio_user.users=user1,user2 表示 Alluxio 用户 alluxio_user 被允许模拟用户 user1 以及 user2。
- ❑ alluxio.master.security.impersonation.client.users=* 表示 Alluxio 用户 client 被允许模拟任意的用户。

通过属性 alluxio.master.security.impersonation.<USERNAME>.groups，用户可以指定由逗号分隔的用户组，这些用户组内的用户可以被 <USERNAME> 模拟。通配符"＊"表示该用户可以模拟任意的用户。以下是一些示例。

- ❑ alluxio.master.security.impersonation.alluxio_user.groups=group1,group2 表示 Alluxio 用户 alluxio_user 可以模拟用户 group1 以及 group2 中的任意用户。
- ❑ alluxio.master.security.impersonation.client.groups=* 表示 Alluxio 用户 client 可以模拟任意的用户。

为了使用户 alluxio_user 能够模拟其他用户，Alluxio 用户至少需要设置上面提到的两个属性中的一个（将 <USERNAME> 替换为 alluxio_user）。

Alluxio 客户端配置

如果 Alluxio 服务端配置为允许某些用户模拟其他的用户，Alluxio 客户端也要进行相应的配置。可以通过修改属性 alluxio.security.login.impersonation.username 的值进行配置。这样 Alluxio 客户端连接到 Alluxio 服务的方式不变，但是该客户端模拟的是其他的用户。该属性可以设置为以下值。

- ❑ _NONE_：不启用 Alluxio 客户端的用户模拟功能。
- ❑ _HDFS_USER_：Alluxio 客户端会模拟 HDFS 客户端的用户。

异常处理

应用程序中最可能常见的错误类似于：

```
Failed to authenticate client user="yarn" connecting to Alluxio server and
  impersonating as
impersonationUser="foo" to access Alluxio file system. User "yarn" is not
  configured to
allow any impersonation.
```

这个错误意味着用户 yarn 正在试图模拟用户 foo 连接到 Alluxio，但是 Alluxio 服务端并没有配置允许用户 yarn 启用模拟。为了解决这个问题，Alluxio 服务端必须配置允许有问题的用户启用模拟（示例中的用户 yarn）

3.8.4 审计日志功能

Alluxio 中的审计日志功能能够帮助系统管理员追踪用户对文件元数据的访问操作。审计日志文件（master_audit.log）包括多个审计条目，每个条目对应一次获取文件元数据的记录。Alluxio 审计日志格式如表 3-4 所示。

表 3-4　Alluxio 审计日志格式

项	内容说明
succeeded	如果命令成功运行，则值为 true。在命令成功运行前，该命令的 allowed 项值必须为 true
allowed	如果命令是被允许的，值为 true。即使一条命令是被允许的，它也可能运行失败
ugi	用户组信息，包括用户名、主要组、认证类型
ip	客户端 IP 地址
cmd	用户运行的命令
src	源文件或目录地址
dst	目标文件或目录的地址
perm	该值的格式为 user:group:mask，如果不适用则为空

实际上 Alluxio 中的审计日志格式与 HDFS 的审计日志格式十分相似。用户可以通过了解 HDFS 的审计日志来帮助理解 Alluxio 中的审计日志。

注意　为了使用 Alluxio 的审计功能，用户需要将配置 alluxio.master.audit.logging.enabled 设置为 true。在开启审计日志的情况下，可以使用 Alluxio 提供的 fsadmin 子命令 updateConf 动态关闭审计日志。

Chapter 4 第 4 章

Alluxio 元数据管理与主节点原理

Alluxio Master 是 Alluxio 文件系统中的核心组件，它负责管理 Alluxio 文件系统的元数据，并提供统一命名空间功能。本章将首先介绍 Alluxio Master 的核心功能，然后介绍元数据管理重要结构，以及统一命名空间和底层存储管理。作为管理 Alluxio 核心数据的组件，Alluxio Master 的可靠性也非常重要，4.4 节和 4.5 节将介绍 Alluxio Master 的日志管理以及元数据备份功能。此外，Alluxio Master 还内置了很多对 Alluxio Worker 管理的模块，4.6 节将介绍 Alluxio Master 内部对于 Alluxio Worker 的管理机制。最后介绍 Alluxio Master 的元数据并发机制。

4.1 Alluxio Master 核心功能概览

Alluxio 文件系统元数据管理：Alluxio Master 负责管理 Alluxio 文件系统中的元数据，并向其他组件提供元数据相关服务。在 Alluxio Master 中，每一个文件或文件夹的全部元数据，包括路径、权限、文件信息，会放在一个 inode 中。文件夹的元数据管理相对比较标准统一。由于文件长度大小不一，为便于管理，Alluxio 将文件按长度进一步分割成数据块，其中数据块的内容存放在 Alluxio Worker 上，而数据块的元信息由 Alluxio Master 管理。4.2 节将详细介绍 Alluxio Master 管理的元数据，举例介绍文件（inode）和数据块的元数据结构，并深入介绍这两种元数据如何存储在 Alluxio Master 上。

统一命名空间和底层存储管理：Alluxio 通过将底层存储挂载到 Alluxio 命名空间上，向上层应用提供了一个统一的虚拟文件系统视图，不同文件系统的局部目录结构均可以映射挂载到这个虚拟文件系统中。该视图通过 Alluxio Master 提供的文件元数据服务进行维护，并支持动态灵活地挂载和卸载子目录。同时，Alluxio Master 通过元数据同步机制和底层存储保持一致，保证了 Alluxio 文件视图的数据的准确性。4.3 节将详细介绍 Alluxio 的挂载功能以及和底层存储的同步功能。

元数据操作日志和高可用机制：Alluxio Master 通过 Journal 日志保证了元数据和操作的持久性和原子性。为了防止 Journal 日志文件随着文件数和操作数无限增长，Alluxio 提供了 Checkpoint（检查点）操作对 Journal 日志文件进行压缩。Journal 日志的原理将在 4.4 节详细介绍。在实际环境中，为了防止单个节点故障导致的 Alluxio 服务不可用，Alluxio Master 支持使用高可用部署方式，即在一个集群中同时存在多个 Alluxio Master 进程分布在不同节点上。4.4 节同样会详细介绍这种部署方式，并介绍如何在多个 Master 同时运行时保证分布式一致性。

Alluxio 文件系统元数据备份功能：Alluxio 在 Journal 日志之外，还提供了对文件系统进行整体备份的功能。这部分功能除了日常提供元数据备份之外，还能够很好地解决 Alluxio 升级过程中的数据迁移问题，例如，在 Journal 日志由于版本变迁而无法兼容时，Alluxio 提供了元数据备份和配套的 Journal 日志重建操作来跨越兼容性的阻碍。4.5 节将详细介绍元数据备份的原理和使用方式。

Alluxio 主节点对工作节点的管理：Alluxio Master 管理着集群中所有的 Alluxio Worker。Alluxio Worker 向 Alluxio Master 注册并汇报所有数据块信息，Alluxio Master 和 Alluxio Worker 通过心跳的同步机制保证 Alluxio Master 知道集群中所有的数据块信息和位置。4.6 节将详细介绍 Alluxio Master 对 Alluxio Worker 的管理机制。

Alluxio 主节点的并发访问机制：作为一个分布式的文件系统，Alluxio 服务时刻面对着海量的并发请求。为了保障文件系统内部元数据的一致性，不产生错误，Alluxio Master 还需要一些重要的并发访问机制。4.7 节将深入介绍 Alluxio Master 最重要的几个并发控制原理和设计理念。

Master 组件对外开放的服务接口

文件系统操作接口

Alluxio Master 对客户端提供了一系列文件操作的 RPC 接口，如 createFile、completeFile、createDirectory、getStatus、listStatus、remove、free 等。这些接口主要定义在 FileSystem-MasterClientServiceHandle 类中。Alluxio 对上层应用的文件系统服务就是通过这些文件系统操作接口实现的。

Master 对 Worker 提供了 getPinnedFileIds 来查看有哪些文件被锁定，这样 Worker 可以避免驱逐对应的数据块。Master 同样提供了 getUfsInfo 接口供 Worker 来将 Alluxio 的文件路径翻译成底层存储文件路径，在本地没有数据块缓存时去底层存储找到对应的文件和位置。这些接口定义在 FileSystemMasterWorkerServiceHandler 类中。

数据块操作和 Worker 管理接口

Master 向客户端通过 getBlockInfo 提供了数据块元数据的查询，通过 getWorkerInfoList

提供了对集群中 Worker 列表的查询。这些接口都定义在 BlockMasterClientServiceHandler 类中。

如前文所述，Alluxio Worker 只负责管理数据块，而不需要知道数据块对应的文件信息，也不对文件做操作。因此 Alluxio Master 对 Worker 的管理主要基于数据块信息。Master 对 Worker 提供了 getWorkerId、registerWorker 和 blockHeartbeat 用于 Master 对 Worker 的管理和数据块汇报。同时也提供了 commitBlock 接口，在 Worker 加载了缓存数据块之后可以将新数据块通知给 Master。这些接口都定义在 BlockMasterWorkerServiceHandler 类中。

挂载点操作接口

Master 同样提供了管理挂载点的 RPC，如 mount、unmount、getMountTable 等。这些接口都定义在 FileSystemMasterClientServiceHandler 类中。

集群运行指标接口

Alluxio Master 向客户端提供了 getMetrics 接口查看指标，同时提供了 metricsHeartbeat 接口供客户端向 Master 发送指标，所有指标信息会在 Master 端进行汇总。这些接口定义在 MetricsMasterClientServiceHandler 类中。

Web 接口

Master 同样提供了对网络服务开放的 REST 接口。这类接口主要为前端网页和一些命令行提供集群信息查看的功能。Alluxio Master 提供的所有 REST 接口都定义在 AlluxioMasterRestServiceHandler 类中。

4.2　Master 组件的元数据管理

Alluxio Master 管理 Alluxio 文件系统中的元数据，包括文件元数据、数据块元数据、挂载点元数据以及集群中 Worker 的元数据等。Alluxio Master 通过不同的机制将这些元数据管理起来，这部分内容将在 4.2.1 节介绍。

对 Alluxio 用户而言，用户通过文件元信息和 Alluxio 文件系统接口进行互动，通过数据块元信息来读写数据和缓存。4.2.2 节将从几个例子出发详细介绍 Alluxio 的文件和数据块元数据内容。文件和数据块元信息由 Alluxio Master 统一存储和管理，4.2.3 节和 4.2.4 节将具体介绍 Alluxio Master 存储元数据的两种模式并对其进行对比。

4.2.1　Master 对元数据的管理

Alluxio Master 管理的元数据中，最重要的是文件元数据、数据块元数据、挂载点元数据和 Alluxio Worker 元数据。

文件（inode）元数据

Alluxio 文件系统中的每一个文件或文件夹都由一个 inode 代表，这个 inode 存储着文件中所有的属性和元信息，包括文件基本属性、权限信息、管理属性、时间戳、包含的数据块及每一个数据块的元数据等。inode 的概念来源于 UNIX 类型的文件系统，在 Linux 和 HDFS 等文件系统中被广泛使用，一个 inode 代表文件系统目录树上的一个节点。4.2.2 节将通过几个例子详细列举 inode 包含的信息。因为 Alluxio 管理着多个底层存储，所以 Alluxio 命名空间中的潜在文件数量实际上是所有底层存储中文件的总和。元数据服务作为 Alluxio 集群中最重要的服务，直接决定了系统的规模、性能和稳定性。

值得一提的是，Alluxio 文件系统中的 inode 不一定存在于底层存储中。例如，如果这个路径是用 MUST_CACHE 方式写入 Alluxio，那么 Alluxio 并不会在底层存储中创建这个文件。此外，如果底层存储是一个对象存储，因为对象存储没有文件夹的概念，所以 Alluxio 中的文件夹并不会在底层存储中对应实际存在的对象。

总的来说，Alluxio Master 对 inode 的管理可以抽象地分为以下几类。

❑ 使用一个 InodeTree 存储所有的 inode 信息及 inode 之间的树状结构（文件夹和文件之间的父子关系），Alluxio Master 维护着文件系统的树状结构。4.2.3 节和 4.2.4 节将详细介绍 Alluxio Master 的两种 inode 存储模式。

❑ 实现文件系统操作的接口并支持所有对文件的操作。Alluxio Master 开放了一系列文件系统操作接口，并且对每一个操作提供了并发安全和持久化保证，通过这样的方式向上层应用提供了一个分布式文件系统。

❑ 通过 Journal 日志维护一个持久化的状态，保证每一个 inode 操作的持久性和原子性。Alluxio Master 通过保证 inode 信息和每一个操作记录在 Journal 日志中，从而保障在任何情况下 inode 信息和更改都不会丢失。4.4 节将详细介绍 Journal 日志。

❑ Alluxio 的 InodeTree 通过将锁粒度精细到每一个 inode，支持 inode 级别的读写并发访问。对每一个 inode 通过锁进行并发控制，保证在并发读写中 inode 的线程安全。inode 的并发控制和锁管理将在 4.7 节详细介绍。

数据块（block）元数据

如果 inode 对应一个文件，则它有 0 个（空文件）或多个数据块。对一个新建文件而言，所有数据块大小都由 alluxio.user.block.size.bytes.default 设置，只有最后一个数据块除外。只有 1 个数据块的文件也算是最后一个数据块。数据块的元信息管理相对 inode 而言比较简单，因为数据块之间不具有树状结构或者亲子关系。

Alluxio Master 保存数据块的元信息以及数据块缓存的当前位置，并对外提供对这些信息的读写接口。Alluxio Master 管理的数据块元数据可以简要地被看作两个键值存储：

❑ <BlockID, BlockMetadata>

❑ <BlockID, List<BlockLocation>>

其中，BlockMetadata 记录了数据块的长度。BlockLocation 记录了这个数据块（缓存）存在的 Alluxio Worker 节点地址及其在 Alluxio Worker 节点上的具体存储位置。

这两个不同的信息被分开存储主要是因为它们的生命周期不同。BlockMetadata 是不变的（Immutable）。Alluxio 不支持对已经写完的数据块进行随机更改或追加。如果这个文件被重写，它会得到新的 FileID（即 InodeID）和新的 BlockID，旧的数据块会被舍弃。相反，BlockLocation 列表是会不断变化的，比如当这个数据块被加载进一个新的 Alluxio Worker，或者被从某一个 Alluxio Worker 上驱逐之后，列表信息都会对应地改变。

MountTable

MountTable 管理所有 Alluxio 文件系统中的挂载点，提供了诸如挂载点的创建和更改操作。同时 Alluxio 文件路径和底层存储的文件路径也通过 MountTable 互相解析对应。

Alluxio Worker 元数据

Alluxio Master 对 Alluxio Worker 元数据的管理包括追踪当前有哪些正在工作的 Alluxio Worker，并且不断更新 Alluxio Worker 上的缓存列表。Alluxio Master 记录的信息主要包括：

- ❑ Alluxio Worker 的地址、启动时间等不变信息。
- ❑ Alluxio Worker 的空间使用情况，包括多层缓存中每层的使用量，随每次心跳更新。
- ❑ Alluxio Worker 中被缓存的所有 BlockID 和将要从 Alluxio Worker 中移除的所有 BlockID。这些信息随着每一次心跳和数据块操作（加载、驱逐等）而改变。

4.2.2 文件 / 数据块元数据示例

为了便于直观理解，接下来通过几个例子，从用户视角观察在 Alluxio 系统中文件和文件夹都包含哪些元信息。

1. 通过 ls 命令查看文件和文件夹的元信息

ls 命令会展示路径下的文件元信息，每一个文件或者文件夹占一行。在下面的例子中，可以看到如下信息：

```
$ bin/alluxio fs ls /dirs
drwx------    alluxio-user    alluxio-group    10   PERSISTED 12-09-2021 14:01:38:018
  DIR /dir1
drwx------    alluxio-user    alluxio-group     3   PERSISTED 12-09-2021 14:01:38:018
  DIR /dir2
drwx------    alluxio-user    alluxio-group   117   PERSISTED 12-09-2021 14:01:38:018
  DIR /dir3
```

其中，文件夹的行以字母"d"开头。"rwx------"意为文件夹的拥有者有全部权限，其他用户无任何权限。Alluxio 的文件权限参考 POSIX 标准。接下来的两列分别是文件的拥有者用户名和组名。接下来的数字是该文件夹下有多少直接的子文件 / 文件夹，如第一行的 10 意为 /dir1 下有 10 个文件或文件夹，该数字不递归地包含子文件夹下的文件。接下来的一列是这个文件夹的持久化状态，这里显示 PERSISTED 意为该文件夹已经持久化到底层存储。接下来的两列是文件夹的最后更改时间戳。接下来的一列显示 DIR，标志这个是文件夹。最后一列是文件夹名称（路径）。

ls 命令对文件的输出和文件夹大部分类似，见以下示例：

```
$ bin/alluxio fs ls /files
-rwx------    alluxio-user    alluxio-group    713313755    PERSISTED 02-14-2020
   23:56:34:000    0% /file1
-rwx------    alluxio-user    alluxio-group    905570425    PERSISTED 07-23-2020
   11:39:59:000    0% /file2
```

其中，文件的行不以字母"d"开头取代子文件数的是文件长度（单位为 B），如 file1
长度为 713313755 B。取代"DIR"字符串的是一个百分比，代表了这个文件有多少百分比
被 Alluxio 缓存。当该文件在 Alluxio Worker 中不存在任何缓存数据块时，显示 0%。

2. 通过 stat 命令查看文件夹的元信息

stat 命令可以进一步展示文件或文件夹的全部元信息。下面展示了一个文件夹元信息的
示例：

```
$ bin/alluxio fs stat /dir1
/dir1 is a directory path.
# 为了方便阅读，代码中省略了部分不重要的信息
URIStatus{
  info=FileInfo{
    fileId=465, name=dir1, path=/dir1, ufsPath=s3a://alluxio-user/dir1,
      folder=true,
    mountPoint=false, mountId=1,
    persisted=true, persistenceState=PERSISTED,
    creationTimeMs=1639029652709, lastModificationTimesMs=1639029709669,
    lastAccessTimesMs=1639812066066,
    pinned=false, pinnedlocation=[],
    ttl=-1, ttlAction=DELETE,
    replicationMax=0, replicationMin=0,
    owner=alluxio-user, group=alluio-group, mode=448, acl=user::rwx,group::---
      ,other::---,
    defaultAcl=,
    ufsFingerprint=
  }
}
```

文件基本属性

这部分包括文件名、ID、文件在 Alluxio 命名空间中的路径及其在底层存储中的路径等。
Alluxio 在命名空间中创建每一个文件 / 文件夹时都为它创建一个 inode ID，这个 ID 是随着
创建自增的、不重复的。folder=true 表示这是一个文件夹，反之则表示文件。

文件挂载信息

mountId=1 表示文件属于 Alluxio 命名空间中 ID 为 1 的挂载点，mountPoint=false 表示
这个路径不是挂载点。

持久化状态

persisted=true 以及 persistenceState=PERSISTED 表示这个文件夹已经持久化到底层存
储。除 PERSISTED 状态之外，持久化状态还有 NOT_PERSISTED（未持久化）、TO_BE_

PERSISTED（等待被异步持久化）、LOST（未持久化但是数据块丢失）。

时间戳

文件元信息中同样包含一系列时间戳，如创建时间、更改时间、上一次读取时间。

数据块管理属性

有一系列属性定义了如何对这个文件夹下的所有文件数据块进行管理，如 pinned 和 pinnedlocation 控制数据块的锁定状态，ttl 和 ttlAction 控制数据块的生命周期、replicationMax 和 replicationMin 控制数据块的副本数。在这个文件夹下的文件都默认继承文件夹级别的数据块管理属性。这些管理属性将在 4.3 节详细介绍。

权限控制

Alluxio 的权限模型大体上兼容 POSIX 规范。这个文件夹的 owner 和 group 属性记录文件夹的所有者。mode 属性记录一个十进制的数字 448，将它转换成八进制可以得到 700，对应着访问控制列表（ACL）设置 rwx------。DefaultACL 属性是一个只有文件夹才拥有的属性。如果设置了 DefaultACL，那么文件夹下创建的新文件会使用 DefaultACL 作为自己的 ACL。

ufsFingerprint

Alluxio 中的文件夹没有 ufsFingerprint 属性，因为并不是所有的底层存储都存在文件夹对应的路径。比如，在对象存储中不存在文件夹的概念，Alluxio 中的文件夹在底层存储中没有对应的对象。

3. 通过 stat 命令查看文件的元信息

Alluxio 的 stat 命令同样可以用来查看文件的元信息。有关与文件夹相同的属性，这里不再赘述，以下着重介绍文件的独有属性。

```
$ bin/alluxio fs stat /file1
/file1 is a file path.
# 为了方便阅读，代码中省略了部分不重要的信息
URIStatus{
  info=FileInfo{
    fileId=184599707647, name=file1, path=/file1, ufsPath=s3a://alluxio-user/
        file1,
    folder=false,
    length=868589039, blockSizeBytes=67108864,
    completed=true,
    persisted=true, persistenceState=PERSISTED,
    inAlluxioPercentage=0, inMemoryPercentage=0,
    creationTimeMs=1639029652522, lastModificationTimeMs=1588214134000,
    lastAccessTimeMs=1588214134000,
    ttl=-1, ttlAction=DELETE,
    pinned=false, pinnedlocation=[],
    replicationMax=-1, replicationMin=0,
    owner=alluxio-user, group=alluxio-group, mode=448,
    acl=user::rwx,group::---,other::---,
```

```
ufsFingerprint=TYPE|FILE UFS|s3 OWNER|alluxio-user GROUP|alluxio-group
   MODE|448 CONTENT_HASH|1f151bacb068c3d6211305f47f7ef800-104
blockIds=[67108864, 67108865, 67108866],
fileBlockInfos=[
   FileBlockInfo{blockInfo=BlockInfo{id=67108864, length=67108864, locations=[]},
      offset=0, ufsLocations=[]},
   FileBlockInfo{blockInfo=BlockInfo{id=67108865, length=67108864, locations=[]},
      offset=67108864, ufsLocations=[]},
   FileBlockInfo{blockInfo=BlockInfo{id=67108866, length=67108864, locations=[]},
      offset=134217728, ufsLocations=[]}],
   }
}

Containing the following blocks:
BlockInfo{id=67108864, length=67108864, locations=[]}
BlockInfo{id=67108865, length=67108864, locations=[]}
BlockInfo{id=67108866, length=67108864, locations=[]}
```

文件基本属性

folder=false 标记这是一个文件。length 属性记录了文件总长度（单位为 B），blockSize-Bytes=67108864 意为数据块大小为 64MB，每一个文件只有最后一个数据块的长度可以小于 blockSizeBytes。

如果文件正在被写入，还未被提交，则 completed=false。因为通过 Alluxio 写的文件只有在写完提交时才能得知文件的总长度并更新相关的元信息，所以 completed=false 的文件元信息中 length=0。

缓存百分比

inAlluxioPercentage=0 表示这个文件在 Alluxio Worker 缓存中没有任何数据块存在，inMemoryPercentage 表示没有数据块缓存在内存层。

ufsFingerprint

ufsFingerprint 包含底层存储中文件的几个关键属性，Alluxio Master 通过比较当前文件元信息和 ufsFingerprint 来得知底层存储中的文件有没有发生变化，以决定是否需要进行元数据同步。元数据同步将在 4.3.2 节中详细介绍。

```
ufsFingerprint=TYPE|FILE UFS|s3 OWNER|alluxio-user GROUP|alluxio-group MODE|448
   CONTENT_HASH|1f151bacb068c3d6211305f47f7ef800-104
```

数据块信息

blockIds 显示了这个文件的所有数据块 ID，而 fileBlockInfos 则显示了关于每一个数据块更详细的信息，比如 offset 就对应着这个数据块在文件中的起始位置。

```
FileBlockInfo{blockInfo=BlockInfo{id=184582930432, length=67108864,
   locations=[]}, offset=134217728, ufsLocations=[]}}
```

BlockInfo 中包含数据块的 ID 和长度。每一个数据块的 BlockID 和所属的文件 InodeID

（也可以称为 FileID）是存在联系的。每一个 BlockID 和 InodeID 都使用 64 位的 long 类型。其中 InodeID 会使用 64 位中的前 40 位，而后 24 位全部为 1。换句话说，截至 Alluxio 2.8 版本，Alluxio 的命名空间可以容纳 2^{40}（约 1 万亿）个文件的 InodeID。每一个文件的所有数据块则使用这 24 位二进制记录自己在该文件中的顺序。如上面的例子中 fileId=184599707647=0x2AFAFFFFFF，而数据块 blockId=0x2AFA000000，标示着它是该文件中的第一个数据块。以此类推，该文件中的第二个数据块 ID 为 0x2AFA000001。Alluxio 通过这样的方式让 FileID 和 BlockID 可以直接转化，不需要再管理文件到数据块 ID 的对应关系。

该文件加载进 Alluxio 缓存后，文件元信息中的数据块信息会包含这个数据块的副本位置：

```
# 将文件加载进Alluxio缓存后再次查看
$ bin/alluxio fs load /file1
$ bin/alluxio fs stat /file1
URIStatus{
...
inMemoryPercentage=100, inAlluxioPercentage=100,
fileBlockInfos=[
  FileBlockInfo{
    blockInfo=BlockInfo{
      id=184582930432, length=67108864,
      locations=[
        BlockLocation{
          workerId=4267131152821992340,
          address=WorkerNetAddress{host=192.168.1.3, containerHost=localhost,
            rpcPort=29999, dataPort=29999, webPort=30000, domainSocketPath=, tie
            redIdentity=TieredIdentity(node=192.168.1.3, rack=null)},
          tierAlias=MEM, mediumType=MEM}]},
      offset=0, ufsLocations=[]},
...
```

在示例中，文件数据块被加载到 Alluxio Worker 的内存层，所以 inMemoryPercentage 和 inAlluxioPercentage 都变成了 100%。fileBlockInfos 也相应更新了当前数据块的位置，包含所在 Alluxio Worker、所在存储层级和存储介质信息。

4.2.3 元数据存储在堆上——HEAP 模式

要使用堆上存储，只需要按如下方式配置元信息存储模式，Alluxio Master 将会把所有的元数据以 Java 对象的方式存储在 JVM 堆上：

```
alluxio.master.metastore=HEAP
```

在 HEAP 模式下，所有元信息都以 Java 对象的形式存储在 JVM 堆中。每一个文件在堆上占用的内存大约为 2～4KB。因此，当 Alluxio 文件系统中有大量的文件时，堆上元信息将会给 JVM 带来大量内存压力。不难算出，当系统中有 1 亿个文件时，JVM 上仅存储这些文件的元信息就会占用 200～400GB 的内存。另外，Master JVM 还必须承担大量的 RPC

操作内存开销，因此 JVM 对内存的需求是普通服务器很难承受的。

此外，对大部分 JVM 版本而言，如此数据规模下的 GC 会变得非常难以管理。Alluxio Master JVM 中的这些元信息都是长久存在的对象，尤其会给老年代的 GC 效率带来很大的影响。尽管有些商业版 JVM 可以避免部分或大部分 JVM 带来的性能和管理问题，但是对大多数用户来说，JVM 占用过多内存仍然是一个十分棘手的痛点，尤其是 Alluxio Master 的 JVM 在未来随着业务的扩展可能超出物理机内存的上限。

4.2.4　元数据存储在堆外——ROCKS 模式

针对 HEAP 模式难以扩展的问题，Alluxio 优化了设计方向。Alluxio 在 2.0 版本中引入了 ROCKS 模式，将元信息存储移到 JVM 之外。在 ROCKS 模式下，Alluxio Master 内嵌了一个 RocksDB，将文件（和数据块）的元信息从之前的 JVM 堆上移到了 RocksDB 中，而 RocksDB 的存储介质实际上是硬盘而非内存。要使用 RocksDB 存储元数据，只需要配置元数据存储模式并指定 RocksDB 存储的路径即可：

```
alluxio.master.metastore=ROCKS
alluxio.master.metastore.dir=${alluxio.work.dir}/metastore
```

Alluxio 内嵌的 RocksDB 会使用 alluxio.master.metastore.dir 配置的路径作为自己的元数据存储。以下示例中，我们查看一个运行中的 Alluxio 集群的 RocksDB 存储，可以看到 Alluxio 在 RocksDB 中保存的 Inode 和 Block 元数据各有一个存储目录，并维护了由 RocksDB 管理的数据文件。有关 RocksDB 的存储目录结构，本书中不做赘述，用户可以查看 RocksDB 的官方文档[⊖]。

```
$ ls -al -R metastore/
metastore/:
total 8
drwxrwxr-x. 2 alluxio-user alluxio-group 4096 May 21 03:20 blocks
drwxrwxr-x. 2 alluxio-user alluxio-group 4096 May 21 03:33 inodes

metastore/blocks:
total 4264
-rw-r--r--. 1 alluxio-user alluxio-group     0 May 21 03:20 000005.log
-rw-r--r--. 1 alluxio-user alluxio-group    16 May 21 03:20 CURRENT
-rw-r--r--. 1 alluxio-user alluxio-group    36 May 21 03:20 IDENTITY
-rw-r--r--. 1 alluxio-user alluxio-group     0 May 21 03:20 LOCK
-rw-r--r--. 1 alluxio-user alluxio-group 52837 May 21 03:30 LOG
-rw-r--r--. 1 alluxio-user alluxio-group   176 May 21 03:20 MANIFEST-000004
-rw-r--r--. 1 alluxio-user alluxio-group 13467 May 21 03:20 OPTIONS-000009
-rw-r--r--. 1 alluxio-user alluxio-group 13467 May 21 03:20 OPTIONS-000011

metastore/inodes:
total 4268
```

⊖　http://rocksdb.org/。

```
-rw-r--r--. 1 alluxio-user alluxio-group      0 May 21 03:20 000005.log
-rw-r--r--. 1 alluxio-user alluxio-group   1211 May 21 03:33 000012.sst
-rw-r--r--. 1 alluxio-user alluxio-group     16 May 21 03:20 CURRENT
-rw-r--r--. 1 alluxio-user alluxio-group     36 May 21 03:20 IDENTITY
-rw-r--r--. 1 alluxio-user alluxio-group      0 May 21 03:20 LOCK
-rw-r--r--. 1 alluxio-user alluxio-group  58083 May 21 03:33 LOG
-rw-r--r--. 1 alluxio-user alluxio-group    247 May 21 03:33 MANIFEST-000004
-rw-r--r--. 1 alluxio-user alluxio-group  13679 May 21 03:20 OPTIONS-000009
-rw-r--r--. 1 alluxio-user alluxio-group  13679 May 21 03:20 OPTIONS-000011
```

1. 堆外存储的内存和磁盘占用

在 ROCKS 模式下，元信息被存储在堆外的 RocksDB 中，这样会极大地缓解元信息存储对 Alluxio Master 进程的内存压力。与 HEAP 模式相比，所有元信息的读写速度从内存速度降低到了硬盘速度，这会很大程度上影响 Alluxio Master 的性能和吞吐量。因此 Alluxio Master 在内存中加入了一个缓存来加速对 RocksDB 的访问。换言之，在 ROCKS 模式下，元信息存储的内存占用变成了这部分缓存的内存占用。与 HEAP 模式下对内存占用的估算类似，缓存中每一个文件的元信息存储同样占用 2～4KB。

缓存的大小由 alluxio.master.metastore.inode.cache.max.size 控制。该配置项的值根据 Alluxio 版本可能有所不同。Alluxio Master 会先写入缓存，当缓存达到一定使用量之后才开始写入 RocksDB（磁盘）。RocksDB 的磁盘占用情况如下：大约 100 万个文件的元信息占用约 4GB 的硬盘空间。值得注意的是，当 Alluxio 命名空间内文件数量未触发基于 alluxio.master.metastore.inode.cache.max.size 的驱逐时，所有文件元信息都在基于内存的缓存内，未写入 RocksDB，此时这些文件的元信息磁盘占用接近于 0。

2. 对堆外存储的缓存进行加速和调优

当内存空间充足时，适当调大 alluxio.master.metastore.inode.cache.max.size 可以将更多文件元信息缓存在内存中来提升性能。同时需注意，Alluxio Master 上的 RPC 操作也会消耗内存。即使没有进行中的 RPC 操作，Alluxio Master 上仍然有一些定期的文件扫描等内部管理逻辑会消耗内存。在估算 Alluxio Master 进程中的内存时，一定要预留足够内存给这些操作，不要让元信息存储占用了所有的内存。这与在服务器上不能把 100% 的内存都分配给应用而不给操作系统预留内存空间的道理是一样的。元信息缓存的管理是基于水位机制的，用户配置一个高水位参数和一个低水位参数，以下是默认配置：

```
alluxio.master.metastore.inode.cache.high.water.mark.ratio=0.85
alluxio.master.metastore.inode.cache.low.water.mark.ratio=0.8
```

在缓存使用达到 0.85 * alluxio.master.metastore.inode.cache.max.size 时，缓存数据会开始驱逐，将缓存中的数据内容写入 RocksDB 存储。在缓存占用率降低到 0.8 时停止驱逐。

3. 在 HEAP 和 ROCKS 模式间切换

由于 HEAP 模式和 ROCKS 模式下 Journal 日志的格式不同，因此从一种模式切换到另一种模式不能通过简单地更改配置并重启 Alluxio Master 进程来完成。元数据存储模式的切换可以通过从备份中启动集群完成，具体内容请参见 4.5 节。

4.3　Alluxio 的统一命名空间和底层存储管理

Alluxio 将上层计算应用和下层存储引擎解耦，提供了一个虚拟的中间层，我们将它命名为数据编排层。Alluxio 将多个差异化的底层存储的命名空间合并，提供了一个虚拟的、统一的命名空间。Alluxio 提供了类似操作系统的挂载 / 卸载操作来管理这些底层存储。4.3.1 节将详细介绍 Alluxio 如何通过数据挂载功能建立统一命名空间。在成功挂载底层存储后，Alluxio 命名空间也随之产生，4.3.2 节将详细介绍 Alluxio 命名空间中文件的生命周期。

Alluxio 的核心设计关键之一即为 Alluxio 命名空间中路径和底层存储保持一致和同步。用户可以便捷地建立 Alluxio 路径和底层存储路径之间的对应关系，底层存储路径的更新会被 Alluxio 读取，对 Alluxio 路径的更新也会应用到底层存储中。虽然 Alluxio 作为中间层管理着底层存储，对用户隐藏了一部分底层细节，但是 Alluxio 保留了通过挂载点和 Alluxio 路径找到对应底层存储文件的途径，并且维护着 Alluxio 和底层存储之间的一致，保留了一定的透明度。

因此，Alluxio 是一个可插拔的中间层，在已有的架构上加入 Alluxio 时，用户通过挂载操作将底层存储交给 Alluxio 管理，Alluxio 会从底层存储中同步元数据。在已有的架构中移除 Alluxio 时，因为 Alluxio 会将操作传递到底层存储中，所以移除 Alluxio 并不会造成信息的损失。Alluxio 服务是低耦合、低绑定（low vendor lock-in）的。Alluxio 和底层存储之间的一致性是 Alluxio 的核心设计，也是 Alluxio 服务正确性的保证。4.3.3 节将详细介绍 Alluxio 的一致性模型和原理。

Alluxio 通过元数据同步机制保持和底层存储之间的一致性。4.3.4 节将深入分析 Alluxio 的元数据同步机制、实现原理和优化。

4.3.1　Alluxio 的数据挂载功能

Alluxio 的文件系统树由一个或多个底层存储系统合并组成。将底层存储系统加入 Alluxio 命名空间的操作称为挂载（mount），将底层文件系统以 Alluxio 命名空间中移除的操作称为卸载（unmount）。Alluxio 的 mount/unmount 命令和 Linux 类似。Linux 的 mount 命令将一个存储设备（如 HDD、SSD 等）挂载到系统的本地文件系统目录树中。而在 Alluxio 分布式文件系统中，mount 命令将一个存储系统挂载到 Alluxio 文件系统树中。可挂载到 Alluxio 的存储系统是多种多样的，在挂载到 Alluxio 分布式文件系统后，由 Alluxio 进行统一的管理和编排，互相之间不会受影响。上层的应用访问 Alluxio 向上提供的虚拟文件系统视图时，不需要了解底层的存储细节。这就像 Linux 的文件系统屏蔽了底层存储设备的细节一样，上层的用户软件通过本地路径访问文件，而文件内容实际来自底层设备（如硬盘）。

如图 4-1 所示，我们将一个 HDFS 集群和一个 S3 bucket 同时挂载到 Alluxio 文件系统上，合并形成了 Alluxio 文件系统树。S3 被挂载到 alluxio://Data/ 目录上，所有对 alluxio://Data/ 目录的读写都会映射到相应的 S3 路径。而 HDFS 对应根目录下除 Data/ 的所有路径，比如对 alluxio://User/ 的读写就会被映射到 hdfs://host:port/User/ 下。用户通过 Alluxio 路径来访问文件，而无须了解文件的实际来源。

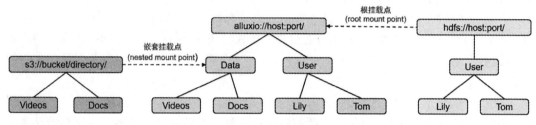

图 4-1　Alluxio 文件系统树和挂载点

在这样的使用方式下，上层计算应用逻辑和底层数据存储细节实现了解耦。计算端的使用者无须再了解底层存储的配置、位置等具体信息，避免了由存储细节变动而带来的适配问题。比如在生产场景中，我们常常见到 HDFS 版本升级或者配置变动给计算端用户带来诸如升级的计算侧 Hadoop 客户端版本与现有配置不兼容等各种运维的烦恼。如果使用 Alluxio，底层 HDFS 的版本升级可以由 Alluxio 的运维团队处理，而计算用户无须改变计算端的 Hadoop 客户端版本、配置、存储路径，甚至底层存储系统的变化（比如由 HDFS 改为对象存储）都可以无须感知。

被挂载到 Alluxio 上的存储系统被称为底层文件存储（Under File System），也被称为 UFS。Alluxio 定义了一个 UnderFileSystem 接口，并为每种不同的底层存储系统提供了连接器的实现。根据在文件系统树上的位置，挂载点分为两种：根挂载点和嵌套挂载点。

根挂载点 (root mount point，也称为根目录挂载点)

根挂载点即 Alluxio 的根节点，需要在 Alluxio 启动的时候就准备好，否则 Alluxio 的文件系统树没有根节点，无法启动。根挂载点在配置文件中定义，在启动时即挂载。

根挂载点即图 4-1 中右侧的 HDFS 存储系统，对应的 HDFS 目录映射到 Alluxio 文件系统树的根节点，于是 hdfs://host:port/User/ 被映射到了 alluxio://host:port/User/，以此类推。在图 4-1 所示的例子中，HDFS 存储的根目录被挂载到 Alluxio 上，但是被挂载的底层存储路径并不一定需要是根目录。比如，我们也可以选择将 hdfs://host:port/alluxio/ 映射到 Alluxio 的根目录。

嵌套挂载点 (nested mount point，也称为子目录挂载点)

嵌套挂载点在根节点的下面，是可以灵活更改的。换句话说，我们在 Alluxio 启动之后通过 mount/unmount 命令可以挂载或者卸载这些嵌套挂载点。

4.3.2　Alluxio 的文件生命周期

Alluxio 命名空间中文件的生命周期由创建开始，在被删除时结束。在这个周期内，文件受到 Alluxio 文件和数据块管理机制的影响，对应地会产生或删除数据块副本。当底层存储中的对应文件变化时，这些变化也会随着 Alluxio 同步机制而传递到 Alluxio 命名空间。本节将对文件生命周期内的每一个部分进行详细介绍。

1. 创建文件

Alluxio 命名空间中的文件有以下两种产生方式。

❑ 用户通过 Alluxio 初次读一个文件，Alluxio 通过元数据同步机制从底层存储中加载该文件，在 Alluxio 命名空间中创建该文件对应的 inode。这称为冷读场景。读场景的文件生成流程见 4.3.3 节。

❑ 用户将文件写入 Alluxio，根据需要 Alluxio 会将这个文件写入缓存和（或）底层存储。写场景的文件生成流程见 4.3.3 节。

即使此后文件没有数据块存在于 Alluxio 缓存中，文件元数据也会存在于 Alluxio 命名空间中。文件离开 Alluxio 命名空间的方式有以下两种。

❑ 用户或应用通过 Alluxio 文件系统接口删除该文件。

❑ 文件从底层存储中被移除，Alluxio 在之后通过元数据同步发现文件在底层存储中已经不存在，于是从自己的命名空间中移除该文件。

2. 文件和缓存的管理

值得注意的是，某个文件的数据块被从 Alluxio Worker 中驱逐并不代表该文件从 Alluxio 命名空间中被删除。在 Alluxio 文件系统中，文件元数据和缓存数据块分开管理、互不干扰。一个数据块在 Alluxio 中可以存在 $0 \sim N$ 个副本，N 为集群中 Alluxio Worker 的数量，同一个 Worker 上不会同时存在一个数据块的两个副本。换言之，即使一个文件在 Alluxio Worker 上不存在数据块副本，该文件的元数据也存在于 Alluxio 命名空间中，用户可以通过 Alluxio 看到该文件的信息并对其进行操作。在读取该文件时，数据块缓存会根据需要加载进 Alluxio Worker。

对于 Alluxio 命名空间中的文件，Alluxio 提供了一系列的管理功能，如文件的副本控制和生命周期（TTL）等，根据这些管理功能的控制，文件的数据块可能被复制或删除。类似地，在 Alluxio 系统运行的过程中，文件在 Alluxio Worker 上的缓存数据块也会由于受到 Worker 的缓存管理而被加载和驱逐。文件的数据块管理逻辑将在 5.3 节详细介绍。

如果底层存储中的文件发生了变动，Alluxio 也会通过元数据同步机制将底层存储的变动同步到 Alluxio 命名空间，4.3.3 和 4.3.4 节将对这部分进行详细介绍。

3. 删除文件

在文件被删除时，该文件在 Alluxio 文件系统中的生命周期将结束。由于底层存储和缓存的存在，从 Alluxio 命名空间中删除一个文件的流程并不是那么简单。下面结合流程（如图 4-2 所示）深入分析从 Alluxio 文件系统中删除文件的执行原理。

1）应用通过 Alluxio 文件系统接口调用删除文件操作，Alluxio 客户端将 deleteFile 请求发送给 Alluxio Master。

2）Alluxio Master 在元数据中删除对应的文件，该文件在 Alluxio 命名空间中被移除。如果文件需要在底层存储中同时删除，则 Alluxio Master 通知底层存储删除对应的文件。

3）Alluxio Master 在删除文件时会记录下对应的 BlockID。Alluxio Master 并不会马上通知 Alluxio Worker 删除对应的数据块，而是将这些数据块记录下来。在下一次与 Worker 进行心跳消息通信时，Master 会通知 Worker 这些数据块应当被删除。

4）Alluxio Worker 在从心跳中接收到信息后，将对应的数据块删除。删除操作同样是异步的，不影响 Alluxio Worker 的正常工作和发送心跳。在每一个数据块被删除后，Alluxio Worker 同样记录下这一信息，并等待之后的心跳再发送给 Alluxio Master。

5）在之后的心跳中，Worker 会向 Master 确认数据块已被删除。

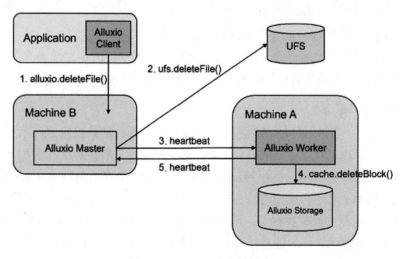

图 4-2　Alluxio 删除文件流程

4.3.3　Alluxio 的一致性模型

本节介绍 Alluxio 的一致性模型。在讨论 Alluxio 文件系统的"一致性"时，我们需要区分这个词在两种不同场景下的含义。

❑ 作为分布式文件系统，Alluxio 分布式文件系统内多个 Master 状态的一致性。对于用户来说，是指 Alluxio Master 重启或高可用下 Primary Master 切换前后，用户所见的文件系统状态保持一致。

❑ 作为底层存储的缓存，Alluxio 命名空间和底层存储命名空间之间的一致性。对于用户来说，是指所见的 Alluxio 文件和对应的底层存储文件状态保持一致。

作为一个分布式文件系统，Alluxio 对上层应用提供强一致性保障。Alluxio 支持文件级别的并发操作，对文件的并发操作由文件的读写锁进行并发控制，在发生后即可见。Alluxio 的分布式一致性模型将在 4.4 节和高可用模式一起进行深入讨论。

作为底层存储的上层抽象和缓存，Alluxio 同样面临和底层存储之间的一致性问题。在本节接下来的内容中，我们着重讨论这种一致性问题。Alluxio 命名空间和底层存储中的文件主要有两种流向：

❑ 在读流程中，Alluxio 应上层应用的读请求，Alluxio 从底层存储中加载。

❑ 在写流程中，上层应用在 Alluxio 中创建，通过 Alluxio 写入底层存储。

下面分别讨论写流程和读流程中 Alluxio 与底层存储的文件一致性，其中文件一致性可进一步分为元数据一致性和数据的一致性。

1. Alluxio 的写流程和不同写模式下的一致性保证

Alluxio 的写文件流程按照逻辑分为 Alluxio 客户端写入 Alluxio 以及 Alluxio 写入底层存储两部分，每一个部分都可以抽象为以下三个步骤：

1）创建文件（createFile）。

2）写入数据。

3）提交文件（commitFile）。

基于以上抽象，我们可以把 Alluxio 客户端将文件写入 Alluxio 的流程按照这三个步骤进行分解：

1）Alluxio 客户端向 Alluxio Master 发送 createFile 请求创建文件，创建对应的元数据。

2）Alluxio 客户端向 Alluxio Worker 写文件数据块 Block。

3）Alluxio 客户端向 Alluxio Master 发送 commitFile 请求提交文件，在数据块和文件之间建立关系。

实际上，并非所有底层存储的接口都有创建文件、写入文件、提交文件这三步，以上抽象只是为了便于理解。类似地，不同底层存储的一致性保证也有强有弱，这里不考虑由于底层存储弱一致性导致 Alluxio 和底层存储不一致的情况，假设底层存储提供强一致性保证。Alluxio 为了满足不同的需求，提供了四种不同的写数据策略，下面逐个分析每种写策略的流程以及一致性保证。

MUST_CACHE 模式

在 MUST_CACHE 写模式下（图 4-3），Alluxio 客户端的写请求只将数据写入 Alluxio 缓存，不写入底层存储。

1）Alluxio 客户端首先向 Alluxio Master 发出 createFile 请求，创建一个空文件作为占位。

2）Alluxio 客户端找到一个 Alluxio Worker 开始写数据，这些数据被分割成一个一个的 Alluxio 数据块保存在 Alluxio Worker 上。

3）Alluxio 客户端向 Alluxio Master 发出 commitFile 请求，更新 Alluxio Master 端的元数据。这时文件元数据有了该文件的长度和对应的数据块位置。

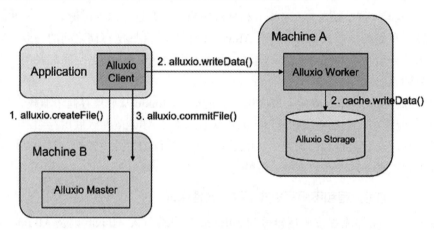

图 4-3　MUST_CACHE 模式写文件流程

可以看到，Alluxio 不会向底层存储写该文件，底层存储中不会存在该文件。因此 Alluxio 和底层存储之间的元数据和数据都不一致。我们推荐使用 MUST_CACHE 方式来存储丢失也没有关系的临时数据。

THROUGH 模式

在 THROUGH 模式下（图 4-4），用户通过 Alluxio 写 UFS，但是不留下缓存。这种模式经常用来写那些不会再被通过 Alluxio 读取的数据。

1）Alluxio 客户端向 Alluxio Master 发出 createFile 请求。

2）Alluxio 客户端找到一个 Alluxio Worker 并且写数据，由 Alluxio Worker 负责在底层存储中创建对应的文件，然后通过一个数据流写入该文件。之后 Alluxio Worker 向底层存储提交该文件，并关闭该数据流。

3）Alluxio 客户端向 Alluxio Master 发出 commitFile 请求，更新 Alluxio Master 端的元数据。

因为 Alluxio 是在底层存储写完之后更新的，Alluxio 和底层存储的元数据一致，没有数据缓存，所以不存在数据一致性问题。

CACHE_THROUGH 模式

在 CACHE_THROUGH 模式下（图 4-5），Alluxio 客户端通过 Alluxio 同时写底层存储和缓存，这种模式可以理解为 MUST_CACHE 和 THROUGH 模式的合并。

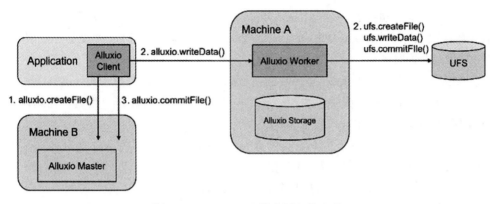

图 4-4　THROUGH 模式写文件流程

1）Alluxio 客户端向 Alluxio Master 发出 createFile 请求。

2）Alluxio 客户端找到一个 Alluxio Worker 并写数据，由 Alluxio Worker 负责在底层存储中写入对应的文件。在这一步，Alluxio 客户端通过 Alluxio Worker 同时写缓存和底层存储。两个写入操作都成功之后，Alluxio Worker 写入记为成功。

3）Alluxio 客户端向 Alluxio Master 发出 commitFile 请求，更新的 Alluxio Master 端的元数据。之后 Alluxio 客户端向上层应用返回成功。

因为 Alluxio 在 UFS 之后更新，在 Alluxio 客户端向上层应用返回成功时，Alluxio 和底层存储的元数据和数据都一致。

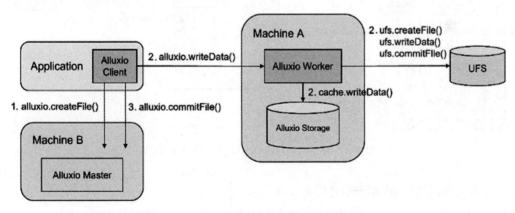

图 4-5　CACHE_THROUGH 模式写文件流程

ASYNC_THROUGH 模式

ASYNC_THROUGH 模式和 CACHE_THROUGH 模式的区别是，ASYNC_THROUGH 模式下底层存储写入变成异步，发生在 Alluxio 写操作完成（向 Alluxio 客户端返回）之后。

1）Alluxio 客户端首先向 Alluxio Master 发出 createFile 请求，创建一个空文件作为占位。

2）Alluxio 客户端找到一个 Alluxio Worker 开始写数据，这些数据被分割成一个个 Alluxio 数据块保存在 Alluxio Worker 上。注意，此时 Alluxio Worker 并没有在底层存储中创建文件或写入数据。

3）Alluxio 客户端向 Alluxio Master 发出 commitFile 请求，更新 Alluxio Master 端的元数据。在向 Alluxio Master 提交文件后，Alluxio 客户端直接向计算应用返回写请求成功，计算应用不等待数据持久化进入底层存储。

4）此后，Alluxio Master 异步地安排 Alluxio Worker 将数据持久化地写入底层存储。Alluxio Master 会记录这些需要异步持久化的文件，将它们提交给 Job Service 进行持久化并持续跟踪持久化作业的状态。文件的持久化状态记录在 inode 元信息中并写入 Journal 日志，保证持久化作业不会因为 Alluxio Master 重启或切换而丢失。

在 ASYNC_THROUGH 模式（图 4-6）下，Alluxio 的数据状态领先于底层存储，在持久化之后 Alluxio 和底层存储元数据会达成一致，数据也达成一致。如果持久化由于一些原因失败，比如在底层存储中突然有其他用户创建了一个同名文件，或者因为 Alluxio 或 UFS 的系统发生了一些错误导致持久化无法成功，那么 Alluxio 和底层存储会无法保持一致。这里就需要用户通过手工介入来解决冲突。

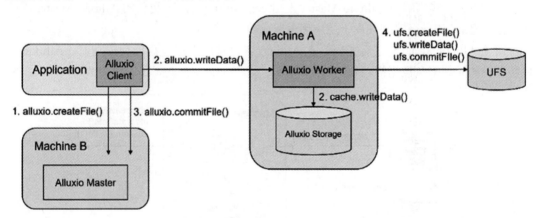

图 4-6　ASYNC_THROUGH 模式写文件流程

2. Alluxio 的读流程和一致性保证

上层应用通过 Alluxio 读数据的过程可以粗略地分为两种：冷读和热读。

冷读（缓存未命中）时的读流程

冷读的流程如图 4-7 所示，Alluxio 客户端向 Alluxio 请求某个文件的元数据，该文件在 Alluxio 中不存在，所以 Alluxio Master 向底层存储读取该文件的元数据。这也就是所谓的元数据同步过程，在该过程中，Alluxio 读取底层存储中的文件元数据并在 Alluxio 命名空间中创建对应的文件（inode）。之后，Alluxio 客户端从 Alluxio Worker 读数据，Alluxio Worker 端没有缓存，所以从底层存储加载数据。在此过程中，Alluxio 和底层存储的元数据和数据都达成了一致。

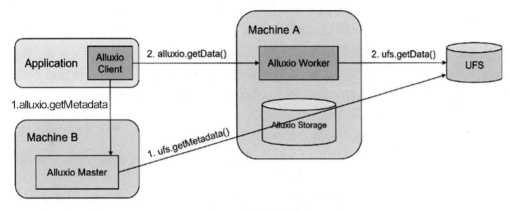

图 4-7　文件冷读流程

热读（缓存命中）时的读流程

　　热读的流程如图 4-8 所示，Alluxio Master 有对应文件的元数据，Alluxio Worker 有对应文件的缓存，因此 Alluxio 客户端的元数据和数据读取都命中了缓存。这时存在的一个问题是，缓存命中时如何保证缓存的时效性？换句话说，缓存中的视图如何保证和底层存储中的一致性？ Alluxio 缓存和底层存储的一致性是由 Alluxio 的元数据 / 数据同步机制来保证的，通过此机制，Alluxio 按照一定的规则和底层存储进行同步操作，确保 Alluxio 缓存和底层存储中的内容保持一致。

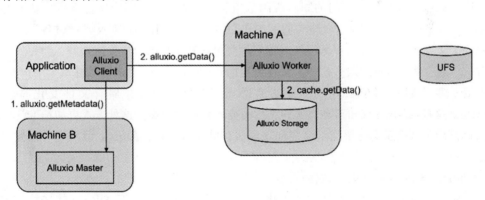

图 4-8　文件热读流程

4.3.4　Alluxio 与底层存储的元数据 / 数据同步

　　在上层应用通过 Alluxio 写数据和读数据的过程中，Alluxio 和底层存储的一致性至关重要。如果底层存储中表格文件已经更新但那么计算任务在 Alluxio 命名空间中看到的还是过时的数据，那么计算任务会得到错误的结果。

Alluxio 需要时刻关注本身和底层存储之间的一致性是否有保障。在写数据时，Alluxio 同样需要确认这个文件在底层存储中是否存在，如果存在的话，Alluxio 应该放弃写操作而非覆盖底层存储中的文件。而在读数据时，Alluxio 需要考虑缓存和底层存储是否还保持一致，以保证 Alluxio 文件系统中缓存的时效性。Alluxio 通过与底层存储的元数据 / 数据同步保证一致性，本节会着重介绍 Alluxio 的同步机制、原理和优化。为了方便理解，我们分开考虑元数据和数据的一致性，首先分析 Alluxio 和底层存储的元数据一致性，然后分析 Alluxio 和底层存储的数据一致性。

Alluxio 与 UFS 的元数据一致性

Alluxio 主要通过两种方式来保证 Alluxio 和底层存储之间的元数据一致性。这两种方式各有优劣。

第一种方式是基于时间的假设。我们假设底层存储中的文件在一段时间内是不变的，在每次文件元信息请求的时候检查 Alluxio 元数据是否足够新，如果不够新则触发一次 Alluxio 和底层存储的元数据同步操作。这个判断有两个必要条件：

❑ 有一个请求。

❑ Alluxio 的元数据不够新。

换言之，这种元数据同步机制是惰性的。这种惰性设计的出发点就是 UFS 操作一般情况下是一个昂贵的操作，为了性能应该尽量避免。如果 Alluxio 所知的文件元数据足够新，那么我们假设 Alluxio 和底层存储元数据一致。反之，如果 Alluxio 的元数据不够新，那么 Alluxio 就会向底层存储再次读取这个文件的元数据，如果有变化则更新 Alluxio 的视图。

简单来说，这种基于时间的同步机制基于假设，而且对于每个文件来说，新旧的定义都不一样，所以 Alluxio 把定义新和旧的工作交给了用户，让用户对文件通过各种方式来配置每一个文件的元数据经过多久过期。这样用户可以基于自己对数据的理解，对每一个文件设置一个最合适的过期期限。这种算法是启发性的（heuristic），它的有效性基于用户的输入。

第二种方式是基于来自底层存储的通知。当每次底层存储有文件变化时就通知 Alluxio，这样 Alluxio 就知道到底哪些文件需要元数据的同步。这种方式更加精准，Alluxio 每次进行同步都确定会有更新。反之如果底层存储没有通知，Alluxio 就知道一致性仍然有保障。

Alluxio 与 UFS 的数据一致性

Alluxio 与 UFS 数据一致性的理想状态，简而言之就是，如果 Alluxio 的文件元数据和底层存储一致，那么数据一致。这是因为如果底层存储的文件内容有改变，那么底层存储对应的文件元数据中的文件长度和哈希值（一般来说，每种存储系统都会提供一种无须全扫描文件内容就可以检查文件内容是否变化的接口）是会有变化的，Alluxio 通过观察底层存储对应文件的元数据，可以发现文件内容是否有变化。

如果 Alluxio 发现元数据和底层存储不一致，并且从元数据可以看出底层存储的文件内容有变化，那么 Alluxio 更新元数据的同时会抛弃已经有的数据缓存。换句话说，Alluxio

无法根据文件的长度和哈希值得知文件哪部分缓存还可以继续用，所以只能全部抛弃，并在下次读取数据时再去加载新的缓存。而如果 Alluxio 发现元数据和底层存储不一致，但是文件内容没有变，比如文件只有权限被更新而长度和哈希值都没有变化，那么 Alluxio 只需要对应更新自己的元数据，数据缓存可以被保留。总而言之，Alluxio 和底层存储的数据一致性完全依赖于元数据的一致性。

1. 基于时间戳的同步

Alluxio 是否和底层存储同步由 alluxio.user.file.metadata.sync.interval 配置项决定，我们通过比较元数据上次同步的时间戳和 alluxio.user.file.metadata.sync.interval 来决定是继续相信 Alluxio 缓存中的文件元数据，还是选择触发一次元数据同步。用户可以对 alluxio.user.file.metadata.sync.interval 进行配置来控制元数据同步的行为。

❑ alluxio.user.file.metadata.sync.interval = -1 代表在初始加载后将永远不会与底层存储重新同步，这也是默认值。

❑ alluxio.user.file.metadata.sync.interval = 0 代表每次访问元数据，Alluxio 都将与底层存储重新同步。

❑ alluxio.user.file.metadata.sync.interval > 0 使 Alluxio 在该时间间隔内不重新同步路径，比如设置 alluxio.user.file.metadata.sync.interval = 1h 将会使 Alluxio 在 1 小时内不能两次对文件进行元数据同步。

alluxio.user.file.metadata.sync.interval 不同的配置方式会带来不同的性能取舍，图 4-9 是一个不同元数据同步频率配置下 RPC 延迟的比较。横轴是时间轴，纵轴是每次 RPC 花费的时间。

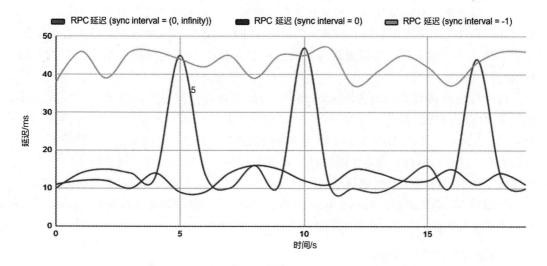

图 4-9　不同元数据同步频率下 RPC 延迟的比较

注：本图请参见 Alluxio 文档：https://docs.alluxio.io/os/user/2.8.0/en/core-services/Unified-Namespace.html#ufs-metadata-sync。

当 alluxio.user.file.metadata.sync.interval 配置为 0 时，会强制 Alluxio 每一次文件请求都向 UFS 进行元数据同步。因此 RPC 延迟高，对应图中最高的线。当 alluxio.user.file.metadata.sync.interval 配置为 -1 时，Alluxio 不会对已有的文件元数据进行再次的同步操作，所以 RPC 延迟低，对应图中最低的线。

中间心跳型的线是 alluxio.user.file.metadata.sync.interval 被设置成一个正数时的表现，Alluxio 的元数据缓存会在一段时间内有效，之后的请求会触发一次和 UFS 的元数据同步操作。不难看出，触发了元数据同步的请求时间和图中最高的线类似，反之则和图中最低的线类似。通过这种方式，Alluxio 的元数据同步开销被分摊在多次的请求中，使 RPC 请求平均时延降低。因此，将 alluxio.user.file.metadata.sync.interval 配置为一个正数是实际场景中比较常用的配置，用户通过自己对数据的理解，在 Alluxio 读数据时给定一个合理的时间间隔配置，从而在性能和缓存时效性之间取得平衡。

2. 基于 UFS 消息的底层存储元数据同步

Alluxio 在 2.0 版本中引入了一种新的元数据同步机制，元数据同步的触发不再基于时间和底层存储中文件是否更改的猜测，而是 Alluxio 从底层存储中直接获悉有哪些文件发生了更改，之后有目的性地对这些文件刷新元数据。因为在这种同步机制中，Alluxio 主动得知底层存储中文件是否更新，而不是被动地猜测文件是否更新，这种机制被命名为 Active Sync。

Active Sync 功能基于 HDFS 的数据通知机制（inotify 机制），Alluxio 直接从 HDFS NameNode 读取 HDFS 有哪些文件变化，根据需要进行对应文件的元数据同步。因此，Active Sync 功能只对基于 HDFS 的底层存储开启。Alluxio 和 HDFS 之间通过 inotify 机制保持一个信息流，Alluxio 定期心跳从这个信息流里面读取有哪些文件发生了变化，然后根据变化的具体类型决定要不要去 HDFS 更新该文件的元数据。因为 inotify 只会通知该文件发生了什么类型的变化，所以更新的元数据还要 Alluxio 再通过一次元数据同步向 HDFS 获取。

每一种设计都有它的取舍，Active Sync 功能也有适合和不适合的场景。因为 Active Sync 在确定了文件更改之后再做同步，所以省掉了那些 UFS 没有发生变化时的同步操作。但同时，Alluxio 对每个 UFS 更新了的文件都去更新它的状态，这些文件在之后并不一定会再被查看，所以也可能会做多余的操作。而基于时间的元数据同步机制是惰性的，并不会在每次 UFS 文件变化的时候刷新该文件的元数据，只在真正被读取的时候判断是否需要进行元数据同步。总的来说，Active Sync 和基于时间的同步机制两者各有利弊，4.3.5 节会针对几个实际的场景，在这两种机制的选取上做出一些推荐。

3. 元数据同步的实现原理

元数据同步主要有以下三个参与者。

❑ RPC 线程：Alluxio Master 进程中处理这个 RPC 请求的线程。

❑ 同步线程池（sync thread pool）：一组线程，主要用来进行 InodeTree 遍历和更新。

❑ 预取线程池（prefetch thread pool）：一组线程，主要用来和 UFS 通信。

图 4-10 展示了通过一个 ls 命令的执行过程来追踪 Alluxio 和底层存储的元数据同步流程。

1）用户执行 alluxio fs ls -R / 命令来查看 Alluxio 根目录下的文件，Alluxio 根挂载点对应的是 HDFS 上的 hdfs://alluxio/ 路径。这个请求被提交到 Alluxio Master，分配给一个 RPC 线程进行处理。

2）这个例子假设系统使用基于时间戳的元数据同步方式。RPC 线程根据 Alluxio 根目录对应的 alluxio.user.file.metadata.sync.interval 判断根目录的元数据是否过期，假设在这个例子中根目录元数据已过期，触发对根目录递归的元数据同步。

3）在决定需要进行元数据同步之后，RPC 线程向底层存储读取这个文件的信息。如果信息有更新，则 RPC 线程对应地更新 / 创建 / 删除 Alluxio 的 inode 元信息。此时 RPC 线程先发起一个 UFS 请求，读取 hdfs://alluxio/ 的 HDFS 元数据。之后 RPC 线程比较当前 Alluxio 缓存中根目录的元数据和读取到的 HDFS 元数据，如果有变化，则更新 InodeTree 中的根节点 inode。

4）因为这个同步操作是递归的，所以 RPC 线程在处理完根节点之后，将根节点下的子路径 /Data 和 /Users 作为两个同步任务提交到同步线程池。

5）同步线程池维护着一个任务队列，按顺序处理每一个任务。/Data 和 /Users 按顺序被分配到两个线程并行处理。在处理 /Data 的过程中，同步线程需要向 HDFS 读取 hdfs://alluxio/Data 的元信息和子文件列表。此时同步线程不会自己发出 HDFS 请求，而是将任务分配给预取线程池。

6）预取线程去 HDFS 读取 hdfs://alluxio/Data 的元信息和子文件列表，交还给同步线程。

7）同步线程根据 hdfs://alluxio/Data 对应地更新 InodeTree。如果 hdfs://alluxio/Data 下有子文件还不存在于 Alluxio 中，则对应地创建 Alluxio 中的 inode。之后同步线程将 alluxio://Data 下每一个子路径作为一个同步任务，再提交给同步线程池。

8）循环步骤 5~7，按照广度优先搜索算法，在所有同步任务完成后即所有路径同步完毕。

总的来说，同步线程池和预取线程池各有分工，同步线程池处理更新 InodeTree 的逻辑，预取线程池处理底层存储请求。而对这个同步操作的根路径（示例中的 alluxio:// 根节点），RPC 线程自己完成底层存储请求和更新 InodeTree 的操作。

4. 元数据同步的优化

因为元数据同步是 Alluxio 非常核心的功能，所以在很大程度上决定了 Alluxio 的性能和一致性保障，在多个版本的更迭中，Alluxio 对元数据同步功能不断进行优化。上面介绍的元数据同步实现原理也可能在之后的 Alluxio 版本中被优化、重构甚至改写。下面选取几个具有参考价值的元数据同步功能优化进一步分析。

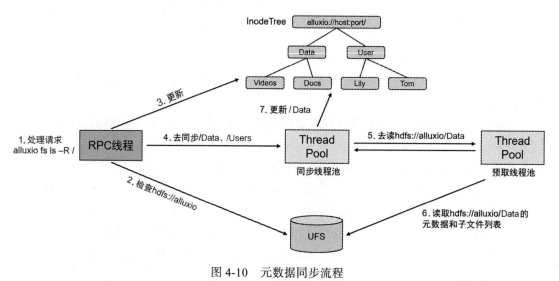

图 4-10　元数据同步流程

基于 UFS 缓存的性能优化

Alluxio 设计的一个核心考虑是对底层存储的操作非常耗时，应该在设计层面尽量避免。因此 Alluxio Master 中对底层存储添加了多个不同侧重的缓存，以达到这个目的。

- ❏ Alluxio Master 缓存了哪些路径不存在，因为要确认路径不存在需要读取 UFS 进行确认。
- ❏ Alluxio Master 缓存了最近的底层存储文件元数据访问的时间戳，并依赖于这个缓存判断 Alluxio 中的元数据是否足够新。
- ❏ Alluxio 为每一个元数据同步操作中线程的交互预留了一个缓存空间。在元数据同步过程中，预取线程将所有读自底层存储的文件元数据放进这个缓存，之后由同步线程读取缓存，并将结果更新进 Alluxio 对应的 inode。如果在同步一个路径时在缓存中找到了该路径的元数据，则避免了底层存储的重复请求。这个缓存空间只用来存放中间结果，在该元数据同步操作结束后释放。

基于算法优化的性能优化

在 Alluxio 2.3 版本前，元数据的同步操作从头到尾都由 RPC 线程来处理（如图 4-11 所示），它是一个基于 DFS（深度优先搜索）的实现。这个路径和下面的路径写锁都会从头到尾被持有，由该线程遍历目标路径下的所有子路径。这就导致同步过程中并发度低。同步一个文件夹的过程中这棵子树从头到尾被写锁控制，其他线程无法对该子树下的任何路径进行读取。

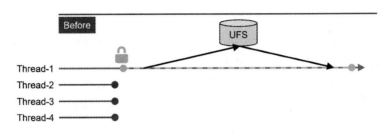

图 4-11　单线程的元数据同步流程

在 Alluxio 2.3 版本中，元数据同步操作算法被重写，从只使用 RPC 线程进行元数据同步，换成了更多利用线程池进行同步，以提高并发度，如图 4-12 所示。遍历子树的算法也从 DFS（深度优先搜索）换成了更加适合并发的 BFS（广度优先搜索）。这个版本中，元数据同步对写锁的需求降低，在大部分时间持有读锁，只在需要的时候把读锁升级为写锁。这个算法优化使并发度得到大幅提高。

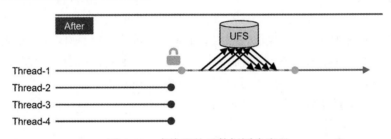

图 4-12　多线程的元数据同步流程

基于并行度的性能优化

通过使用并行度友好的广度优先搜索，以及使用两个线程池来分隔逻辑，元数据同步的可配置性得到了较大提升。用户可以通过控制三个配置参数来调整元数据同步的并行度。详细的调优方式将在第 7 章介绍。

5. 对不同场景的元数据同步配置推荐

对于不同的 Alluxio 使用场景，我们需要根据需求具体分析，是使用基于时间的被动同步机制，还是使用基于 UFS 消息的主动同步机制。在实际环境中，我们常常见到用户将 HDFS 和非 HDFS 的底层存储同时被挂载到 Alluxio 文件系统中，所以不同的 Alluxio 路径通常使用不同的元数据同步机制和配置。

场景 1：文件全部由 Alluxio 写入，之后从 Alluxio 读取

由于所有文件通过 Alluxio 写入，Alluxio 有所有文件的元数据和数据，而且直到每一次更新，因此 Alluxio 无须元数据同步，可以关闭元数据同步来最大限度地提升性能。如果由于某些特殊情况导致 Alluxio 在某些路径上和底层存储不一致，可以通过手动使用 ls 或 loadMetadata 命令恢复同步。

场景 2：大部分操作经过 Alluxio，少量操作绕过 Alluxio 直接更改底层存储

如果底层存储不是 HDFS，那么唯一的选项是使用基于时间的同步机制。我们建议根据具体的文件和场景，尽量使用路径配置来降低元数据同步的频率，最大限度地提升性能。

如果底层存储是 HDFS，那么需要考虑 HDFS 的更新是否频繁以及 NameNode 是否承受比较大的压力。Active Sync 机制基于 Alluxio 定期向 NameNode 读取有哪些文件发生了变化，对每个变化的路径都会触发元数据同步，因此如果 HDFS 变动频繁，会触发大量对 NameNode 的元数据请求。如果预计 NameNode 无法承受这样的压力，建议使用基于时间的同步机制，以及尽量降低元数据同步的频率，在提升 Alluxio 性能的同时降低 NameNode 的压力。

反之，如果预计 NameNode 可以承受 Active Sync 的压力且预计 Active Sync 触发的同步操作会更少，建议使用 Active Sync 进行元数据同步。

场景 3：底层存储操作不经过 Alluxio 且更新频繁

如果底层存储不是 HDFS，那么唯一的选项是使用基于时间的同步机制。我们建议根据具体的文件和场景，尽量使用路径配置来降低元数据同步的频率，最大限度地提升性能。

如果底层存储是 HDFS，建议优先使用基于时间的被动同步。HDFS 更新频繁，因此如果使用 Active Sync 会对 NameNode 造成比较大的压力，使用基于时间的被动同步，配合以较低的同步频率，可以在一定程度上降低对 NameNode 的压力。

如果文件的时效性十分重要，可以使用 Active Sync 让 Alluxio 尽快同步元数据。

4.4 Journal 日志和高可用

4.4.1 Alluxio 的元数据状态和重要性质

Alluxio 文件系统的元数据状态通常是指 Alluxio Master 管理的所有元数据的集合，包含文件元数据、数据块元数据、挂载点元数据和 Worker 元数据等。

持久化是 Alluxio 文件系统应满足的重要设计需求。状态中一部分元数据可以在重启后通过各种机制重新建立，比如 Alluxio Worker 元数据和数据块位置信息，这种类型的元数据无须持久化。另一种无法动态重建的重要元数据就需要通过持久化保证，以防止因为各种难以预见的运行时错误导致状态损坏或丢失重要信息。

另一个必须满足的设计需求是 Alluxio 文件系统的高可用性。在一个分布式的系统中，节点的故障难以避免，在越大规模的集群中越是如此。为了避免 Alluxio Master 的单点故障问题，我们通常需要在集群中同时运行多个 Alluxio Master 节点，这样如果其中一个 Alluxio Master 节点故障，其他 Alluxio Master 节点还可以继续提供 Alluxio 文件系统服务。我们通常把在集群中同时使用多个 Alluxio Master 节点，从而使 Alluxio Master 节点拥有高容错性的使用方式称为高可用（High Availability，HA）模式，因为这种模式可以在部分节点异常的情况下维持服务的可用性。

最后一个重要的设计需求是在高可用下的一致性。在有多个 Alluxio Master 节点时，我们需要保证多个 Alluxio Master 的状态保持一致。对上层应用来说，这意味着就算 Primary Master 发生切换，应用所见的 Alluxio 命名空间和切换前一致，已经成功的操作不会丢失。

Alluxio 提供两种不同的 Journal 模式，这两种模式有不同的 Master 选举和 Journal 日志维护方式，但同样满足持久性、可用性和一致性的需求。

UFS Journal 模式

通过 ZooKeeper 进行 Alluxio Master 选举，通过 Alluxio Master 之间共享的持久化存储，多个 Alluxio Master 共同维护一份日志。其中共享日志存储提供了持久性，ZooKeeper 选举出的 Primary Master 提供了可用性，Alluxio 实现的 Journal 日志读写机制保证了一致性。UFS Journal 模式将在 4.4.4 节详细介绍。

Embedded Journal 模式

通过 Raft 协议进行 Alluxio Master 的选举；每个 Alluxio Master 在本地的持久化存储上维护自己的日志副本。其中 Alluxio Master 本地日志存储提供了持久性，Raft 协议提供的选举和日志管理保证了可用性和一致性。

1. 状态的持久性

为了保证某个操作即使进程崩溃也可以被记录 / 恢复，我们在实际做操作之前要将这个操作记录下来。保存该操作记录的日志在 Alluxio 中称为 Journal 日志。Alluxio Master 在向 Alluxio 客户端返回成功之前，需要成功地写 Journal 日志和更改状态。Journal 日志需要写在有持久化保障的存储中，以保证在进程崩溃退出之后其内容不会丢失，在下一次启动时仍然可以从持久化存储中读取回来。Alluxio 系统的 Journal 日志和 HDFS 的 Edit Log，以及传统数据库的预写日志（Write Ahead Log，WAL）是类似的。

Alluxio 中的每一个元数据更改操作都对应一条 Journal 日志。每一条 Journal 日志都被分配一个自增的 ID，按顺序写入 Journal 日志文件。因此，Journal 文件中每一个条目的 Journal ID 都是有序的，Journal 日志文件也是严格有序的。Alluxio 也按照同样的顺序将操作应用到自己的元数据状态。在 Alluxio Master 进程启动时会回放所有的 Journal 日志，从而将所有的元信息操作读回自己的状态中。回放日志时的顺序还原了当时操作应用到状态的顺序，因此日志回放可以成功地按顺序还原状态，即 Alluxio 文件系统中的元数据状态。在一个高可用集群中，如果当前 Primary Master 进行切换，新上任的 Primary Master 也会首先回放 Journal 日志，确保自己追上了之前 Primary Master 的状态。

2. 状态的高可用性

在高可用的使用场景下，我们需要进一步保证多个 Alluxio Master 节点的状态始终保持一致，这也是 4.3.3 节提到的分布式一致性。Alluxio 在高可用模式下使用 Master 选举的方式，在多个 Alluxio Master 中保持始终只有一个 Primary Master 可以对状态进行更改，而其他的 Standby Master 接收来自 Primary Master 的更新。

在高可用模式下，一个 Alluxio 集群中有多个 Alluxio Master 节点，这些 Alluxio Master 运行在不同的物理节点上，以避免一个物理节点的问题使整个集群失去 Alluxio Master。在多个 Alluxio Master 中，其中一个被选举为 Primary Master，它负责为集群提供所有服务。而其他 Master 作为 Standby Master，不提供服务，只和 Primary Master 保持元数据状态的同步，在 Primary Master 宕机时，做好接替其相关工作的准备。

假如当前集群的 Primary Master 出现了问题以致无法继续提供服务，那么一个 Standby Master 就会被选举为新的 Primary Master，继续为集群提供服务。在这个切换的过程中，新上任的 Primary Master 会需要一些时间进行状态的切换并确保自己和前一个 Primary Master 的元数据状态完全同步，在这个过程中集群服务会有短暂的不可用，在进行中的操作也可能会失败。只要在新的 Primary Master 成功上任后重试操作就可以解决这个问题。

在其他系统中，多个 Master 同时存在的高可用模式有不同的实现方式和取舍。在一些系统中，所有的 Master 节点都可以对外提供服务（在 Standby Master 上服务可能有延迟或者看到过期的元数据）。在另外一些系统中，多个 Master 节点中只有一个 Primary Master 可以对外提供服务。目前的 Alluxio 属于后者，但是在不久的将来，为了增加 Master 的吞吐量，Alluxio 会让 Standby Master 也提供一定的服务，来减轻 Primary Master 上的负载。

3. 状态的一致性

在高可用模式下，虽然有多个 Alluxio Master 节点同时存在，但是这些 Alluxio Master 的状态对文件系统是始终保持一致的。换句话说，所有 Alluxio Master 看到的都是同样的文件系统视图，每个文件的元数据在不同 Alluxio Master 的状态中一致。如果说一个文件进行了元数据的更新，那么在所有 Alluxio Master 的状态中该文件会进行同样的更新。

Alluxio 通过将所有读写请求都限制在 Primary Master 上，来保证操作的强一致性。所有的读写操作都由这个 Primary Master 处理，同时该 Primary Master 通过文件读写锁等并发控制方式保证所有操作根据被处理的顺序线性地发生。这就保证了只要 Primary Master 不发生切换，且用户的写操作成功了，就一定对所有 Alluxio 客户端马上可见。如果有其他的读操作和这个写操作并发（同时发生），那么根据实际上处理的先后顺序，这个读操作要么读到旧版本，要么读到新版本。因为其他的 Standby Master 是不处理读请求的，所以用户不可能从 Standby Master 上读到过时的元数据。

与很多实现了多版本并发控制的系统（如 MySQL）不同，Alluxio 只维护一个版本的元数据，也不提供事务（transaction）。这唯一版本的元数据由 Primary Master 管理和更新，由 Journal 日志提供持久化保障。Standby Master 会和 Primary Master 保持一致（在 UFS Journal 和 Embedded Journal 模式下有不同的机制），在某一个时间点，Standby Master 上的元数据可能会落后于 Primary Master，但是最终 Standby Master 会追上进度，保持自己也有最新的元数据。在由 Standby 切换为 Primary 后，这个 Master 会首先保证自己的元数据和

Journal 日志一致，只有回放完最新的 Journal 日志之后，这个 Master 才会开始对外提供服务。通过这样的方式，Alluxio 保证服务的强一致性，成功的操作不会丢失，所有 Master 服务的视图保持一致。

4.4.2　Alluxio 的 Journal 日志内容

Alluxio 的 Journal 日志记录了所有的 Alluxio 文件系统的元数据变更操作。只有对元数据的改动会记录在 Journal 日志中，而只读请求是不会写日志的。被 Journal 日志持久化的操作在服务重启或 Primary 切换后无须再次进行。而不被 Journal 日志保护的操作在重启后会丢失，需要重新操作，比如通过 logLevel 命令更改进程的 Log 日志等级。

Alluxio 使用 Protobuf 的格式定义自己的元数据。Protobuf 是 Protocol Buffer 的缩写，是谷歌开发并开源的一种跨编程语言、跨平台、可拓展的序列化格式。Alluxio 系统中很多元数据直接用 Protobuf 格式定义（直接使用 Protobuf 兼容的 Java 对象），Alluxio 使用的 RPC 协议是谷歌开源的 gRPC，可以直接序列化 / 反序列化 Protobuf 格式的数据，可以避免在 RPC 时将对象转换至 Protobuf 格式的额外开销。

Alluxio 为 Journal 日志定义了名为 JournalEntry 的 Protobuf 对象。一个 JournalEntry 对象可以是一个操作（比如 DeleteFileEntry），也可以是一个元数据对象（比如 InodeFileEntry）。其中 Journal 日志记录的是所有的操作对象，元数据对象被用于元数据备份功能，相关内容将在 4.5 节详细介绍。

```
message JournalEntry {
  // shared fields.
  optional int64 sequence_number = 1;
  optional JournalOpPId operationId = 52;
  // action fields.
  optional DeleteFileEntry delete_file = 6;
  optional InodeDirectoryEntry inode_directory = 9;
  optional InodeDirectoryIdGeneratorEntry inode_directory_id_generator = 10;
  optional InodeFileEntry inode_file = 11;
...
  optional SetAttributeEntry set_attribute = 27;
  optional UpdateInodeEntry update_inode = 35;
  optional UpdateInodeDirectoryEntry update_inode_directory = 36;
  optional UpdateInodeFileEntry update_inode_file = 37;
...
}
```

对以下元数据的更改会被 Journal 日志保护。

文件（inode）元数据操作

Alluxio Master 将对 InodeTree 的每一个操作都记录在 Journal 日志中，以此保证所有文件操作的持久性。对 inode 本身的操作和管理操作都会被记录在日志中，如创建文件、删除文件、改变文件的数据块副本数、为文件添加 TTL 等。

数据块（block）元数据操作

如 4.2.1 节所述，BlockStore 可以粗略地被看作两个 KV 存储：

❑ \<BlockID, BlockMetadata>

❑ \<BlockID, List\<BlockLocation>>

其中 \<BlockID, BlockMetadata> 受 Journal 日志的保护，数据块的每个创建或删除操作都被记录在 Journal 日志中。相反，\<BlockID, List\<BlockLocation>> 是由集群中的 Alluxio Worker 及每个 Alluxio Worker 上的数据块存储动态决定的，在 Alluxio Worker 注册时添加，在 Alluxio Worker 丢失时删除。因此这部分内容无须 Journal 日志的保护，不会被包含在 Journal 日志中。Alluxio Master 会在启动后，通过接收集群中 Alluxio Worker 的注册信息重新生成这部分的信息。

挂载点操作

挂载操作（添加、删除和信息更新）是受 Journal 日志保护的。在重启后或高可用状态下 Primary Master 切换后，用户无须重复进行挂载操作。

路径配置操作

Alluxio 提供 pathConf 命令，支持为命名空间中的路径添加默认配置。换言之，Alluxio 支持不同路径使用不同的默认配置。对这些路径配置的操作（添加、删除、更改）都是受 Journal 日志保护的。

4.4.3　Journal 日志的 Checkpoint 操作

Alluxio Master 在启动时会回放所有的 Journal 日志内容。在有大量 Journal 日志的情况下，Alluxio Master 的回放需要读取大量的文件并对状态进行大量的操作，这无疑需要大量的时间，这些 Journal 日志文件也会占用大量的磁盘空间。同时，许多操作实际上是可以压缩的，比如对一个文件的某个属性进行了两次更改，那么第二次更改实际上覆盖了第一更改，又比如一个文件已经被删除了，那么该文件的创建操作也无须在历史中保留。基于 Journal 日志可以被压缩的特性，Checkpoint 功能产生了。Checkpoint 所做的事情就是读多个 Journal 日志文件并且将它们压缩，最终只有必要的 Journal 日志部分被保留下来，从而用更少的空间来存储同等的信息。

值得注意的是，Checkpoint 过程中，Alluxio Master 会处于锁定状态，无法处理请求。因此，Journal 日志的 Checkpoint 和回收操作只在高可用下可以自动进行，由 Standby Master 完成。在只有一个 Alluxio Master 的集群中，这两个操作只能通过手动完成。

4.4.4　基于底层存储的 UFS Journal 模式

1. UFS Journal 设计

Journal 日志存储在一个底层存储路径中，这样的 Journal 日志配置称为 UFS Journal。

通常我们使用 HDFS 作为这个 UFS，因为 HDFS 提供了文件的追加写以及基于多副本的可靠性保障。另一个常用的选项是使用 Alluxio Master 节点的本地存储作为 UFS，即将 Journal 日志写到一个本地的磁盘路径来持久化。UFS Journal 模式中作为 Journal 存储的 UFS 必须支持追加写和 flush 操作。

如果集群开启了高可用（有多个 Alluxio Master 节点），则用来存储 Journal 日志的路径必须对这些 Alluxio Master 节点可见，否则读 / 写不到 Journal 日志的 Alluxio Master 节点上的元数据状态将会和其他 Alluxio Master 不同，从而破坏 Alluxio Master 节点之间的信息一致性。换句话说，如果开启了高可用，那么本地存储将无法用来存储 Journal 日志，因为不是对所有 Alluxio Master 同时可见。一个例外情况是可以使用一个本地路径的网盘来作为 Journal 日志的存储。

值得注意的是，由于 Alluxio 的元数据更改操作都需要写 Journal 日志，因此在 UFS Journal 模式下 UFS 的速度决定了 Alluxio 元数据更改操作的速度，也在很大程度上决定了系统的速度和吞吐量。这一点在 UFS 需要远程网络连接时尤为明显。

由于 Alluxio 会用追加写的方式写 Journal 日志，因此追加写的性能同样影响了 Alluxio 的系统速度。我们不推荐使用对象存储来作为 Journal 日志的存储，因为大部分对象存储的追加写会生成一个新的文件（对象），导致追加写性能低下，不适用于 Journal 日志这种全部是追加写的场景。由于 Journal 日志需要持久化保障，因此不建议使用有丢失风险的存储作为 Journal 日志的存储介质，比如 RamFS 中的文件或 Kubernetes 环境中的 emptyDir 存储。

在多个 Alluxio Master（高可用）的环境中，我们推荐使用 HDFS 作为这个 UFS。在单个 Alluxio Master 的环境中，我们推荐使用本地存储作为 UFS，因为有更好的性能和更少的外部依赖。

2. UFS Journal 文件形式示例

在以下示例中，运行中的 Alluxio 集群使用 UFS Journal 模式，将 Journal 日志写入本地存储路径。在使用 HDFS 作为 UFS Journal 模式下的 Journal 日志存储时，文件夹结构也是一样的。从示例中可以看出，在 journal/ 文件夹下，元数据根据类型被保存在不同文件夹下，如文件和挂载点的元数据被保存在 FileSystemMaster 文件夹下，而数据块元数据被保存在 BlockMaster 文件夹下。

```
$ ls -alR ${ALLUIXIO_HOME}/journal/
journal:
total 20
drwxr-xr-x. 3 alluxio-user alluxio-group 4096 May 21 02:29 BlockMaster
drwxr-xr-x. 3 alluxio-user alluxio-group 4096 May 21 02:29 FileSystemMaster
...

journal/BlockMaster:
total 4
drwxr-xr-t. 3 alluxio-user alluxio-group 4096 May 21 02:29 v1
```

```
journal/BlockMaster/v1:
total 4
-rw-r--r--. 1 alluxio-user alluxio-group    0 May 21 02:29 _format_1653100145792
drwxrwxr-x. 2 alluxio-user alluxio-group 4096 May 21 02:29 logs

journal/BlockMaster/v1/logs:
total 4
-rw-r--r--. 1 alluxio-user alluxio-group 740 May 21 02:32 0x0-0x7fffffffffffffff

journal/FileSystemMaster:
total 4
drwxr-xr-t. 3 alluxio-user alluxio-group 4096 May 21 02:29 v1

journal/FileSystemMaster/v1:
total 4
-rw-r--r--. 1 alluxio-user alluxio-group    0 May 21 02:29 _format_1653100145797
drwxrwxr-x. 2 alluxio-user alluxio-group 4096 May 21 02:35 logs

journal/FileSystemMaster/v1/logs:
total 47240
-rw-r--r--. 1 alluxio-user alluxio-group 10486636 May 21 02:31 0x0-0x151bf
-rw-r--r--. 1 alluxio-user alluxio-group 10487264 May 21 02:31 0x151bf-0x29c18
-rw-r--r--. 1 alluxio-user alluxio-group 10485845 May 21 02:31 0x29c18-0x3e6a2
-rw-r--r--. 1 alluxio-user alluxio-group 10485804 May 21 02:35 0x3e6a2-0x54390
-rw-r--r--. 1 alluxio-user alluxio-group  6410934 May 21 02:35 0x54390-
    0x7fffffffffffffff
...
```

在对应的 logs/ 文件夹下，UFS Journal 日志文件以这个文件包含的 Journal 日志条目 ID 的范围来命名。比如 Journal 日志文件包含从 0x0（十六进制）到 0x1ab 的所有日志条目，那么该文件会被命名为 0x0-0x1ab，其内容就是从 0x0 到 0x1ab 的所有日志条目。

一个正在被写入的日志文件是不知道自己的最后一个日志条目 ID 的，所以一个还未写完的日志文件会以 0x7fffffffffffffff 作为结尾 ID，即 0x1234-0x7fffffffffffffff。每当 Journal 日志文件大小达到 alluxio.master.journal.log.size.bytes.max（默认为 10MB）时，该 Journal 日志文件将会被关闭并标记重命名，文件名中的结尾 ID 将会被替换为真实包含的最后一个 ID，比如 0x1234-0x5678。这时会有一个新的 Journal 日志文件被创建，新的 Journal 日志条目会写入新的日志文件（0x5679-0x7fffffffffffffff）。换句话说，UFS Journal 日志目录下只会有一个名字以 0x7fffffffffffffff 结尾的文件，即当前正在被写入的日志文件。其他日志文件均已经被写完，不会再发生更改。

3. UFS Journal 中的 Checkpoint 和文件回收

在以上示例的基础上，我们对 Journal 日志手动进行一次 Checkpoint 操作，之后再检查 Journal 日志文件。可以看到，在 FileSystemMaster 和 BlockMaster 目录下的 checkpoints/ 文件夹中均有检查点文件生成。检查点文件也对应了 Journal 日志的 ID，比如从 FileSystemMaster

的日志文件中可以看到当前最新的 Journal 日志文件为 0x54390-0x7fffffffffffffff，即最新的 Journal 日志 ID 应该大于 0x54390。检查点文件为 0x0-0x675cb，可以看出最新的 Journal 日志 ID 为 0x0-0x675cb，与我们的预期相符。

```
$ bin/alluxio fsadmin journal checkpoint
Successfully took a checkpoint on master AlluxioHdfs-masters-1

$ ls -alR journal/
journal/:
total 20
drwxr-xr-x. 3 alluxio-user alluxio-group 4096 May 21 02:29 BlockMaster
drwxr-xr-x. 3 alluxio-user alluxio-group 4096 May 21 02:29 FileSystemMaster
...

journal/BlockMaster:
total 4
drwxr-xr-t. 5 alluxio-user alluxio-group 4096 May 21 03:10 v1

journal/BlockMaster/v1:
total 8
-rw-r--r--. 1 alluxio-user alluxio-group    0 May 21 02:29 _format_1653100145792
drwxr-xr-t. 2 alluxio-user alluxio-group 4096 May 21 03:10 checkpoints
drwxrwxr-x. 2 alluxio-user alluxio-group 4096 May 21 02:29 logs

journal/BlockMaster/v1/checkpoints:
total 4
-rw-r--r--. 1 alluxio-user alluxio-group 15 May 21 03:10 0x0-0x54

journal/BlockMaster/v1/logs:
total 4
-rw-r--r--. 1 alluxio-user alluxio-group 740 May 21 02:32 0x0-0x7fffffffffffffff

journal/FileSystemMaster:
total 4
drwxr-xr-t. 5 alluxio-user alluxio-group 4096 May 21 03:10 v1

journal/FileSystemMaster/v1:
total 8
-rw-r--r--. 1 alluxio-user alluxio-group    0 May 21 02:29 _format_1653100145797
drwxr-xr-t. 2 alluxio-user alluxio-group 4096 May 21 03:10 checkpoints
drwxrwxr-x. 2 alluxio-user alluxio-group 4096 May 21 02:35 logs

journal/FileSystemMaster/v1/checkpoints:
total 272
-rw-r--r--. 1 alluxio-user alluxio-group 276849 May 21 03:10 0x0-0x675cb

journal/FileSystemMaster/v1/logs:
total 47240
-rw-r--r--. 1 alluxio-user alluxio-group 10486636 May 21 02:31 0x0-0x151bf
-rw-r--r--. 1 alluxio-user alluxio-group 10487264 May 21 02:31 0x151bf-0x29c18
```

```
-rw-r--r--. 1 alluxio-user alluxio-group 10485845 May 21 02:31 0x29c18-0x3e6a2
-rw-r--r--. 1 alluxio-user alluxio-group 10485804 May 21 02:35 0x3e6a2-0x54390
-rw-r--r--. 1 alluxio-user alluxio-group  6410934 May 21 02:35 0x54390-
    0x7fffffffffffffff
...
```

已经被检查点包含的 Journal 日志文件会在之后被删除并回收，用户可以通过 alluxio. master.journal.gc.period.ms 配置项控制多久进行一次日志文件的回收操作。

4. 基于 UFS Journal 的高可用原理

Standby Master 的日志回放机制

在 UFS Journal 模式下，多个 Master 共享一个 Journal 日志文件。只有 Primary Master 可以写 Journal 日志，而所有 Standby Master 只能读日志并回放日志文件，保持其所见的元数据状态和 Primary Master 中一致。

每个 Standby Master 中都有一个 Journal 日志管理线程 UfsJournalCheckpointThread，该线程定期检查 UFS Journal 日志存储目录中的文件，从中寻找还没有回放过的新的 Journal 日志文件。

在 UFS Journal 日志模式下，每个 Journal 日志条目都有一个 ID，这个 ID 是自增的。换句话说，如果 Standby Master 知道其已经读到日志条目 A（ID=A），而 Journal 日志目录下并没有比日志条目 A 更新的日志文件（包含 ID=A+1），那么 Standby Master 就知道其已经拥有了系统的最新状态。

Standby Master 在回放 UFS Journal 日志文件时，会将 Journal 日志文件按照文件名排序，从头开始按顺序回放每一个 Journal 日志文件，将记录的操作应用到自己的元数据状态上。因为 Journal 日志条目的有序性，回放的过程也会保持有序性，日志回放机制将所有元数据操作在自己的状态上重现，还原了 Alluxio 文件系统元数据的状态。

如果 UFS Journal 日志文件包含 Checkpoint 文件，那么 Standby Master 会先回放 Checkpoint 文件。Checkpoint 文件也遵循类似的命名规则，所以 Standby Master 在回放完 Checkpoint 文件之后，知道自己已经读到的 Journal 日志条目的 ID。如果日志文件中保留着多个 Checkpoint，那么 Standby Master 只会读最新的一个，即包含日志条目范围最大的一个。在回放完 Checkpoint 文件之后，Standby Master 会继续以同样的方式回放 Journal 日志文件，但是此时会跳过已经被 Checkpoint 包含的日志文件。

如果 UfsJournalCheckpointThread 在查看 Journal 日志文件夹之后没有能找到自己还未读过的文件，那么它会经过短暂的睡眠之后再次查看，睡眠的时间由 alluxio.master.journal. tailer.sleep.time.ms 来控制，默认为 1s。每次查看都是一次对 UFS Journal 文件夹的 List 操作，如果想减少此操作的频率，那么可以调大睡眠时间。

Standby Master 在回放 Journal 日志文件时会跳过还未写完的文件，即以 0x7fffffffffffffff 结尾的文件。直到该文件被写完，文件名不再以 0x7fffffffffffffff 结尾之后，Standby Master

才会将这个文件读进来，应用到自己的状态中。换句话说，在多数情况下，Standby Master
和 Primary Master 的元数据状态是有差距的，差距就是还未写完的 Journal 日志文件中的所
有条目。

这个差距并不会带来负面影响，因为如果 Standby Master 被选举为新的 Primary
Master，那么它会做的第一件事就是再次检查 Journal 日志文件夹中的所有文件。现在它不
会再跳过未写完的文件，而是将该文件的内容也回放进自己的状态。之后这个差距将不复
存在，新上任的 Primary Master 也准备好开始为集群提供服务了。

基于 ZooKeeper 的选举机制

在高可用模式下，多个 Alluxio Master 之间使用 ZooKeeper 进行选举。Alluxio Master
使用 Apache Curator 来管理对 ZooKeeper 的访问逻辑。Apache Curator 项目是一个开源的
ZooKeeper Java 客户端，简化了 ZooKeeper 的使用逻辑，并根据不同的 ZooKeeper 使用场
景添加了一些易用的 API。在选举过程中，Alluxio 在 ZooKeeper 上创建 / 更改两个路径：
选举路径（Election Path）和获胜者路径（Leader Path）。

```
# 以下为默认值
alluxio.zookeeper.election.path=/alluxio/election
alluxio.zookeeper.leader.path=/alluxio/leader
```

Alluxio Master 使用 Curator 提供的 LeaderSelector 功能。LeaderSelector 提供的保证
是，多个 LeaderSelector 对领导权进行竞争，有且只有一方会胜出。这个竞争基于先到先
得的模式，最先来的胜出，后来者会排队，在当前的 Leader 放弃领导权后按顺序获得领导
权。Curator 提供的 LeaderSelector 功能本质上是在 ZooKeeper 上对这个选举路径（/alluxio/
election）写一个临时顺序（Ephemeral Sequential）节点，基于 ZooKeeper 的 Ephemeral
Sequential 节点的保证，最先到的请求会成功写下该节点并获得所有权，后来者会在该节
点上排队并订阅该节点的状态变化。当拥有者的 ZooKeeper 会话结束后，这个 Ephemeral
Sequential 节点会被排队的后来者获得。

换言之，一个新的 Alluxio Master 加入集群时，将自身也加入 /alluxio/election 节点的
排队队伍中。在 Alluxio Master 被关闭或 Master 和 ZooKeeper 会话超时时，Alluxio Master
和 ZooKeeper 会话中断，ZooKeeper 也会将这个 Alluxio Master 从排队的队伍中移除。

在 Alluxio Master 当选后，新上任的 Primary Master 会把自己的 hostname 写到获胜
者路径下。如果这个 Master 的主机名为 alluxio-master-0，RPC 端口为 19998，那么就会
在 ZooKeeper 的 /alluxio/leader/alluxio-master-0:19998 路径下创建一个临时（Ephemeral）
节点。该节点的生命周期就是 Alluxio Master 和 ZooKeeper 的会话生命周期。在 Alluxio
Master 被关闭或者 Master 和 ZooKeeper 的会话超时时，ZooKeeper 会将该节点移除。

换言之，只要去看选举路径下排队的所有节点，就可以知道当前 UFS Journal 高可用模
式下有哪些 Master 节点。只要去看获胜者路径文件夹，就可以知道当前 Primary Master 的
RPC 地址。

5. Primary/Standby 的切换流程

在高可用模式下，所有 Alluxio Master 都以 Standby 模式启动。在选举成功后切换到 Primary 模式。在切换 Primary 模式时会经历以下步骤。

1）将所有 Master 功能模块关闭。

2）将 Journal 切换到 Primary 模式。在这一过程中检查 UFS Journal 日志文件，确保自己追上最新的 Journal 日志条目，拥有之前集群的最新元数据状态。

3）在 Journal 日志拥有了最新状态后，以 Primary 模式启动 Master 所有的功能模块。

4）启动 RPC/Web 服务，开始处理请求。

在 UFS Journal 模式下，如果 Primary Master 和 ZooKeeper 的会话失效，这个 Primary Master 将会失去它的 Primary 地位，切换到 Standby 模式。在集群压力大、Master 的 CPU 不足、难以保持和 ZooKeeper 之间稳定的心跳时，容易出现这种情况。在从 Primary 切换为 Standby 时会经历以下步骤。

1）关闭 RPC 服务，如果有需要的话关闭 Web 服务。这会使所有正在处理中的 RPC 请求失败。

2）将 Journal 切换到 Standby 模式，在此过程中会停止写入 UFS Journal 日志文件，因为已经不再是拥有写权限的 Primary Master。还未成功持久化写入日志的 Journal 条目会失败，对应的操作也会失败。Alluxio 客户端会接收到失败信息或超时，并触发内部的重试逻辑。

3）清空 Alluxio Master 的元数据状态。从开始位置重新回放日志。

4）以 Standby 模式重启所有的 Master 功能模块。

之后 Alluxio Master 以 Standby 模式继续运行，重新将自己加入选举候选节点列表中，等待下一次被选为 Primary Master。

4.4.5 基于 Raft 协议的 Embedded Journal 模式

1. Embedded Journal 设计

UFS Journal 模式对承载 Journal 日志的 UFS（绝大多数情况下为 HDFS）有依赖，如果开启了集群高可用，多个 Alluxio Master 的选举逻辑也对 ZooKeeper 服务有依赖。这就使 Alluxio 服务的可用性、稳定性和性能在很大程度上依赖于外部服务。在多用户的环境中，Alluxio 服务和 UFS/ZooKeeper 服务由不同团队维护，这使服务的统一管理和运维变得更加复杂。

因此，Alluxio 在 2.0 版本中加入了对外部服务无依赖的 Journal 日志。由于在这种使用方式中，日志和高可用逻辑全部包含在 Alluxio 服务中，我们把这种日志形式称为 Embedded Journal。如果以 Embedded Journal 的方式启动 Alluxio Master，Alluxio Master 的所有日志将会写在本地存储中。在高可用场景下，由于每个 Alluxio Master 节点管理自己的

Journal 日志文件，因此无须再为多个 Alluxio Master 节点提供一个共同可见的存储。

在高可用模式下，多个 Alluxio Master 之间各自的日志内容一致性由 Raft 协议保障。Raft 是一个分布式一致性协议，旨在保证分布式系统中多个节点间的状态一致，而这些节点可能会受到进程崩溃或网络延迟的影响。后面会对多个 Alluxio Master 如何使用 Raft 协议达成分布式一致性进行更多介绍。

2. Embedded Journal 文件形式示例

在以下示例中，运行中的 Alluxio 集群使用 Embedded Journal 模式，将 Journal 日志写入本地存储路径。从示例中可以看出，在 journal/ 文件夹下的文件结构和 UFS Journal 模式有很大的区别，由 Alluxio 使用的 Raft 实现 Ratis 来定义和管理。可以看到，Journal 日志实际上写入了 log_inprogress_0 文件。

```
$ ls -alR journal
journal:
total 8
drwxrwxr-x. 3 alluxio-user alluxio-group 4096 May 21 03:20 JobJournal
drwxrwxr-x. 3 alluxio-user alluxio-group 4096 May 21 03:20 raft

journal/raft:
total 4
drwxrwxr-x. 4 alluxio-user alluxio-group 4096 May 21 03:20 02511d47-d67c-49a3-
    9011-abb3109a44c1

journal/raft/02511d47-d67c-49a3-9011-abb3109a44c1:
total 12
drwxrwxr-x. 2 alluxio-user alluxio-group 4096 May 21 03:20 current
-rw-rw-r--. 1 alluxio-user alluxio-group   44 May 21 03:20 in_use.lock
drwxrwxr-x. 2 alluxio-user alluxio-group 4096 May 21 03:20 sm

journal/raft/02511d47-d67c-49a3-9011-abb3109a44c1/current:
total 4104
-rw-rw-r--. 1 alluxio-user alluxio-group 4194304 May 21 03:20 log_inprogress_0
-rw-rw-r--. 1 alluxio-user alluxio-group      93 May 21 03:20 raft-meta
-rw-rw-r--. 1 alluxio-user alluxio-group      98 May 21 03:20 raft-meta.conf

journal/raft/02511d47-d67c-49a3-9011-abb3109a44c1/sm:
total 0
...
```

3. Embedded Journal 中的 Checkpoint 和文件回收

类似地，用户可以对 Journal 日志手动进行一次 Checkpoint 操作，之后再检查 Journal 日志文件。可以看到在 sm/ 文件夹下生成了 snapshot 文件，这是由 Ratis 生成的检查点文件，sm 意为状态机（State Machine）。

```
$ bin/alluxio fsadmin journal checkpoint
```

```
Successfully took a checkpoint on master Alluxio-masters-1

$ ls -alR journal/
journal/:
total 8
drwxrwxr-x. 3 alluxio-user alluxio-group 4096 May 21 03:20 JobJournal
drwxrwxr-x. 3 alluxio-user alluxio-group 4096 May 21 03:20 raft

journal/raft:
total 4
drwxrwxr-x. 5 alluxio-user alluxio-group 4096 May 21 03:33 02511d47-d67c-49a3-
    9011-abb3109a44c1

journal/raft/02511d47-d67c-49a3-9011-abb3109a44c1:
total 16
drwxrwxr-x. 2 alluxio-user alluxio-group 4096 May 21 03:20 current
-rw-rw-r--. 1 alluxio-user alluxio-group   44 May 21 03:20 in_use.lock
drwxrwxr-x. 2 alluxio-user alluxio-group 4096 May 21 03:33 sm
drwxrwxr-x. 2 alluxio-user alluxio-group 4096 May 21 03:33 tmp

journal/raft/02511d47-d67c-49a3-9011-abb3109a44c1/current:
total 4104
-rw-rw-r--. 1 alluxio-user alluxio-group 4194304 May 21 03:33 log_inprogress_0
-rw-rw-r--. 1 alluxio-user alluxio-group      93 May 21 03:20 raft-meta
-rw-rw-r--. 1 alluxio-user alluxio-group      98 May 21 03:20 raft-meta.conf

journal/raft/02511d47-d67c-49a3-9011-abb3109a44c1/sm:
total 12
-rw-rw-r--. 1 alluxio-user alluxio-group 4250 May 21 03:33 snapshot.1_9
-rw-rw-r--. 1 alluxio-user alluxio-group   47 May 21 03:33 snapshot.1_9.md5

journal/raft/02511d47-d67c-49a3-9011-abb3109a44c1/tmp:
total 0
```

4. 基于 Embedded Journal 的高可用原理

Raft 是一个被广泛学习和使用的分布式一致性协议，有强一致性和原子性等优秀特性，它在分布式软件中得到了广泛应用。其基本原则是多个节点先选举出一个 Leader，一个候选节点需要得到集群中的多数票（1+n/2）才可以当选。

客户端的请求由 Raft 协议中定义的 Leader 处理，在接收到 Alluxio 客户端操作后，Leader 首先会把该操作追加写入自己的 Log 日志，之后将该操作（Log 日志条目）发送到集群中所有其他节点（与 Leader 状态相对应的是，其他节点是 Follower 状态）上。当超过半数（1+n/2）已经将该操作追加写入 Log 日志之后，Leader 将该操作应用到自己维护的状态机并向客户端返回成功，其他节点在此后将该操作应用到自己的状态。在选举时，每个节点都只会投票给自己或 Log 日志状态比自己更新的节点。Raft 协议保证成功的操作一定记录在集群多数节点上，而要当选需要得到集群中的多数票，因此当选者记录着成功的操作，拥有更新的状态。

Apache Ratis 是 Raft 协议的 Java 实现。Ratis 在设计上提供了优秀的可拓展性和可配置性，它的 RPC 协议、状态机定义和操作 Log 日志高度可插拔，非常适合在软件中使用，作为 Raft 协议的实现库。Alluxio 使用 Apache Ratis 来管理多个 Master 之间 Primary 的选举和 Primary/Standby 的状态维护。Alluxio 同时使用 Ratis 的实现管理所有 Master 的 Journal 日志，以及 Journal 日志的 Checkpoint 压缩（Ratis 将该操作称为 Snapshot）。

由 Raft 实现的状态更新

每个 Alluxio Master 包含了一个 Apache Ratis 的 RaftServer，Alluxio 实现了 Ratis 的 BaseStateMachine 接口，定义了 Raft 的状态机如何对应 Alluxio Master 的元数据状态，通过这样的方式，集群中多个 Alluxio Master 节点的元数据状态通过 Raft 协议建立起联系，保证发生在 Primary Master 上的状态改变可以通过 Raft 协议复制到所有的 Standby Master 上。

在执行每个操作时，Primary Master（Raft 协议中当前的 Leader 角色）需要将操作发送给集群中所有的 Standby Master，并得到多数节点成功写入 Journal 的回复，这些都通过 Ratis 管理的状态机实现。通过这样的方式，集群中多数的 Standby Master 状态和 Primary 可以保持基本一致。如果有少数的节点回复较慢或遇到问题，不会影响 Primary Master 得到集群中的多数票从而正常进行操作。Raft 协议保证 Primary 节点会不断重试将更新发送给慢节点，保证它们只要可以正常工作，就可以最终和 Primary 达成一致。

由 Raft 实现的选举机制

Alluxio Master 的 Primary/Standby 状态转变也会通过 Ratis 的 BaseStateMachine 接口通知 Alluxio，这样 Alluxio 只需等待 Master 状态变化并定义处理逻辑（Standby 切换为 Primary，或 Primary 切换为 Standby）即可。

Alluxio Master 的选举同样交给 Ratis 的 Raft 实现来处理，Alluxio 只需要在内嵌的 RaftServer 创建时定义选举何时触发即可。这一点和 UFS Journal 模式对 ZooKeeper（Apache Curator）的使用是类似的，Alluxio 将选举的触发和逻辑交给第三方库，并定义 Alluxio Master 的 Primary/Standby 状态转换逻辑。

Raft 协议中定义了一个心跳超时时间，当 Standby Master 超过这个时间没有收到 Primary Master 心跳时，就会假设当前 Primary 已经停止服务，并发起新一轮选举。使用 Ratis 时，Alluxio 只需要定义这个心跳超时时间，就可以依赖 Ratis 实现的选举逻辑来选出新的 Primary Master。

5. Primary/Standby 的切换流程

Embedded Journal 模式下的切换流程和 UFS Journal 模式十分类似。同样，在高可用模式下，所有 Master 都以 Standby 模式启动，在选举成功后切换到 Primary 模式。在切换 Primary 模式时会经历以下步骤：

1）将所有 Master 功能模块关闭。

2）将 Journal 切换到 Primary 模式。在这一过程中确保自己本地的所有 Journal 日志内容已经被读取，然后根据 Raft 协议，在自己作为 Primary（Raft 协议中的 Leader 角色）的这个 Raft 任期（term），向集群中所有 Alluxio Master（Raft 协议中的 Follower 角色）写入一个空的操作条目。因为在 Raft 协议规定下，只有 Leader 才可以向 Follower 写入日志，所以如果这个写入得到了集群大多数的成功回应，则代表集群中大多数节点已经得知并认同了这个新上任的 Primary Master。同时，关闭自己的 Checkpoint 功能（Raft 中的 Snapshot），因为 Alluxio 高可用模式下将 Primary Master 的 Checkpoint 操作代理给 Standby。

3）以 Primary 模式启动所有的 Master 功能模块。

4）启动 RPC/Web 服务，开始处理请求。

在 Embedded Journal 模式下，如果一个 Standby Master 在一段时间内没有接收到来自 Primary Master 的消息，就会发起一次新的选举并尝试选出一个新的 Primary。这种情况在 Primary Master 陷入长 GC 或崩溃退出时可能发生。根据 Raft 协议，每一个对元数据的更改操作都会使 Primary Master 将这个更改发送到 Standby Master，所以即使 Primary Master 面对大量请求，也不容易使 Standby Master 接收不到来自 Primary 的消息。与此不同的是，在 UFS Journal 模式下，如果 Primary Master 的所有 CPU 都忙于处理 Alluxio 客户端请求，可能会导致没有 CPU 分给 ZooKeeper 客户端，从而导致 ZooKeeper 会话过期。

如果集群中已经产生了新的 Primary Master（Leader），那么旧的 Primary 会在随后意识到这一点，因为它向集群其他节点发送的消息已经不再会收到多数的支持，多数的节点已经接受了新的 Leader。此时旧的 Primary Master 会从 Primary 切换为 Standby。从 Primary 切换为 Standby 时会经历以下步骤。

1）关闭 RPC 服务，如果有需要的话关闭 Web 服务。这会使所有正在处理中的 RPC 请求失败。

2）将 Journal 切换到 Standby 模式，开启 Checkpoint 功能（Raft 中的 Snapshot）。

3）重建自己的状态，重启 RaftServer。

4）以 Standby 模式重启所有的 Master 功能模块。

之后 Alluxio Master 以 Standby 模式（这个 Alluxio Master 节点的 RaftServer 为 Raft 的 Follower 角色）继续运行，将 Primary 发来的每一个操作写入自己的 Journal 日志并随后应用到自己的状态，等待下一次被选为 Primary Master。

4.4.6　UFS Journal 和 Embedded Journal 之间的切换与选择

由于 UFS Journal 和 Embedded Journal 之间的 Journal 日志格式并不互通，无法在切换配置后通过读旧的日志恢复集群状态，因此必须使用基于备份启动集群的方式。

1）先根据当前集群生成一个 Alluxio 系统的备份，详情见 4.5 节。

2）关闭集群中全部 Alluxio Master。

```
$ ./bin/alluxio-stop.sh masters
```

3）更改 Alluxio Master 节点的 Journal 日志配置。如果使用高可用，则需要更新所有 Alluxio Master 节点的 Journal 日志配置。

4）使用 bin/alluxio format 命令格式化集群，在所有 Alluxio Master 节点上生成目标日志的文件结构（或者在 UFS Journal 存储位置生成目标日志的文件结构）。

5）从备份文件中重启集群，恢复集群状态。如果新的 Alluxio Master 使用 Embedded Journal 方式启动，那么这个备份文件必须对所有 Alluxio Master 可见。我们可以通过备份到一个 HDFS 路径，或者简单地将备份文件拷贝到所有 Master 节点上来解决这个问题。

```
$ ./bin/alluxio-start.sh -i <backup_uri> masters
```

6）在新的日志位置验证新的日志文件是否已经从备份中生成。同时在集群重启（和高可用选举）完成后，验证 Alluxio 集群服务是否可用。

如果集群中只有一个 Alluxio Master 节点，那么使用基于本地存储的 UFS Journal 和基于本地存储的 Embedded Journal 在使用方式和性能上几乎都是相同的。但是两种 Journal 日志存储方式下的文件结构和内容是不互通的。

对于开启了集群高可用的用户，在 Embedded Journal 和 UFS Journal 的选择上需要做出一些考虑。

UFS Journal 的选举由 ZooKeeper 来进行，只需要一个 Alluxio Master 存活就可以将其指定为 Primary Master 并继续服务。当然，在只有一个 Primary Master 时是无法进行 Journal 日志的自动 Checkpoint 的，也没有足够的容错率，建议尽快恢复其他的 Standby Master。而在 Embedded Journal 模式下，由于 Raft 协议的要求，选举和任何操作都需要得到 Master 中多数（超过半数）节点的支持。因此在 Embedded Journal 模式下，我们最多可以失去 floor($n/2$) 个 Alluxio Master。如果集群中有 3 个 Alluxio Master，那么 UFS Journal 模式可以容忍失去 2 个 Alluxio Master，而 Embedded Journal 模式只能容忍失去 1 个。

对于 Alluxio 2.7 或以上版本的用户，推荐使用 Embedded Journal 作为默认的 Journal 日志方式。在经过多个版本（2.0～2.7）的迭代和优化之后，Embedded Journal 已经经历了大量生产环境和压力的考验。Embedded Journal 由于对外部系统没有依赖，因此在部署和维护上都简单很多，也是未来 Alluxio 的推荐选择和重点发展方向。如果当前 Alluxio 版本还在使用基于 copycat 的 Embedded Journal（Alluxio 2.0～2.3），我们建议使用 UFS Journal，或者升级到更高版本的 Alluxio 之后使用基于 Ratis 的 Embedded Journal。

如果环境中的 HDFS（如果使用基于 UFS Journal 的高可用，还需要 ZooKeeper）性能和稳定性都值得信赖，UFS Journal 也是 Journal 日志的一个不错选择。反之，如果 HDFS 和 ZooKeeper 性能和稳定性没有保障，推荐使用 Embedded Journal。

4.5　元数据备份功能

Alluxio 提供了对集群元数据进行整体备份的功能，一个备份文件包含集群在某一个时间点的全部元数据。通过从一个备份文件中启动集群，集群中的元数据可以被恢复到那个备份的时间点的状态。元数据备份通常用来：

❑ 提供在 Journal 日志之外的双重保险，保证在 Journal 日志出现问题时还可以恢复 Alluxio 集群元数据；

❑ 作为 Journal 日志不兼容的两种配置模式间的跳板。

4.5.1　元数据备份原理

在生成备份的过程中，Alluxio Master 将维护的元数据条目按照功能模块的顺序逐个以 Protobuf 的格式写入备份文件。在写备份时，Alluxio Master 会将自己维护的元数据全部转换成 JournalEntry，顺序写入备份文件。比如，InodeTree 就会将每个 inode 以 InodeDirectoryEntry 或者 InodeFileEntry 的格式顺序写入备份文件。

类似地，每个数据块的元信息以 BlockInfoEntry 的格式顺序写入备份文件。在所有元数据输出完之后，备份写入一个标志备份结束的 JournalEntry，并关闭文件输出流。同理，在从备份重启 Alluxio Master 节点时，Alluxio Master 按同样的顺序从备份文件中读出一系列的 JournalEntry，并且基于它们的内容重建自己维护的元数据状态。在读到这个标志结束的 JournalEntry 时即宣告备份恢复完成。

4.5.2　元数据备份解决的兼容问题

如 4.4.6 节提到的，Alluxio 在 UFS Journal 模式下的日志和 Embedded Journal 模式下的日志格式无法互通。如果由一种模式切换到另一种模式，则需要从备份中恢复集群。

UFS Journal 写入的内容是操作类型的 JournalEntry，使用 Protobuf 的序列化格式写入底层存储中的文件。Alluxio 自己定义了 Journal 日志文件的文件夹结构。Embedded Journal 写入的内容同样是操作类型的 JournalEntry。但是该 JournalEntry 被序列化之后被保存成一个 Ratis 自定义格式的 Message。接着，该 Message 将被写入 Journal 日志文件。

在 HEAP 元数据模式和 ROCKS 元数据模式下，Journal 日志 Checkpoint 的内容不同，导致切换元数据模式时无法直接从之前的 Journal 日志文件中启动集群。在 HEAP 元数据模式下，进行 Checkpoint 时会将所有 inode 转化成 JournalEntry 写入 Checkpoint 文件，而在 ROCKS 模式下则是将 RocksDB 全部内容压缩并写入 Checkpoint 文件。因此这两种模式下的 Journal 日志也不互通，需要通过备份来切换。

Alluxio 的备份功能将元数据全部转换成元数据对象类型的 JournalEntry，以 Protobuf 格式写入备份文件。从备份文件中恢复集群的过程，等同于以 Protobuf 格式读取备份文件中的 JournalEntry，并从零开始创建这些元数据对象，并在此过程中以新的格式从零开始写新的 Journal 日志。从备份中恢复 Alluxio 集群的过程类似于传统数据库通过将数据库中的表和数据转换成 SQL，并通过重放 SQL 来重建所有表和数据的过程。这个重放的操作可以跨越 UFS Journal 和 Embedded Journal 两种不同模式的障碍，主要原因如下。

❑ Alluxio 元数据对象类型的 JournalEntry 对象的格式会最大限度地保留兼容性，保证低版本 Alluxio 输出的备份文件可以被更高版本的 Alluxio 读取。Alluxio 的 Protobuf 定义通过使用 optional 类型，最大限度地使添加 / 删除 Protobuf 属性不会造成兼容性问题。

```
message JournalEntry {
...
  // 已有的操作定义
  optional DeleteFileEntry delete_file = 6;

  // 假如我们要将DeleteFile API替换为DeleteFileV2
  // 可以直接添加一个新的optional 属性，而不破坏已有的Journal日志条目
  optional DeleteFileV2Entry delete_file_v2 = 60;
...
```

❑ Alluxio 备份的输出逻辑和读取逻辑由 Alluxio 定义和控制，不受 UFS Journal 和 Embedded Journal 日志文件组织形式的影响。所有格式改变造成的潜在不兼容问题都可以在备份的输出 / 读取逻辑中处理，以保证备份文件跨版本和配置的兼容性。

基于这两个不变量，备份常被用来在 Alluxio 元数据格式发生变化时，通过从备份中启动 Alluxio 集群来成功跨越配置和版本的限制，保证集群的元数据不丢失。下面是常见的需要使用备份恢复解决的不兼容问题。

❑ 从 Alluxio 1.8 升级至 Alluxio 2.X。

❑ 从 UFS Journal 模式切换至 Embedded Journal 模式。

❑ Alluxio 2.3 之前使用的 Raft 实现是 Atomix Copycat，在 2.3 版本中替换为 Apache Ratis，因此在 Alluxio 2.3 以前的 Embedded Journal 日志和 2.3 之后的版本不兼容。

❑ 从 HEAP 元数据模式切换到 ROCKS 元数据模式。

4.5.3　在高可用集群中的代理备份功能

如前文所述，在进行备份的时候，正在写备份的 Alluxio Master 的所有元数据状态将会上锁，无法处理任何请求。因此，在高可用的集群中，我们希望集群中的 Primary Master 尽量少地处于上锁状态，尽可能减少对正常业务的影响。

Alluxio 提供了代理备份（Backup Delegation）功能，即 Primary Master 将备份操作代理给一个 Standby Master，在发出一个备份命令后即返回，继续正常处理 Alluxio 客户端请求。Standby 在收到备份命令后，进入上锁状态并生成备份文件。由于 Standby Master 不处

理 Alluxio 客户端请求，因此对 Standby Master 上锁不影响集群的正常服务。在开启代理备份功能之后，手动和自动的备份操作都会尝试以代理方式进行。用以下方式配置代理备份功能：

```
alluxio.master.backup.delegation.enabled=true
alluxio.master.backup.heartbeat.interval=2sec
```

其中，alluxio.master.backup.delegation.enabled 默认为关闭。建议所有使用高可用模式的用户将代理备份功能开启。alluxio.master.backup.heartbeat.interval 控制进行备份操作的 Standby Master 以什么频率将进度发送给 Primary Master（代理备份发起者）。

如果集群中有多个 Standby Master，Primary Master 会按顺序尝试将备份操作代理给其中的一个 Standby Master。因为在哪一个 Standby Master 上生成备份并不确定，建议使用一个所有 Master 都可以读写的路径作为备份的目标路径。如果 Primary Master 无法在任何一个 Standby Master 上成功代理这个备份操作，代理备份宣告失败。

如果集群中不存在 Standby Master，代理备份同样会失败，而非牺牲集群可用性在 Primary Master 上生成备份。因此，如果集群中只有一个 Master，或者想要指定在 Primary Master 上生成备份，可以手动使用 --allow-leader 参数，使当前集群 Primary Master 上锁进行备份。

在代理备份时，Primary Master 只会短暂地上锁，记录下 Master 状态当前的 Journal 日志最新条目 ID。因为 Alluxio 的 Journal 日志 ID（无论是 UFS Journal 还是 Embedded Journal 模式）永远是递增的，记录下的 ID 代表之前的所有日志条目将会出现在这个备份中。Primary Master 在获得 Journal 日志 ID 后就会解锁，保证上锁的时间越短越好。之后 Primary Master 会将 Journal ID 发送给执行备份操作的 Standby Master。Standby Master 因此就明白了在写这个备份之前，需要将元数据状态与截止到何处 Journal ID 的日志对齐。Standby Master 在确保自己的元数据状态是更新的之后，即开始将自己的元数据状态写入备份文件，并在这个过程中向 Primary Master 通知进展。写完备份之后，Standby Master 通知 Primary Master，宣告代理备份操作成功。

4.5.4 备份操作和 Journal 日志的 Checkpoint 操作的区别

备份操作和日志的 Checkpoint 操作经常被一起提及，其实它们在本质上是不同的两个操作。日志的 Checkpoint 操作是对日志文件的压缩操作，读取一段日志（多个日志文件）并尽力将其中的日志项合并以达到减少需要保存的日志项的目的。具体读取的内容和输出的内容都受到 Journal 日志实现格式和文件结构的限制，是对某种特定格式的日志按照这种 Journal 日志模式定义的逻辑来进行压缩操作。

然而，备份操作与日志格式以及逻辑无关。备份操作的本质是将当前 Master 的全部元数据以某种不依赖日志格式、逻辑和系统配置的模式写下来，用来在未来的某个时间或者某种配置下恢复集群的全量元数据。

Journal 日志 Checkpoint 操作和备份操作写下的对象类型也有所不同。Journal 日志 Checkpoint 操作写下的是 Journal 日志中记录的操作类型 JournalEntry，而备份操作写下的是元数据对象类型 JournalEntry。

4.6　Alluxio Master 的 Worker 管理机制

Alluxio Master 不仅管理文件系统中的元数据，还管理集群中所有的 Alluxio Worker。Alluxio Worker 先向 Alluxio Master 注册并汇报所有的数据块信息，之后和 Alluxio Master 通过心跳更新数据块信息并接收来自 Alluxio Master 的命令。Alluxio Master 维护当前的所有可用 Alluxio Worker 列表，并告知 Alluxio 客户端集群中有哪些 Alluxio Worker 可以提供读写服务。

在 Alluxio 的设计中，Alluxio Worker 是无状态的，可以便利地横向扩展。每个 Alluxio Worker 启动时告知 Alluxio Master 自己的存在和所拥有的数据块副本信息，在退出后，Alluxio Master 会觉察并遗忘这个 Alluxio Worker 和相关的数据块副本。管理员只需要启动 / 停止 Alluxio Worker 进程，其他的管理逻辑由 Alluxio Master 自动完成。

4.6.1　Alluxio Worker 的注册与心跳

当 Alluxio Worker 启动时，首先会向 Master 获取一个唯一的标识符，称为 WorkerID。随后，Alluxio Worker 会向 Master 用这个 WorkerID 注册自己（发送一个注册请求）。该注册请求包含该 Alluxio Worker 的地址、缓存分层和使用情况等基本信息，还包含 Alluxio Worker 缓存中的全部 BlockID。Alluxio Master 在收到这些 BlockID 之后，对每一个数据块，都会将该 Alluxio Worker 的地址加入该缓存数据块当前的位置列表中。在所有 BlockID 处理完成后，Alluxio Master 会将该 Alluxio Worker 的状态标记为已注册，并把它加入可以提供服务的 Alluxio Worker 名单中。

Alluxio Worker 启动时首先会扫描自己缓存中的全部内容，在扫描完成后才会向 Alluxio Master 注册。所以 Alluxio Worker 在注册时会汇报自己当前拥有的全部缓存数据块，相当于 Alluxio Worker 向 Alluxio Master 做一次全量汇报，这和 HDFS 中的 Full Block Report（FBR）类似。

在注册之后，Alluxio Worker 会和 Alluxio Master 维持定期的心跳（发送一个心跳请求）。Alluxio Worker 汇报自己当前多层缓存的使用情况，以及数据块的变化情况（比如有的数据块被驱逐出缓存、有的数据块被复制到该 Alluxio Worker 上等）。Master 根据心跳的内容更新自己的元信息，保证 Alluxio Master 知道每一个数据块当前所在的位置（Alluxio Worker 列表）是最新的。

由于心跳消息是有时间间隔的，因此 Alluxio Worker 上的数据块变动需要经过一段时间才能传递到 Alluxio Master 上，这导致 Alluxio Master 上数据块的位置信息会有延迟。因此，并不是所有的数据块位置变化都通过心跳异步地通知 Alluxio Master。比如在 Alluxio 客户端成功写完了一个文件，Alluxio 客户端会向 Alluxio Master 提交该文件的全部元数据，此时 Alluxio Master 会将该文件所有的数据块（这些数据块可能在不同的 Alluxio Worker 上）和对应的 Alluxio Worker 位置元信息全部更新。换言之，所有重要的数据块位置更新都会实时地发送给 Alluxio Master（如 Alluxio 客户端向 Worker 写入了一个数据块），而不依赖于 Alluxio Worker 的心跳机制。相对不重要、不紧急的位置更新会等待下一个心跳发送给 Alluxio Master，比如：

❑ Alluxio Worker 上的缓存驱逐；

❑ Alluxio Master 在之前心跳中通知 Alluxio Worker 删除的数据块已经被删除。

Alluxio Worker 在得到 WorkerID 之后会把该 ID 一直保存在自己的内存中，随后在注册时使用该 WorkerID。如果由于某种原因 Worker 需要再次注册（比如 Primary Master 切换），则会使用同一个 WorkerID。换言之，Alluxio Worker 只在启动时向 Master 获取一次 WorkerID，此后一直使用该 WorkerID。

Alluxio Master 通过 Alluxio Worker 的网络地址信息（hostname、IP、RPC/Web 服务端口等）来识别 Alluxio Worker。换句话说，如果 Alluxio Worker 的这些属性没有改变，那么 Alluxio Master 将会把同一个 WorkerID 返回给 Alluxio Worker，否则 Alluxio Master 会认为该 Alluxio Worker 是一个新加入集群的 Alluxio Worker。

4.6.2　在集群中加入和移除 Alluxio Worker

Alluxio Master 和 Alluxio Worker 之间保持着心跳，当心跳超时的时候，Alluxio Master 和 Alluxio Worker 端都会有相应的处理机制。当 Alluxio Master 长时间未接收到某个 Alluxio Worker 的心跳时，会认为该 Alluxio Worker 已经停止工作。此时 Alluxio Master 就会把该 Alluxio Worker 从可用列表中移除，然后去更新该 Alluxio Worker 上缓存的数据块对应的所有 Alluxio Worker 列表，把该 Alluxio Worker 的位置移除。这个心跳的超时时间由 alluxio.master.worker.timeout.ms 设置，默认为 5min。Alluxio Master 没有接收到 Alluxio Worker 心跳的可能是有很多，可能是 Alluxio Worker 进程繁忙或已经停止，也可能是 Alluxio Master 过于繁忙从而没有处理 Alluxio Worker 的心跳请求。

当 Alluxio Worker 发现 Alluxio Master 长时间未能响应心跳或注册请求时，会认为 Alluxio Master 已经停止工作。此时 Alluxio Worker 会不断重试向 Alluxio Master 注册，直到超时后，Alluxio Worker 进程将会退出。这个超时时间由 alluxio.worker.master.connect.retry.timeout 设置，默认为 1h。

因此，从一个集群中移除 Alluxio Worker 只需要将该 Alluxio Worker 进程停止。该

Alluxio Worker 进程停止后，经过 alluxio.master.worker.timeout.ms 配置的时间之后，Alluxio Master 会意识到该 Alluxio Worker 已经停止工作，并且更新所有相关的元信息。向集群中添加一个 Alluxio Worker 只需要启动一个 Alluxio Worker 进程，该 Alluxio Worker 进程启动后会向 Alluxio Master 注册自己并汇报自己拥有的所有数据块缓存。无须手动对 Alluxio Master 进行操作。

4.6.3　Alluxio Master 的可用 Worker 列表管理

Alluxio Master 的可用 Alluxio Worker 列表就是当前集群中已经成功注册的 Alluxio Worker 列表。Alluxio 客户端需要知道该列表才能知道有哪些 Alluxio Worker 可以处理自己的读写请求。因此，Alluxio 客户端会定期向 Alluxio Master 请求当前有哪些 Alluxio Worker 可用。

不难发现，在集群并发量大的时候，Alluxio Master 要处理大量的查看可用 Alluxio Worker 请求。为了减少生成该列表导致的性能开销，Alluxio Master 会缓存请求的结果，而非每次都实时生成请求的结果。这个缓存的时间由 alluxio.master.worker.info.cache.refresh.time 配置，默认为 10s。

换句话说，Alluxio 客户端知道的可用 Alluxio Worker 列表是非实时的。在一个 Alluxio Worker 向 Alluxio Master 成功注册后，Alluxio 客户端可能要等待 alluxio.master.worker.info.cache.refresh.time 的时间（默认为 10s）才能看到更新。在一个 Alluxio Worker 停止后，Alluxio Master 需要 alluxio.master.worker.timeout.ms 才能意识到 Alluxio Worker 丢失，Alluxio 客户端要在此后等待同样的 alluxio.master.worker.info.cache.refresh.time 的时间。

4.7　主节点的元数据并发机制

Alluxio 文件系统是面向多用户、多应用而设计的，因此 Alluxio Master 往往需要同时处理大量的并发请求。如何在保证最高并发度的同时保证元数据的线程安全是一个巨大的挑战。Alluxio Master 使用不同的并发控制机制来保护不同的元数据。下面展开具体介绍。

4.7.1　文件路径并发控制

在 Alluxio 文件系统中，Alluxio 将一个路径分为节点和边，分别用 InodeLock 和 EdgeLock 进行并发控制，以提供细粒度的读写管理。InodeLock 和 EdgeLock 都使用 Java 的读写锁，针对少写多读的场景提供更高的并发度。读写锁的性质是多个读操作可以并发重入，同时持有读锁；而写操作和其他读写操作互斥，如果写锁被持有则不可以发生任何读写操作。Alluxio 通过使用读写锁，同一个路径上可以发生多个读操作。

1. Alluxio 文件路径的锁模式及示例

在对一个 Alluxio 路径进行操作时，需要获取该路径的锁。该路径的锁是由路径上的所有节点（inode）和边（edge）的锁组成的。换言之，这个操作从 Alluxio 根路径开始直到需要操作的路径，按顺序获取每一个节点和边的读锁或写锁。比如，为了创建路径 /a/b/c/d，对 Alluxio 路径 /a/b/c/ 上锁，此时获取的锁有：

```
# 星号表示这个锁是写锁，反之为读锁
[->/, /, /->a, a, a->b, b, b->c, c, c->d*, d*]
```

"->/"代表从零开始到 Alluxio 根节点的 EdgeLock。如果需要创建 Alluxio 根目录，则要获取"->/"EdgeLock 的写锁。每个边连接两个节点。Alluxio 的文件路径有以下几种不同的锁模式。

❑ READ 模式：对路径的只读操作，一般用来读该路径的最后一个节点。

❑ WRITE_EDGE 模式：创建 / 删除 / 重命名节点（改变 InodeTree 结构）。

❑ WRITE_NODE 模式：不更改 InodeTree 结构，只改变某一个节点本身。

在变更某个 inode 的时候，需要获取对应的 InodeLock 的写锁，而在创建一个路径时需要获取对应的 EdgeLock 的写锁，除此之外的情况只需要获取对应节点 / 边的读锁。如上面例子中，只有 EdgeLock "c->d" 和 InodeLock "d*" 是写锁，其他的点和边都只需要读锁。

如果同时有三个请求，它们对文件路径锁的需求如下：

```
# 星号表示这个锁是写锁，反之为读锁
请求1: 创建/a/b/c/d/，WRITE_EDGE模式
[->/, /, /->a, a, a->b, b, b->c, c, c->d*, d*]

请求2: 读取/a/b/c/e， READ模式
[->/, /, /->a, a, a->b, b, b->c, c, c->e, e]

请求3: 更改/a/b/c/f，WRITE_NODE模式
[->/, /, /->a, a, a->b, b, b->c, c, c->f, f*]
```

这三个请求都会获取 [->/, /, /->a, a, a->b, b, b->c, c] 路径上的所有读锁。在锁列表中可以观察到，这三个请求之间不会因为写锁的需求互斥，因此这三个操作是可以并发的。

如果此时多了一个并发的请求 4，由于请求 4 需要获取 f 节点的读锁，因此它和请求 3 的 f 节点写锁互斥，请求 4 和请求 3 无法并发进行。如果请求 3 已经获取了 f 节点的写锁，则请求 4 需要等待请求 3 释放 f 节点的写锁之后才可以进行，反之同理。

```
请求4: 读取/a/b/c/f
[->/, /, /->a, a, a->b, b, b->c, c, c->f, f]
```

从这个例子可见，Alluxio 文件系统提供了以文件为单位的并发，对同一个路径的读写操作并发控制是基于读写锁的，这种并发设计基于 Alluxio 适合读场景的特点。对不同路径的读写操作则取决于获取的锁。比如在一个目录被写锁控制时，该目录下的所有路径不可

读，因为读操作需要获取该目录的读锁，而在写锁被持有的时候是无法获取读锁的。

2. Alluxio 的锁设计理念

Alluxio 使用读写锁的设计使对相关路径的并发更改操作变成线性（serialized）。如果两个线程同时创建一个同名文件，只有一个线程可以成功获取对应路径的 EdgeLock 写锁，获取到写锁的线程会成功创建这个文件，而另一个线程在获取到锁时会发现文件已经存在而操作失败。类似地，Alluxio 使用 InodeLock 使对一个节点的并发更改操作变成线性。

Alluxio 在对某个路径进行操作时，会首先获取该路径上每一个节点和边对应的锁。在操作过程中，Alluxio 可能会对底层存储进行读写操作，因此这个操作所需的时间受底层存储的影响，可能需要的时间较长甚至超时。所以 Alluxio 需要尽可能地使对不同路径的操作不要互相影响，以免因为某个底层存储操作缓慢影响 Alluxio 文件系统的整体性能。

另外，值得一提的是，在很多系统中对路径的写操作需要父目录的写锁。比如创建 /a/b/c/d 路径需要获取 /a/b/c 文件夹的写锁，因为 /a/b/c 文件夹元数据中管理子节点的列表。Alluxio 文件系统没有采取这样的设计，一个主要的原因是在分布式计算（如 MapReduce）中，经常会出现大量计算节点在文件夹下分布式地创建并更改各自的文件的情况。如果创建子文件的操作需要获取父目录的写锁，则这些计算节点创建文件的并发操作会受到极大限制。Alluxio 通过 EdgeLock 的设计，让创建路径的操作可以通过获取不同的路径锁达到并发目的。

由于元数据同步操作的存在，在读某个路径的过程中如果触发了元数据同步，在该目录 / 文件夹有所更新的情况下，读操作会在元数据同步中升级为写操作，读锁也会升级为写锁。Alluxio 在元数据同步这类递归操作中会尽量减少持有文件夹写锁的时间，在遍历路径时尽量持有读锁，只在需要进行更改时升级为写锁，以便通过这样的方式尽量提升文件夹下的并发能力。

3. 使用引用计数和锁池优化锁管理

如果每一次访问某一个路径时，都在该路径上创建每一个 InodeLock/EdgeLock，并且在访问结束后销毁，将会产生大量的对象创建 / 销毁操作，极大地增加 JVM 的负担。因此我们使用一个池结构来管理 InodeLock 和 EdgeLock，以便最大限度地复用对象。InodeLock 和 EdgeLock 各自拥有一个池来管理这类对象。

每次需要某一个 InodeLock 时，Alluxio Master 会查看锁池内是否有这个锁对象，如果已经存在则复用该对象，否则创建一个新的 InodeLock。Alluxio Master 使用引用计数来管理每一个锁对象。虽然锁池没有容量上限，但是它需要设置一个高水位和一个低水位。当锁池的大小达到了高水位，会有一个线程被启动用来进行池内的对象回收。该线程不停回收池内所有引用为 0 的对象，直到锁池大小达到低水位为止。比如，某个池的高水位被设置为 1000 个对象，而低水位被设置为 500 个对象，那么线程启动时就会不停尝试回收池内对象，直到只剩 500 个对象才停止。EdgeLock 也有自己的锁池，其逻辑和 InodeLock 相同。

这种池化加回收线程的方式会在最大程度上实现对象复用，并且会通过回收机制来销毁不需要的对象来节约内存。锁池的高低水位通常不需要特殊配置。

4.7.2　Journal 日志并发控制

本节介绍 Journal 日志的并发控制机制。如 4.7.1 节所述，对文件系统的并发控制由对路径的 InodeLock 和 EdgeLock 负责。Alluxio 在执行一个操作时，会先获取对应路径的锁，之后再写 Journal 日志和更改元数据状态。因此，Journal 日志的并发控制也依赖于文件系统的并发控制。

在此基础上，如果多个操作并发地写 Journal 日志，说明这些操作并发地更改不同的路径。此时，Journal 日志也需要进行恰当的并发控制，来保护 Journal 日志文件不会因为并发的写入请求而损坏。Journal 日志通过一个并发安全的队列来接收多个 RPC 处理线程提交的 Journal 日志条目，并在加入队列时为这个条目分配一个自增的 ID。Alluxio Master 会定期将该队列中的内容按顺序写入 Journal 日志文件。

Alluxio 把管理 Journal 日志使用的锁称为 StateLock。这是 Alluxio Master 中竞争最为激烈的一个锁。StateLock 是一个读写锁，但是 Alluxio Master 给读锁和写锁赋予了不同的意义。每一个 Alluxio Master 管理自己的 StateLock。

StateLock 的写锁只在 Alluxio Master 进行元数据备份或 Checkpoint 操作时被持有。如在 4.4.3 和 4.5.3 节中提及的，在写 Checkpoint 或进行备份时，Alluxio Master 处于锁定状态就是 StateLock 写锁被持有的状态。如果该 Alluxio Master 是代理备份的发起者（集群中的 Primary Master），则该 Alluxio Master 会先拿到 StateLock 写锁，获取 Alluxio Master 最新的 Journal 条目 ID，决定这次备份包含的历史有多长，然后释放这个写锁，并将备份操作命令发送给选中的 Standby Master，由这个 Standby Master 在本地生成备份，该 Standby 在写备份过程中自己的 StateLock 写锁被一直持有。

除了在 Alluxio Master 备份和 Checkpoint 的过程中之外，任何写 Journal 日志的操作只需要获取 StateLock 的读锁。换句话说，StateLock 的读写锁对应了 Alluxio Master 是否处于备份或 Checkpoint 状态，而不对应 Journal 日志的读写。可以同时有多个线程持有 StateLock 读锁，对日志进行并发读写。

因为 Alluxio Master 同时需要处理大量的并发请求，在处理这些请求时都需要进行日志操作，所以它们都需要获取 StateLock 读锁，读锁之间并不冲突，但是大量的读锁会使写锁变得难以获取，导致备份操作难以获取想要的 StateLock 写锁。

4.7.3　Worker 相关元数据并发控制

在 Alluxio Master 中，Alluxio Worker 有关的所有信息存储在一个 MasterWorkerInfo 对象中。每个 MasterWorkerInfo 对象都包含一个 Alluxio Worker 的所有信息，包括 Worker

的地址、每一层缓存的使用情况和这个 Alluxio Worker 上所有的数据块 ID。如果 Alluxio Worker 元数据发生任何变动，比如 Alluxio 客户端提交文件时通知 Alluxio Master 在某 Alluxio Worker 上添加了一个数据块，则这个 Alluxio Worker 对应的 MasterWorkerInfo 内容也会发生更改，因此 MasterWorkerInfo 数据结构也需要适当的并发控制机制。在 Alluxio 2.6 版本之前，每一个 MasterWorkerInfo 对象由 Java 的 synchronized 关键字保护，因此，对 MasterWorkerInfo 的任何读写操作都是由 synchronized 关键字提供的互斥锁实现的。

在 Alluxio 2.6 及以后的版本中，Alluxio 使用多个读写锁取代了基于 synchronized 关键字的互斥锁。Alluxio 把 MasterWorkerInfo 中的信息分成几类，每一类信息都使用一个读写锁来控制。比如 Alluxio Worker 的缓存占用率作为一类信息由一个单独的读写锁来控制，在每次 Alluxio Worker 缓存占用更新（比如 Alluxio 客户端通知 Alluxio Master 一个新的数据块被写入了这个 Alluxio Worker）时用写锁，在只读请求（比如通过 alluxio fsadmin report capacity 命令查看每一个 Alluxio Worker 的使用情况）时用读锁。如果只是查看 Alluxio Worker 的地址等基础信息，则无须参与关于缓存占用率锁的竞争。这种方法通过更复杂的锁机制使不同类型的读写请求竞争不同的锁，提高了并发度。

Alluxio 数据存储的核心特性与原理

Alluxio Worker 是 Alluxio 系统中的核心组件之一，是 Alluxio 内部存储文件数据的最主要模块，也扮演着为底层文件系统数据提供高效缓存的角色。本章将围绕 Alluxio Worker 对 Alluxio 的数据存储核心特性进行介绍。首先介绍 Alluxio Worker 组件的基本功能，以及 Alluxio 系统中读写 Alluxio Worker 中数据的不同方式；其次介绍 Alluxio 系统中的数据块生命周期及其管理，以及 Alluxio Worker 作为分布式缓存的分层缓存机制及其工作原理；再次讨论并分析 Alluxio Worker 的并发读写和流量控制机制；最后通过相关代码实例，让用户更好地理解相关功能。

5.1 Alluxio Worker 组件概览

5.1.1 Alluxio Worker 数据管理简介

Alluxio 作为一个分布式文件系统，需要存储管理两类核心数据——元数据和文件数据。第 4 章介绍了 Alluxio Master 管理元数据的机制和原理，本章将关注 Alluxio Worker 是如何存储和管理海量文件数据的。

事实上，对于任意一个 Alluxio 文件而言，其文件数据都会以标准化的方式被切割成若干个数据块。每一个数据块正是由 Alluxio Worker 负责管理在其缓存中，并通过 Alluxio Master 的文件元数据维护文件路径与数据块之间的对应关系。在一个数据读写操作中，Alluxio 客户端先从 Alluxio Master 处获取元数据，之后所有的具体数据读写操作都由 Alluxio Worker 提供的服务完成。

在安装配置 Alluxio 时，用户可以定义一个或多个本地的存储路径（由 Alluxio Worker

管理），并告知 Alluxio Worker 每个存储路径可以使用的容量。Alluxio Worker 将实际的文件数据块存放在这些存储路径中。存储可以是 MEM，也可以是 SSD、HDD、NVM 这类存储介质。Alluxio Worker 通过支持同时管理多种不同介质、不同存储路径，为缓存的层级和空间分配提供了很大的灵活性。

通过在 Alluxio Worker 缓存中管理部分底层存储数据，可以给读写操作带来两个优点：

❑ 所有应用可以共享 Alluxio Worker 缓存；
❑ Alluxio 客户端无须连接底层存储或保存其配置和安全证书，简化了配置和代码依赖。

5.1.2　Worker 的发展方向

更细粒度的文件数据块

Alluxio Worker 目前的存储单元是数据块（Block），其中每个数据块的大小通常配置为 64～256MB。然而，当计算引擎读取支持索引的数据格式（如 Parquet、ORC）时，它们并不会读取文件的全部数据，而是在一定范围内"跳读"（positionedRead）。此时，使用较大 Block 存储会存在读放大的问题，也就是说 Alluxio 客户端可能只读取几百个字节，但是 Worker 却随后缓存了一个完整的 Block。Alluxio Worker 计划会支持更细粒度的存储。

更智能的数据语义感知

目前在正在优化的 Alluxio Worker 中，我们会使用 1MB 的单位存储页（Page）来代替数据块存储数据。在进一步的开发计划中，Alluxio Worker 也会感知数据文件的格式。面对 Parquet 和 ORC 这样的格式，数据文件的不同区块采取针对性的缓存策略。我们把这种感知数据文件语义的缓存称为 Semantic Cache。

更近的计算引擎整合

Alluxio Worker 的另个发展方向是嵌入式 Worker，它能够让 Alluxio Worker 更加轻量级，以便于嵌入 Presto 和 Spark 等分布式计算引擎，甚至是 HDFS Datanode 这样的存储节点，拉近计算到存储的距离，从而进一步提升数据的访问速度。

5.1.3　Worker 对外开放的服务接口

对客户端开放的 RPC 接口

Worker 只需要对客户端开放 RPC 接口，直接提供数据块的读写和操作服务。与 Master 相同，Alluxio Worker 开放的 RPC 接口也服从统一的命名规范。Worker 对客户端开放的 RPC 接口都定义在 BlockWorkerClientServiceHandler 中。

Alluxio Worker 的 BlockWorkerClientServiceHandler 主要通过 readBlock、writeBlock 等请求定义数据块的读写流，通过 openLocalBlock 和 createLocalBlock 请求定义数据块的本地短路读写，通过 cache 请求提供通知 Worker 异步缓存数据块的方式。

Web 接口

Alluxio Worker 同样提供了对网络服务开放的 RESTful 接口。此类接口主要为前端网页提供 Worker 信息查看的功能，并提供 Worker 的各种性能指标。Alluxio Worker 提供的所有 REST 接口都定义在 AlluxioWorkerRestServiceHandler 中。

5.2 Alluxio 系统中的数据 I/O

为满足不同的使用模式和场景，Alluxio 提供了多种不同的读和写模式。用户可以根据需求为每一个操作配置最适合的读写模式。

5.2.1 Alluxio 的数据读模式详解

Alluxio 提供以下三种数据读模式。

❑ CACHE：读数据过程中将数据写入 Alluxio 缓存。

❑ CACHE_PROMOTE：如果命中缓存，则在读取之前将数据块移动到最高级缓存。

❑ NO_CACHE：读数据过程中不写入 Alluxio 缓存。

为便于理解，本节将按照缓存命中 / 未命中的逻辑顺序而不是三种读模式的顺序进行介绍。这是因为 Alluxio 的数据读流程在不同读模式下大致相同，而在不同缓存命中的情况下有所不同。

1. 缓存命中

应用通过 Alluxio 客户端读文件数据的时候（如图 5-1 所示），底层存储首先会向 Alluxio Master 请求该文件的元数据，包括该文件中的每一个数据块当前在哪些 Worker 上有缓存。

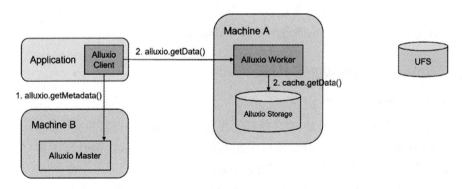

图 5-1　缓存命中时的读流程

在得到该文件的元数据后，Alluxio 客户端会根据要读取的文件位置，根据文件的数据块大小解析出需要读哪个数据块。Alluxio 客户端在元数据中找到对应数据块的位置信息，如果发现有一个本地的 Alluxio Worker 拥有将要被读取的数据块，那么 Alluxio 客户端会直接向本地的 Alluxio Worker 请求读这个数据块。在默认配置下，Alluxio 客户端会通过短路读（short-circuit read）或域套接字读（domain socket read）从本地的 Alluxio Worker 读取这个数据块，以获得最高的性能。短路读和域套接字读将在后续章节中详细介绍。

如果 Alluxio 客户端发现本地的 Worker 没有这个数据块时，Alluxio 客户端会选择一个集群中有缓存的 Alluxio Worker，通过 RPC 服务读取远程 Alluxio Worker 中的缓存。在数据读取完成后，如果存在一个本地的 Alluxio Worker，则 Alluxio 客户端会向本地 Alluxio Worker 发送一个请求让该 Alluxio Worker 异步地缓存这个数据块。Alluxio 选择从远程 Alluxio Worker 中读取缓存，而不是用本地 Alluxio Worker 读取底层存储，这基于 Alluxio 集群内网络性能大于读取底层存储的假设。

由于 Alluxio Worker 支持使用多种不同存储介质（MEM、SSD、HDD）作为缓存，因此读取速度取决于命中的缓存是哪种存储介质。如果使用了 CACHE_PROMOTE 读模式，那么在读操作实际发生前，Alluxio Worker 会将缓存数据块移动到缓存的最顶层，如果最顶层缓存已满，则会触发数据块的驱逐操作。换言之，CACHE 模式的读缓存速度取决于 Alluxio Worker 的位置和缓存的存储介质，而 CACHE_PROMOTE 的读性能还要考虑在读操作发生前数据块移动造成的开销。

2. 缓存未命中

当 Alluxio Master 返回的文件元数据不包含任何数据块地址时（即 Alluxio Worker 没有目标数据块的缓存），Alluxio 客户端会根据 Worker 选择策略（由 alluxio.user.ufs.block.read.location.policy 配置）选取一个 Alluxio Worker。默认的 LocalFirstPolicy 会尽量选择本地的 Worker。之后，Alluxio 客户端向被选中的 Worker 发出数据块的读请求，由该 Worker 根据这个数据块的位置去底层存储的文件中读取目标数据并把它返回给 Alluxio 客户端，如图 5-2 所示。Worker 选取策略将在 6.1.3 节详细介绍。

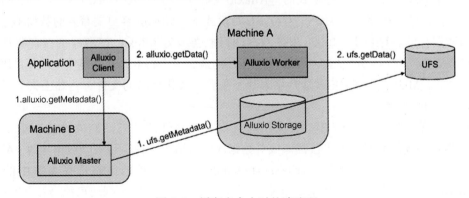

图 5-2　缓存未命中时的读流程

如果 Alluxio 客户端对数据块按顺序进行读取（读整个数据块），那么 Worker 在从底层存储读到这部分内容的同时，将这部分内容写入自己的缓存并把它再返回给 Alluxio 客户端。因为有缓存写入的过程，所以读数据所需要的时间比计算应用不经过 Alluxio 直接读底层存储的时间要更长。换句话说，Alluxio 冷读会比直接读底层存储需要更长的时间，额外开销的大小由缓存数据块被写入 Alluxio Worker 的位置和对应缓存层级决定。

如果 Alluxio 客户端对数据块某一部分进行随机读，那么 Alluxio Worker 从底层存储的读过程中并不会写入缓存，而是直接将这部分内容直接返回给 Alluxio 客户端。这是因为 Alluxio Worker 只会以数据块为单位进行缓存，而不会缓存数据块的一部分，因此读到的数据块部分并没有意义。

在将随机读的内容返回给 Alluxio 客户端之后，Alluxio 客户端会向这个 Alluxio Worker 发送一个异步缓存请求，让 Alluxio Worker 异步地从底层存储中将这个数据块完整地读入缓存，以便下一次使用。这种机制被称为 Alluxio 的异步缓存。注意，异步缓存会和正在进行的用户请求竞争底层存储的带宽。用户可以通过下列配置控制异步缓存的并发度：

```
# 负责异步加载缓存的线程数
alluxio.worker.network.async.cache.manager.threads.max=2*nCPU
# 异步缓存队列长度，当队列已满时新的缓存请求不会被处理
alluxio.worker.network.async.cache.manager.queue.max=512
```

3. 不缓存

当使用 NO_CACHE（alluxio.user.file.readtype.default=NO_CACHE）读模式时，Worker 会从底层存储中读到数据并把数据返还给 Alluxio 客户端，但是不保留任何缓存。

5.2.2 Alluxio 的数据写模式详解

1. MUST_CACHE 写模式

当使用 MUST_CACHE 写模式时，Alluxio 客户端只会写入 Alluxio Worker 的缓存中，而不持久化到底层存储。在 MUST_CACHE 写模式下，Alluxio 客户端写入的数据不会被持久化到底层存储。存在于 Alluxio 中的数据块可能会因为 Alluxio Worker 的缓存驱逐或者 Alluxio Worker 下线导致丢失。如果丢失了文件的最后一个副本，则会导致文件不可用。用户应当注意，MUST_CACHE 只适合用来写不需要持久化保障的文件，比如丢失后可以重新生成的计算中间结果。

值得注意的是，Alluxio 对上层应用的接口是对文件的读写。对文件的写请求会在 Alluxio 客户端按照数据块大小被翻译成对数据块的写请求。在写每一个数据块时，Alluxio 客户端会根据 alluxio.user.block.write.location.policy.class 配置的策略选择集群中的一个 Alluxio Worker。换句话说，如果一个文件有多个数据块，这些数据块可能会被 Alluxio 客户端写入不同的 Alluxio Worker 节点。

每当 Alluxio Worker 收到写数据块缓存请求时，它将会在自己管理的分层缓存中为这个新数据块分配一块空间。此时，如果 Alluxio Worker 已有的空间不足，则会按照数据块驱逐策略删除已有的数据块，直到目标空间被满足为止。之后 Alluxio Worker 从 Alluxio 客户端接收数据流并写入自己缓存中的目标数据块。

当 Alluxio 客户端找到一个本地的 Alluxio Worker 节点时，它会尝试向这个 Alluxio Worker 节点通过短路写（short-circuit write）或域套接字写（domain socket write）来写数据块，以达到最佳的本地性和 I/O 性能，其他写模式也类似。

2. THROUGH 写模式

使用 THROUGH 写模式（通写模式）时，Alluxio Worker 不缓存而直接写入底层存储。通写模式的性能通常由底层存储决定。在通写模式下，Alluxio 客户端会选定一个 Worker 并将文件内容通过该 Worker 同步地写入底层存储，如图 5-3 所示。该 Worker 负责在底层存储中创建文件、将 Alluxio 客户端发送来的全部内容写入底层存储文件，之后向底层存储提交文件。

通写模式中，Alluxio 客户端通过 Worker 写入底层存储而不是自己直接写入底层存储。这样 Alluxio 客户端不需要有底层存储的依赖，也不需要保存连接底层存储相应的配置和证书，从而使 Alluxio 客户端逻辑更加简单。通写模式适用于将后续无须被读取的数据写入底层存储，比如数据处理的最终结果。

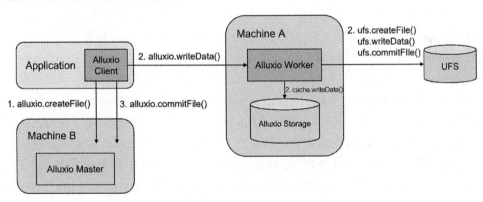

图 5-3　THROUGH 模式（通写模式）下的写流程

3. CACHE_THROUGH 写模式

CACHE_THROUGH 模式相当于 MUST_CACHE 和 THROUGH 模式的结合，Alluxio 客户端会同时将文件写入缓存和底层存储，只有在缓存和底层存储写入都成功之后才向上层应用返回成功。因此当 CACHE_THROUGH 写成功后，文件同时拥有底层存储的持久化保障和 Alluxio Worker 缓存的性能。因为本地缓存写性能通常大于通过网络写入底层存储的性能，通常可以认为 CACHE_THROUGH 写的耗时由底层存储速度决定。

在 CACHE_THROUGH 模式下，Alluxio 客户端会打开两个数据流，一个直接向 Alluxio Worker 写入缓存，一个通过 Alluxio Worker 写入底层存储。底层存储流会使用同一个 Alluxio Worker 完成，而缓存流在写入每一个数据块时做一次选择，不一定使用与底层存储流相同的 Alluxio Worker。客户端需要两个数据流来分别写入缓存和底层存储，主要是因为缓存流可能将不同数据块写入不同 Alluxio Worker，而底层存储大多无法支持由不同 Alluxio Worker 追加写入文件的不同部分，只能由一个 Alluxio Worker 一次性写入。但是这一逻辑可能在 Alluxio 的未来版本中优化，来减少 Alluxio 客户端的重复数据传输。

CACHE_THROUGH 模式适用于写需要持久性保障和后续缓存的文件。例如，ETL 任务中经过转换的重要表格数据，在之后会被数据管道中的下一个步骤（可能是另一个数据应用）读取。

4. ASYNC_THROUGH 写模式

在 CACHE_THROUGH 写模式的基础上，Alluxio 2.0 版本中加入了性能更高的 ASYNC_THROUGH 写模式。在 ASYNC_THROUGH 模式下，Alluxio 客户端用 THROUGH 写模式的方法，将文件按数据块写入 Alluxio Worker 的缓存，之后向上层应用返回成功。而 Alluxio Master 会异步地向 Job Service 提交文件持久化作业，将缓存写入底层存储。

通过这样的方式，上层应用的写数据速度从 CACHE_THROUGH 的写底层存储速度变成了 ASYNC_THROUGH 的写 Alluxio 缓存速度。在推荐的部署方式下，Alluxio Worker 和上层应用部署在同一个集群，因此写 Alluxio 缓存通常可以达到近似本地内存或存储的速度。从 Alluxio 2.0 版本开始，ASYNC_THROUGH 也变成了 Alluxio 的默认写模式。

在 ASYNC_THROUGH 模式下，如果在持久化完成之前，缓存所在的 Alluxio Worker 下线，则相对应的文件数据将会丢失不可用。因此，如果数据需要更强的可靠性保障，则可以使用 alluxio.user.file.replication.durable=n 来指定在 ASYNC_THROUGH 写模式下每一个数据块写 n 个副本，即 Alluxio 客户端会同时向 n 个 Alluxio Worker 的缓存写入这个数据块。以这样的方式，一部分网络带宽和缓存空间被牺牲，用来保证文件更不容易丢失。当然，如果 n 个副本所在的 n 个 Alluxio Worker 全部下线，则这个数据块所有副本将丢失，文件将不可用。在文件持久化完成之后，Alluxio 不会再将对应文件的缓存锁定在 Alluxio Worker 内，这些副本可能会随着 Alluxio Worker 的缓存更迭被驱逐。

和 MUST_CACHE 不同，在 ASYNC_THROUGH 模式下，持久化前的缓存数据块是不会从 Alluxio Worker 存储中被驱逐的。数据块的状态等同于手动使用锁定（pin）命令在 Alluxio Worker 中锁定。

5.2.3　本地读写的优化

1. 短路读写

在发出读写请求时，如果 Alluxio 客户端找到本地的 Worker，会使用短路读写（short

circuit read/write）的方式进行读写以达到最高的性能。短路读写的本质是让 I/O 不经过 Worker，直接对 Worker 管理的缓存文件进行读写操作，这样可以节省 Worker 的 CPU 和内存，数据也避免了 Worker 的转发，因此可以达到最高的性能。但是 Alluxio 客户端需要有足够的权限来读写缓存中的文件路径。

短路读流程

在短路读时，Alluxio 客户端首先会向本地的 Alluxio Worker 建立一个长连接，并发送一个请求（OpenLocalBlockRequest），该请求包含目标数据块 BlockID。Alluxio Worker 将该数据块标记上锁以防止数据块在读取过程中被驱逐，之后恢复这个数据块的本地缓存文件路径（本地文件系统路径）。Alluxio 客户端在得到缓存文件路径后，不经过 Alluxio Worker 直接读取该文件的内容。在读取完成后，Alluxio 客户端关闭和本地 Alluxio Worker 的长连接。这样 Alluxio Worker 就可以通过连接状态得知数据块完成读取，可以被解锁并根据需要进行移动或驱逐了。

OpenLocalBlockRequest 同样记录了这个读请求是 CACHE_PROMOTE 模式还是 CACHE 模式。如果是 CACHE_PROMOTE 模式，则 Alluxio Worker 会先将这个数据块移动到最顶层再返回新的数据块路径。如果在读取过程中长连接中断，则 Alluxio Worker 会认为 Alluxio 客户端已丢失或者终止了读数据流，并将数据块解锁。

短路写流程

在短路写时，Alluxio 客户端首先会向本地的 Alluxio Worker 建立一个长连接，并发送一个请求（CreateLocalBlockRequest），该请求包含目标数据块的 BlockID。Alluxio Worker 会为该数据块清理出足够的空间，创建数据块文件，为数据块上锁，并将该路径返回给 Alluxio 客户端。Alluxio 客户端在获得该路径后就开始直接写入缓存路径中的本地文件，而数据流不经过 Alluxio Worker。同样地，在写入结束后，Alluxio 客户端通过长连接通知 Alluxio Worker 将该数据块的元信息提交给 Alluxio Master，之后将数据块解锁。

如果写模式是 ASYNC_THROUGH，Alluxio 客户端在 CreateLocalBlockRequest 请求中会通知 Alluxio Worker 创建的数据块需要标记为已锁定。如果在写过程中长连接中断，Alluxio Worker 会认为 Alluxio 客户端已丢失或者终止了写数据流，此时 Alluxio Worker 会将这个未知状态的数据块删除并且中断写流程。

2. 域套接字（domain socket）读写

在很多场景中，Alluxio 客户端难以直接读写 Alluxio Worker 管理的缓存文件，比如在安全性较差的环境中，上层应用的用户不应该绕过 Alluxio Worker 直接接触 Alluxio Worker 的存储。在虚拟化环境中，Alluxio 客户端和 Alluxio Worker 运行在不同的容器中，两者在容器中所见的文件系统命名空间不同。为了让 Alluxio 客户端看到 Alluxio Worker 的缓存路径，需要烦琐的挂载和手动存储管理。有时甚至两者的 hostname 和 IP 不同，因此 Alluxio 客户端难以发现同一个宿主机的 Alluxio Worker。在这些场景中，短路读写在部署上有较多的困难。

另一种实现本地高性能读写的方式是 Alluxio Worker 在 alluxio.worker.data.server. domain.socket.address 配置的路径下创建一个 UNIX 域套接字（UNIX domain socket），Alluxio 客户端通过这个套接字就可以找到本地的 Alluxio Worker。客户端通过域套接字读写数据块的流程与通过网络请求读写数据块的流程相同，唯一区别是通过域套接字进行读写的 I/O 性能高于通过 IP 地址的 TCP 连接方式进行读写的 I/O 性能。但是，与不经过 Alluxio Worker 的短路读写方式相比，域套接字的数据流需要经过 Alluxio Worker 转发，因此性能低于短路读写，也存在对 Alluxio Worker 的 CPU 和内存开销。

如果 Alluxio 客户端因为权限问题无法直接读写 Alluxio Worker 的缓存数据块，使用域套接字的方式只需要 Alluxio 客户端对域套接字有读写权限，不需要对缓存实际目录的权限。

如果 Alluxio 客户端和 Alluxio Worker 因为 hostname 不同无法顺利解析（容器化部署中的常见现象），则可以将域套接字和 alluxio.worker.data.server.domain.socket.as.uuid=true 搭配使用。此时 Alluxio Worker 创建的域套接字文件将以自己的 UUID 命名。 Alluxio 客户端定期向 Alluxio Master 获取集群中存在的 Alluxio Worker 地址以及每一个 Alluxio Worker 的 UUID，所以 Alluxio 客户端通过查看 alluxio.worker.data.server.domain.socket.address 文件夹下域套接字的文件名，就可以直接通过 UUID 定位到本地的 Alluxio Worker 地址（hostname 和端口），将域套接字和本地的 Alluxio Worker 对应起来，解决了本地 Alluxio Worker 的发现问题。

5.3 Alluxio 系统中数据块的生命周期和管理

数据块的生命周期与文件的生命周期类似。

❑ 数据块随着第一次从 Alluxio 中读取而创建。如果是一个顺序读的请求，则 Alluxio 在从底层存储读取的过程中将内容同时写入 Alluxio 缓存。如果是一个随机读的请求，则 Alluxio 不会马上缓存该数据块，而是由 Worker 在请求处理完之后异步地将对应的整个数据块从底层存储中加载。

❑ 如果写入 Alluxio 时写模式允许缓存（CACHE_THROUGH 或 ASYNC_THROUGH），则在写入过程中将数据块写入 Alluxio 缓存。

在将数据块写入某一个 Alluxio Worker 时，Worker 根据配置的缓存分配机制为数据块选择一个位置并写入，缓存分配机制将在 5.4.4 节介绍。此后 Alluxio 客户端可以通过从该 Alluxio Worker 读取数据块获得 Alluxio 缓存的加速。

在 Alluxio Worker 缓存已满时，新的缓存分配会驱逐已有的数据块。Alluxio Worker 根据配置的缓存驱逐机制将一些数据块从缓存中删除。虽然这个数据块被移除出 Alluxio，但是以后还可能随着下一次对这个数据块的读取被加载回 Alluxio。

用户可以对数据块进行一些管理操作，如将数据块标记为不可驱逐、为数据块设置副本控制或 TTL。Alluxio 的管理机制会在 Alluxio Worker 上对数据块进行复制、移除等管理操作。虽然存储数据块是 Alluxio Worker 的职责，但是数据块的管理和文件的管理密不可分，很多时候由 Alluxio Master 进行。这是因为 Alluxio Master 可以见到所有元数据和所有数据块位置信息。类似地，每一个 Alluxio Worker 也有配置的缓存管理机制，在不同缓存路径间根据需求移动数据块位置。

5.3.1　数据块的加载和删除

可以通过 load 命令将数据块从底层存储中加载到 Alluxio。

```
$ bin/alluxio fs load ${PATH_TO_FILE}
```

load 命令基于单个进程，因此性能上限明显。如果需要一次性将大量文件加载到 Alluxio，则可以使用分布式的加载命令 distributedLoad：

```
$ bin/alluxio fs distributedLoad ${PATH_TO_DIR}
```

在实际使用中，在上层应用第一次读取数据时，该数据根据需要（如果读取模式是 CACHE 或 CACHE_PROMOTE）被加载进 Alluxio Worker，因此通常不需要手动加载。数据加载的一个使用场景是：如果已知某些数据将要被业务使用，可以通过自动化任务进行这些数据的预加载，保证业务应用运行时可以命中缓存从而提高性能。

如果是顺序读（对一个文件从头读到尾按顺序读取）请求，则 Alluxio 在从底层存储中读取的过程中将内容同时写入 Alluxio 缓存。如果是随机读（读某一个文件的某一段位置）请求，则 Alluxio 不会马上缓存一个数据块，而是由 Alluxio Worker 在请求处理完之后异步地将对应的整个数据块从底层存储中加载，这一功能被称为 Alluxio 的异步缓存机制。

用户同样可以通过 free 命令从 Alluxio 中手动地移除某个文件或文件夹下的全部缓存。Alluxio Worker 中的缓存数据块会被移除，而文件不会被从 Alluxio 中删除。

```
$ ./bin/alluxio fs free ${PATH_TO_UNUSED_DATA}
```

用户通常不需要手动地对缓存进行释放，因为 Alluxio Worker 会根据缓存驱逐策略管理配置的缓存空间，不再被使用的缓存会慢慢被更热的缓存取代。

当文件被从 Alluxio 中删除的时候，属于该文件的数据块同样会被删除。

5.3.2　数据块的写入和持久化

上层应用写文件时，如果写入模式不是 THROUGH，则会将这个文件分割成数据块写入 Alluxio Worker 中的缓存。用户也可以通过 copyFromLocal 命令将一个本地文件写入 Alluxio：

```
$ bin/alluxio fs copyFromLocal <local path> <alluxio path>
```

用户可以通过 persist 命令手动将文件持久化到底层存储。persist 命令会向 Alluxio Master 提交一个异步持久化请求，Alluxio Master 告知 Job Service 将这个文件异步地写入底层存储。

```
$ bin/alluxio fs persist ${PATH_TO_FILE}
```

Alluxio 无法将每个数据块单独写入底层存储，只能以文件为单位，将整个文件的内容一次性持久化写入底层存储。对上层应用来说，Alluxio 只支持对文件的一次性写入，即已经标记写完的文件无法追加内容，也无法覆盖更新。因此，Alluxio 可以将文件一次性持久化写入底层存储，无须担心之后会被更改或追加。值得注意的是，虽然底层存储系统 HDFS 也以数据块为单位管理文件，但是 Alluxio 内部组织的数据块和 HDFS 文件的数据块并没有对应关系。

Alluxio 缓存并不提供持久化保障，因此写入 Alluxio 缓存的内容可能随着数据块驱逐而丢失。只有被持久化到底层存储的文件才有持久性保障。

5.3.3　数据块的锁定和解锁

使用 pin 命令可以防止指定的数据根据驱逐策略被移除出 Alluxio Worker。用户可以对文件或者文件夹使用 pin 命令，将这些文件已有的数据块锁定在 Alluxio 缓存中：

```
$ ./bin/alluxio fs pin /file
$ ./bin/alluxio fs pin /dir
```

用户可以使用 unpin 命令解除锁定：

```
$ ./bin/alluxio fs unpin /file
$ ./bin/alluxio fs unpin /dir
```

5.3.4　数据块的副本控制

1. 自动的副本数管理

一个数据块在 Alluxio Worker 中的副本数是随着请求动态变化的。当 Alluxio 客户端使用 CACHE 或 CACHE_PROMOTE 读模式通过 Alluxio Worker 读某个数据块时，该 Alluxio Worker 中会留下该数据块。此时，该数据块在 Alluxio 中的副本数增加 1。同时，当 Alluxio Worker 因空间释放而驱逐某个数据块时，该数据块在 Alluxio 中的副本数就减少 1。因此，一个数据块的副本数取决于它的使用模式，而非它来自哪个文件。在默认配置下，Alluxio 对数据块的副本数不设上限，但一个数据块在每一个 Alluxio Worker 上最多存在一份副本。

Alluxio Master 会通过异步线程定期检查文件系统中的数据块和对应的副本数设置。如果已有副本数超过设置上限则进行驱逐，如果低于设置下限则进行复制。由于副本数检查的异步性，Alluxio Worker 中实际存在的副本数可能在某一时间不满足上下限设置。值得注意的是，副本数检查需要消耗一定资源，更长的检查周期间隔可以让 Alluxio Master 拥有更好的性能。

```
alluxio.master.replication.check.interval=1hr
```

2. 手动的副本数设置

Alluxio 同样提供了手动控制数据块副本数的方式。用户可以使用 setReplication 命令来对文件或文件夹设置副本数限制。setReplication 命令在设置成功后马上返回，而 Alluxio Master 会异步地调整这些文件或文件夹的副本数来满足设置。

```
$ ./bin/alluxio fs setReplication --min 3 --max 5 /file
$ ./bin/alluxio fs setReplication --min 3 --max 5 -R /dir
```

用户同样可以在创建文件时指定 alluxio.user.file.replication.min 和 alluxio.user.file.replication.max 来设定文件的副本数。alluxio.user.file.replication.min 默认为 0。alluxio.user.file.replication.max 默认为 −1，表示没有上限。

```
$ ./bin/alluxio fs -Dalluxio.user.file.replication.min=3 \
-Dalluxio.user.file.replication.max=5 copyFromLocal /path/to/file /file
```

5.3.5　数据块的 TTL 控制

1. 通过命令行

Alluxio 支持为文件和文件夹设置生命时间（Time To Live，TTL）。该功能可以帮助特定缓存在到期后自动释放。Alluxio 使用 Master 中的异步线程定期检查所有文件的 TTL 是否过期，如果有文件过期，则在下一次和 Worker 的心跳中告知 Worker 删掉相关的缓存数据块。异步线程进行检查的间隔由以下配置控制。值得注意的是，TTL 检查需要消耗一定资源，更长的检查周期可以让 Alluxio Master 拥有更好的性能。

```
alluxio.master.ttl.checker.interval=1hr
```

Alluxio 提供了通过命令行手动设置 TTL 的方式。默认在到达 TTL 之后从 Alluxio 和底层存储中删除文件，可以通过 --action free 命令指定只释放缓存而不删除文件和底层存储。

```
# 设置文件夹中的文件在1天后被删除
$ ./bin/alluxio fs setTtl /data/one-day/ 1d
# 设置文件夹中的文件在1天后释放缓存但不删除
$ ./bin/alluxio fs setTtl --action free /data/one-day/ 1d
```

2. 通过配置自动生成

在创建文件时可以通过 alluxio.user.file.create.ttl 和 alluxio.user.file.create.ttl.action 配置

项设置文件的 TTL。例如，可以在运行 runTests 命令时指定创建的测试文件的 TTL：

```
$ ./bin/alluxio runTests -Dalluxio.user.file.create.ttl=3m \
  -Dalluxio.user.file.create.ttl.action=DELETE
```

在从底层存储中加载文件时，同样是在 Alluxio 中创建文件，可以通过这两个配置项指定加载到 Alluxio 中文件的 TTL：

```
$ ./bin/alluxio fs ls -Dalluxio.user.file.create.ttl=1h \
  -Dalluxio.user.file.create.ttl.action=FREE /load-from-ufs
```

5.4 Alluxio Worker 的分层缓存

5.4.1 分层缓存的设计

在部署 Alluxio 时，需要给每一个 Alluxio Worker 分配一些本地的存储资源作为缓存。Alluxio Worker 会将数据块存储在自身管理的缓存资源内，这样在 Alluxio 客户端读取数据块时如果命中 Alluxio Worker 缓存，可以获得更好的性能。

为了获得最高的性能，可以分配物理机内存给 Alluxio Worker 来存放缓存。但是实际场景中，目标的缓存规模往往超过了物理机所能分配给 Alluxio Worker 的内存，因此 Alluxio Worker 支持使用其他存储介质（如 SSD、NVM、HDD）来存放缓存数据。缓存所能达到的性能提升取决于缓存的介质，在具体使用场景中需要充分权衡缓存的规模和缓存的介质。

因为需要管理来自多种存储介质的资源，Alluxio Worker 设计了层级缓存功能。层级缓存功能类似 CPU 的 L1、L2、L3 缓存，自上而下容量逐渐增大，但是性能逐渐降低。Alluxio Worker 可以使用多层缓存，顶层的缓存来自 MEM，其次来自 SSD，最次来自 HDD。在使用分层缓存时，Alluxio Worker 会有内部的缓存管理逻辑来控制缓存的加载和驱逐，以及在不同层级间的移动。Alluxio Worker 的层级缓存使用以下配置项：

```
# 指定缓存层数，默认为1层
alluxio.worker.tieredstore.levels
# 为第x层的缓存指定一个别名
alluxio.worker.tieredstore.level{x}.alias
# 为第x层的缓存配置容量
alluxio.worker.tieredstore.level{x}.dirs.quota
# 为第x层的缓存配置使用的本地存储路径
alluxio.worker.tieredstore.level{x}.dirs.path
# 为第x层的缓存配置存储介质类型
alluxio.worker.tieredstore.level{x}.dirs.mediumtype
```

在每个缓存路径中，Worker 会创建一个 /alluxioworker 文件夹并写入数据块文件。下面是一个例子，Worker 使用 ramdisk 作为缓存存储，并在这个路径下写入数据块文件。

每一个文件以数据块 ID 作为文件名，包含整个数据块的内容。

```
$ ls -al /Volumes/ramdisk/alluxioworker
total 384
-rwxrwxrwx  1 alluxio-user  alluxio-group     84B Apr 19 22:19 1006632966
-rwxrwxrwx  1 alluxio-user  alluxio-group 80B Apr 19 22:19 117440512
-rwxrwxrwx  1 alluxio-user  alluxio-group 80B Apr 19 22:19 134217728
-rwxrwxrwx  1 alluxio-user  alluxio-group 80B Apr 19 22:19 150994944
-rwxrwxrwx  1 alluxio-user  alluxio-group 80B Apr 19 22:19 16777216
```

5.4.2　使用单层缓存

使用单层缓存是为 Alluxio Worker 分配缓存资源最简单的方式。Alluxio Worker 默认使用基于 ramdisk 的单层缓存。在启动 Alluxio Worker 时，默认会为每一个 Alluxio Worker 分配一个本地 ramdisk，该 ramdisk 的空间大小默认基于系统内存，建议通过 alluxio.worker.ramdisk.size 显式地设置。Alluxio Worker 会将数据块存放在该 ramdisk 中。当缓存请求 ramdisk 存储空间不足时，Worker 会驱逐已有的数据块来腾出空间。

在使用 bin/alluxio-start.sh workers SudoMount 命令启动 Alluxio Worker 进程时，Alluxio 会在物理机上用超级用户创建并挂载一个 ramdisk，该 ramdisk 的容量和挂载位置可以通过以下配置项进行配置：

```
# 设置ramdisk容量为16GB
alluxio.worker.ramdisk.size=16GB
# 设置ramdisk的挂载路径为/mnt/ramdisk，这也是Alluxio运行在Linux系统上时的默认值
alluxio.worker.tieredstore.level{x}.dirs.path=/mnt/ramdisk
```

在第 0 层为内存层（MEM）而且只有 ramdisk 时，alluxio.worker.tieredstore.level0.dirs.quota 会使用 alluxio.worker.ramdisk.size，否则，用户应手动通过 alluxio.worker.tieredstore.level0.dirs.quota 来明确第 0 层的容量配置。

Alluxio Worker 支持在单层缓存中使用内存以外的其他存储路径，如 SSD。在完全依靠内存容量无法满足缓存空间要求时，我们建议使用单一层级的 NVM 或 SSD 作为缓存，从而在缓存性能和容量间取得平衡。Alluxio Worker 同样支持在一层缓存中使用多个存储路径，并且多个存储路径可以是不同的存储介质。

```
alluxio.worker.tieredstore.level0.dirs.path=/mnt/ramdisk,/mnt/ssd1,/mnt/ssd2
alluxio.worker.tieredstore.level0.dirs.mediumtype=MEM,SSD,SSD
alluxio.worker.tieredstore.level0.dirs.quota=16GB,100GB,100GB
```

因为同一层的多个存储路径在分配新数据块的时候拥有同样的优先级，所以使用中一般不会在同一层放多种不同的存储介质和不同速度的存储路径。以上在同一层配置不同存储介质的多个路径只是作为示例，不建议在实际场景中使用。

5.4.3 使用多层缓存

大多数场景使用单层缓存即可满足应用需求。在一些场景中，基于 I/O 性能将缓存分为多层可以更好地满足业务的缓存需求。比如，由于数据本身的使用模式清晰，在数据冷热分层比较明显时，将更热的数据放在顶层而用底层缓存放置较冷数据可能是一个好办法。

在使用多层缓存时，Alluxio Worker 假定缓存的层级是按照速度降序排列的，即最高层的缓存速度最快，低一层的缓存次之。因此，Alluxio Worker 会按照一定的逻辑把更重要的缓存向上层移动。比如用户经常按照这样的方式配置缓存排列：

1）内存层（MEM）

2）固态硬盘层（SSD）

3）磁盘层（HDD）

以下是 Alluxio Worker 使用两层缓存和多个路径用作存储的配置示例：

```
# 配置Alluxio Worker使用两层缓存
alluxio.worker.tieredstore.levels=2
# 配置第0层（最高层）别名为MEM
alluxio.worker.tieredstore.level0.alias=MEM
# 配置第0层使用ramdisk作为存储路径
alluxio.worker.tieredstore.level0.dirs.path=/mnt/ramdisk
# 配置第0层使用的存储路径为内存类型
alluxio.worker.tieredstore.level0.dirs.mediumtype=MEM
# 配置第0层的存储路径有100GB容量
alluxio.worker.tieredstore.level0.dirs.quota=100GB
# 配置第1层别名为HDD
alluxio.worker.tieredstore.level1.alias=HDD
# 配置第1层缓存的存储路径
alluxio.worker.tieredstore.level1.dirs.path=/mnt/hdd1,/mnt/hdd2,/mnt/hdd3
# 配置第1层缓存各存储文件夹均为磁盘类型
alluxio.worker.tieredstore.level1.dirs.mediumtype=HDD,HDD,HDD
# 配置第1层缓存各存储文件夹的容量
alluxio.worker.tieredstore.level1.dirs.quota=2TB,5TB,500GB
```

截至 Alluxio 2.8 版本，用户可以配置任意层的缓存，前提是缓存层别名（alias）不可以重复。换言之，Alluxio 支持超过 3 层的缓存，但是因为多层缓存的管理比较复杂，在实际使用中更常见的是使用更大的单一缓存层。

5.4.4 缓存分配机制

Alluxio 通过缓存分配机制来控制如何在各层缓存和多个存储路径中为数据块分配空间。缓存分配机制通过 alluxio.worker.allocator.class 配置。可用的分配机制有以下几种。

MaxFreeAllocator

从高到低依次遍历所有缓存层，如果这一层有存储路径当前的剩余空间能容纳这个数据块，则分配到这些路径中剩余空间最大的。如果所有层的所有路径都没有剩余足够的空间，那么进行驱逐，并将数据块分配到驱逐出的位置（所属的存储路径）。这是默认的分配机制。

RoundRobinAllocator

从高到低依次遍历所有缓存层，在每一层中寻找剩余空间可以容纳目标数据块的缓存路径，在它们当中轮流分配。RoundRobinAllocator 也会尽量将数据块分配在更高的缓存层，只有在高层中不存在剩余空间可以容纳这个数据块的位置时，才会去更低层进行轮流分配。同样地，如果所有层的所有路径都没有剩余足够的空间，那么进行驱逐，并将数据块分配到驱逐出的位置（所属的存储路径）。

GreedyAllocator

依次遍历所有缓存层的所有存储路径，将数据块分配到第一个剩余空间足够的存储路径中。

5.4.5　缓存驱逐机制

1. 基于水位线的异步释放机制

该机制是 Alluxio 2.2 及以前版本的缓存驱逐机制。当 Alluxio Worker 的缓存空间不足时，添加新的缓存会需要驱逐一些旧的缓存数据块。在 Alluxio 2.0～2.2 版本中，Alluxio Worker 使用基于水位线的异步缓存机制。用户为每一个缓存层配置一个高水位和一个低水位，当缓存的使用超过高水位之后，一个驱逐线程将会被触发，在缓存使用降低到低水位之前一直不停地驱逐缓存数据块。

例如，按如下配置第 0 层的缓存总容量为 100GB，高水位线为 90%，低水位线为75%。那么在第 0 层缓存使用超过 90 GB 时触发驱逐线程，这个线程在第 0 层占用到达75% 之前会一直不停地驱逐数据块。

```
alluxio.worker.tieredstore.level0.dirs.quota=100GB
alluxio.worker.tieredstore.level0.watermark.high.ratio=0.9
alluxio.worker.tieredstore.level0.watermark.low.ratio=0.75
```

由于高低水位驱逐机制，每一层的缓存使用会首先达到高水位，之后在低水位到 100%之间不断变化。Alluxio Worker 的总缓存使用量一般小于实际分配的空间总和。在处理一个新的缓存请求时，写缓存线程在请求缓存空间时会等待缓存中被清理出新数据块需要的空间后再写入。

缓存驱逐策略

驱逐线程按照 alluxio.worker.evictor.class 配置的策略进行驱逐，可选的策略包括以下几个。

- ❑ alluxio.worker.block.evictor.LRUEvictor：按照被读取的时间进行排序，驱逐最旧的数据块。这也是 Alluxio Worker 的默认策略。

❑ alluxio.worker.block.evictor.GreedyEvictor：按照遍历数据块的顺序进行驱逐，等同于随机驱逐。

❑ alluxio.worker.block.evictor.LRFUEvictor：在基于上次读取时间的 LRU 和基于被读取次数的 LFU 中按照 alluxio.worker.block.annotator.lrfu.step.factor 的配置进行加权。权重越接近 0 就越接近 LFU，越接近 1 就越接近 LRU，默认为 0.25。

❑ alluxio.worker.block.evictor.PartialLRUEvictor：首先选择有最大可用空间的路径，在这个路径下基于 LRU 进行驱逐。

多层级缓存管理

在创建缓存数据块时，Alluxio 默认将缓存创建在最高层，如果最高层的剩余空间不足，则会触发缓存的驱逐，最高层的缓存会被驱逐到下一层，以此类推，最下层的缓存被驱逐时会被移除出 Alluxio Worker 的存储。每一层的缓存中，数据块按照 Evictor 逻辑进行排序，每次驱逐排序次序最低的数据块。通过这样的方式，缓存中的数据块次序被严格维护，高层缓存中的所有数据块排序都比下层的所有数据块高。

在使用 CACHE_PROMOTE 方式读缓存时，缓存数据块会先被移动到最高层再被读取，移动的过程同样会触发最高层的缓存驱逐，与创建数据块的过程相同。如果使用 CACHE 方式读缓存，则不对数据块进行移动，直接读取。Alluxio 2.2 及以下版本中默认的读方式是 CACHE_PROMOTE。

2. 同步的驱逐和异步的排序机制

这里介绍 Alluxio 2.3 及以后版本的缓存驱逐机制。Alluxio 2.3 版本中改写了缓存驱逐的方式，移除了基于高低水位的驱逐方式。换言之，从 2.3 版本起，缓存驱逐使用同步方式，写缓存数据块的请求会触发驱逐，并在驱逐完成后继续写入。以下对缓存各层的高低水位配置从 Alluxio 2.3 版本起不再生效：

```
alluxio.worker.tieredstore.levelX.watermark.low.ratio
alluxio.worker.tieredstore.levelX.watermark.high.ratio
```

缓存驱逐策略

Alluxio 2.2 及以前版本的驱逐策略配置项 alluxio.worker.evictor.class 不再生效，被 2.3 版本新加入的配置项 alluxio.worker.block.annotator.class 取代。

❑ alluxio.worker.block.annotator.LRUAnnotator：按照被读取的时间进行排序，驱逐最旧的数据块。这也是 Alluxio Worker 的默认策略。如果在 Alluxio 2.2 及之前的版本中配置了 LRUEvictor、GreedyEvictor 或 PartialLRUEvictor，在升级到 Alluxio 2.3 及以上版本时应该迁移到这个新的驱逐策略。

❑ alluxio.worker.block.annotator.LRFUAnnotator：与 Alluxio 2.2 版本中的 LRFUEvictor 相同，如果在 Alluxio 2.2 及之前的版本中配置了 LRFUEvictor，在升级到 Alluxio 2.3 及以上版本时应该迁移到这个新的驱逐策略。

多层级缓存管理

Alluxio 2.3 之前版本的缓存移动策略使缓存高层级向低层级流动。这种移动方式十分直观，但是实际上存在一些问题。最大的问题来自这种级联的驱逐机制（Cascading Eviction）本身，在最高级创建缓存数据块意图让创建的缓存数据块拥有最高的 I/O 性能，但是如果创建时 Alluxio Worker 的多层缓存已经全部装满，那么最高层的缓存驱逐会触发下面每一层的缓存驱逐，一个写数据块操作实际上会在每一层触发至少一个数据块的 I/O。默认的 CACHE_PROMOTE 读方式由于大量的数据块升级操作，会加剧这种级联驱逐的现象。

另一个问题在于写缓存时需要等待驱逐线程释放足够的空间。在写缓存请求压力大的时候，驱逐线程自身的效率可能会成为系统的瓶颈。使用基于水位线的异步空间释放机制的假设是空间释放足够快，这样在处理每一个写操作时都无须等待。但是这个假设在操作并发量大时很难成立。虽然写缓存线程本身并不因为空间释放而增加工作量，但是花费在等待空间释放上的时间使写缓存操作变慢，进而可能影响通过 Alluxio 读文件的速度。

在 Alluxio 2.3 版本中，级联驱逐机制被移除，数据块在被驱逐时不再被放到更低等级的缓存中，而是直接从 Alluxio Worker 中被移除。通过这种方式，缓存驱逐效率得到提高，代价是被驱逐的数据块直接失去缓存而不是移动到下一级缓存，因此在下一次被读取时需要再次被加载进缓存。同时，在 2.3 版本中缓存驱逐由异步变为同步，即写缓存的线程触发同步的缓存空间释放，在释放了足够的空间之后继续写操作。基于水位线的驱逐机制也被移除，对每层的水位配置也不再生效。为了减少缓存驱逐的触发，用户可以配置 alluxio.worker.tieredstore.free.ahead.bytes 让每次缓存的驱逐多清理出一些空间，供之后的请求使用。

Alluxio 2.3 版本中把默认的读模式从 CACHE_PROMOTE 改为 CACHE，避免了读取时对数据块的移动和潜在的驱逐触发。在 Alluxio 2.3 版本中也添加了对多层缓存的管理机制，在下一节中进行介绍。

5.4.6　多层缓存的管理机制

在使用单层缓存时，Alluxio Worker 会认为同一层的缓存彼此平等，常用的缓存分配机制也主要根据空间余量进行分配。单层的缓存使用更为简单可控，是更加推荐的方式，也是 Alluxio 未来主要发展方向。当使用内存作为缓存无法满足容量需求时，通常直接使用基于更大容量的 SSD 或者 NVMe 的单层缓存。

在 Alluxio 2.2 及更早版本中，新的数据块只创建于缓存的最高层，一个不被使用的数据块跟随缓存驱逐渐渐从最高层向更低层移动，直到最后从 Alluxio Worker 缓存中被移除。从 Alluxio 2.3 版本起，新数据块不再只创建于缓存的最高层，而是可以在每一层和每一个存储路径。这同时也要求 Alluxio Worker 对创建于不同层级和不同文件夹中的缓存数据块按一定顺序进行管理，以实现分层和驱逐。Alluxio Worker 现在由异步管理线程在不同层级之间对缓存数据块进行移动。缓存数据块按照 alluxio.worker.block.annotator.class 配置的策略进行打分排序。

总的来说，在 Alluxio 2.2 及更早版本中，多层缓存严格维护着顺序，在最高层诞生，在最低层被驱逐。顺序的维护是同步的（层联驱逐机制）。在 Alluxio 2.3 版本中，作为对更快响应请求的代价，也不再保证顺序被严格维护，顺序的维护变成了异步。异步管理线程如果发现高层缓存有空余，就会将下层缓存中打分高的数据块移动上去。数据块的升级操作由以下配置项控制：

```
# 以下是默认配置
# 是否允许底层数据块向上升级
alluxio.worker.management.tier.promote.enabled=true
# 管理线程一次最多升级多少数据块
alluxio.worker.management.tier.promote.range=100
# 缓存文件夹使用量超过这个百分比后将会停止接收升级的数据块
alluxio.worker.management.tier.promote.quota.percent
```

管理线程还会比较高层缓存中分数低的数据块和低层缓存中分数高的数据块，将分数高的数据块放到高层缓存。通过层级间的再排序操作，Alluxio Worker 保证多层级之间的缓存数据块大致符合 alluxio.worker.block.annotator.class 定义的顺序。数据块的再排序操作由以下配置项控制：

```
# 以下是默认配置
# 是否允许底层数据块向上升级
alluxio.worker.management.tier.align.enabled=true
# 管理线程一次最多升级多少数据块
alluxio.worker.management.tier.align.range=100
# 每个文件夹预留多少空间给再排序操作
alluxio.worker.management.tier.align.reserved.bytes=1GB
```

数据块管理操作由一组管理线程进行，数据块的移动由一组移动线程进行，这两个线程池的大小由以下配置项控制：

```
# 控制数据块管理线程的数量
alluxio.worker.management.task.thread.count=max(4, nCPU)
# 控制进行数据块移动的线程数量
alluxio.worker.management.block.transfer.concurrency.limit=max(2, 0.5*nCPU)
```

为了与读写缓存的工作线程不产生性能和数据块锁的竞争，管理线程的优先级较低，只在 Worker 较空闲的时候进行数据块的移动。管理线程的行为由 alluxio.worker.management.backoff.strategy 控制，有以下两种模式。

❏ ANY 模式：Worker 有任何 I/O 操作时不进行数据块管理工作。这是默认的模式。

❏ DIRECTORY 模式：Worker 在用作缓存的文件夹有 I/O 时不进行管理工作。

在 ANY 模式下，用户的 I/O 请求将会得到最高的性能；而在 DIRECTORY 模式下，管理线程能更多地执行，所以 Worker 的缓存整体更加有序。如何决定 Worker 是否空闲由

alluxio.worker.management.load.detection.cool.down.time 控制，默认为 10s，即在 10s 内没有发生 I/O 请求。

5.5　Alluxio Worker 的并发和流量控制机制

5.5.1　数据块锁

Alluxio Worker 对每一个数据块会通过一个读写锁进行并发控制。在对数据块进行读操作时，Worker 会获取该数据块的读锁。如果有多个请求读取同一个数据块的话，则该数据块的读锁会被共享，并通过引用计数来跟踪某一个数据块是否还有正在进行中的读请求。对数据块进行移动或驱逐需要获取该数据块的写锁，因此读写锁保证了正在被读取的数据块不会被移动或驱逐。

Alluxio Worker 通过资源池（BlockLockManager）管理所有数据块的读写锁，所有正在被使用的数据块锁都会放在池中。当池中的锁数量达到上限时，新的数据块读写请求就需要等待。这个锁池的大小由 alluxio.worker.tiered.store.block.locks 控制，默认为 1000。这个资源池通过设置可被同时读写的数据块大小间接地控制了 Worker 支持的并发度。

5.5.2　数据块的原子提交

在 Alluxio Worker 上，创建一个新的数据块不需要锁，而是先创建一个临时数据块，在写完数据块之后通过 commit（提交）的方式使其对其他读写请求可见。换言之，一个新创建的数据块在写操作完成前只对这个写入请求可见，对其他读写请求不可见。Alluxio Worker 通过这样的方式避免了写数据块过程与其他读写请求的冲突。

Alluxio 的设计中数据块是不可变的，即数据块在提交后内容无法更改。在数据块提交后，会发生在数据块上的写操作只有 Alluxio Worker 对数据块的移动和驱逐。数据块提交时需要获取这个数据块的写锁，以避免两个写请求同时提交同一个数据块的冲突。

5.5.3　数据读写的流量控制

Alluxio 客户端和 Worker 读写数据时使用 gRPC 提供的流式 RPC，即 Alluxio 客户端和服务端双向地任意发送消息。在 Alluxio 2.0 实现时，gRPC 还不具备足够的流量控制功能，因此 Alluxio 的客户端和 Worker 之间实现了自己的流量控制机制。

读数据的流量控制

上层应用通过 Alluxio 客户端向 Alluxio 读取数据，Alluxio 客户端向上层应用提供一个 FileInStream 实现（AlluxioFileInStream），上层应用通过该文件流读取数据。Alluxio 客户端将该 AlluxioFileInStream 按照数据块大小翻译成对数据块的读操作，与被选中的 Alluxio

Worker 建立一个 BlockInStream，进而从中读取数据块。

Alluxio 客户端在向 Worker 读数据时会预留一个消息队列作为缓冲区，Alluxio Worker 在收到读请求时会从缓存或底层存储中读取数据，并向 Alluxio 客户端返回一系列的数据消息，客户端将这些消息存放在缓冲区中等待上层应用读取。当上层应用通过 AlluxioFileInStream 读取数据时，Alluxio 客户端从缓冲区中获取数据返回给上层应用，并且将一个 ACK 发送给 Alluxio Worker。Alluxio Worker 收到 ACK 确认信号后，将后续的数据消息发送给客户端。

由此可见，Alluxio 客户端和 Alluxio Worker 之间的数据流是异步的，并通过 Alluxio 客户端的缓冲区进行流量控制。具体的流量控制主要通过以下参数实现：

```
# 以下为默认配置
# 控制缓冲区消息队列的长度
alluxio.user.streaming.reader.buffer.size.messages=16
# 控制队列中每一个数据消息的最大长度
alluxio.user.streaming.reader.chunk.size.bytes=1MB
```

写数据的流量控制

上层应用通过 Alluxio 客户端向 Alluxio 写入数据时，Alluxio 客户端向上层应用提供一个 FileOutStream 实现（AlluxioFileOutStream），上层应用通过这个文件流进行写入。Alluxio 客户端将这个 AlluxioFileOutStream，与被选中的 Alluxio Worker 建立一个 BlockOutStream 连接，从而对其写入对应的数据块。

截至 Alluxio 2.8 版本，在 Alluxio 客户端和 Worker 之间没有流量控制，Alluxio 客户端会将上层应用写入的数据分割成以默认 1 MB 为单位的数据写请求，按次序发给 Alluxio Worker，写请求中数据消息的大小由 alluxio.user.streaming.writer.chunk.size.bytes 配置。

Alluxio Worker 会将来自同一个 Alluxio 客户端的所有数据写请求通过一个信号量进行流量控制，并将数据依次写入缓存或底层存储。当信号量被获取完时，数据流会阻塞从而无法写入。因为收到的数据消息是有序的，获取到信号量的数据消息会按顺序写入缓存或者底层存储，信号量实际控制的是写入缓存或底层存储的流量，而非 Alluxio 客户端和 Alluxio Worker 之间的数据流量。来自 Alluxio 客户端的写请求在 Alluxio Worker 写入缓存或底层存储之前会存放在内存中。数据读写的流量控制模式在未来版本中可能有所改动。关于流量控制的调优将在第 7 章详细介绍。

```
# 以下是默认配置
# 在Worker端配置信号量，控制等待写入缓存和底层存储的数据消息数量
alluxio.worker.network.writer.buffer.size.messages=8
```

5.6 代码实战——自定义缓存分配策略

用户在使用 Alluxio Worker 读写数据时发现的一个常见需求是已有的缓存分配策略无

法满足其应用特性要求，因此需要根据自己的数据访问模式来实现更符合自己需求的缓存分配策略，使 Worker 上的缓存使用更加优化。

得益于 Alluxio Worker 缓存策略管理机制的灵活设计，我们可以很方便地实现这一点。第一步，需要实现 alluxio.worker.block.allocator.Allocator 接口，并实现其中的 allocateBlockWithView 方法。

```
StorageDirView allocateBlockWithView(
    long blockSize,                     // 分配的block大小
    BlockStoreLocation location,        // 想要的缓存位置
    BlockMetadataView view,             // block存储的元数据
    boolean skipReview);                // 是否在分配后复查
```

需要注意的是，block 的大小并不是 block 的实际大小，它可能只是一个 block 分配的初始大小，在 block 的写入过程中，block 的大小可能会不断增长，这也是在分配时需要复查的原因。而传入的 block 位置既可以是一个具体的路径（dir），也可以是任意的层级（tier）或者是某一个层级下任意的路径。下面是实现在任意层级和任意路径下贪心算法的示例。

```
StorageDirView allocateBlockWithView(long blockSize, BlockStoreLocation location,
    BlockMetadataView view, boolean skipReview) {
  // 如果缓存可以分配到任意层/任意文件夹
  // 遍历所有层的所有文件夹，找到第一个满足空间要求的位置
  if (location.isAnyTier() && location.isAnyDir()) {
    for (StorageTierView tierView : view.getTierViews()) {
      for (StorageDirView dirView : tierView.getDirViews()) {
        if ((location.isAnyMedium()
          || dirView.getMediumType().equals(location.mediumType()))
          && dirView.getAvailableBytes() >= blockSize) {
          if (skipReview || mReviewer.acceptAllocation(dirView)) {
            return dirView;
          } else {
            // 分配失败，尝试下一个路径
            LOG.debug("Allocation rejected for anyTier: {}", dirView.
              toBlockStoreLocation());
          }
        }
      }
    }
    return null;
  }
  ...
}
```

用户可以根据需要来实现自己的分配策略，比如如果更在乎能有足够的空间，我们可以从空间更大的 HDD 开始分配，如果更在乎正在写入文件的 I/O 性能，我们可以尽量从内存 tier 开始分配，如果更在乎每个 dir 的负载均衡，我们还可以使用确定性的哈希策略（deterministic hashing）。感兴趣的读者可自己尝试完成这些算法的实现。

Alluxio 客户端与 Job Service 的原理

客户端是主流分布式文件系统供用户与文件系统进行交互和数据访问的主要方式。类似地，Alluxio 客户端扮演着 Alluxio 分布式文件系统用户数据访问界面的角色。事实上，Alluxio 不仅底层支持接入多种不同的存储系统，也提供了多种用户客户端接口，以适配大数据、AI 等不同的应用场景。其中，最基本的就是 Alluxio 原生客户端。此外，如图 6-1 所示的 HCFS（Hadoop Compatible File System）、POSIX、S3 等访问方式都是基于 Alluxio 原生客户端扩展实现的。值得一提的是，Alluxio 的 Job Service、FUSE 和命令行也在很大程度上基于 Alluxio 客户端实现。

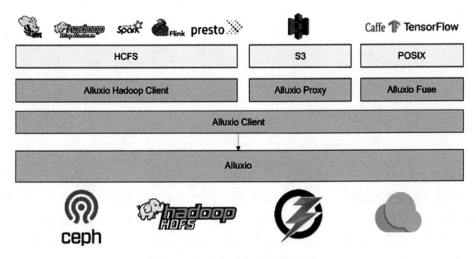

图 6-1　Alluxio 应用侧和底层接口

6.1　Alluxio 的原生客户端

　　Alluxio 原生客户端是 Alluxio 客户端其他接口访问方式的基础。基于 HCFS 的 Alluxio Hadoop 客户端、实现 S3 和 RESTful API 的 Alluxio Proxy、实现 POSIX 的 Alluxio FUSE 等诸多访问方式的后端都是 Alluxio 原生客户端。Alluxio 原生客户端负责很多与 Alluxio 集群直接的通信操作，包括获取 Alluxio 文件对应的块以及块位置、选择合适的 Alluxio Worker 进行数据通信、读写数据块等。本节将详细介绍 Alluxio 原生客户端的工作原理，包括客户端与主节点的通信方式和客户端的块位置选取策略等。

6.1.1　Alluxio 原生客户端的总体原理

　　Alluxio 客户端一般被嵌入到 Alluxio Shell、Alluxio Fuse、Alluxio Proxy 以及使用 Alluxio HCFS 客户端的大数据生态组件中。Alluxio 客户端利用客户端与 Alluxio Master 以及客户端与 Alluxio Worker 之间的通信接口进行消息通信和数据传输操作。如图 6-2 所示，Alluxio 客户端与 Alluxio Master 之间包含关于文件、数据块、配置等的通信服务。Alluxio 客户端把所有的读写请求都交给 Alluxio Worker 代理。

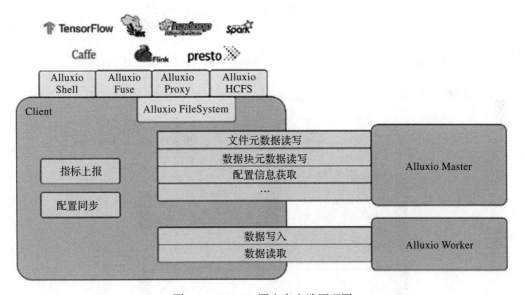

图 6-2　Alluxio 原生客户端原理图

　　接下来介绍文件读写过程中应用程序与 Alluxio 客户端的交互过程。关于读写文件过程中与 Alluxio Worker 相关的更多内容已在第 5 章介绍，本节不再赘述。图 6-3 是应用程序从 Alluxio 读取数据时与 Alluxio 客户端之间的时序图。

　　首先，应用程序向 Alluxio Client FileSystem 发送 openfile 请求，Alluxio Client FileSystem 会创建一个输入流，接下来应用程序向输入流读取数据，最终由应用程序关闭输入流结束读流程。关闭输入流的过程中，会根据读类型以及是否开启被动缓存而触发缓存块操作。其中，positionedRead 会根据位置参数（pos / blockSize）定位到需要的数据流来自哪个 block，根据 block 位置选择与哪个 Alluxio Worker 进行通信连接。通过计算 pos % blockSize，可以获得读取的数据在 block 中的偏移量，从而在指定的 Alluxio Worker 上读取对应的数据内容。

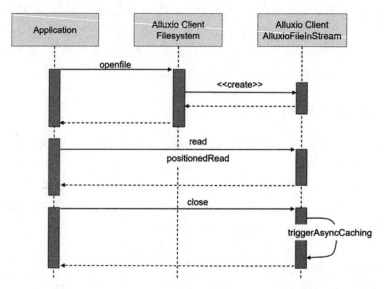

图 6-3　应用程序从 Alluxio 读取数据时与 Alluxio 客户端之间的时序图

图 6-4 是应用程序向 Alluxio 写入数据时与 Alluxio 客户端之间的时序图。

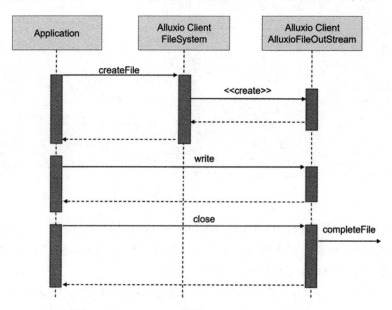

图 6-4　应用程序向 Alluxio 写入数据时与 Alluxio 客户端之间时序图

首先，应用程序向 Alluxio Client FileSystem 发送 create 请求，Alluxio Client FileSystem 会创建一个输出流，接下来应用程序向输出流写入数据，最终由应用程序关闭输出流结束写流程。关闭输出流的过程中，会向 Alluxio Master 发出 completeFile 请求。

6.1.2　客户端与主节点的通信方式

客户端为了与主节点保持配置一致，以及汇聚客户端的指标，客户端与主节点之间会进行周期性同步，包括配置同步和指标上报。

配置同步

客户端会周期性地与主节点通信，检查主节点的配置项是否有变更。一旦发现主节点配置发生变化，客户端就会在最长一个同步周期内检测到具体变更情况，并自动把主节点的配置同步到客户端进程之中。

比如执行如下命令，虽然将请求发送给了主节点，但最后所有客户端的配置都会定期和主节点进行配置同步，接收到主节点的更新。后续所有客户端发送的读请求都会因为配置同步元数据间隔为 0，默认触发元数据同步。这个配置同步的频率由 alluxio.user.conf.sync.interval（默认为 1min）控制。

```
$ bin/alluxio fsadmin updateConf alluxio.user.file.metadata.sync.interval=0
```

在 Alluxio Client 和 Alluxio Master 之间增加了更新配置的 API，通过该 API，可以向 Alluxio Master 发送配置的变更请求。

如图 6-5 所示，Alluxio Master 更新配置后，集群中其他客户端、Alluxio Worker 等与 Alluxio Master 连接的服务会周期性地与 Alluxio Master 同步，也会感知到配置变化，从而同步变化的配置。

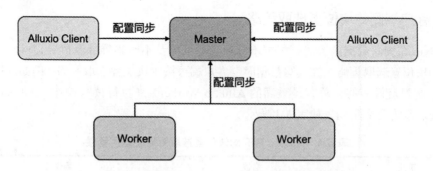

图 6-5　Alluxio 客户端与 Alluxio Master 配置同步原理示意图

这里使用 updateConf 命令动态向主节点更新某个配置值，注意动态配置更新功能需要设置配置项 alluxio.conf.dynamic.update.enabled=true（默认为 false）。如果目标配置项不支持动态更新，则仍需要更改 alluxio-site.properties 配置文件并重启对应进程。

指标上报

在默认情况下，指标同步的功能是开启的，客户端会以默认 10s 的时间间隔周期性地与主节点通信，把客户端的支持聚合的指标信息汇报给主节点，主节点会对这些指标进行收集聚合。例如，Client.BytesWrittenLocal、Client.BytesWrittenUfs、Client.BytesReadLocal 等都是支持聚合的客户端指标。这些指标在主节点的指标系统里，Client 前缀就会被替换为 Cluster，聚合后的指标名是 Cluster.BytesWrittenLocal、Cluster.BytesWrittenUfs、Cluster.BytesReadLocal。这样在主节点就可看到所有客户端的聚合指标，聚合之后的结果可以有效评估集群的缓存效果。

如图 6-6 所示，每个客户端把自己的指标 BytesReadLocal、BytesWrittenLocal、Bytes-WrittenUfs 等汇报给主节点。

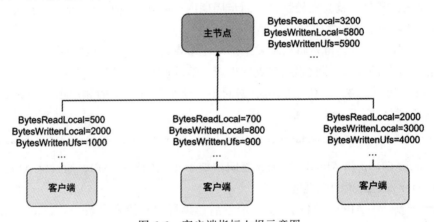

图 6-6 客户端指标上报示意图

6.1.3 客户端侧的块位置选取策略

Alluxio 在读写数据内容时，根据不同业务场景以及不同集群部署情况，可以选择或扩展合适的块位置选取策略。在读写数据时，客户端可按照块位置选取策略（例如选择距离最短的、存储剩余最多的、总容量最高的 Alluxio Worker）来执行读写操作。Alluxio 现有的块位置选取策略及适用场景如表 6-1 所示。

表 6-1 Alluxio 现有的块位置选取策略及适用场景

策略	描述	场景
LocalFirstPolicy	本地优先策略。首先返回本地的 Alluxio Worker，如果没有本地的 Alluxio Worker，那么就会从有效的 Alluxio Worker 列表中随机选择一个 Alluxio Worker。这也是默认策略	适用于希望提升本地性的场景，选择本地 Alluxio Worker 可以避免网络传输损耗。但是选取不会考虑 Alluxio Worker 当前负载情况，可能造成缓存使用不平衡

（续）

策略	描述	场景
LocalFirstAvoidEvictionPolicy	与 LocalFirstPolicy 类似，但不选取无法容纳一个新的数据块的 Alluxio Worker	适用于希望提升本地性，但是又希望避免某 Alluxio Worker 因为存储耗尽导致缓存置换的场景
MostAvailableFirstPolicy	返回拥有最多可用容量的 Alluxio Worker，通常来讲，使用该策略会使缓存空间的利用更均衡	适用于 Alluxio Worker 容量相同的场景，按照剩余容量选择 Alluxio Worker
CapacityBaseRandomPolicy	基于 Alluxio Worker 总容量的选取 Worker 策略。容量大的 Alluxio Worker 会有更多的机会服务请求	适用于 Alluxio Worker 异构、存储容量差别较大的场景，基于 Alluxio Worker 容量上限按比例分配请求。相比于 MostAvailableFirstPolicy 这种单纯选择剩余空间最大的 Alluxio Worker，使用基于概率的该策略可避免存储容量大的 Alluxio Worker 成为热点，而存储容量小的 Alluxio Worker 也会得到被选中的机会
DeterministicHashPolicy	利用 MD5 哈希方法，根据 blockId，哈希取余选取 Alluxio Worker，通过配置 alluxio.user. ufs.block.read.location.policy. deterministic.hash.shards 可以设置随机选取多个 Alluxio Worker，以均衡流量	这种策略使对同一个数据块的请求集中到特定几个 Alluxio Worker 上，实际上通过限制处理请求的 Alluxio Worker 数量控制了产生的数据块副本数量。 这一策略有效限制了数据块的副本数，避免短时间内多个客户端对同一数据块的请求产生大量副本，挤占缓存空间。但是在选取 Alluxio Worker 时失去了一些本地性，用一些性能换取了更少的缓存使用量
RoundRobinPolicy	以循环的方式选取存储数据块的 Alluxio Worker，如果该 Alluxio Worker 没有足够的容量，就将其跳过。这是一种最简单的均衡请求和存储的策略	适用于所有 Alluxio Worker 的存储介质和容量相差不大的场景，该策略无法优先把请求路由到剩余空间较大的 Alluxio Worker
SpecificHostPolicy	返回指定 alluxio.worker. hostname 配置主机名的 Alluxio Worker。该策略不能被设置为默认策略	适用于测试场景，把请求调度到指定的 Alluxio Worker 上

6.2　Alluxio 的 Hadoop 兼容客户端

Alluxio 提供了 Hadoop 兼容客户端，位于 client/alluxio-<VERSION>-client.jar 作为大数据场景应用访问 Alluxio 的客户端。该客户端在 Alluxio 原生客户端的基础上进行了封装，实现了 Hadoop 兼容文件系统 API。用户可以直接使用兼容 Hadoop 的 API 获取 Hadoop 原生 API 的功能，Hadoop 文件操作会被转换为文件系统操作，应用程序不用修改已有代码。Alluxio 可以基于这种方式接入 Hadoop 大数据生态系统。

6.2.1　Hadoop 兼容文件系统的 Alluxio 实现

Alluxio 的 core/client/hdfs 模块实现了 Hadoop 兼容客户端的功能。Alluxio 客户端中大部分 Hadoop 兼容文件系统 API 的实现只是 Alluxio Java API 的接口替换，但也有一些方法做了特殊处理。例如，append 方法其实被实现为对不存在文件的 create 操作，因为 Alluxio 并不支持 append 操作。

由于 Hadoop 兼容文件系统的实现类采用 Java Service Loader 方式发现和加载，因此 Alluxio 在模块的 META-INF/services/org.apache.hadoop.fs.FileSystem 文件内填写了 alluxio.hadoop.FileSystem，并且在制作 JAR 包时，该文件也一并被放入 JAR 包之中，因此用户无须显式配置。

不同的大数据框架或应用使用 Alluxio Hadoop 客户端的具体方法不太一样，但都是把 Alluxio 的 Hadoop 客户端放置于 CLASSPATH 之中。如果 Hadoop Yarn 要使用 Alluxio，还需要将如下配置添加到 Hadoop 的 core-site.xml 配置文件中。

```
<property>
  <name>fs.AbstractFileSystem.alluxio.impl</name>
  <value>alluxio.hadoop.AlluxioFileSystem</value>
</property>
```

通过这种方式，应用即可使用 alluxio:///<PATH> 访问 Alluxio 提供的文件系统。下面的示例展示了使用 Hadoop Filesystem API 访问 Alluxio 的代码片段。可以看出这与访问 HDFS 的 API 完全相同。

```
import org.apache.hadoop.conf.Configuration;
import org.apache.hadoop.fs.FileSystem;
import org.apache.hadoop.fs.Path;

public static void main(String[] args) {
  Configuration conf = new Configuration();
  FileSystem fileSystem = FileSystem.get(conf);
  Path path = new Path("alluxio:///path/newDir");
  fileSystem.mkdirs(path);
  fileSystem.close();
}
```

6.2.2　大数据生态应用 Alluxio

通过 Alluxio 提供的 Hadoop 客户端，可以使大数据生态里原本使用 HDFS 的计算框架（例如 MapReduce、Hive、Presto、Spark、Flink）仅通过修改访问存储的 URI 就可以访问 Alluxio。

本节以 Presto 为例，说明 Alluxio 的 Hadoop 客户端在大数据生态中的应用。Presto 的架构如图 6-7 所示。Presto 客户端的请求会递交给 Coordinator 进行处理，而元数据信息由

Hive Metastore（HMS）进行管理。由于表或分区的位置信息（location）也在 HMS 中存放，如果想把表或分区的数据放到 Alluxio 里，需要修改 HMS 保存的位置信息。

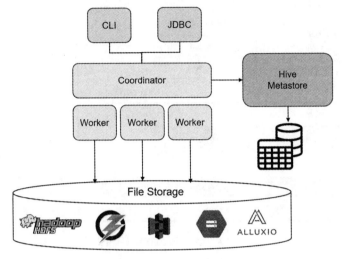

图 6-7　Presto 架构图

Presto 使用 Hadoop 兼容文件系统协议访问数据时。由于表的位置信息已经是 Alluxio 的地址，因此会使用 Alluxio 的 Hadoop 兼容文件系统实现类处理文件系统请求从 Alluxio 中读写数据。

如图 6-8 所示，Presto Worker 根据分配的任务与 Alluxio Master 获取任务文件的元信息（包含文件数据块在 Alluxio 中的缓存节点位置），再与有数据的 Alluxio Worker 通信获取任务数据的内容，这样就达到了缓存加速的效果。这些都是通过 Alluxio 的 Hadoop 兼容客户端实现的。

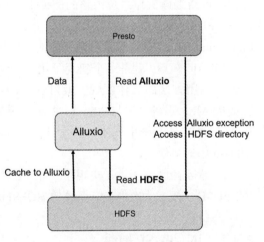

图 6-8　Presto 利用 Alluxio 加速读取 HDFS 原理架构图

6.3　Alluxio 的 POSIX 客户端

Alluxio FUSE 服务通过提供 UNIX/Linux 下的标准 POSIX 文件系统接口服务，让应用程序（比如 TensorFlow、PyTorch 等）在不修改代码的前提下，以访问本地文件系统的方式访问 Alluxio 分布式文件系统中的数据。Alluxio FUSE 的架构图如图 6-9 所示。

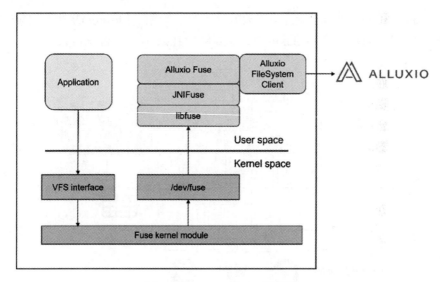

图 6-9　Alluxio FUSE 架构图

FUSE（Filesystem in Userspace），顾名思义，是指用户空间文件系统框架。FUSE 允许在不重新编译操作系统内核的前提下，在用户态提供一个自定义的文件系统实现。大致来说，FUSE 包含一个内核模块和一个 FUSE 服务进程，将应用对 Linux 内核 VFS（Virtual Filesystem Switch，虚拟文件系统转换）的调用传递给这个 FUSE 服务程序来处理。

Alluxio FUSE 就是一个实现了用户态文件系统的挂载操作（mount），以及 Linux 内核 VFS 层调用方法的具体实现。通过 Alluxio FUSE，所有的 VFS 定义的调用方法实现都会转换成 Alluxio 客户端与 Alluxio 文件系统的通信。例如，创建一个本地文件会被转换为在 Alluxio 文件系统中创建一个文件，从而最终用户态应用程序可以通过 POSIX API 读取 Alluxio 中的文件。

Alluxio 社区基于 JNI 实现了一个 FUSE 框架——JNI-FUSE。不仅 Alluxio FUSE 基于 JNI-FUSE 实现，大数据生态系统的 HCFSFuse 也是基于 JNI-FUSE 构建的。

6.3.1　JNI-FUSE 模块

模块介绍

JNI-FUSE 需要把 libfuse 或 kernel 定义的数据结构返回给 Java 程序。这个过程通过堆外的 DirectByteBuffer 进行 Native 和 Java 之间的数据通信。JNI 是 Java Native Interface 的缩写，它提供了若干的 API 以实现 Java 和其他语言（主要是 C 和 C++）的通信。如图 6-10 所示，通过 JNI 可以实现 Java 代码和本地代码之间的相互调用，JNI 可以被看作翻译，实际上就是一套协议。

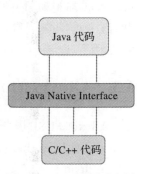

图 6-10　JNI 原理示意图

独立模块

JNI-FUSE 模块又分为两个子模块，分别为 native 模块和 fs 模块。JNI-FUSE 的 native 模块的输出文件 JAR 内包含 Linux 和 macOS 的 libjnifuse 共享库。使用 JNI-FUSE 时无须指定 java.library.path 参数，它对 libjnifuse 文件透明。JNI-FUSE 的 fs 模块主要是 JNI-FUSE 的 Java 端实现，包含抽象的 FUSE 文件系统基类供其他实现扩展。更重要的是，有了 JNI-FUSE 模块，其他模块或项目也可以使用 JNI-FUSE，为 JNI-FUSE 提供了更多应用场景。目前 Apache Ozone 在使用的 FUSE 程序 hcfsfuse 就是基于 JNI-FUSE 开发的。

6.3.2　启动流程

Alluxio FUSE 是一个长运行服务，使用 alluxio-fuse 脚本可以启动 Alluxio FUSE 服务。

```
$ integration/fuse/bin/alluxio-fuse mount [-n][-o <mount option>][mount_point] [alluxio_path]
```

其中，-o 可以指定挂载选项，各选项用逗号分隔。-n 指前台运行模式，日志输出到控制台。mount_point 指定本机挂载点。alluxio_path 指定 Alluxio 命名空间的位置。Alluxio Fuse 启动时，会先与 Alluxio Master 进行配置同步，因此需要保证 Alluxio 服务已经启动。之后，需要根据指定的命令行选项进行 Alluxio FUSE 挂载。例如，通过如下命令，就可以把 Alluxio 的 /data 挂载到本地的 /alluxio_fuse_mount 目录，后续对 /alluxio_fuse_mount 的读写访问请求都会被启动的 Alluxio FUSE 进程接收并代理访问到 Alluxio 集群。

```
$ integration/fuse/bin/alluxio-fuse mount/alluxio_fuse_mount/data
```

6.3.3　FUSE Shell

如图 6-11 所示，FUSE Shell 工具提供了类似 UNIX 的访问方式对客户端进行一些内部操作，例如，清理 FUSE 客户端的元数据缓存、获取元数据缓存大小等。FUSE Shell 工具使用 UNIX 系统的标准的命令行 ls -l 触发。假如我们的 Alluxio-Fuse 挂载点为 /mnt/alluxio-fuse，Fuse Shell 的命令格式为：

```
$ ls -l /mnt/alluxio-fuse/.alluxiocli.[COMMAND].[SUBCOMMAND]
```

其中，/.alluxiocli 为 Fuse Shell 的标识字符串，COMMAND 为 Fuse Shell 命令，SUBCOMMAND 为子命令。后续会扩展更多的命令和交互方式。值得注意的是，使用 Fuse Shell 工具需要将配置项 alluxio.fuse.special.command.enabled 设置为 true。

```
alluxio.fuse.special.command.enabled=true
```

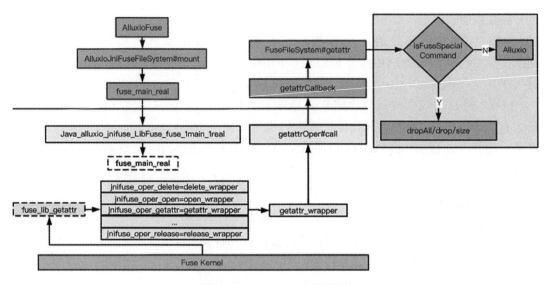

图 6-11　FUSE Shell 原理图

6.3.4　适用场景

正如前文所述，本书介绍的相关系统原理都基于 Alluxio 2.8 版本。Alluxio FUSE 目前由于 Alluxio 的设计限制，无法支持随机写。目前支持的场景为读场景和顺序写场景。

6.4　Alluxio Proxy 服务

为了其他编程语言的可移植性，除使用原生文件系统 Java 客户端外，Alluxio 还添加了 Proxy 服务，支持通过 REST API 形式的 HTTP 代理访问 Alluxio 文件系统。同时，Alluxio Proxy 也支持 Amazon S3 API 的基本操作。将这些不同的接口转换成通过 Alluxio 客户端对 Alluxio 文件系统的操作使用 HTTP 代理会带来一些性能的影响，尤其是在使用代理的时候会增加额外的一层和网络转发，使链路变长。为了获得最优的性能，推荐代理服务和 Alluxio Worker 运行在同一个节点上，或者推荐将所有的代理服务器放到负载均衡器之后。

Alluxio Proxy 是一个单机服务，可以使用 ${ALLUXIO_HOME} /bin/alluxio-start.sh proxy 开启服务，使用 ${ALLUXIO_HOME} /bin/alluxio-stop.sh proxy 停止服务。默认情况下在 39999 端口启动。

6.4.1　S3 API

Alluxio Proxy 支持的所有 S3 操作列表可以查看对应 Alluxio 版本的官方文档。下面以

curl 为例，列举了几个常用的 S3 API，也可以使用标准的 Python boto 库或者 Java、C++、GoLang 等语言的 S3 库或 AWS CLI 工具与 Alluxio Proxy 进行通信，可以认为 Alluxio Proxy 就模拟了一个 S3 服务。

- ❏ 创建 bucket：`$ curl -i -X PUT http://localhost:39999/api/v1/s3/testbucket`。
- ❏ 获取 bucket（objects 列表）：`$ curl -i -X PUT http://localhost:39999/api/v1/s3/testbucket`。
- ❏ 加入 Object：`$ curl -i -X PUT -T "LICENSE" http://localhost:39999/api/v1/s3/testbucket/testobject`。
- ❏ 获取 Object：`$ curl -i -X GET http://localhost:39999/api/v1/s3/testbucket/testobject`。
- ❏ 删除 Object：`$ curl -i -X DELETE http://localhost:39999/api/v1/s3/testbucket/key1`。
- ❏ 删除空 bucket：`$ curl -i -X DELETE http://localhost:39999/api/v1/s3/testbucket/key1`。

6.4.2　REST API

为了其他语言的可移植性，除使用原生文件系统 Java 客户端外，也可以通过 REST API 形式的 HTTP 代理访问 Alluxio 文件系统。REST API 和 Alluxio Java API 之间的主要区别在于如何表示流。Alluxio Java API 可以使用内存中的流，REST API 则将流的创建和访问分离。

6.5　Alluxio 系统的 Shell 命令行

Alluxio 的 Shell 客户端，一般以 Shell 作为入口启动，以 Java 程序作为后端。Alluxio 的 Shell 命令有很多，包括 fs、fsadmin、job、formatJournal、logLevel、runClass 等。fs、fsadmin、job 等命令也会包括许多子命令，这些都分别对应不同的 Java 类与服务端进程通信。例如，下面的命令运行了 Alluxio 安装目录中的 bin/alluxio 脚本，匹配到 fs 命令对应的 Java 类——alluxio.cli.fs.FileSystemShell 类，而 ls 子命令是 FileSystemShell 类中注册的 LsCommand，后边的 / 是 ls 子命令的参数。

```
$ bin/alluxio fs ls /
```

6.6 Alluxio Job Service 概览和整体架构

Alluxio 作为一个新型的分布式统一文件存储系统，它在设计之初就考虑面向大数据、AI、云计算等不同应用和运行场景。在这些复杂的场景下，往往存在大量对文件系统数据和文件的批量操作，例如复制迁移、加载转换等。Alluxio 为了更好地支持这类重要的常见操作，在 Alluxio 2.0 版本就原生提供了一种支持面向文件系统常规批量文件操作而设计的任务服务，即 Alluxio Job Service。下面首先简要介绍 Alluxio Job Service 的概览和整体架构，其次介绍 Alluxio Job Service 的各种异步作业，以及 Alluxio Job Service 的优化功能，再次介绍对应的 Job Master 管理的元数据，最后，在此基础上介绍 Job Service 的高可用设计及其对 Job Worker 的管理。

6.6.1 Job Service 组件功能介绍

Job Service 是 Alluxio 2.0 版本后引入的功能，提供了一个异步执行任务的框架。Job Service 适用于以下两种类型的工作。

❑ 一些操作可以异步完成，如 ASYNC_THROUGH 模式的写操作。

❑ 一些操作可以利用分布式系统的特点并发完成以提高效率，如加载一个文件夹可以对每一个文件并发完成。

Alluxio Job Service 执行任务的流程如图 6-12 所示。

1）用户通过命令行执行命令。Alluxio 命令行端从 Alluxio Master 获取相关文件的元数据，并将作业（Job）提交到 Alluxio Job Master。

2）Alluxio Job Master 将作业分割成更小的单位，称为任务（Task），并以任务为单位分配给 Alluxio Job Worker 执行。Job Worker 和 Job Master 之间通过心跳获取任务、汇报进度。

3）Alluxio Job Worker 执行任务定义的数据 I/O。在一些任务中，I/O 通过 Alluxio Worker 完成，另一些任务中，I/O 由 Job Worker 直接完成，这取决于任务定义，Job Worker 和 Worker 都可能对 UFS 发出 RPC 通信和数据传输。

6.6.2 Job Service 的发展方向

Job Service 在未来 Alluxio 的版本中的计划主要包括功能效率的优化和用户体验的提升。

❑ **在系统功能效率优化方面**：优化主要包括简化整体构架、优化系统 I/O、整合执行逻辑、减少不必要的计算和存储消耗。

❑ **在上层用户体验提升方面**：主要包括整合用户常用的命令、新增对用户调控执行流程友好的功能。

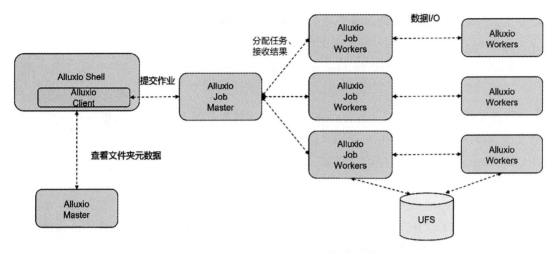

图 6-12　Alluxio Job Service 执行任务的流程

6.6.3　Job Service 对外开放的接口

只有 Alluxio Job Master 对外开放 RPC 服务接口，Alluxio Job Worker 是无法通过客户端直接访问的。客户端向 Job Master 提交作业，并向 Job Master 请求作业状态和结果。

（1）Job Service 对客户端开放的作业 RPC 接口

Job Master 提供 submit、run、cancel、getJobStatus 等接口以提交作业并查看作业状态。同时提供了 listAll 和 getJobServiceSummary 等方法，供管理命令查看 Job Service 状态和历史作业。Job Master 对客户端开放的 RPC 接口都定义在 JobMasterClientServiceHandler 中。

（2）Job Service 内部的管理 RPC 接口

Job Master 对 Job Worker 开放了 registerJobWorker 和 heartbeat 两个管理接口，用来进行注册、任务分配和状态更新。Job Master 对 Job Worker 开放的 RPC 接口都定义在 JobMasterWorkerServiceHandler 中。

（3）Job Service 的对外 Web 接口

Job Master 和 Job Worker 都提供了对网络服务开放的 REST 接口。这一类接口主要是为前端网页提供 Job Service 信息查看的功能，定义在 AlluxioJobMasterRestServiceHandler 和 AlluxioJobWorkerRestServiceHandler 类中。

6.7　Alluxio Job Service 的异步作业分类

（1）文件的加载 / 持久化作业

文件加载作业用来将底层存储中的文件加载到 Alluxio 缓存。Alluxio 的 distributedLoad

命令向 Job Service 提交文件加载作业，充分利用 Job Service 提供的分布式任务处理能力，以文件为单位并发加载，在加载大量文件时能获得比 load 命令更高的性能。

```
$ ./bin/alluxio fs distributedLoad --replication 2 \
--active-jobs 2000 /data/today
```

在加载作业中，Alluxio Job Master 把文件的加载作业分成对每一个数据块的加载任务，分发给集群中的 Alluxio Job Worker。Job Worker 实际上是作为一个 Alluxio 客户端，通过本地的 Alluxio Worker 对目标数据块进行读操作，从而让 Worker 在处理读请求的过程中缓存这个数据块。

文件持久化作业用来将一个存在于 Alluxio 缓存中的文件持久化到底层存储。Alluxio 的 ASYNC_THROUGH 写入方式实际上是向 Job Service 提交文件持久化作业，将缓存中的文件内容写入底层存储。Alluxio 同时提供了 persist 命令，让用户手动将文件或文件夹持久化。

```
$ ./bin/alluxio fs persist /tmp/data.txt
```

在持久化作业中，Job Worker 负责在底层存储中创建目标文件，之后作为 Alluxio 的客户端顺序读取这个文件在 Alluxio Worker 中的缓存数据块，并将其写入底层存储的目标文件中。

（2）数据复制/驱逐作业

数据块复制/驱逐作业是基于 Job Service 实现的被用来控制数据副本数的一种作业。Alluxio 提供的数据块副本数控制的功能本质上也是通过数据块复制/驱逐作业完成的。数据块复制和文件加载作业创建的数据块加载任务相同，都是 Job Worker 作为客户端通过本地的 Worker 读数据块来创建数据块副本。数据块驱逐作业则是 Job Worker 通知本地的 Worker 删除对应的数据块。

（3）文件迁移作业

文件迁移作业被 distributedCp 和 distributedMv 命令使用，充分利用 Job Service 提供的分布式任务处理能力，并发地复制或迁移大量文件。在文件迁移作业中，Job Worker 作为 Alluxio 客户端读取源文件并写入新文件。

```
#通过distributedCp命令复制文件夹
$ ./bin/alluxio fs distributedCp /data/1023 /data/1024
```

```
#通过distributedMv命令迁移文件夹
$ ./bin/alluxio fs distributedMv /data/1023 /data/1024
```

（4）压力测试作业

压力测试作业被 StressBench 命令使用，利用 Job Service 提供的分布式任务处理能力，对 Alluxio 服务创建特定的压力。如以下命令使用 StressClientIOBench 时，多个 Job Worker

同时执行压力测试任务。每一个 Job Worker 的任务内容就是作为一个 Alluxio 客户端进行指定方式的数据 I/O。

```
$ bin/alluxio runClass alluxio.stress.cli.client.StressClientIOBench \
--operation Write --base /path/to/test/directory ...
```

Alluxio 的 StressBench 框架提供了多种不同的压力测试，每种压力测试都定义了自己的压力测试作业。一般来说，每个 Job Worker 上执行压力测试任务时创建并发的操作，对 Alluxio Master 或 Worker 生成一定的负载。由于集群中有多个 Job Worker，可以生成一台机器难以模拟的大量请求。Alluxio Job Service 提供了一个分布式执行自定义任务的框架，因此适合用来快速实现大规模的自定义压力模拟。压力测试将在第 7 章详细介绍。

除支持不同类型的作业之外，Job Service 还提供许多检查命令，其中比较重要的命令如下。

fsadmin report jobservice

fsadmin report jobservice 将输出 Job Service 的汇总信息。

```
$ ./bin/alluxio fsadmin report jobservice
Worker: xl-slave025   Task Pool Size: 10      Unfinished Tasks: 0      Active
  Tasks: 0     Load Avg: 0.0, 0.04, 0.09
Worker: xl-slave023   Task Pool Size: 10      Unfinished Tasks: 0      Active
  Tasks: 0     Load Avg: 0.0, 0.06, 0.11
Worker: xl-slave021   Task Pool Size: 10      Unfinished Tasks: 0      Active
    Tasks: 0       Load Avg: 0.08, 0.29, 0.24

Status: CREATED     Count: 349
Status: CANCELED    Count: 0
Status: FAILED      Count: 1
Status: RUNNING     Count: 0
Status: COMPLETED   Count: 699

10 Most Recently Modified Jobs:
Timestamp: 04-11-2022 16:35:22:921      Id: 1649665765765      Name: Persist
  Status: COMPLETED
Timestamp: 04-11-2022 16:34:18:060      Id: 1649665765764      Name: Persist
  Status: COMPLETED
Timestamp: 04-11-2022 16:29:47:032      Id: 1649665765763      Name: Persist
  Status: COMPLETED
Timestamp: 04-11-2022 16:29:39:434      Id: 1649665765762      Name: Persist
  Status: FAILED
Timetamp: 04-11-2022 16:29:36:544       Id: 1649665765760      Name: Persist
  Status: RUNNING

10 Most Recently Failed Jobs:
Timestamp: 04-11-2022 16:29:39:434      Id: 1649665765762      Name: Persist
  Status: FAILED

10 Longest Running Jobs:
```

```
Timestamp: 04-11-2022 16:29:36:544        Id: 1649665765760        Name: Persist
   Status: RUNNING
```

job ls

job ls 将列出在 Job Service 中正在运行或已经运行完成的作业。

```
$ ./bin/alluxio job ls
1649665765765     Persist     COMPLETED
1649665765764     Persist     COMPLETED
1649665765763     Persist     COMPLETED
1649665765760     Persist     RUNNING
```

job stat -v

job stat -v <job_id> 将列出关于特定作业的详细信息。

```
$ ./ bin/alluxio job stat -v 1613673433929
ID: 1649665765765
Name: Persist
Description: PersistConfig{filePath=/input, mountId=1, overwrite=false,
  ufsPath=hdfs://xl-slave021:9000/alluxioUFS/.alluxio_ufs_persistence/input.
  alluxio.1649666119474.9fa144e4-102e-448f-b037-12ab61c6d6e1.tmp}
Status: COMPLETED
Task 0
   Worker: xl-slave025
   Status: COMPLETED
```

6.8 Alluxio Job Service 的优化功能

（1）作业组（BatchedJob）

在通过分布式命令（如 distributedCp）对大文件夹进行操作时，需要对该文件夹下大量的文件进行操作。如果对每一个文件都创建一个作业，则会向 Job Service 发送大量的请求，作业的状态管理将变得琐碎。于是 Alluxio 在 2.7 版本中引入了作业组的定义。作业组包含多个文件路径，它们需要进行相同的操作（如加载或迁移）。

在分布式命令中也加入了 --batch-size 参数以控制作业组的大小，默认值为 20。用户可以通过这个参数控制每一个请求包含多少文件。如果一个文件的操作失败（如迁移失败），则该作业组的状态为失败，后续该作业组将被作为一个整体一起重试。

```
#用--batch-size参数设置作业组大小为100
$ ./bin/alluxio fs distributedCp --active-jobs 2000 -batch-size 100 /data/1023 /
  data/1024
```

（2）命令的异步优化

distributedLoad/distributedCp 命令默认以同步方式执行，即命令行在命令执行结束后返回。在同步模式下，命令行会先列举目标路径下的所有文件，之后将每一个路径以作业的形式提交给 Job Master，在全部作业完成后结束。如果在执行过程中命令行端进程出错或失去网络连接，则命令失败，需要重试。

Alluxio 2.8 版本加入了异步执行的模式，将调度工作完全交给 Job Master 完成。如果在提交命令时加入 --async 参数，则命令在提交成功后即返回，并获得一个 JobID。用户可以后续使用 getCmdStatus 命令来查看命令执行状态。

```
# Turn on async submission mode. Run this command to get JOB_CONTROL_ID, then
  use getCmdStatus to check command detailed status.
$ ./bin/alluxio fs distributedLoad /data/today --async
Sample Output:
Entering async submission mode.
Please wait for command submission to finish..
Submitted distLoad job successfully, jobControlId = JOB_ID

$ ./bin/alluxio job getCmdStatus JOB_ID
bin/alluxio job getCmdStatus  1650497158324
Get command status information below:
Successfully copied path /tests3/BASIC_NON_BYTE_BUFFER_CACHE_CACHE_THROUGH
Successfully copied path /tests3/BASIC_NON_BYTE_BUFFER_CACHE_PROMOTE_MUST_CACHE
```

6.9　Alluxio Job Master 管理的元数据

（1）PlanTracker 管理的作业信息

Job Master 中的 PlanTracker 组件管理所有作业的运行状态和信息。PlanTracker 记录每一个作业对应的任务和每一个任务的运行状态。Job Master 在每次收到 Job Worker 心跳中任务状态的更新时，PlanTracker 会根据心跳内容更新对应任务的状态。

（2）Job Worker 信息

Job Master 同时通过心跳跟踪每一个 Job Worker 的健康状态和容量，用来决定下一次为这个 Job Worker 分配哪些任务。

（3）CmdJobTracker 管理的异步命令信息

在加入分布式加载 / 拷贝的异步优化后，命令行将整个命令提交给 Job Master 的 CmdJobTracker 组件全权负责。CmdJobTracker 记录所有异步命令的执行状态。CmdJobTracker 同时负责解析和存储命令与子作业的对应关系，方便用户查询对应命令的详细信息和运行状态。

6.10　Alluxio Job Service 高可用和 Job Worker 管理

6.10.1　Job Master 的高可用

Alluxio Job Service 同样支持高可用。一般情况下，用户只需要为 Alluxio Master 设置高可用，因为 Job Master 在看到 Master 开启了高可用时会认为自己的高可用方式与 Master 相同。所以在 Alluxio Master 开启高可用之后，Job Master 默认会使用相同的高可用模式。

Job Service 不写 Journal 日志，因此高可用只用于提供服务的可用性，并不使用 Journal 日志来保证任何 Job Service 元数据的持久性。因此，在 Job Master 重启或切换时，正在运行的作业会失败。而 Job Service 的使用者一般都有重试机制，以保证即使 Job Master 重启或切换，作业都会被重试并最终完成。如 ASYNC_THROUGH 写模式下，异步的写任务由 Master 管理并记录在 Journal 日志，而在 distributedLoad 等命令中，命令本身有对作业的重试机制。如果不需要对 Job Service 进行特别的高可用配置，可以跳过此内容。

（1）基于 ZooKeeper 的高可用

Job Service 使用基于 ZooKeeper 的高可用时，会和 Master 使用相同的 ZooKeeper 配置和地址。Alluxio Master 通过 ZooKeeper 选主时会使用 alluxio.zookeeper.leader.path 和 alluxio.zookeeper.election.path。类似地，Job Master 通过 ZooKeeper 选主时可以使用 alluxio.zookeeper.job.election.path 和 alluxio.zookeeper.job.leader.path 来配置对应的路径。这些路径都有合理的默认值，一般不需要手动设置。

（2）基于 Raft 的高可用

Alluxio 客户端默认使用 <alluxio.master.rpc.addresses>:<alluxio.job.master.rpc.port> 作为高可用的 Job Service 地址。用户可以通过设置 alluxio.job.master.embedded.journal.addresses 来定义所有 Job Master 应该使用的 hostname。

（3）高可用下的 Job Master 变化和切换

在每一种高可用模式下，Job Master 的变化和切换方式都与 Master 的对应操作相同。

6.10.2 Job Master 对 Job Worker 的管理

（1）Job Worker 注册

Job Worker 的注册非常简单，只需要向 Job Master 注册自己的网络地址即可。

（2）Job Worker 心跳

Job Worker 的心跳信息包括过去一个心跳周期中的所有任务状态变化。如果任务成功或失败，则任务结果或报错信息也包含在内。Job Master 会处理心跳信息中的所有更新并更新自己记录的任务状态，响应客户端的请求。

Job Master 对心跳的回复则包含所有的新任务信息。Job Worker 在收到回复之后会执行这些新任务，这些任务的状态变化和结果则会在后续心跳中回复给 Job Master。Job Worker 的心跳频率由 alluxio.job.master.worker.heartbeat.interval 控制。Job Master 会认为超过 alluxio.job.master.worker.timeout 未心跳的 Job Worker 已经失去联系。

```
#以下为默认值
alluxio.job.master.worker.heartbeat.interval=1sec
alluxio.job.master.worker.timeout=60s
```

（3）添加和移除 Job Worker

添加和移除 Job Worker 可以便捷地通过启动和关闭 Job Worker 进程完成。Job Worker 在启动后会自动向 Job Master 注册，之后通过心跳接收来自 Job Master 的任务。在 Job Worker 关闭后，Job Master 会通过心跳超时机制得知 Job Worker 已经被移除，原属于该 Job Worker 的任务将会在其他 Job Worker 上重试。

6.11　代码实战

6.11.1　Alluxio Shell 拓展实现

如果用户希望实现一个自定义的文件系统操作命令，则可以在 Shell 模块的 alluxio.cli. fs.command 包下，创建一个新的扩展自 AbstractFileSystemCommand 的子类，如图 6-13 所示，AbstractFileSystemCommand 类实现了 Command 接口。

可以根据需要实现如下方法。

❏ getCommandName 命令的名称
❏ getOptions 命令的选项
❏ hasSubCommand 是否有自命令
❏ getSubCommands 获取子命令
❏ run 实现命令的主体逻辑
❏ getUsage 获取使用帮助
❏ getDescription 获取描述

用户只需要实现以上具体逻辑即可拥有一个自定义的命令行命令，无须处理其他的复杂逻辑，如通配符处理、手动处理与 Alluxio Master/Alluxio Worker 的网络连接等。

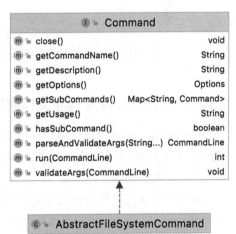

图 6-13　AbstractFileSystemCommand 类实现了 Command 接口

6.11.2　块位置选择策略拓展实现

Alluxio 支持自定义策略，所以用户可以通过实现接口 alluxio.client.block.policy. BlockLocationPolicy，开发自己的定位策略来满足应用需求。图 6-14 展示了现有的块位置策略实现与 BlockLocationPolicy 接口的关系。值得注意的是，默认策略必须要有一个空构造函数。如需使用 ASYNC_THROUGH 写类型，所有文件数据块必须被写到相同 Alluxio Worker 上。可以参考 Alluxio 已有的 BlockLocationPolicy 实现类，扩展一个 BlockLocationPolicy 只需要实现 WorkerNetAddress getWorker(GetWorkerOptions options) 方法，根据给定的 Alluxio

Worker 列表和块信息，编写自定义策略，返回选中的 Alluxio Worker 地址即可。

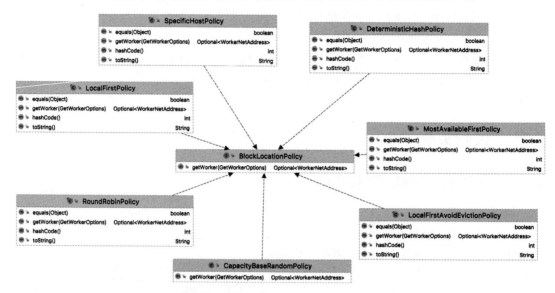

图 6-14　现有的块位置策略实现与 BlockLocationPolicy 接口的关系

6.11.3　Job Service 自定义作业拓展实现

Job Service 框架提供给用户一个类似 Map Reduce 的框架，用户可以便捷地根据需求实现自己的 Alluxio 分布式作业，充分利用分布式算力。本节提供一个使用 Job Service 实现 WordCount 功能的例子。

用户要实现自己的分布式作业，需要自定义：

❑ 一个 PlanConfig 的实现类，客户端使用 PlanConfig 向 Job Master 提交作业；

❑ 一个 Serializable 实现类，Job Master 用这个类向 Job Worker 分发任务；

❑ 一个 PlanDefinition 的实现类，定义如何将作业分割成分布式任务，以及任务的执行逻辑。

```
/**
 * PlanConfig类定义了一个操作需要包含的全部参数
 *对WordCount作业来说唯一需要的参数是文件路径
 */
public class WordCountConfig implements PlanConfig {
  public String getFilePath() {
   //定义目标文件路径
  }
}


/**
 *定义Job Master向Job Worker分配的任务
```

```
 * WordCount将一个文件分割成不同部分，所以任务包含文件路径和开始结束点
 */
public class WordCountLines implements Serializable {
  public String fileName() {
 // which file to do word count
  }
    public int startLineNumber() {
 // the starting line number
  }

public int startLineNumber() {
  // the ending line number
  }
}


/**
 *定义如何将作业分割成任务并选择合适的Job Worker
 *同时定义任务在Job Worker上的执行逻辑
 */
public class WordCountDefinition extends
    AbstractVoidPlanDefinition<WordCountConfig config, ArrayList<WordCountLines>
        wordCountLines>{

  @Override
  public Set<Pair<WorkerInfo, WordCountLines>> selectExecutors(
     WordCountConfig config,
     List<WorkerInfo> jobWorkerInfoList,
     SelectExecutorsContext context) throws Exception {
   // selectExecutors()在Job Master上被调用
   //将作业切割成任务，为每个任务分配一个Job Worker
   //我们在这里将一个文件根据行数进行切分
}

  @Override
  public Long runTask(
     WordCountConfig config,
     ArrayList<WordCountLines> wordCountLines,
     RunTaskContext context) throws Exception {
  // runTask()在Job Worker上被调用，执行具体任务
}
}
```

用户同样需要自己实现分布式作业的提交逻辑，这部分比较简单，可以参考 DistributedLoadCommand 或 DistributedMvCommand 的实现。

Alluxio 系统性能深度调优

Alluxio 作为一个分布式存储系统，为用户提供了大量关于 Alluxio 重要组件的性能调优手段。本章将深入介绍这类 Alluxio 组件的性能调优方法。首先介绍 Alluxio 的推荐配置及其测算方法。其次介绍围绕 Alluxio Master 的性能优化方法，并展开介绍 Alluxio Worker、Alluxio Job Service、Alluxio 客户端的性能优化方法。最后介绍 Alluxio 的性能压力测试工具及其解读方式。

7.1 Alluxio 的推荐系统配置及测算方法

Alluxio 的默认配置对于通用的场景可以开箱即用，但要适应特定的应用场景，发挥 Alluxio 集群的最佳性能，Alluxio 提供了大量可配置的选项供调节系统各方面的行为。一方面，这些选项允许用户深入 Alluxio 的内部工作过程，按照需要调整 Alluxio 的很多行为特性；另一方面，大量的选项也带来了复杂性，为 Alluxio 的调优工作带来挑战。

7.1.1 Alluxio 文件系统规模观测

本节将讨论可以用于监控当前集群的规模的指标。除下面提到的最重要的指标外，Alluxio 还提供对其他各方面的观察指标，如集群的使用情况和每个单独操作的吞吐量。

1. 文件数观测

在本节中，我们不加区分地用"文件"来指代文件以及目录。Alluxio 中的文件总数可以通过 Master.TotalPaths 这个指标来监控。Alluxio 中的文件总数会影响以下几个方面。

❑ Alluxio Master 所需要的堆内存大小：每个文件和目录结构大约需要 4KB 的内存空

间。如果使用 RocksDB 作为元数据存储，大部分的文件元数据都是存储在堆外的，而堆的大小则决定了有多少文件的元数据可以被缓存在堆里。

❑ 用于记录日志的磁盘空间：在产生新的检查点时，最多会有两份日志的快照存在。因此，我们需要为 Alluxio 命名空间中的每个文件在磁盘上预留至少 4KB 的存储空间。

❑ 日志回放所需要的时间：在 Alluxio Master 冷启动时，需要从日志的快照中回放所有的历史操作，这是启动阶段延迟的主要原因。Alluxio 总文件数量越多，完成日志回放所需的时间也就越久。

❑ 日志备份所需要的时间：与日志回放相似，备份日志所需要的时间与文件总数成正比。如果启用了代理备份，Primary Master 的运行不会受到备份操作的影响。

❑ 递归操作的时间：载入文件夹元数据和删除文件夹等操作是递归进行的，这些操作的时间与发生操作的文件系统子树中的文件数目成正比。一般而言，除非子树非常大（大于 1 万个文件），否则用户不会感受到明显的延迟。

其他与文件数量和文件块数量相关的指标包括：

❑ Master.InodeHeapSize（仅用于估算）。

❑ Master.UniqueBlocks。

❑ Master.BlockReplicaCount。

❑ Master.BlockHeapSize。除文件总数之外，文件总大小即文件块的总数也会影响 Alluxio Master 的内存占用，但影响程度较小。如果文件大小会很快增长，那么这个指标也是需要重点监控的目标。

❑ Cluster.CapacityTotal。

❑ Cluster.CapacityUsed。

❑ Cluster.CapacityFree。如果 Alluxio Worker 长期没有剩余可用空间，则需要考虑增加更多的 Worker。

2. 并发度观测

并发客户端是同时与 Alluxio Master 或 Worker 通信的逻辑 Alluxio 客户端。并发数量通常是对每个节点而言的。要计算并发客户端数量，需要估计部署中的 Alluxio 客户端的数量。这通常可以归结为所使用的计算框架中允许的线程数。例如，Presto 作业中的任务数或 MapReduce 节点中任务槽的数量。

（1）Alluxio Master 的并发客户端数量

由于对 Alluxio Master 的请求绝大多数是耗时短的元数据请求，在某一时刻的并发客户端数量很难观测，观测一段时间内的元数据请求流量反而更具有代表意义。元数据请求流量可以间接地通过观察一段时间内以下的指标推算出来。

❑ Master.TotalRpcs。

❑ Master.RpcQueueLength。

Alluxio 客户端到 Alluxio Master 的连接通常是短连接。因此，尽管理论上在一个集群中有很多客户端会并发地连接 Master，但实际上所有客户端发起的请求都在同一时间到达 Master 不太可能。在稳定运行状态下的并发客户端数量通常比 Alluxio Master 的线程池大小要小（通过 alluxio.master.rpc.executor.max.pool.size 配置）。Alluxio Master 的并发客户端数量会影响如下几个方面。

❑ Alluxio Master 所需要的 CPU 核心数量：我们推荐为每 8 个并发的 Alluxio 客户端分配 1 个 CPU 核心，或者根据所需的吞吐量估算核心数量。

❑ Alluxio Master 进程能同时打开的最大文件数量：我们推荐为每个并发的 Alluxio 客户端预留 4 个打开的文件。在 Linux 上，可以通过 /etc/security/limits.d 或者 ulimit 命令设置这一限制。

监控关键的计时器指标也很重要，因为异常高的响应率表明 Alluxio Master 处于压力之下。例如，Master.JournalFlushTimer 是记录向磁盘写入 Journal 所需时间的计时器，如果写到磁盘的速度跟不上新 Journal 日志产生的速度，Alluxio Master 可能会报告写入 Journal 所需要的时间异常地长。RPC 计时器的统计数据反映了 Alluxio Master 处理 RPC 所需要的时间，任何一个 RPC 计时器在这里都会有帮助。如果延迟异常大，Master 可能处于很大的负载之下，需要考虑使用更强大的 Master 节点。

（2）Alluxio Worker 的并发客户端数量

当前正在向 Alluxio Worker 读取或写入数据的并发客户端的数量可以通过查看 Worker.ActiveClients 指标得到。除此之外，还可以通过以下指标观测到与当前并发水平相关的读写性能和其他有用信息。

❑ Worker.BytesReadDirectThroughput。

❑ Worker.BytesReadRemoteThroughput。

❑ Worker.BytesReadDomainThroughput。

❑ Worker.BytesReadUfsThroughput。

需要注意的是，哪个指标最能反映当前工作负载的性能在很大程度上取决于工作负载的性质。Alluxio 客户端与 Worker 的连接相对较久，持续时间为一个读写请求的持续时间。因此，应该使用并发客户端的数量来估计 Worker 上的资源需求，而不是像 Master 那样转换为每秒操作数。

并发客户端的数量可以按以下方式估算。以 Presto 工作负载为例，在一个有 50 个 Alluxio 节点、50 个 Presto 工作节点，并且每个节点最多可以有 200 个并发任务的部署中，假设数据在所有 Alluxio Worker 上均匀分布，则每个 Alluxio Worker 会承受的最大并发客户端数量可以按以下方式估算：

并发客户端数量 = 50（Presto 工作节点）× 200（任务并发）/ 50（Alluxio Worker）=200

在实际使用中，数据可能不会平均分配在所有 Alluxio Worker 上，因此实际的最大并发数量会大于以上估计值。Worker 的并发客户端的数量会影响以下几个方面。

- ❑ Worker 所需的内存大小：我们建议为每个并发客户端分配 64MB 左右的内存空间，因为数据 I/O 使用内存作为缓冲区。
- ❑ Worker 所需的 CPU 核心数量：我们建议为每 4 个并发客户端分配约 1 个 CPU 核心。
- ❑ Worker 所需的网络带宽：我们建议为每个并发客户端准备至少 10 MB/s 的网络带宽。如果大多数客户端所在节点都有本地 Alluxio Worker 并且启用了短路读，那么该资源就不那么重要了。

Worker.BlocksEvictionRate 是衡量 Alluxio 缓存使用率的一个重要指标。当这个比例很高时，表明工作集明显大于 Alluxio 可以缓存的量，或者访问模式对缓存不友好，需要考虑增加每个 Worker 的缓存大小或集群中 Worker 的数量。

7.1.2　Alluxio Master 进程推荐配置

1. Alluxio Master 进程的 JVM 估算

Alluxio Master 的堆内存大小决定了能够放进 Master 内存中的文件元信息的数量。Alluxio 中存储的每个文件或者目录都由一个 inode 记录，这个数据结构存储了文件的所有元数据（包含组成文件的数据块列表）。一般而言，每个文件最多占用 4KB 的内存空间。

Alluxio 支持两种类型的元数据存储方式，可以由 alluxio.master.metastore 选项控制。一种是 HEAP 类型，也就是将所有元数据信息直接存储在 JVM 管理的堆内存中；另一种是 ROCKS 类型，将元数据存储在堆外，降低 JVM 容量压力。如果使用 JVM 堆内存作为元数据存储，则所有的文件元数据都会存储在 Master 的堆中，因此堆的大小必须足够大，从而能够容纳所有的 inode。

如果使用 RocksDB 作为元数据的堆外存储，元数据存储在堆外由 RocksDB 管理的存储中，主要使用磁盘。出于性能考虑，Alluxio 会使用部分堆内存作为 RocksDB 的缓存。在这种情况下，堆的大小不必容纳所有元数据，但内存（元数据缓存）越多，整体性能会越好。4.2.4 节详细介绍了 ROCKS 元数据存储模式。

Alluxio Master 的内存中，inode 的存储通常会占据相当大的比例。但除 inode 存储之外，在计算 Master 节点的内存使用量时，还有若干因素需要纳入考虑范围。

- ❑ Alluxio Master 需要处理来自客户端和 Worker 的 RPC，在接收通过网络发来的 RPC 数据包时需要分配缓冲空间以解析 RPC 的荷载。这部分缓冲区通常从 JVM 的直接内存（Direct Memory）池中分配，不属于堆空间。默认情况下，JVM 分配与堆空间同样大的直接内存空间，即直接内存的最大值与 -Xmx 选项控制的堆内存最大大小相同。通常情况下，不需要如此大的直接内存，因此可以减少这部分内存分配，将其留给堆内存或者节点上的其他进程。我们推荐无论是 Alluxio Master 还是

Worker，分配 10GB 的直接内存通常可以满足需要，仅在 Master 需要服务的客户端和 Worker 数量增加或出现直接内存分配失败的情况下，相应增大直接内存的大小。

❑ 在解析完成后，Alluxio Master 需要按照 RPC 的请求执行对应的元数据操作，在完成请求的过程中需要占用堆内存。根据操作的类型不同，所需要的内存资源也不相同。有些操作占用较多内存。例如，递归的元数据同步和删除，在操作 100 万个文件时，会长期占用约 2GB 的内存用于处理 RPC 请求，这些内存直到操作完全完成之后才可以被 GC（Garbage Collection，垃圾回收器）回收。管理员可以根据经验和观察得到的指标调整 JVM 大小，如在业务压力大的时候观测 JVM 占用率变化并记录 GC 效果，以取得更优的性能。

❑ Alluxio Master 进程中的每个线程都需要内存容纳线程栈，这部分属于 JVM 的堆外空间。在计算堆空间大小时，需要考虑到除去堆空间后，操作系统还有足够的内存可供 JVM 分配堆外空间。例如，每个线程的栈大小为 1MB，当 JVM 中同时存在 4000 个线程时，就需要至少 4GB 的堆外内存空间。

可以通过在 alluxio-env.sh 配置文件中设置如下的选项，设置 Alluxio Master 进程的堆内存大小：

```
ALLUXIO_MASTER_JAVA_OPTS+=" -Xms256g -Xmx256g "
```

以上例子中将 Alluxio Master JVM 的最大堆内存大小设置为 256GB，同时将初始分配的堆内存大小也设置为 256GB。将初始分配大小设为与最大大小相同，这样可以避免在运行时 JVM 反复扩缩堆大小带来的额外开销。

大型 JVM 经常带来 GC 开销大的问题，因为有大量内存空间需要进行扫描和回收。在使用大 JVM（如 100GB 以上）时，将 Alluxio 运行在 Java 11 环境中并使用 Java 8 加入的 G1 GC，通常可以取得更高的稳定性和更短的 GC 时间。

2. CPU 测算

可用的 CPU 核心数量限制了 Alluxio Master 并行处理 RPC 请求和执行递归操作（如元数据同步、一致性检查）的数量。除此之外，执行后台任务也需要 CPU 资源。根据我们在一个常规服务器上对 Alluxio 性能测量的结果，在一个包含 16 个 CPU 核心的节点上，以下若干重要的操作可以达到的吞吐量如下。

❑ 创建文件：16000 次 / 秒。

❑ 获取文件元信息：105000 次 / 秒。

❑ 列出目录信息：14000 次 / 秒。

❑ 获取不存在的文件的元信息：25000 次 / 秒。

实验中使用 32 个客户端，日志存放在 HDFS 中。由于 Alluxio Master 性能受 CPU 负荷和网络负荷的影响较明显，我们推荐在部署 Alluxio Master 的节点上不再运行其他需要占用大量 CPU 资源的服务进程（除 Alluxio Job Master 之外），并且至少为 Alluxio Master 分配 4

个 CPU 核心，推荐 32 个核心或更多。

3. 磁盘空间测算

Alluxio Master 虽然不存储 UFS 中的数据文件，但仍然需要磁盘空间用于存储日志。如果使用 Embedded Journal 模式，则还需要磁盘空间用于存放 Embedded Journal 的日志文件。对于日志，我们推荐至少 8GB 可用的剩余磁盘空间用于存放日志文件，且磁盘的写入速度至少要达到 128 MB/s。

对于 Embedded Journal，占用的磁盘空间正比于 Alluxio 管理的命名空间中文件和目录的数量，以及在一个 Journal 快照周期内发生的写入操作的次数。我们推荐为 Embedded Journal 分配至少 8 GB 可用的磁盘空间，并且随着 Alluxio 管理的文件目录数量的增加，为每 100 万个文件或目录分配 8 GB 空间。用于存放 Embedded Journal 的磁盘的速度至少是 512 MB/s，因此推荐使用一块专用的 SSD 用于存放 Embedded Journal。如果使用 RocksDB 作为元数据的存储后端，还需要磁盘空间用于存放 RocksDB 的数据，RocksDB 占用的空间与 Alluxio 命名空间中的文件总数成正比。我们推荐每 100 万个文件为 RocksDB 分配 4 GB 的磁盘空间，同样使用 SSD 作为 RocksDB 的存储路径提供更好的性能。

4. 和 UFS 之间的网络速度

Alluxio Master 会读写 UFS 中的文件元数据，例如创建和删除文件，但不直接向 UFS 中写入文件的数据。Alluxio Master 到 UFS 之间的网络延迟需要尽可能地小，以提高 Master 元数据操作的吞吐量。

5. 操作系统资源及配置

Linux 内核有一系列的选项限制了进程可以打开的文件、可以创建的线程等资源的数量。默认配置可能能够满足一般的程序要求，但对于需要 Alluxio 支持高并发和大量文件的使用场景而言会构成障碍，因此需要对这些操作系统限制加以调节。

以下是需要根据需要调整的内核选项。

❑ PID 号的最大值：kernel.pid_max。

❑ 系统中同时存在的进程和线程数量：kernel.thread_max。

❑ 每个进程最大虚拟内存映射区域数量：vm.max_map_count。

❑ 最大用户进程数量限制 /etc/security/limits.d。

❑ 最大打开的文件数限制 /etc/security/limits.d。

❑ 特定用户的进程数量限制 /sys/fs/cgroup/pids/user.slice/user-\<userid\>.slice/pids.max。

❑ vm.zone_reclaim_mode。

kernel.pid_max、kernel.thread_max 中的最小值决定了系统中所有用户可以同时存在的进程和线程总数。vm.max_map_count 限制了一个进程中线程的数量（每个线程需要分配线程栈，对应一个虚拟内存映射区域）；/etc/security/limits.d 中的设置决定了单个用户可以创建的进程和线程的数量。如果出现无法创建新线程的错误，意味可能需要适当提高对线程数的限制。

以上限制通常作用于运行 Alluxio 进程的用户。通常情况下，操作系统的默认配置不会成为瓶颈，但如果在使用中出现某种资源的使用超出了这些系统的限制，则会出现相应的错误。管理员可以根据错误消息适当调整这些资源限制。vm.max_map_count 大致需要设置为至少两倍于 Master 的线程数量，即配置项 alluxio.master.rpc.executor.max.pool.size 的值。强烈建议在 Alluxio 服务进程（Master 和 Worker）运行的节点上关闭 zone reclaim 功能，即将 vm.zone_reclaim_mode 设置为 0：

```
$ sysctl -w vm.zone_reclaim_mode=0
```

或者将该配置写入 /etc/sysctl.conf 文件，这样在重启服务器后可以保留配置：

```
vm.zone_reclaim_mode=0
```

这是由于 zone reclaim 会引发高频的内存页面扫描，导致 JVM 不必要的长时间停顿，这使得在 JVM 本身的 GC 之外，又增加了一个影响响应时间的负面因素。Linux 内核的文档中在涉及 zone reclaim 时提到，在多 CPU 的环境下更为激进的 zone reclaim 可以使新的内存分配尽可能使用本 CPU 对应的内存，而不是使用其他 CPU 的内存，从而提高在内存不足时分配内存的速度。但是对于像 Alluxio Master 这样类似文件服务器的工作负载，尽可能地将数据保持在内存缓存中更为重要，因此应该关闭这个功能。

7.1.3 Alluxio Worker 进程推荐配置

1. Alluxio Worker 进程的 JVM 测算

Alluxio Worker 不像 Master 那样需要大量的 JVM 堆内存用来存放元数据，因为 Worker 存储的是数据，而数据存放在堆以外的地方。但是，在 Worker 传输数据的时候，传输缓冲区需要使用堆内存（Heap Memory）和直接内存（Direct Memory）。我们建议为每个并发的客户端连接预留 64 MB 的堆内存或直接内存。开始时用户可以将二者设置为 8 GB，然后在遇到 Worker 内存不足的情况时，逐步增加：

```
ALLUXIO_WORKER_JAVA_OPTS+=" -Xms8g -Xmx8g -XX:MaxDirectMemorySize=8g"
```

2. CPU 资源测算

Alluxio Worker 处理 I/O 请求的能力取决于可用的 CPU 数量。我们推荐为每 4 个并发的请求分配一个 CPU 核心。

3. 磁盘空间测算

Alluxio Worker 需要本地磁盘空间用于存放日志和对象存储的临时文件。我们推荐至少 8 GB 的空间用于存放日志，磁盘的写入速度不应低于 128 MB/s。对于对象存储的临时文件，我们推荐在预计的最大并发写入文件的总大小之外，再预留 8 GB 的空间。预计的最大并发写入文件总大小是并发写入的文件数量乘以文件的最大大小。用于存放这部分文件的存储设备应该至少具有 512MB/s 的写入速度。

4. 缓存存储大小测算

Alluxio Worker 需要存储空间（内存盘、固态硬盘或者机械硬盘）用于缓存文件。我们推荐将 Alluxio Worker 的存储空间至少设置为预计工作集大小的 120%。如果工作集大小无法估算，建议一开始将其设置为数据集总大小的 33%，并随着使用的情况进行调整。注意，如果每个文件块有多于一个副本，在估算缓存空间大小时需要将副本占用的空间也纳入考虑范围。具体可参见 5.3.4 节的详细介绍。

5. 网络速度

Alluxio Worker 到远端计算节点的客户端之间的网络带宽决定了 Worker 能够多快地将缓存的数据发送给客户端。在存在 8 个并发客户端的情况下，Worker 就有可能完全占用 10GBps 的链路。因此，我们建议为 Worker 和计算节点之间配置至少 10GBps 的网络带宽。

Alluxio Worker 到 UFS 之间的带宽决定了 Worker 能以多快的速度读写 UFS，包括向 UFS 写入数据以及从 UFS 加载数据到缓存中。如果 Worker 到 UFS 的链路与到计算节点的链路共享带宽，则需要考虑设置二者之间的合理比例，以避免到客户端的网络流量和到 UFS 的流量竞争带宽，导致其中一方吞吐量明显降低。我们推荐为 UFS 分配一条独占的链路，并且链路的带宽至少为到计算节点的带宽的 1/10。如果预期的缓存命中率很高，则这一比例可以相应地减小。7.7.3 节将介绍如何使用 Alluxio 的 UFS 压力测试工具测量 Worker 到 UFS 之间的带宽对吞吐量的影响，可以使用这个工具来验证 Worker 带宽分配是否充分。

6. Keepalive 配置

Alluxio Worker 会向连接的客户端定期发送心跳包，以检查客户端的健康状况。以下两项配置涉及这一心跳包的间隔时间和超时时长：

```
alluxio.worker.network.keepalive.time=30s
alluxio.worker.network.keepalive.timeout=30s
```

Netty 可以设置 TCP 连接的 Keepalive 机制，用于检测 TCP 连接的两端是否仍然存活。alluxio.worker.network.keepalive.time 配置项控制 Netty 中 Alluxio 客户端与 Alluxio Worker 之间的 TCP 连接发送心跳包的间隔时间，alluxio.worker.network.keepalive.timeout 是 Worker 发送心跳包之后，客户端未能及时回应的超时时间。超过这一时间后，Worker 就认为客户端已经不再存活，会关闭连接。如果使用中观测到网络超时错误，可以考虑适当增加这个超时时间。

7.1.4 Alluxio Job Master 进程推荐配置

1. Alluxio Job Master 进程的 JVM 测算

Alluxio Job Master 的主要工作是接收来自客户端等组件提交的异步作业，向 Job Worker 分派任务并管理任务状态。与 Alluxio Master 相比，Job Master 的功能更为单一，作业数量通常远少于文件数量，且作业处理完成后不需要长期保留信息。因此，一般情况下 Job Master 不需要许多内存。建议为 Job Master 分配不少于 4GB 的 JVM 内存。在高度依赖 Job Service 时，例如使用 ASYNC_THROUGH 写入大量文件或者经常需要使用 DistributedLoad 等功能，可以适当增加 Job Master 的内存大小。

2. CPU 资源测算

一般推荐 Job Master 进程与 Master 进程共享节点，因此应优先考虑 Master 的 CPU 使用需求。

3. 磁盘空间测算

除存储运行过程中生成的日志外，Job Master 不需要额外的存储空间，对磁盘空间的需求可以参考 Master 磁盘空间的推荐配置相关内容，使用写入速度通常不低于 128MBps 的磁盘即可。

7.1.5 Alluxio Job Worker 进程推荐配置

1. Alluxio Job Worker 进程的 JVM 测算

Alluxio Job Worker 接收来自 Job Master 分配的任务，作为 UFS 或者 Alluxio Worker 的客户端完成 DistributedLoad 和 Async Persist 等异步存储任务。Job Worker 在运行中主要使用内存的地方在于用于读写数据流时发生 I/O 所需要的缓冲区，如果并发运行的 Job 数量较多，则所需的内存也会相应增加。我们建议为 Job Worker 使用不少于 4GB 的 JVM 内存，并根据对运行状况的监控结果进行适当的调整。如果 Job Worker 与 Alluxio Worker 和计算应用部署在同一节点，优先考虑满足 Alluxio Worker 和计算应用对内存的需求。

2. CPU 资源测算

一般情况下 Job Worker 与 Alluxio Worker 共享节点部署。在这种情况下，优先考虑 Alluxio Worker 和计算应用对 CPU 资源的需求。如果对 Job Service 有较多依赖，可以为 Job Worker 适当增加 CPU 数量以提升异步任务吞吐量。

3. 磁盘空间测算

除 Log 日志之外，Job Worker 不需要特别的磁盘空间。

7.2　Alluxio 常见的性能问题及解决方案

7.2.1　读性能差

Alluxio 作为底层存储的管理层和抽象层，如果通过 Alluxio 读取数据的速度不理想，则会直接导致上层业务的性能受到影响。同时，在计算侧构建的分布式缓存是 Alluxio 的重要应用场景，用户的期望一般是通过 Alluxio 的读取性能好于直接读取底层存储。然而，有很多原因可能导致上层应用读取 Alluxio 的性能不如直接读取底层存储，本节将选取比较常见的几种情况进行详细介绍。

1. 底层存储和计算应用在同一集群

最常见的一种情况是计算应用和底层存储在个同一物理集群。在这种情况下，计算应用读 Alluxio 和读底层存储都可以取得良好的本地性。相反，Alluxio 在冷读时的开销导致通过 Alluxio 读取底层存储一定比直接读底层存储更慢。在多数情况下可以认为，当计算应用和底层存储在同一个物理集群时，Alluxio 的缓存不会取得明显的加速效果。换句话说，Alluxio 的缓存加速在存算分离的场景下更有效果。在存算一体的场景下，用户使用 Alluxio 的目标应当是 Alluxio 的数据编排功能，而非缓存加速功能。用户在读写时也无须保留缓存，即使用 NO_CACHE 方式读数据，使用 THROUGH 方式写数据。

2. 缓存介质速度慢

当 Alluxio 缓存命中时，提供的加速效果是缓存介质速度和底层存储速度之差。因此当 Alluxio Worker 使用的缓存介质速度较慢（如 SSD 或 HDD）而底层存储的介质性能优于 Alluxio 的缓存介质，且当计算集群和底层存储之间的网络速度足够快时，读取 Alluxio 缓存并不会比读取底层存储更快。

值得注意的是，由于实际业务负载的动态变化，底层存储速度会有一定的波动。从长期来看，当前不存在瓶颈的底层存储可能随着用户和业务的增长出现瓶颈。相对而言，数据应用读取同集群 Alluxio Worker 中的缓存速度可能更为稳定。

3. 缓存命中率低

在数据冷读（第一次通过 Alluxio 读取）时，Alluxio 需要从底层存储中将目标数据加载并保存进缓存，因此速度一定不如计算应用越过缓存直接读取底层存储快。如果 Alluxio 读性能不理想，一种可能性是大量的 Alluxio 读请求未能命中缓存。Cluster.CacheHitRate 指标记录了 Alluxio 的缓存命中率。

缓存能够提供的性能提升建立在缓存命中的前提下，后续的多次重复读补偿了首次冷读中缓存加载的开销。读多写少、重复读取的场景是 Alluxio 提供缓存加速的必要条件。因此，用户可以对照以下几个问题，检查自己的业务或测试场景。

1）业务或测试任务是否有对数据的重复读取？

如果所有数据只被读取一次，则缓存不适用于该场景。用户在读写时不应保留缓存。

2）性能不理想的任务是否可以命中 Alluxio 缓存？

用户可以通过集群指标来检查 Alluxio 对缓存命中率的统计。用户同样可以在运行具体任务之前通过 alluxio fs stat <file> 等 Alluxio 命令查看目标文件的 Alluxio 元数据，检查 Alluxio 系统中是否存在缓存。

3）缓存容量是否充足？

当 Alluxio 缓存已满时，写入新的缓存会导致等量的旧缓存被驱逐。因此如果缓存容量小，可能导致大量通过冷读加载进来的数据在下一次读取之前就被新的数据缓存驱逐，导致整体的缓存命中率低下。增大缓存可以在很大程度上缓解这一问题。当内存能为 Alluxio Worker 提供的缓存容量不足时，建议用户考虑将内存换为 SSD 或 NVM 这类大容量且相对快速的存储介质。

4）是否有文件频繁变动导致缓存失效？

Alluxio 会定期检查底层存储中的文件，如果底层存储中的文件内容已经发生了变化，则 Alluxio 会认为对应缓存已经失效。换言之，如果底层存储中的文件内容频繁变动，Alluxio 中加载的缓存也会频繁失效，导致整体的缓存命中率低。

如果想要通过 Alluxio 的缓存为底层存储提供加速，建议进行业务流程设计时尽量让底层存储中的文件不可变。换言之，在需要改变底层存储文件内容时，不要覆盖同名文件而是创建新路径和新文件。

5）任务是对文件的顺序读还是随机读？

在冷读时，如果读请求是对底层存储文件的随机位置读（不是从头到尾按顺序读完整个文件），则数据会异步加载进 Alluxio 缓存。因此在异步加载完成前，对这个文件的读取都不会命中缓存。

用户可以观测集群指标 Worker.AsyncCacheRequests 和 Worker.AsyncCacheSucceeded-Blocks 来查看异步缓存是否成功。用户同样可以通过 alluxio fs stat <file> 指令查看目标文件的 Alluxio 元数据，检查文件是否有缓存。如果异步缓存速度慢，则可以参考 7.4.1 节对异步缓存进行调优。

4. 操作系统缓存对测试的影响

在性能测试中常见的一种情况是，对 HDFS 的同一个文件进行多次读并取平均值作为性能测试基准。这种测试方式存在一个误区，会导致测得的速度大于实际值。由于存在操作系统级别的缓存，第一次读取之后，马上再次读取同一个文件，实际上会从操作系统的缓存中返回数据（内存速度），不会发生磁盘 I/O，因此以这种方式测得的读取性能平均值会高于磁盘 I/O 速度。为了减少操作系统缓存对测量的影响，可以通过 Linux 的命令清空页面缓存：

```
#这一命令会清空页面缓存和inode缓存
$ sysctl -w vm.drop_caches=3
```

在通过 HDFS 两次读取同一路径前使用该命令清空页面缓存,可以得到更准确的性能结果。在实际使用环境中,由于大量用户和请求的存在,HDFS 的操作系统缓存命中率很低。

5. 本地性低

另一个常见的问题是,虽然业务应用的机器上有本地的 Alluxio Worker,但是由于某些因素,应用并没有从本地的 Worker 读数据,而是使用了一个远程的 Alluxio Worker。这样会因为失去本地性而导致性能下降。用户可以通过观测指标 Cluster.BytesReadLocal 和 Cluster.BytesReadDomain 检查集群指标中是否记录了通过短路读或者域套接字的数据读取。类似地,Cluster.BytesReadRemote 和 Cluster.BytesReadUfsAll 记录了 Alluxio 非本地的 Worker 缓存命中和读取底层存储的数据量。上述几个指标可以在 Alluxio Master 端看到。管理员同样可以在每一个 Worker 上通过各自的 Worker.BlocksReadLocal 和 Worker.BytesReadDirect 等指标查看该 Worker 的本地读写量。

如果从集群指标中发现上层应用未能从本地 Alluxio Worker 中读取数据,用户需要参照配置文档,确保短路读或域套接字正常开启。如果开启后仍然没有本地读,可能是客户端无法成功找到本地的 Alluxio Worker。这种情况在 Kubernetes 环境下比较常见,因为客户端和 Worker 处在不同 Pod 中,所以 hostname 和 IP 地址常常不同。用户可以检查自己的集群配置。

如果从集群指标中发现上层应用虽然可以命中本地 Worker,但本地 Worker 相较于其他远程 Worker 而言,应用命中的概率低,仍有大量的远程读,则需要考虑应用选择 Worker 的策略是否合适。用户可以为客户端配置最合适场景的 Worker 选取策略。

6. Worker 缓存写入性能低

在进行顺序读操作时,Alluxio 会将数据写入缓存。如果 Alluxio Worker 的缓存写入速度不理想,可能影响读操作的性能。

第一个问题是缓存驱逐问题。从 Alluxio 2.3 版本之前,在使用多层缓存时,上层缓存驱逐时会被移动至下层(比如第 0 层缓存被驱逐时会被移动至第 1 层),造成上层缓存驱逐速度由下层缓存介质的性能决定。从 Alluxio 2.3 版本开始,上层缓存驱逐时会被直接驱逐出 Alluxio,而不是移动至下层。这样缓存驱逐速度由删除缓存文件的速度决定。对于使用 Alluxio 低版本的用户,我们建议升级 Alluxio 版本以减小缓存驱逐带来的额外开销。

第二个问题是 Alluxio Worker 并发问题。Alluxio Worker 通过参数控制了读写缓存数据块的并发度,如果此时并发度达到上限,则请求需要等待。如果用户发现写缓存速度不及预期,可以尝试根据 7.4 节的内容对 Worker 并发度进行调优。

7. 隐藏的超时重试

Alluxio 客户端自带对元数据操作的重试逻辑。如果一个对 Master 的元数据请求因为超时或网络原因失败，客户端会进行一定次数的重试，每两次重试之间有短暂的间隔。因此如果读请求速度比平时有明显下降，则用户可以检查客户端是否进行了一定次数的重试。如果一个 RPC 花费时间超过 alluxio.user.logging.threshold（默认为 5s），客户端 Log 日志会输出告警。如果应用端 Log 日志输出中有此类告警信息，一般说明 Alluxio Master 遇到性能问题。详细的客户端重试调优，可以参见 7.6.4 节。

8. Alluxio 集群问题

另一个可能的原因是 Alluxio 集群遇到问题，无法以正常性能提供服务。这一类问题将在 7.2.4 小节详细讨论。

7.2.2 写性能差

Alluxio 提供的数据缓存适用于一写多读的场景，我们一般认为写操作在业务流程中占少数，而且如果之后有对数据的读操作，则缓存提供的加速作用可以弥补在写入时的额外开销。因此我们通常认为写操作的性能不是 Alluxio 系统中对整体性能影响最大的部分。在通过 Alluxio 写数据时，Alluxio 客户端将数据发送给 Alluxio Worker，由 Worker 写入底层存储。通过 Alluxio 写入底层存储的性能会低于上层应用直接写入底层存储，因为有中间的转发和管理开销。

1. 使用了不合适的写模式

如果文件不会再被读取，则无须写 Alluxio 缓存，用户应当使用 THROUGH 模式。另一个选项是数据应用不经过 Alluxio，直接写入底层存储。如果文件无须写入底层存储并且没有持久化需求，则可以直接使用 MUST_CACHE 模式只写缓存，取得最佳的性能。如果底层存储性能不稳定或者性能不佳，则可以使用 ASYNC_THROUGH 模式，使持久化速度不再成为写操作的瓶颈。用户可以综合考量自己的场景，选取最合适的数据写模式。

2. 缓存介质速度慢

当 Worker 缓存介质速度慢、吞吐量低时，会导致 MUST_CACHE 和 CACHE_THROUGH 写模式下存在性能问题。Alluxio 的分布式缓存提供性能优化的前提是缓存介质的性能保障，因此建议更换成性能更高、吞吐量更大的缓存介质。

3. 本地性低

与读操作类似，Alluxio 客户端在进行写操作时也会选择 Alluxio Worker。如果无法识别本地 Worker 或者未能选择本地 Worker，则会因为通过网络写入远程 Worker 而使性能下降。

4. Worker 缓存写入性能低

与 7.2.1 节相同，如果写入 Alluxio 缓存，则缓存写性能同样决定了操作的速度。

5. Alluxio 集群问题

另一个可能原因是 Alluxio 集群遇到问题，无法正常能提供服务。这一类问题将在第 7.2.4 节详细讨论。

7.2.3　服务资源占用高

另一类常见问题是机器或者进程的资源占用过高，可能是由于资源分配不科学或服务压力大导致的。

（1）物理机资源占用高

在所有进程的内存占用超过了宿主机的物理内存时，有限的内存在不同应用间频繁切换，触发操作系统频繁的内存换页，系统性能会有非常明显的下降，这种现象被称为系统抖动（thrashing）。常用的观测方式是使用 top 指令看到当前机器内存占用达到了百分之百。在这种情况下，建议管理员调整为应用分配的内存，留出一定余量。Alluxio 建议的内存计算方式可以参考 7.1 节。

（2）虚拟机 / 容器资源占用高

在虚拟机或者 Kubernetes 环境中部署时，由于虚拟化的存在，虚拟机或者容器中的资源不一定和宿主物理机上的资源一一对应，可能会出现物理机上虚拟机资源总和超过物理机资源的情况。在这种情况下所有虚拟机（容器）的性能都会受到影响，可能在虚拟机（容器）内所见的资源使用率并不高，但是物理机已经过载。另一种可能是虚拟化的管理系统会直接驱逐虚拟机或容器。在这种情况下，管理员应当适量减少虚拟机或容器的资源分配，保证物理机资源不会被过度分配。

（3）Alluxio Master 内存占用高

JVM 的内存使用率如果长时间维持在较高的水位（如超过 90%），JVM 会花大量的 CPU 进行垃圾回收（GC），导致 JVM 性能下降。将应用的 JVM 内存使用率维持在一个健康的水位对应用的性能十分重要。

Alluxio 中几乎所有操作都涉及元数据的操作，需要对 Alluxio Master 发起请求。因此 Alluxio Master 的性能至关重要。Alluxio Master 主要分配给元数据存储（静态）和 RPC 处理（动态）。如果 Alluxio Master 的内存紧张，则需要考虑降低两者的内存占用。Alluxio 管理员可以参考 7.1 节中建议的对 Alluxio Master 的内存使用进行调整——增大 Alluxio Master 的内存分配或者降低 Alluxio Master 需要的内存。

（4）Alluxio Worker 内存占用高

如 7.1 节所述，Alluxio Worker 进程并不需要将大量内存分配给 JVM，Worker 节点的内存应当优先分配给对内存需求更高的计算应用。如果 Worker 节点需要更多的缓存空间，则可以使用容量更大的 SSD 或 NVM 作为 Alluxio 的缓存介质。因为 Worker 主要的内存使用来自数据传输的缓冲区，所以如果 Worker 本身的内存占用高的话，建议检查 Worker 当前的并发请求数量。

（5）Alluxio 集群内网络带宽占用高

由于 Alluxio 通常和计算应用部署在同一个集群，仅观察到集群内网络使用量高不一定代表是 Alluxio 的网络使用。造成 Alluxio 集群内网络使用量高的一个原因是读写本地性差，导致大多数请求通过网络读写远程 Alluxio Worker。解决方案可以参考 7.2.1 和 7.2.2 节。

（6）Alluxio 的底层存储带宽占用高

当带宽主要被读操作占用时，说明 Alluxio 可能缓存命中率低。如果此时底层存储带宽有限或性能不稳定，则可能对集群的性能带来问题，可以参考 7.2.1 和 7.2.2 节，增大 Alluxio 缓存命中率。另一个常见的原因是场景有大量的写操作，可以通过对业务流程进行改进，减少写操作进行优化。用户也可以使用 Alluxio 的 ASYNC_THROUGH 写模式，将写操作异步完成，不影响主要业务的性能。

7.2.4　请求超时

在分布式系统中，超时错误是一种常见的错误。集群中的一个组件无法确定一个请求正在被另一个组件处理，还是该组件因未知问题已经无法继续处理发来的请求。在这种情况下，超时是一种及时止损的机制，通过设置合理的等待时间，避免了无限的等待。在遇到超时报错时，我们往往难以了解这个请求是成功还是失败，需要进一步的追踪和分析。

超时错误有两种常见的原因。第一种是由于服务状态不正常导致请求无法执行或执行失败，比如 Master 在处理一个大规模递归操作时由于内存消耗高导致 OOM 崩溃，或者 Worker 在服务数据请求时服务器故障。对于此类故障，一般可以通过排查快速定位到不正常的组件。

第二种是由于服务繁忙无法及时处理请求，比如在大量请求积压时，用户会首先观察到性能的下降，之后操作所需时间逐渐增加直到最终出现请求超时的错误。在这种情况下，用户难以通过报错信息快速定位是元数据服务还是数据服务出现性能问题。而且如果问题根源是因为瞬时的业务压力，问题本身可能随着压力渡过峰值而自我恢复。此时，该问题会变得难以复现。这类问题的共性是通常服务的性能有逐渐下降的过程，而非瞬间不可用。我们将这一系列可能引起服务性能下降的问题在这里讨论，这些问题会引发一定等级的服务能力下降，但不一定最终触发超时。

如果请求或者任务遇到超时报错，用户首先应该判断超时失败的是元数据请求还是数据请求，以此来判断是 Alluxio Master 还是 Alluxio Worker 未能成功处理请求。同时建议检查 Alluxio 集群是否正常运行。一个简单的办法是使用 runTests 命令尝试向集群中读写文件：

```
$ bin/alluxio runTests
```

（1）元数据请求超时

如果元数据请求超时，Alluxio Master 可能无法正常地处理 RPC 请求，建议检查

Master 的服务状态。如果以下命令报错无法返回，说明 Alluxio Master 已经停止工作，请检查集群问题并尝试恢复服务。

```
#用户可以使用runTests命令尝试读写集群
$ bin/alluxio runTests

#用户同样可以使用leader命令查看当前集群的Primary Master
$ bin/alluxio fs leader
```

另一种可能是报错时的 Alluxio Master 处于无法处理请求的状态。Alluxio Master 在启动后会先重放 Journal 日志，如果是高可用集群则会进行选举，在这两个操作结束之前，Alluxio Master 无法处理请求。类似地，在高可用集群 Primary Master 切换过程中，也没有 Master 可以处理请求。在进行 Checkpoint 或元数据备份时，Alluxio Master 也无法处理请求。因此我们建议用户在生产环境中应当使用高可用方式部署多个 Alluxio Master，并将 Checkpoint 和备份操作都代理给 Standby Master。

如果 Alluxio Master 可以正常处理请求，但有计算任务遇到超时错误，一种可能是该操作本身非常复杂，导致 Master 无法在客户端超时之前返回结果。Alluxio 文件系统的一些递归操作可能因为其操作的文件夹规模大需要长时间才能完成，如大量文件元数据的同步或删除。如果触发超时的操作属于此类，建议将大操作分割成多个小操作，如删除一个大文件夹可以转化为每次删除一个子文件夹。另一个常见的情况是 Alluxio Master 在报错时十分繁忙无法及时处理对应的请求，最终导致超时。这种现象的根源经常是由于 Alluxio Master 的 JVM 可用内存不足而陷入了长 GC，或者直接在短时间内有大量元数据请求压力。

如果是高可用集群，这种现象一般伴随着 Master 因为无法及时响应 ZooKeeper 的心跳（对应 UFS Journal 模式）或其他 Standby Master 的联系（对应 Embedded Journal 模式）而导致 Primary Master 切换，用户可以留意对应的时间是否有 Primary Master 切换事件来判断。在这种状态下，Master 也很可能没有办法及时处理来自 Worker 的心跳，导致 Master 误以为正常工作的 Worker 已经失去心跳。对应的时间段内可能也会有 Worker 丢失心跳之后重新注册的现象。

如果是由 GC 导致的 Master 无响应，可以在 Alluxio Master 的 JVM GC 日志中找到对应的长 GC 事件。建议生产集群中始终开启 GC 日志。如果是因为大量请求导致的 Master 繁忙，在繁忙时通过 jstack 工具可以看到 Alluxio Master 进程中有大量的线程。用户同样可以通过监控 Master.RpcQueueLength 和 Master.TotalRpcs 等指标发现。

如果以上可能性都无法解释超时报错原因，用户可在 Alluxio Master 的 log 日志中寻找对应的请求是否有报错信息。建议阅读 7.3 节～7.6 节，通过查看对应组件的常见调优手法来寻找线索。

（2）数据请求超时

如果数据请求超时，用户同样应当首先检查集群的工作情况。如果集群仍在正常工作，则可以通过 Log 日志寻找该请求读取的 Alluxio Worker，并检查其工作状态。

如果 Worker 正常工作但是有读写请求超时，一种可能性是由于数据读取模式倾斜，比如大量的任务需要读取某几个数据块，而这几个数据块只存在于某几个 Alluxio Worker 上，导致大量请求倾斜到这几个 Worker，而其他 Worker 相对空闲。在默认配置下，Alluxio 客户端会优先选择本地 Alluxio Worker 读数据。然而，默认情况 Alluxio 不设置副本数上限，每次读取都会在本地 Worker 上留下缓存。换言之，如果多个节点的 Alluxio 客户端（数据应用）都读取特定数据块，那么这些数据块会在每一个节点上存在副本，不存在数据倾斜问题。所以，Alluxio Worker 的读请求倾斜问题一般来自上层应用分配读任务时的倾斜问题，需要通过上层应用的调优或者优化查询来从根源上解决。

另一种常见情况是由于短时间内请求激增，Alluxio Worker 并发无法同时处理这些请求，导致大量请求排队等待 Worker 的处理，一些请求最终在客户端超时。用户可以尝试参考 7.1 节，对 Worker 的并发和资源进行调优，并观测调优后超时问题出现的频率是否有所变化。

7.3 Alluxio Master 调优

7.3.1 元数据调优

（1）RocksDB 元数据存储

RocksDB 元数据存储混合使用了磁盘和内存。在 Alluxio Master JVM 的内存中有一部分用来缓存最近访问过的文件的元数据，如果这部分缓存满了，就会将元数据写入位于磁盘上的 RocksDB 数据库中。新生成文件的元数据首先被缓存在这部分内存中，异步地写入 RocksDB 中。默认的 RocksDB 缓存大小是根据 JVM 配置的最大堆内存大小动态设置的，最多可以缓存的文件或目录数量是：

$$RocksDB\ 元数据内存缓存大小 = 堆内存大小\ /4KB$$

例如，当 Alluxio Master 的 JVM 有 8GB 堆内存时，可以被缓存在内存中的文件数量是 8GB/4KB=2 000 000。当缓存接近满时，会启动缓存清理线程，剔除最后一次使用时间最久的条目，为新增的条目腾出空间。缓存清理线程在缓存中的文件数量达到一个高水位线时启动，持续寻找可以弹出的条目并将其从缓存中删除，直到缓存占用达到一个低水位线为止。

alluxio.master.metastore.dir 配置项可以用来设置 RocksDB 在磁盘上的存储的位置，默认情况下，存储在 Alluxio 安装目录下的 metastore 目录下。为了使元数据写入 RocksDB 的速度更快，建议将这个目录放置在 SSD 上，并考虑定期备份。

alluxio.master.metastore.inode.cache.max.size 配置项可以控制前面介绍的内存缓存大小，单位是文件或目录个数。这个选项的默认值是根据 Master JVM 的最大堆内存大小动态设置的，每 4KB 的堆内存可以用来缓存一个文件或目录的元信息。增加这个值可以增大缓存的文件数目，使元数据的访问更容易命中缓存，加快 Master 对元数据的存取速度。另外，由于缓存通常需要占用较大比例的 JVM 堆内存，并且这部分内存占用在整个 Master 运行期间持续存在，在 Master JVM 堆内存总量固定的前提下，过大的内存缓存会挤占 Master 完成其他操作可用的内存空间，尤其是在高并发情况下 RPC 服务所需的内存。因此，我们推荐适当控制这个缓存的大小，以便在缓存效率和可用内存之间取得平衡。

配置项 alluxio.master.metastore.inode.cache.high.water.mark.ratio 和 alluxio.master.metastore. inode.cache. low.water.mark.ratio 可以用于设置缓存清理线程启动和停止的高低水位线，默认值分别为 0.85 和 0.8。如果缓存满了，新加入的文件元信息会直接被写入 RocksDB，因此相较于写入内存缓冲，性能会下降。

在将内存缓存中的 inode 写入 RocksDB 时，通过将多个 inode 合并以成批的方式进行，类似读写文件时使用缓冲区，这样可以减少 RocksDB 的磁盘操作次数，以提高性能。如果 RocksDB 所在磁盘的写入速度快，可以通过修改 alluxio.master.metastore.inode.cache.evict. batch.size 适当调大一个 batch 包含的 inode 的数量来提升性能。

（2）Heap 元数据存储

由于在 Heap 模式下，堆内存是唯一的元数据存放位置，因此当堆内存满了之后，便无法再在 Alluxio 存储空间内创建新文件或从 UFS 中加载新文件。Heap 元数据存储不支持设置文件元数据所占据的内存空间的大小上限，如果元数据量过大，则可能因 Heap 内存不足导致 OOM 或无法成功处理 RPC 请求。

（3）选择 RocksDB 或 Heap 元数据存储

Alluxio 推荐使用 RocksDB 作为元数据存储。使用 RocksDB 元数据存储的主要优势是它支持几乎无限的文件数量。由于 RocksDB 将元数据存储在位于磁盘上的数据库里，因此只要磁盘空间足够，能够存放在 Alluxio 中的文件数量就可以持续增加。相比之下，受限于物理内存的上限，以及 JVM 在大规模堆内存的情况下 GC 时间会变得不可接受，JVM 的堆内存不能无限制地增长，因此 Heap 元数据存储存在文件数目的上限。即使在刚部署 Alluxio 时，使用 Heap 元数据存储可以完全容纳当前所有文件的元数据，但是为了避免随着业务规模的增加出现文件数量增长超过 Heap 元数据存储可以容纳的文件上限的情况，我们推荐在一开始就使用 RocksDB 作为元数据存储。

另外，由于内存缓存的存在，对于频繁访问的文件而言，RocksDB 元数据存储仍然有与 Heap 元数据存储相同的性能。如果活跃工作集可以完全容纳于 RocksDB 元数据存储的内存缓存中，则元数据的存取仍然具有最佳的速度。

7.3.2　Journal 日志性能调优

（1）Journal 日志写性能

为了优化性能，Alluxio Master 将 Journal 日志按批次写入 Journal 日志文件，可以通过以下的配置项调优 Journal 的写性能。

配置项	默认值	描 述
alluxio.master.journal.flush.batch.time	5ms	两次 Journal 批量写入之间的间隔时间
alluxio.master.journal.flush.timeout	5min	写 Journal 失败后在终止 Master 进程前重试的时间

为了保证持久性，Alluxio Master 会在 RPC 请求返回成功之前将 Journal 日志条目写入文件。因此，Journal 日志写入速度影响了 Alluxio Master 的元数据写性能。增加批量写入时间间隔使得一批次写入 Journal 日志文件的 I/O 数量变大，这在一定程度上更高效地使用了缓冲区，增大了磁盘的吞吐量，但同时这样也会增加元数据写操作的 RPC 延迟。增大重试超时时间可以在存储 Journal 的设备繁忙或缓慢时让 Master 重试更长的时间，避免 Master 退出。

（2）Journal 日志读性能

在 Alluxio Master 重启后，需要从 Journal 中恢复文件系统之前的状态。这部分工作是通过读取 Journal 的检查点文件以及独立的 Journal 文件，将其中记录的对 Alluxio 文件系统状态的每一条改动按顺序回放的方式完成的。因此，从 Journal 中恢复的时间主要取决于存储 Journal 的介质的读性能，以及累计的 Journal 文件数量。为了提高读取 Journal 的性能，首先考虑为 Journal 日志使用快速的存储介质。另外，Checkpoint 文件是压缩的，通常明显小于 Journal 日志文件的总和。管理员可以增加检查点的频率，减少独立 Journal 文件的数量，提升 Master 回放 Journal 日志的速度。

7.3.3 UFS 元数据缓存

在元数据同步中，Alluxio Master 需要从 UFS 中加载元数据。为了避免重复检查 UFS 导致的额外开销，Alluxio Master 维护一个大小有限的缓存来记录 UFS 路径元数据加载的状态，不在缓存中的路径有可能已经加载过元数据，但是之后从缓存中被剔除了。配置项 alluxio.master.ufs.path.cache.capacity 控制存储这个缓存的大小。较大的缓存容量会消耗更多的内存，但会缓存更多 UFS 的信息，减少昂贵的重复加载。如果设置为 0，则缓存被禁用，每次访问文件都会从 UFS 加载元数据。通常建议管理员根据自己 Master JVM 的内存使用情况在缓存容量和内存占用之间权衡，并在更改缓存大小后观察自己的 JVM 使用情况。

7.3.4 元数据同步调优

Alluxio 的元数据同步机制和底层存储保持一致，元数据同步的成本与被同步的目录中的文件数量呈线性关系。如果经常需要对包含很多文件的大目录进行元数据同步操作，可以分配更多的线程来加速这个过程。这里有两个配置是相关的。

在 Alluxio Master 处理一个 RPC 请求时，如果判断元数据已不够新，则会触发一次元数据同步操作。元数据同步过程中会使用并发请求共享线程池，并发地对每个路径进行元数据同步操作。alluxio.master.metadata.sync.concurrency.level 控制单个同步操作中使用的并发度。如果 alluxio.master.metadata.sync.concurrency.level=10，则在遍历目录的过程中，最多同时有 10 个路径被同步线程池处理。管理员可以将其调整为 Master 节点的核心数量的 1 倍至 2 倍的大小，以加快单个元数据同步操作的速度。

配置项 alluxio.master.metadata.sync.executor.pool.size 和 alluxio.master.metadata.sync.ufs.prefetch.pool.size 控制同步线程池和预取线程池大小。如果系统有大量元数据同步操作造成性能瓶颈，建议管理员将这两个线程池按比例一起调整。如果机器有大量 CPU 核心，为了避免创建过多线程，管理员也可以手动配置线程数。以下是这几个配置项的默认值：

```
alluxio.master.metadata.sync.concurrency.level=6
alluxio.master.metadata.sync.executor.pool.size=max(4, nCPU)
alluxio.master.metadata.sync.ufs.prefetch.pool.size=max(32, 10*nCPU)
```

7.3.5　Alluxio Master 的 Worker 管理调优

（1）Alluxio Worker 注册调优

如第 4 章所述，Alluxio Worker 在向 Master 注册时需要向 Master 全量汇报所有的数据块信息。如果 Worker 上的数据块数量很大，则会产生巨大的单个 RPC 请求。如果集群中的 Worker 数量很多，则在集群启动时（比如通过 bin/alluxio-start.sh all）同时启动所有 Worker，也会对 Master 产生大量 RPC 请求。这给 Master 节点带来的压力有时是超出想象的。每个数据块产生的需要传输信息的开销为 6 个字节，另外 Worker 本身还有一个固定大小（常量）的信息要传输给 Master。因此，Worker 的注册请求所产生的 RPC 请求大小可通过下面的方法估算：

$$6B \times Worker\ 上的数据块个数 + 常量$$

Alluxio Master 在处理 RPC 请求时消耗的内存远远超过网络传输的消息大小本身。对于数据块汇报而言，每 100 万个数据块 BlockID 会在 Master 端消耗约 200～400MB 的内存空间。虽然这些内存在 Alluxio Worker 注册完之后都可以由 GC 回收，但是在注册期间的内存占用和垃圾回收本身都会给 Master 带来不小的压力。这不仅影响与此同时的其他请求的性能，还可能因为多个 Worker 同时进行注册，导致短时间内 JVM 内存不足，引发 Full GC 或者 OOM 等问题。如果有 20 个 Worker，每一个都有大约 100 万个数据块需要注册，如果它们同时向 Master 注册，那么在注册结束之前占用的内存有：

```
20×1×400MB = 8000MB
```

同时启动大量 Worker，并且每个 Worker 上还有不少的数据块，通常会在大规模的生产集群中发生，比如用户想要对集群更改配置或对集群版本升级。

对 Alluxio 2.7 以下版本的用户，推荐的方式是分批次手动启动 Alluxio Worker，而不是用脚本同时启动大量的 Worker。Alluxio 2.7 版本引入了两种对 Alluxio Worker 注册进行流量控制的机制，因此使用 Alluxio 2.7 或更高版本的用户无须手动进行太多管理，可以同时启动所有的 Worker，并依赖 Alluxio 2.7 版本添加的管理逻辑来进行流量控制。基于租约的 Worker 注册并发控制和基于数据流的 Worker 注册方式，这两个功能相辅相成，为大量 Worker 同时注册的场景提供了流量控制，避免了 Master 的内存峰值导致的 Full GC 和 OOM 问题。

基于租约的 Worker 注册并发控制：Alluxio 2.7 版本实现了基于租约的并发控制，Worker 在实际注册之前会向 Master 申请一个租约，没有租约的 Worker 将无法向 Master 注册。通过控制租约的数量，Master 可以控制有几个 Worker 能够同时注册。通过控制 Worker 注册的并发，Master 端为 Worker 注册消耗的内存可以得到更好的控制，从而可以避免大量 Worker 同时注册导致大量请求在成功之前就耗光 Master 全部内存的问题。我们发现让 Worker 排队进行注册可以大大降低 Master 端内存消耗的峰值，当注册逻辑完成后，大量的内存被垃圾回收释放，反而让新的 Worker 注册完成得更快。如果 Worker 未能从 Master 处成功获取一个租约，它会不断等待和重试。

```
#以下为默认配置
alluxio.master.worker.register.lease.enabled=true
alluxio.master.worker.register.lease.count=20
```

Alluxio Master 发放租约时，不仅考虑当前的并发注册数量，还考虑当前的 JVM 可用内存空间。Worker 在请求租约的时候发送自己有多少数据块，Master 使用启发式的估算方法，估算出每 100 万个数据块需要在注册期间占用 400MB 的内存。如果当前内存可用空间低于对空间需求的估算，这个租约请求会被拒绝。在 Master 内存十分紧张的时候，这种机制会阻止数据块多的 Worker 注册消耗光 Master 端的所有空间，导致服务不可用。该设计在 Master 的可用性和 Worker 的可用性之间选取了前者，毕竟如果 Master 不可用，那么集群的所有元信息操作都不会成功，而多一个 Worker 并不会有本质的影响。

alluxio.master.worker.register.lease.count 控制了 Master 允许并发进行注册的 Worker 的数量，这个配置项的最佳数值取决于集群规模、Master JVM 的可用内存大小以及平均每一个 Worker 拥有多少数据块。每一个 Worker 有多少数据块可以通过观测相关的指标、查看 Worker 多层缓存中的文件数量或直接根据数据块大小和 Worker 缓存总容量进行估算。然后根据前述估算方法，估算在 Master 内存可以承受的范围内允许的同时注册的 Worker 数量。对一个新集群来说，Worker 上没有任何缓存数据块，但这并不代表在使用一段时间后重启 Worker 时上面没有数据块，所以估算时应该考虑 Worker 长期使用时的平均块数量。当基于租约的 Worker 注册并发控制功能开启时，Worker 的注册可能会由于排队而花费更长时间，这是流量控制难以避免的。

基于数据流的 Worker 注册方式：在 Alluxio 2.7 版本前，Worker 的注册通过发送一个

RPC 请求完成。当 Worker 上有大量数据块需要向 Master 汇报时，RPC 请求数量会变得非常大。在资源开销方面，这不仅是一次性的网络开销，而且 RPC 请求的过程中很多内存占用（包括这个请求本身）无法及时地被垃圾回收，导致 RPC 处理占用了大量 Master 端内存。Alluxio 2.7 版本加入了基于数据流的 Worker 注册方式，将一个 RPC 请求转换成了一个 RPC 数据流（由多个小请求构成）。这样在处理数据流的过程中，已经被处理的小请求可以及时得到回收，使 Master JVM 的内存使用变得更加平滑。基于数据流的 Worker 注册有以下几个主要配置：

```
#以下为默认配置
alluxio.worker.register.stream.enabled=true
alluxio.worker.register.stream.batch.size=100000
```

数据流中每一个小请求的大小是通过 alluxio.worker.register.stream.batch.size 进行配置的。该值越大，Worker 注册需要发送的 RPC 数量越少，单个 Worker 注册的速度就越快。反之，该值越小，单个 Worker 注册要花费的时间越长，但是在此期间对 Master 的内存消耗也越小。

（2）Worker 心跳调优

Master 和 Worker 之间保持着心跳，Worker 将数据块的变化汇报给 Master，Master 返回异步的数据块操作命令（如持久化或删除命令）。

Master 端

Master 端检查 Worker 是否丢失心跳的频率由 alluxio.master.worker.heartbeat.interval 指定，默认为 10s 一次。如果 Worker 上一次心跳的时间超过了 alluxio.master.worker.timeout，则这个 Worker 将被认为已经丢失。如果 Worker 在被 Master 认为丢失之后再向 Master 发送心跳请求，Master 会返回一个命令让 Worker 重新注册。Master 在 Worker 心跳超时后将一个 Worker 标记为丢失并且更新所有相关的数据块位置，这是一个代价很大的操作。

处理 Worker 的注册（数据块全量汇报）同样代价很大。为了避免 Master 错误地认为 Worker 心跳超时，alluxio.master.worker.timeout 不应该被设置得太短，以免因为短时间内 Master 或 Worker 端压力大导致心跳操作不及时，从而将 Worker 错误地标记为丢失。值得注意的是，在因为集群压力大导致 Worker 丢失之后，Worker 重新注册会给集群带来更大的压力，导致 Master 端的内存压力雪崩。这时一方面需要适当调节 alluxio.master.worker.timeout，在压力下对 Worker（和 Master 端的心跳处理线程）更加宽容，另一方面需要想办法增加 Master/Worker 端资源或者想办法避免压力过大。

Worker 端

Worker 端向 Master 发送心跳请求的间隔由 alluxio.worker.block.heartbeat.interval 设置，默认为 1s。在大规模的集群中，这种心跳频率可能会太高，从而增大 Master 端的 RPC 压力。如果用户的集群中有大量的 Worker（比如上百个节点）或者 Worker 上频繁的操作导致心跳请求比较大，建议降低心跳的频率来减轻 Master 端的压力。

如前文所述，重要的、实时性要求高的数据块信息更新都会实时地发送 RPC 到 Master，而不依赖 Worker 端的心跳对 Master 进行汇报。所以增加 Worker 心跳间隔只会让异步的数据块操作变慢，而不影响最重要的工作。当 Worker 心跳间隔增加时，Worker 接收到 Master 的数据块持久化命令会有更大的延迟，Master 看到 Worker 端的更新也会更慢。但是，在大多数情况下，这不会影响用户的正常使用，因为这些操作的实时性要求并没有那么高。相反，因为降低了 Master 端的 RPC 压力，集群的整体吞吐量和性能可能会提升。

（3）锁定（Pin）文件列表的调优

Alluxio Master 会在与 Worker 的周期性心跳同步中包含当前系统中被锁定（pinned）的文件的信息。这些文件对应的数据块需要保存在 Worker 的存储中，不能因为缓存驱逐等原因被释放。换言之，在 Worker 存储满了的情况下，Worker 只会驱逐被锁定的文件之外的数据块。数据块锁定功能可参见 5.3.3 节。Pin 的文件来源包括：

❑ 通过 ASYNC_THROUGH 的方式写入 Alluxio 中，但尚未被持久化的文件；

❑ 使用了多副本功能，在系统中保持最少副本数量大于等于 1 的文件；

❑ 用户通过 pin 命令手动指定的需要保持在 Worker 存储中的文件。

因为以上因素被锁定的文件越多，每次 Master 和 Worker 需要同步文件的列表也就越大。周期性同步的间隔由 alluxio.worker.block.heartbeat.interval.ms 配置项控制，默认配置下 Master 和 Worker 的同步频率为 1s 一次。较大的列表和较短的同步周期会对 Master 造成较大的内存压力。在这种情况下，推荐增加 Master 与 Worker 之间的同步间隔。

7.3.6 RPC 并发调优

Alluxio Master 创建自己的 RPC 线程池并交给 gRPC 框架调用，gRPC 框架接收到的底层数据被转换成 Protobuf 格式的请求，由 Alluxio RPC 线程池中的线程处理。这个线程池中的线程名称一般包含 rpc-executor，如 master-rpc-executor-TPE-thread-<id>。该线程池的命名方式在不同 Alluxio 版本中可能有所不同。

Alluxio Master 的 RPC 处理线程池大小上限由 alluxio.master.rpc.executor.max.pool.size 参数控制，默认为 500。当全部线程被占用时，RPC 请求需要排队等待。用户可以通过 Master.RpcQueueLength 指标观察 RPC 请求排队情况。如果长时间有大量请求排队，则可能需要进行针对性的调优。由于 RPC 线程池大小远超服务器的 CPU 核心数，因此增大 RPC 线程池大小有时难以直接达到提高效率的目的，在实际场景中，我们很少通过调大 RPC 线程池获得性能提升。与其调大这个线程池，我们推荐首先查看 Alluxio Master 进程的 CPU 占用，看进程是否可以得到足够的 CPU 资源。

在此基础上，管理员可以考虑其他调优方向，如查看 Alluxio Master 中每一种 RPC 的性能统计指标 Master.{RPC_NAME}、检查 RPC 处理本身是否过于缓慢导致大量 RPC 请求积压。如果 RPC 本身速度慢，可能是由于元数据同步花费了大量时间，管理员可以尝试从调优元数据同步入手。另一个常见的原因是 Master JVM 由于大量 GC 导致吞吐量下降，管理员可以尝试进行 GC 调优。还有一个常见的原因是 Master 中心跳线程过于频繁从而占用了大量 CPU，可以参考 7.3.7 节。

如果在尝试过各种方式后仍然出现 Master 大量 RPC 积压问题，管理员可以使用 async profiler 等工具观测 Master 进程的 CPU 使用，并使用 jstack 分析工具检查 Master 进程是否存在大量线程可以调优，比如设置了大量的元数据同步线程。如果各种分析显示 Master 大量 RPC 速度慢导致任务积压或 Master RPC 处理得到的 CPU 不足，可以适当增大 RPC 线程池上限以获得更多线程资源。在此过程中需要注意的是，添加线程会增大系统的压力和开销，与其通过增大压力的方式获得更多资源，不如削减不必要的开销。

7.3.7　心跳线程调优

Alluxio Master 进程中有不少的心跳线程，它会定期进行异步任务的处理，比如异步的数据块副本数检查、异步文件持久化任务调度和追踪、异步的数据块生命周期检查等。这些线程一般以具体的任务命名，如 Master Replication Check、Master Persistence Scheduler 和 Master TTL Check。Alluxio Master 进程中还有一些心跳线程定期进行资源的检查和释放，比如在 Inode/Edge 锁比较多时，会有线程不断尝试回收不再被使用的锁。

除锁之外的其他资源也有一些对应的异步管理线程，如网络连接的自动回收等。这类定期执行的任务也会占用 Master 进程的 CPU 和内存资源，因此管理员可以对每一个心跳任务频率进行对应的调节，在资源占用和频率之间根据具体场景取得最优的平衡。比如 Master 根据 alluxio.master.periodic.block.integrity.check.interval 配置的时间间隔，定期检查每个数据块对应的文件 inode 是否还存在，如果不存在就将这个数据块删除。这个操作会遍历 Alluxio 所有数据块和文件的元数据，因此开销比较大。类似地，配置项 alluxio.master. replication.check.interval 和 alluxio.master.ttl.checker.interval 指定了对数据块副本和 TTL 的定期检查，如果有大量文件设置了这两类管理属性，定期检查会扫描大量的文件元数据。管理员可以在管理操作的时效性和开销之间做出权衡。

7.4　Alluxio Worker 调优

7.4.1　异步缓存调优

当 Alluxio 客户端向 Alluxio Worker 请求某个数据块中的部分数据时，为了不阻塞客户端的请求，Worker 会读取请求所需要的片段，并立即将这部分数据返回给客户端，而异步地继续读取该数据块的其余部分，以将整个数据块缓存到 Alluxio 中。异步缓存的概念请参见 5.2.1 节。

用于完成这个异步缓存过程的线程数量由 alluxio.worker.network.async.cache.manager.threads.max 配置项设置。当预计大量数据将被并发地异步缓存时，增加这个线程数量可以让 Worker 处理更大的工作量，这在被缓存的文件相对较小（10MB 左右）的情况下最有效。不过，随着线程数量的增加，Worker 节点上的 CPU 资源会更加紧张，因此在调整这个数字时需要考虑到这一点。

与异步缓存相关的另一个重要配置项是 Worker 异步缓存的队列长度，由 alluxio.worker.network.async.cache.manager.queue.max 配置项设置。当需要异步缓存的请求数量激增，无法及时处理队列中的所有请求时，Worker 将开始放弃一些异步缓存请求，因为异步缓存严格来说是一种性能优化，当优化可能拖累正常操作时，我们就不得不优先保证对客户端读写请求的正常服务。如果 Alluxio Worker 放弃了很多异步缓存请求，则可能需要增加这个队列的长度。监控 Worker.AsyncCacheRequests 和 Worker.AsyncCacheSucceededBlocks 这两个指标，判断缓存的请求数是否符合预期。

7.4.2　RPC 并发调优

如 5.5.1 节所述，Alluxio Worker 通过 alluxio.worker.tieredstore.block.locks 配置项控制可以同时被读写的数据块数量，默认为 1000。在正在读写的数据块数量达到这个值时，读写新的数据块请求就需要等待。如果集群的负载对单个 Worker 有更高的并发要求，可以适当调高这个配置项。

另一种使用场景是计算应用会通过资源池等方式复用打开到 Alluxio 数据块的输入流的情况。比如，计算引擎 Impala 中的 cache_remote_file_handles 和 max_cached_file_handles 选项可以使 Impala 缓存打开的 Hadoop 文件流句柄。当 Impala 使用 Alluxio 文件系统时，Impala 缓存打开的 Alluxio 的文件流句柄，实际上会导致 Alluxio Worker 上的数据块读写流一直处于打开状态。如果缓存的文件句柄数量超过了 Alluxio Worker 的最大读写数据块数量，会导致 Alluxio Worker 无法处理新的读写请求。此时需要将 alluxio.worker.tieredstore.block.locks 配置项提高至大于 Impala 默认缓存的句柄数量，或者减少 Impala 的缓存句柄数量。在调整时，管理员同时需要注意由于数据的局部性，可能出现的最坏情况是所有计算应用节点的请求集中到一个 Worker 处，这时 Worker 数据块锁的数量要大于所有客户端节点并发打开的块的数量。

7.4.3　UFS 数据流缓存

Alluxio Worker 通过资源池复用打开到 UFS 的输入流。资源池中缓存的输入流数量由 alluxio.worker.ufs.instream.cache.max.size 选项控制。缓存更多输入流可减少创建新 UFS 流的开销，但也会给 UFS 带来更大负荷。如果使用 HDFS 作为 UFS，该参数应该根据 dfs.datanode.handler.count 来设置。例如，如果 Alluxio Worker 数量与 HDFS 数据节点数量相同，并假设工作负载均匀分布在 Alluxio Worker 之间，则可以将 alluxio.worker.ufs.instream. cache.max.size 设置为 HDFS dfs.datanode.handler.count 选项值。

7.5　Job Service 调优

用户常用的 Job Service 功能是 distributedLoad 和 distributedCp，分别用来加载数据到 Alluxio 或者通过 Alluxio 拷贝数据。为了提升运行性能，加快运行速度，可以从 Job Service 的容量和并发处理能力两方面进行调优。

7.5.1　Job Service 吞吐量调优

为了控制资源使用量，Job Service 会限制同时运行的作业总数，这个限制由 alluxio. job.master.job.capacity 配置项控制。distributedLoad 之类的分布式命令会将一个或多个文件包装成一个作业。Job Master 默认配置下使用一个大小为 100 000 的队列来管理待执行的作业。如果队列的容量不足，提交的 Job 将被拒绝。因此，如果大量使用这类分布式命令，可以考虑通过 alluxio.job.master.job.capacity 配置项适当增加这个队列的容量。

通过 alluxio.job.request.batch.size 配置项可以控制每个作业包含的文件数量，较大的 batch 可以减少作业数量，进而减少 Job Master 和 Job Worker 之间调度的次数及资源的使用量，从而提高 Job Service 的吞吐量；但是一旦一个作业中有一个文件的任务执行失败，整个作业都会被标记为失败。使用 Job Service 的命令，如 distributedLoad，有相应的命令行选项可以控制容量和并发数量，用户可以参考对应版本的 Alluxio 官方文档以了解更多细节。

7.5.2　Job Service 并发调优

如果在数据量很大或者并行度很高的情况下 Job 执行缓慢，则需要有针对性地考虑调优 Job Service 的并发处理能力，例如根据情况增加节点内存、为 Job Master 和 Job Worker 分配更多的 JVM 内存等。

由于 Job Service 的分布式作业会转换成任务分配给 Job Worker 执行，Job Service 的吞吐量由 Job Worker 的数量和执行任务的吞吐量决定。需要提升 Job Service 的吞吐量时，可以考虑增加 alluxio.job.worker.threadpool.size 配置，来增加每个 Job Worker 并发执行的任务数量。如果大多数作业只在非高峰时段运行，建议使用 CPU 核心数 2 倍的线程数；如果 Job 在所有时段运行，建议使用 CPU 核心数 1/2 到 1 倍的线程数。

alluxio.job.worker.throttling 配置项可以用来根据 CPU 使用率自适应地限制 Worker 处理任务的活跃线程数量。当启用了自适应限流，且 Job Worker 的平均负载（Load Average）

大于 CPU 核心数量时，Job Worker 会暂停处理队列中待处理的任务，使部分线程闲置，直到一些任务处理完成，负载降低之后，再逐渐恢复可用的线程数量。如果 Job Worker 与 Worker 或其他计算应用的进程部署在同一节点，启用自适应限流功能可以避免 Job Worker 与 Worker 或计算应用竞争资源。

alluxio.job.master.worker.heartbeat.interval 配置项设置了 Job Worker 与 Job Master 周期性心跳同步的时间间隔。Job Worker 通过周期性心跳向 Job Master 报告 Job 完成情况，获取新的待处理的 Job 列表。较短的间隔可以更快地获取任务的执行情况，但也会向 Job Master 更频繁地发送 RPC，占用更多的资源。

7.6 客户端调优

7.6.1 Alluxio Worker 选取策略调优

Alluxio 客户端在读写一个数据块时，需要决定从哪个 Worker 读取数据块，或将新的数据块写入哪个 Worker，这一决策将对 Alluxio 客户端的 I/O 性能产生至关重要的影响。Alluxio 的客户端提供了一系列的 Worker 选取策略，可以根据不同的业务场景和集群部署的情况，选择合适的 Worker 选取策略。

一般情况下，让数据尽可能接近数据的消费者，可以提升数据局部性的效果，避免网络传输的开销，提高 I/O 性能。这也是 Alluxio 默认的 Worker 选取策略 LocalFirstPolicy，即优先选择与客户端在同一节点上的 Worker，从其读取数据块或向其写入数据块。这一默认策略也存在缺点，例如在客户端节点的请求不均匀的情况下，会造成一部分 Worker 闲置，而另一部分 Worker 过载并且缓存空间很快耗尽等情形。另外，即使客户端请求分布均匀，但许多客户端在相对较短的时间内读取相同的内容，这种情况会导致同一数据块在很多 Worker 上都产生了一个副本，占用了其他数据的缓存空间，造成 Worker 存储的浪费。针对默认策略的缺点，如果可以预估 Alluxio 将要承载的工作负载的数据读写模式，则可以改为具有针对性的更优的策略。

❑ 如果客户端的请求不均匀，造成部分 Worker 存储容量提前耗尽，但仍需要利用数据局部性的优势，则可以使用 LocalFirstAvoidEvictionPolicy 策略，可以使客户端在本地 Worker 缓存容量不足的情况下转而利用其他空闲的 Worker，减少驱逐先前缓存的内容，尽最大可能保持已有数据的局部性；

❑ 如果客户端与远程 Worker 之间的网络速度较快，而且希望尽可能高效利用 Worker 缓存空间、减少冗余的数据块，则可以使用 DeterministicHashPolicy 策略，在高并发多客户端读取相同的数据块的情况下，减少多余的数据块。

❑ 我们提供了 MostAvailableFirstPolicy 和 CapacityBaseRandomPolicy 两种策略，可

以分别根据不同 Worker 的剩余可用空间和总空间决定选择哪个 Worker 可以使
Worker 的缓存空间的利用更均衡。MostAvailableFirstPolicy 更适合所有 Worker 容
量相同的情况下，根据剩余空间平衡分配请求；CapacityBaseRandomPolicy 更适合
在 Worker 容量不同的情况下，根据 Worker 容量按比例分配请求。

7.6.2　被动缓存策略调优

被动缓存（Passive Caching）是指当一个节点处的 Alluxio 客户端有一个同节点的
Alluxio Worker，但是这个本地 Worker 没有缓存某个客户端需要的数据块时，客户端会首
先从另一个远程的 Worker 中读取这个数据块，并要求本地的 Worker 异步地获取这个数据
块并保留一个副本。通过 alluxio.user.file.passive.cache.enabled 配置项可以启用该功能，默
认情况下是启用的。启用被动缓存的好处是可以使数据尽可能接近使用者，减少第二次读
取的延迟，但也会导致同一数据块在 Worker 中缓存多份，造成缓存空间额外的占用。对于
没有数据局部性的应用或者工作集大小远超过 Alluxio 缓存空间的情形而言，使用被动缓存
就显得得不偿失了。

7.6.3　Commit 操作优化

Spark 和 Hive 等计算应用在生成输出文件时使用被称为 Hadoop MapReduce committer
的模式，先将输出写入一个临时文件中，当输出全部写入完毕后，将临时文件重命名为最
终的输出文件，通过这样的方式为写文件提供了原子性，客户端看不到文件写入时的中间
结果。这种写入方式在用于重命名操作较为缓慢的存储系统时不是最佳的，典型例子是使
用对象存储作为底层存储，例如在 S3 上使用 Spark 或者在 Ceph 上使用 Hive，在很多对象
存储中重命名操作实际上会直接拷贝文件，造成大量浪费。在使用 Alluxio 后，上述写入
操作可以分解为以下两个步骤（假设使用 THROUGH 或者 CACHE_THROUGH 方式写入
Alluxio）。

　　1）上层应用将数据写入临时文件：

❑ 数据被写入 Alluxio 存储较快；

❑ 数据被写入对象存储较慢。

　　2）将临时文件重命名到最终输出：

❑ 在 Alluxio 中重命名很快，因为仅需要操作元数据；

❑ 在对象存储中重命名很慢，因为实际上重命名是通过复制一个副本并删除原来的文
件实现的。

以上两个步骤完成之后，Alluxio 才会向计算应用返回结果，等待对象存储的操作完成
减缓了处理的速度。当需要运行大量的输出文件的计算任务时，大部分时间被消耗在对象
存储的操作上，并且在对象存储中的文件拷贝浪费了大量的 I/O。

针对这一问题，Alluxio 提供了一种优化的方案，避免了在影响计算任务性能的关键路径上引入缓慢的对象存储操作。首先，关键是使用 Alluxio 的 ASYNC_THROUGH 方式，使客户端的写入不再需要同步等待 UFS 的返回；其次，由于首先写入的是临时文件，因此在临时文件被最终重命名为输出文件前，将其持久化到 UFS 是没有意义的，可以使用 alluxio.user.file.persist.on.rename=true 配置项使 Alluxio 只在文件重命名时发生持久化操作；再次，为了保证在使用 ASYNC_THROUGH 模式写文件时，最终输出文件持久化之前不因为单个 Alluxio Worker 故障导致数据丢失，使用 alluxio.user.file.replication.durable 配置项设置大于 1 的缓存副本数量；最后，通过 alluxio.master.persistence.blacklist 配置项告诉 Alluxio 不要将匹配的临时文件持久化。

可以将以上的过程总结为如下的 Alluxio 配置，注意配置中包括用户端的配置项和服务端的配置项：

```
#使用ASYNC_THROUGH方式将数据先写入Alluxio中，再异步持久化到UFS中
alluxio.user.file.writetype.default=ASYNC_THROUGH
#不自动将写入的文件持久化到UFS中，因为只有最终的输出文件才需要写入UFS
alluxio.user.file.persistence.initial.wait.time=-1
#提示Alluxio在重命名后自动持久化文件，因为重命名后的文件是最终的输出，需要持久化到UFS
alluxio.user.file.persist.on.rename=true
#在持久化之前需要将文件保留多于1个副本，以避免出现Worker故障导致数据丢失的情况
alluxio.user.file.replication.durable=2
#不将路径中包含_temporary的文件持久化
alluxio.master.persistence.blacklist=_temporary
```

应用以上配置后，计算应用写入数据时的过程变为：

1）上层应用写入临时文件到 Alluxio。由于使用了 ASYNC_THROUGH，这一步仅将数据写入 Alluxio 存储中，速度很快。

2）将临时文件重命名为最终输出。

❑ 重命名操作在 Alluxio 发生，速度很快；

❑ 由于使用了 persistonrename 机制，Alluxio 为这个文件生成一个持久化的任务。

3）Alluxio 返回写入结果到计算应用，对于计算应用而言，输出已经完成。

4）Alluxio 异步地将最终文件持久化到对象存储。

与没有优化的写入流程相比，只有最终输出文件写入对象存储中，且避免了重命名时发生的复制和删除，从而减少了两次多余的数据操作。另外，对象存储的缓慢写入不再同步地发生在关键路径上，计算应用不需要等待对象存储的写入完成就可以继续之后的操作，这极大地提升了写入速度。

某些情况下，计算应用会在写入最终输出文件前写多个临时文件。Alluxio 提供了 alluxio.master.persistence.blacklist 配置项可以将多个路径排除在外，不做持久化。在这个配置项中设置的名称如果出现在一个文件的路径中，则该文件就不会被持久化，例如：

```
alluxio.master.persistence.blacklist=.staging,_temporary
```

路径中包含 .staging 和 _temporary 的文件被视为中间结果或者临时文件，将不会被持久化；结合 alluxio.user.file.persist.on.rename 配置项，重命名操作会触发持久化，这些文件在被重命名为最终输出文件后才会被持久化。需要注意的是 persist.on.rename 同样适用于目录，如果一个目录被重命名了，那么其中的文件和子目录也会被持久化。

最后，如果在 committer 模式的工作负载之外，Alluxio 还需要承载其他直接写入最终输出文件的工作负载，则可以使用特定路径的配置方式，只对 alluxio.master.persistence.blacklist 中列出的路径应用 committer 模式优化的配置项，对于其他路径仍然根据需要使用 CACHE_THROUGH 等写入方式，并关闭 persist.on.rename 功能。

7.6.4　重试操作调优

Alluxio 客户端在与 Master 和 Worker 进行 RPC 通信过程中可能由于种种原因失败，对于其中非致命性或暂时的错误，例如，目标繁忙导致的超时或者高可用情况下 Master 出现切换等，客户端会在等待一段时间后重试失败的操作。

Alluxio 客户端的重试逻辑是带总时间上限的截断指数避退（time bounded truncated exponential backoff），即出现可以重试的失败后，客户端首先等待一小段时间，然后开始第一次重试，这个等待时间称为基本重试间隔。如果重试仍然失败，后续的两次重试之间的等待时间以基本重试间隔为基础按几何级数方式增加，直到达到最大重试间隔，之后重试间隔保持不变。多次重试后，如果整个重试过程累计的时间达到了上限，则放弃重试，进入错误处理流程。

在这个过程中，基本重试间隔、最大重试间隔和总时间上限均可以根据需要由用户配置。Alluxio 提供了客户端 RPC 请求和读取数据两种情形下重试时间的配置项。

数据读取	默认值	RPC 操作	默认值
alluxio.user.block.read.retry.sleep.base	250ms	alluxio.user.rpc.retry.base.sleep	50ms
alluxio.user.block.read.retry.sleep.max	2s	alluxio.user.rpc.retry.max.sleep	3s
alluxio.user.block.read.retry.max.duration	5min	alluxio.user.rpc.retry.max.duration	2min

对于通过 Alluxio 命令行客户端进行的操作，RPC 重试的总时间上限是 5s。较短的重试间隔可以更快地重试网络连通性问题导致的失败，加快任务的运行；反之如果失败是由于 Master 或者 Worker 资源不足无法及时响应客户端的请求，缩小重试间隔只会增加 Master 或者 Worker 的负担。

对重试总时长的调节有两种对立的调优思路：对于上层应用而言，如果偏向于可以容忍出现错误，并且希望尽早暴露问题便于排查，则可以将重试总时间设置得短一些，这是 Alluxio 命令行客户端选择的做法；如果偏向于保证任务的成功率，减少失败的可能，较长的总重试时长相当于增加了重试次数，对于一些会随着时间自动消失的问题（如 Master 切换）可以让上层应用无感知地成功完成。

7.6.5 Keepalive 调优

Alluxio 客户端与 Master 等组件通过 RPC 通信时，会定期发送保活数据包。alluxio. user.network.rpc.keepalive.timeout 配置项设置发送保活数据包后最大等待响应的时间，超过这个时间后客户端认为当前的连接已经断开，会重新尝试打开新的连接。默认值是 30s。如果因为 GC 或服务压力等原因 Master 等组件经常繁忙，不能及时响应，可以尝试将这个配置项设置得大一些，以保持连接继续打开。对于主要以流方式传输数据的客户端与 Worker 之间的连接，类似的配置项 alluxio.user.network.streaming.keepalive.timeout 可以设置保活数据包间隔和超时时间。

7.6.6 其他客户端配置调优

下面介绍其他客户端配置调优。

❑ alluxio.user.update.file.accesstime.disabled=true，关闭对文件访问时间的更新。每当客户端访问文件时，都会向 Master 发送 RPC 请求更新文件的最后访问时间信息。如果这一信息不重要，可以关闭这项功能，以减少 Master 的 RPC 负载和状态更新操作。

❑ alluxio.user.metrics.collection.enabled=false，关闭客户端向 Master 的指标信息报告。如果客户端运行平稳，不需要收集指标以分析性能问题，可以关闭这项功能，关闭后不会向 Master 发送这些指标，减轻 Master 的负载。

❑ alluxio.user.conf.sync.interval=10min，延长客户端与 Master 之间同步配置的周期。如果系统稳定运行，配置不经常发生改变，则可以减少与 Master 配置同步检查频次，减轻 Master 的负载。

❑ alluxio.user.file.replication.max=3，为一个数据块设置副本数量上限，避免在多个客户端从各自的本地 Worker 读取同一文件时产生过多的冗余副本，避免 Worker 缓存容量的浪费。

7.7 性能压力测试

7.7.1 压力测试的目的和工具

对于一个大规模分布式系统来说，理解系统的性能是十分重要的。对上层应用来说，Alluxio 分布式文件系统的读写性能直接决定了生产业务的性能。对于实际业务场景来说，性能受一系列综合因素的影响，如业务的读写模式、查询的定义和计算应用的调度逻辑、缓存命中率等，所以实际业务的性能只有在真实场景中才能得到验证。虽然如此，对每一个 Alluxio 组件和 Alluxio 元数据 / 数据服务的性能和稳定性测试仍然十分重要，只有理解了 Alluxio 系统每一部分的性能瓶颈，才能理解集群和业务的性能瓶颈。

出于对性能和稳定性进一步了解的需求，Alluxio 实现了被称为 StressBench 的压力测试框架（stress benchmark test），它可以测试 Alluxio 不同组件在较大压力情况下的性能表现情况。在不同的使用场景中，Alluxio 会与不同的底层存储和上层计算应用组合使用，在测试吞吐量时通常需要通过上层计算应用编写测试方案，且无法直接比较不同计算应用所得的结果，这使整个系统的性能不易评估。Alluxio 自带的压力测试工具提供了针对 Alluxio 组件本身的测试方案，测试逻辑不依赖上层计算应用的实现，聚焦于 Alluxio 本身的性能，为不同软硬件和配置组合之间对比性能测试结果提供了参考的基准。

本节将对已有的测试和使用场景进行介绍，用户可以参考本节介绍的适用场景，结合自己的需要对集群中的 Alluxio 服务进行相应的性能和稳定性测试，并根据测试数据进行有针对性的调优。目前 StressBench 框架尚处于实验性阶段，具体的测试命令和命令行参数可能在未来版本中改动，用户应该在使用时参考对应版本的 Alluxio 官方文档。

7.7.2　Alluxio 的压力测试框架 StressBench

Alluxio 基于 Job Service 框架实现了压力测试框架 StressBench，提供对 Alluxio Master、Worker、Client、FUSE 和 Job Service 等多个重要组件的性能测试方案，每个测试都有丰富的参数选项，以命令行的形式即可简单地开始压力测试。

StressBench 的工作原理是作为被测试组件的客户端，向测试组件发出操作请求，并测试在不同请求内容和并发度的情况下，被测试组件的响应速度以及资源消耗。例如，在 Master 压力测试中，StressBench 作为一个 Alluxio 客户端，向 Master 反复发出创建文件的请求，记录 Master 用于处理每个请求的时间，最后生成平均响应时间等测试结果。又例如，对于 Alluxio 客户端的压力测试，StressBench 则扮演上层计算应用的角色，向 Alluxio 客户端发出读写文件的请求，并计算延迟。在这个过程中，管理员可以监控对应的 Master 或 Worker 组件，观察它们在压力下的表现和各项系统指标，以理解当前系统可以承担的压力上限和对应表现。

在单个机器上，由于 CPU 核心数量限制，启动大量线程模拟高并发测试压力存在问题。在一个 4 核心的机器上模拟 100 个线程的并发压力时，测试线程得不到足够的 CPU 核心数，导致实际生成的压力达不到 100 个线程在拥有 100 个核心时的压力。为了更好地使用分布式系统模拟足够的真实压力，StressBench 框架使用 Alluxio Job Service，将压力测试作为分布式作业，让每一个 Job Worker 都模拟一部分测试压力，模拟客户端产生指定的压力。

7.7.3 StressBench 提供的测试内容

1. 对 Master/Worker/Job Service 的压力测试

对 Master 的元数据服务测试是最为常用的测试之一。目前 StressBench 可以测试 Master 元数据操作中创建文件或目录、打开文件、删除文件、列出文件夹内容、获取文件元信息等众多在实际使用中至关重要的操作类型，并且可以指定测试的规模，如创建或打开的文件数量、文件大小、时长等参数。如果在实际场景中 Alluxio Master 压力负载大，则建议使用 StressMasterBench 提供的功能了解业务场景中最频繁的元数据操作所能承载的压力参数。

下面的例子测试了通过集群模式在 3 个 Job Worker 上运行 Master 压力测试，测试列出 10 000 个文件夹的操作，每个 Job Worker 使用 256 个线程，时长为 30s：

```
$ bin/alluxio runClass alluxio.stress.cli.StressMasterBench \
--operation ListDir \ --fixed-count 10000 \
 --warmup 5s --duration 30s \
--cluster --cluster-limit 3 --threads 256
```

对 Worker 的测试是创建一个测试文件，然后反复地通过 Worker 读取这个文件，以此计算客户端到 Worker 之间的吞吐量。如果实际场景中数据 I/O 流量大，或者已知有比较严重的数据倾斜问题导致大量请求集中在少量 Worker 上，则建议使用 StressWorkerBench 深入理解数据 I/O 在压力下的表现情况。下面的例子测试了一个客户端读取一个 100MB 的文件，文件的块大小为 16KB，测试持续 30s：

```
 $ bin/alluxio runClass alluxio.stress.cli.worker.StressWorkerBench \
--clients 1 --block-size 16k --file-size 100m \
--warmup 10s --duration 30s
```

对 Job Service 的测试主要包括对分布式缓存这一操作的测试，该测试模拟了用户通过 Alluxio 命令行执行 distributedLoad 命令时发生的操作。测试首先会在 UFS 中创建许多测试文件，然后通过 Job Service 将这些文件缓存到各个 Alluxio Worker 中，结果报告这一缓存过程所需的时间。如果业务对 Job Service 有比较强的依赖，如数据管道中大量使用 distributedLoad 或 distributedCp 等分布式命令，则建议使用 StressJobServiceBench 深入理解 Alluxio Job Service 性能并加以调优。下面的例子测试了分布式缓存 256 个文件夹、每个文件夹包含 100 个大小为 1KB 的文件的情形：

```
$  bin/alluxio runClass alluxio.stress.cli.StressJobServiceBench \
--file-size 1k --files-per-dir 1000 --threads 256 \
--operation distributedLoad
```

2. 基于客户端的端到端压力测试

对客户端的压力测试模拟计算应用通过 Alluxio 提供的两种 API 读取文件时的操作。支持的 Alluxio 文件系统接口包括 Alluxio 原生的接口和 HDFS 兼容的接口。下面的例子测试了通过 ReadByteBuffer 方式反复读取一个 1MB 的文件，持续时间为 30s：

```
$ bin/alluxio runClass alluxio.stress.cli.client.StressClientIOBench \
--operation ReadByteBuffer --files-size 1m --buffer-size 512k \
--warmup 5s --duration 30s
```

3. 对 FUSE 的压力测试

对 FUSE 的压力测试提供了对 Alluxio POSIX 文件系统接口的性能测试工具。在 FUSE 压力测试中，模拟的客户端通过挂载的 FUSE 挂载点从 Alluxio Worker 中读取数据，并测量读取的吞吐量。如果使用 Alluxio FUSE 对上层应用提供 POSIX 接口的服务，则建议使用 FuseIOBench 深入观测并理解 Alluxio FUSE 提供的性能保障。

以下例子测试了通过挂载在 /mnt/FuseIOBenchWrite 路径上的 Alluxio FUSE 文件系统读取 12 800 个 1MB 的文件的吞吐量：

```
$ bin/alluxio runClass alluxio.stress.cli.fuse.FuseIOBench \
--operation Write --local-path /mnt/FuseIOBenchWrite \
--num-dirs 128 -num-files-per-dir 100 --file-size 1m --threads 32
```

4. 对 UFS 吞吐量的压力测试

对 UFS 的压力测试是模拟 Alluxio Worker 作为 UFS 的客户端，读写文件时的操作，测量 Worker 和 UFS 之间的吞吐量。如果系统瓶颈是 UFS 性能，比如 UFS 是远程存储（如云上的对象存储）或 UFS 性能不稳定，则建议使用 runUfsIOTest 命令深入理解 Alluxio 从 UFS 读写的性能数据，对冷读和 CACHE_THROUGH 写模式的性能做出合理预估。下面的例子测试了使用两个 Worker，每个 Worker 上 2 个线程读取 HDFS 中的 512MB 文件的吞吐量：

```
$ bin/alluxio runUfsIOTest \
--path hdfs://<hdfs-address> --cluster --cluster-limit 2 \
--io-size 512m --threads 2
```

Alluxio 与云原生环境的集成

以 Docker 和 Kubernetes 为代表的云原生计算提供了高效部署运维、计算存储成本灵活、资源弹性扩容等优势,正在成为越来越多公司和用户基础运行环境的选择。为了进一步支持云原生环境,Alluxio 同样支持在 Docker 和 Kubernetes 平台上部署。本章将介绍 Alluxio 在 Kubernetes 环境中的部署和 Kubernetes 高级功能的使用,还将介绍对用户其他相关使用方面的推荐。

8.1 Kubernetes 中的 Alluxio 集群架构

虽然 Kubernetes 支持使用 Docker 以外的其他容器化技术,但本节内容将基于 Kubernetes 环境中的主流 Docker 容器。图 8-1 所示是物理机集群上的 Alluxio 部署架构。一般我们用一台单独的机器部署 Alluxio Master 和 Job Master 进程。在高可用部署模式下,使用多台物理机,在每台物理机上部署 Alluxio Master 和 Job Master 进程。集群中的每一个 Worker 节点上部署 Alluxio Worker 和 Job Worker 进程。通常建议将 Alluxio 部署在计算应用集群,这样计算应用可以直接在本地找到 Alluxio Worker 提供的缓存,从而达到最高的读写本地性。

Pod 和 Container

在 Kubernetes 部署模式下,每一个物理机部署模式下的组件都会对应一种 Kubernetes 提供的抽象或者组件。每一个进程对应 Kubernetes 中的一个容器,因此组合在一起的多个进程自然地组成一个 Kubernetes Pod。在 Docker 部署模式下,Master 容器中运行 Alluxio Master 和 Alluxio Job Master 两个进程,而 Worker 容器中运行 Alluxio Worker 和 Alluxio Job Worker 两个进程。在 Kubernetes 中,我们部署一个 Master Pod,其中运行 Alluxio Master 和 Alluxio Job Master 两个容器。

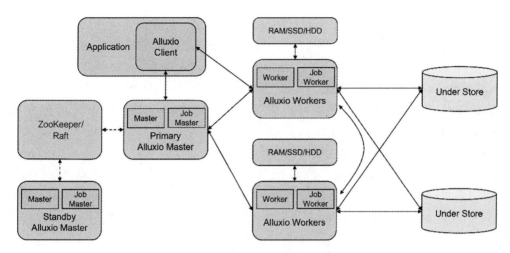

图 8-1　物理机集群上的 Alluxio 部署架构

Kubernetes Controller

在 Pod 的基础上，Kubernetes 加入了 Controller 层的抽象。每种不同的 Controller 定义了一种创建并管理 Pod 的机制，用户可以更多地定义 Pod 的模板并交给 Controller 控制怎样创建和管理想要的 Pod。

在 Kubernetes 上部署 Alluxio 时，我们使用 Kubernetes StatefulSet 这种 Controller 来管理 Master Pod。StatefulSet 用来管理有状态的 Pod，每一个 Pod 都有自己的名字并且命名方式是确定的，这保证了我们可以直接预知 Alluxio Master 的所在地址。每一个 Pod 都可以创建自己独占的存储卷。

我们使用 Kubernetes DaemonSet 这种 Controller 来管理 Worker Pod。DaemonSet 适合用来管理无状态的 Pod。DaemonSet 提供的另一个保证是每一台物理机上最多只有一个该类 Pod，因此它适合用来管理 Alluxio Worker，因为每一台物理机上有一个 Alluxio Worker 守护进程就够了，用来为这台机器上的所有应用提供可共享的缓存。

Kubernetes 环境中的存储

物理机模式下进程会使用本地文件夹进行存储，而在 Kubernetes 环境中，每个存储的路径通常都需要一个 Volume 来管理。我们可以根据是否需要持久化保证将存储简要分为两种类型。在物理机部署模式下，这两种存储经常直接使用部署机本地的路径，但是在 Kubernetes 环境下它们对应不同的 Kubernetes 组件使用方式。

❑ 需要持久化保证的存储。在 Kubernetes 环境中，我们一般使用 Kubernetes 的 Persistent Volume（PV）来存储这些内容。

❑ 不需要持久化保证的存储。在 Kubernetes 环境中，我们可以直接使用 Docker 容器中的路径，写入 Docker 容器的可写层。但是由于 Docker 的内部实现，在 Docker 的默认配置方式下，所有容器内的写操作都会记录到 Docker 日志和 Docker 在宿主机上使用的存储中。如果不对这种行为加以控制，可能会导致 Docker 错误地使用大量宿主机存储。因此，建议使用 Kubernetes 中的存储卷来管理此类存储，最简单的方式就是使用 Kubernetes 中 hostPath 或 emptyDir 类型的存储卷。

Kubernetes 环境中的网络配置

Kubernetes 环境中的网络地址解析更加复杂。与 Docker 的虚拟网络管理和虚拟 hostname/IP 分配类似，Kubernetes 同样有自己的虚拟网络和 hostname/IP 分配机制。Kubernetes 同样支持直接使用宿主机网卡的 hostNetwork 模式。

Kubernetes 提供了 Service 这一抽象来提供一个固定网络地址和具体 Pod 之间的对应关系。我们为每一个 Master Pod 创建一个 Kubernetes Service，以确保 Kubernetes 集群中的 Alluxio Worker Pod 和计算应用 Pod 都可以通过找到 Alluxio Master 发现 Alluxio 服务。

8.2　Alluxio 集群的部署

8.2.1　部署的准备工作

1. 准备 Alluxio Docker 镜像

Alluxio 会把每个版本的 Docker 镜像发布在公开的 Docker Hub 上供用户下载，可以在 Docker Hub 的 alluxio/alluxio 路径下找到每个版本的 Alluxio Docker 镜像，如图 8-2 所示。

从 Alluxio 2.6.2 版本开始，Alluxio 基于开发者的需求设立了 alluxio/alluxio-dev 库（如图 8-3 所示），其中的 Alluxio Docker 镜像包含了更多的开发和运维功能。

用户可以尝试在开发和部署 Alluxio 环境中使用来自 alluxio/alluxio-dev 中的镜像，使用开发者功能可以更便捷地尝试环境和解决问题，在迁移到生产环境部署时切换到对应版本的 alluxio/alluxio 镜像，使用更严格的权限控制和更小的运行时占用。如果有定制化 Docker 镜像的需求，Alluxio 的开源代码库中同样包含了打包镜像所使用的 Dockerfile。用户可以在 Alluxio 代码的 integration/docker 目录下找到对应的 Dockerfile，并且在基于自己需要进行定制化之后自己打包镜像。

```
$ pwd
/alluxio-source/integration/docker
$ ls -al
total 64
-rw-r--r--  1 alluxio-user  alluxio-group  3.8K Mar 29 13:19 Dockerfile
-rw-r--r--  1 alluxio-user  alluxio-group  4.5K Mar 29 13:19 Dockerfile-dev
-rw-r--r--  1 alluxio-user  alluxio-group  3.2K Mar  9 20:37 README.md
drwxrwxrwx  4 alluxio-user  alluxio-group  128B Mar  7 23:54 conf
drwxrwxrwx  7 alluxio-user  alluxio-group  224B Mar 29 13:19 csi
-rwxr-xr-x  1 alluxio-user  alluxio-group  3.4K Mar 29 13:19 dockerfile-common.sh
-rwxr-xr-x  1 alluxio-user  alluxio-group  9.6K Mar 29 13:19 entrypoint.sh
drwxrwxrwx  6 alluxio-user  alluxio-group  192B Mar  9 20:37 hms
```

```
$ docker build
```

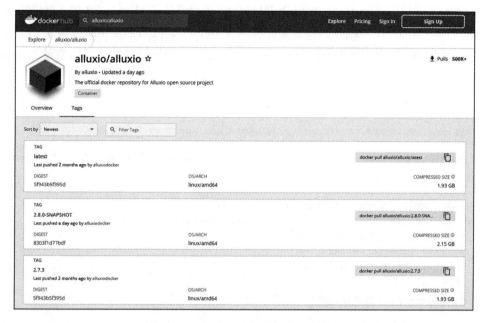

图 8-2　Docker Hub 上的 Alluxio 仓库

注：本图来自 Alluxio 的 Docker 镜像，具体位于 https://hub.docker.com/r/alluxio/alluxio。

图 8-3　alluxio/alluxio-dev 库

注：本图来自 Alluxio 的开发者镜像，具体位于 https://hub.docker.com/r/alluxio/alluxio-dev/tags。

2. 准备 Alluxio Helm Chart

Alluxio 支持使用 Kubernetes 的管理工具 Helm 进行部署。Alluxio 2.3 版本前使用 Helm 2 进行部署，Alluxio 2.3 版本从 Helm 2 迁移到了 Helm 3，之后的版本都需要使用 Helm 3 进行部署。Alluxio 将部署使用的 Helm Chart 发布在公开的网络地址，可以通过 helm repo add 命令进行加载：

```
$ helm repo add \
alluxio-charts
https://alluxio-charts.storage.googleapis.com/openSource/2.8.0
```

如果该网络地址无法访问，则可以在 Alluxio 的 Docker 镜像中找到对应的 Helm Chart 文件并手动打包：

```
$ id=$(docker create alluxio/alluxio:2.8.0)
$ docker cp $id:/opt/alluxio/integration/kubernetes/ - > kubernetes.tar
$ docker rm -v $id 1>/dev/null
$ tar -xvf kubernetes.tar
$ cd kubernetes/helm-chart/alluxio
```

3. 为 Alluxio Pod 准备存储

Alluxio Pod 需要存储卷以备不同的存储使用。

1）Master Pod 需要一个持久化存储为 Alluxio Master 来存放 Journal 日志。我们建议使用一个本地的持久卷。如果 Master 使用 HDFS 存放 Journal 日志，则 Pod 中不需要为 Journal 日志准备存储卷。

2）如果使用 RocksDB 作为元数据存储，则每个 Master Pod 同样需要一个本地持久化存储。对 Worker Pod 的需要分以下几种情况。

❑ Alluxio Worker 如果使用内存来存储 Alluxio 缓存，则可以直接使用容器内的内存以 TmpFS 进行存储，无须准备存储卷，否则 Alluxio Worker 需要准备本地的存储卷来作为缓存。为了保证缓存的速度，不建议使用非本地存储作为缓存。建议使用持久化的存储来保留缓存。

❑ 如果使用的 UFS 是对象存储，Alluxio Worker 会将文件先写入 alluxio.tmp.dirs 配置的路径，在写完之后将整个文件一次性上传至对象存储，因此建议 alluxio.tmp.dirs 也使用一个本地的存储卷，而不是写入 Docker 容器的可写层。

❑ 如果使用基于域套接字（Domain Socket）的本地读写，则需要为域套接字文件夹也准备一个本地的存储卷。

为了获得最高的性能，建议这些存储卷全部使用来自本地的存储，而不是基于网络的存储。例如，下面是一个创建 hostPath 类型的持久卷的例子。

```
# Name the file alluxio-master-journal-pv.yaml
kind: PersistentVolume
```

```
apiVersion: v1
metadata:
  name: alluxio-journal-0
  labels:
    type: local
spec:
  storageClassName: standard
  capacity:
    storage: 1Gi
  accessModes:
    - ReadWriteOnce
  hostPath:
    path: /tmp/alluxio-journal-0
```

可将以上内容写入 alluxio-master-journal-pv.yaml 文件，之后手动通过 kubectl 命令创建资源：

```
$ kubectl create -f alluxio-master-journal-pv.yaml
```

8.2.2　Alluxio 集群的基础配置

1. 使用 Helm Chart 配置文件

Alluxio 主要推荐使用 Helm 工具来进行 Kubernetes 环境中的部署，而不需要手动更改大量的 YAML 文件和使用 kubectl 命令。

由于不同的场景需要不同的部署参数和 Alluxio 参数，如果每一种参数和部署细节改动都需要更改 YAML 文件，则部署工作会需要大量手动操作，并且容易出错。于是 Alluxio 定义了自己的 Helm Chart，将 YAML 文件中的大量配置参数化并抽取出来放在 Helm Chart 配置文件中，这样用户只需要更改 Helm Chart 配置文件就可以集中控制 Alluxio 的部署方式。Helm 会读取 Alluxio Helm Chart 中的配置，并且将其中的配置项应用到 Helm Chart 定义的 YAML 模板中，生成实际部署使用的 YAML 定义文件并将其提交给 Kubernetes，部署这些 YAML 文件定义的资源。

对于不想使用 Helm 进行部署而想要手动使用 kubectl 命令进行部署的用户，我们依旧推荐使用 Helm Chart 优秀的模板和参数配置功能来生成 YAML 文件，之后手动使用 kubectl 来创建这些 YAML 定义的资源。这样可以在手动定义和自动化模板中取得不错的平衡，如果有 Helm Chart 模板暂时无法满足的定制化需求，则只需要手动对 YAML 文件做小的改动即可。

本节将主要介绍使用 Helm 配置文件并使用 Helm 来进行自动化 Kubernetes 部署的方式。考虑到一部分用户的定制化需求，本章将同时介绍如何手动更改 YAML 来进行一些关键的配置，并给出一些示例。Alluxio Helm Chart 的结构如下所示：

```
$ ls -alR alluxio-helm-chart/
```

```
total 104
drwxr-xr-x@  8 alluxio-user  alluxio-group    256 May 12 14:36 .
drwx------@ 64 alluxio-user  alluxio-group   2048 May 12 14:36 ..
-rw-r--r--   1 alluxio-user  alluxio-group    333 Apr 27 15:11 .helmignore
-rw-r--r--   1 alluxio-user  alluxio-group   6649 Apr 27 15:11 CHANGELOG.md
-rw-r--r--   1 alluxio-user  alluxio-group    365 Apr 27 15:11 Chart.yaml
-rw-r--r--   1 alluxio-user  alluxio-group  12821 Apr 27 15:11 README.md
drwxr-xr-x   9 alluxio-user  alluxio-group    288 May 12 14:36 templates
-rw-r--r--   1 alluxio-user  alluxio-group  19210 Apr 27 15:11 values.yaml

./templates:
total 24
drwxr-xr-x   9 alluxio-user  alluxio-group    288 May 12 14:36 .
drwxr-xr-x@  8 alluxio-user  alluxio-group    256 May 12 14:36 ..
-rw-r--r--   1 alluxio-user  alluxio-group  11147 Apr 27 15:11 _helpers.tpl
drwxr-xr-x   4 alluxio-user  alluxio-group    128 May 12 14:36 config
drwxr-xr-x  11 alluxio-user  alluxio-group    352 May 12 14:36 csi
drwxr-xr-x   4 alluxio-user  alluxio-group    128 May 12 14:36 fuse
drwxr-xr-x   5 alluxio-user  alluxio-group    160 May 12 14:36 logserver
drwxr-xr-x   4 alluxio-user  alluxio-group    128 May 12 14:36 master
drwxr-xr-x   4 alluxio-user  alluxio-group    128 May 12 14:36 worker
...
```

在最高层目录下，可以在 README 文件中找到对 Alluxio Helm Chart 的介绍。在 helm-chart/alluxio/ 目录下，在 README 文件中可以找到关于 Alluxio Helm Chart 中 YAML 模板和所有参数的详细介绍。所有 Helm Chart 的默认配置都包含在 values.yaml 配置文件中。配置文件中对每一个配置项的选项和如何配置都有介绍和示例，建议在部署前仔细阅读。

helm-chart/alluxio/templates/ 目录下包括所有部署 Alluxio 需要的 YAML 定义的模板，根据 Alluxio 组件的不同，我们将这些模板分成多个文件夹来管理。如部署 Master Pod 和 Worker Pod 所需的资源就定义在 master/ 和 worker/ 文件夹中：

```
./helm-chart/alluxio/templates/master:
total 48
-rw-r--r-- 1 alluxio-user  alluxio-group  1.7K Apr  2 14:44 service.yaml
-rw-r--r-- 1 alluxio-user  alluxio-group   16K Apr  2 14:44 statefulset.yaml

./helm-chart/alluxio/templates/worker:
total 40
-rw-r--r-- 1 alluxio-user  alluxio-group   15K Apr  2 14:44 daemonset.yaml
-rw-r--r-- 1 alluxio-user  alluxio-group  1.5K Mar  9 20:37 domain-socket-pvc.
  yaml
```

2. 手动更改 YAML 文件

手动定义并维护全部的 YAML 文件十分耗时且复杂，我们建议尽量使用 Helm 提供的自动化工具和 YAML 模板进行部署。有时可能会遇到 Alluxio Helm Chart 暂时不支持的部署细节或配置，此时可能无法完全依赖 helm install 来自动生成全部 YAML 文件并一键安装，需要更多的定制化和手动干预。在这种情况下，建议继续使用 Alluxio 的 Helm Chart 来生成所有的 YAML 文件，并且在手动进行定制化更改后，使用 kubectl 进行部署。具体的配置和命令会在下一节详细介绍。

8.2.3　集群的部署和验证

1. 使用 helm 进行自动化部署

首先创建一个 Helm 的配置文件。在实际使用中，我们常常保留 Helm Chart 自带的配置文件 values.yaml，而使用一个新的配置文件单独存储用户定制化的配置。

```
$ vim config.yaml
```

在这个配置文件中，用如下方式加入 Alluxio 启动必需的根挂载目录路径。实际上，这是以默认方式使用 Helm 部署 Alluxio 需要的唯一配置：

```
properties:
  alluxio.master.mount.table.root.ufs: "<under_storage_address>"
```

之后使用 helm install 命令将 Alluxio 部署在 Kubernetes 集群上，来自 values.yaml 的默认配置值会被 config.yaml 覆盖：

```
$ helm install alluxio -f config.yaml alluxio-charts/alluxio
```

为了验证集群已经正常启动，我们首先检查对应的 Kubernetes 资源是否已被创建：

```
#查看所有Kubernetes资源，包括刚刚通过Helm创建的部分
$ kubectl get all
#查看Master和Worker Pod是否已经启动成功且状态正常
$ kubectl get pods
```

我们先使用 kubectl exec 命令进入 Master Pod，并启动 bash：

```
$ kubectl exec -ti alluxio-master-0 /bin/bash
```

之后在 Master Pod 内使用 alluxio runTests 命令来检验集群读写服务是否正常：

```
bash> alluxio runTests
```

如果之前的步骤都没有问题，那么我们已经成功地使用 Helm 在 Kubernetes 上部署了一个 Alluxio 集群。在默认的配置下，会部署一个 Master Pod，使用基于本地存储的 UFS Journal 日志。Worker Pod 使用 DaemonSet 来进行部署，会默认在集群中的每一台物理机上启动一个 Worker Pod 以提供服务。默认情况下，Worker Pod 会挂载一个 emptyDir 类型的存储卷供 Alluxio Worker 作为缓存使用。

通过 Helm 删除 Alluxio 部署同样简单，只需要使用 helm delete 命令就可以从 Kubernetes 环境中删除所有相关的资源：

```
$ helm delete alluxio
```

2. 使用 kubectl 手动进行部署

Alluxio Helm Chart 文件夹下除对应的 Helm Chart 模板之外，还包含一个 helm-generate.sh 脚本，用来基于模板和配置文件手动生成所有的 YAML 文件，以供后续的定制化使用。README.md 文件中详细介绍了 helm-generate.sh 脚本的使用方法和全部参数。手动进行部署所需的所有文件都可在 Alluxio 安装包的 integration/kubernetes/ 路径下找到：

```
$ ls -alR ${ALLUXIO_TARBALL}/integration/kubernetes/
total 104
drwxr-xr-x@  8 alluxio-user  alluxio-group    256 May 12 14:36 .
drwx------@ 64 alluxio-user  alluxio-group   2048 May 12 14:36 ..
-rw-r--r--   1 alluxio-user  alluxio-group    333 Apr 27 15:11 .helmignore
-rw-r--r--   1 alluxio-user  alluxio-group   6649 Apr 27 15:11 CHANGELOG.md
-rw-r--r--   1 alluxio-user  alluxio-group    365 Apr 27 15:11 Chart.yaml
-rw-r--r--   1 alluxio-user  alluxio-group  12821 Apr 27 15:11 README.md
drwxr-xr-x   9 alluxio-user  alluxio-group    288 May 12 14:36 templates
-rw-r--r--   1 alluxio-user  alluxio-group  19210 Apr 27 15:11 values.yaml
-rwxrwxrwx   1 alluxio-user  alluxio-group   9.3K Dec 12 16:59 helm-generate.sh
...
```

Alluxio Helm Chart 对几种常用的部署模式提供了配置模板，可以通过 helm-generate.sh 并指定部署模式来生成对应的 YAML 模板。Alluxio Helm Chart 提供了以下三种模板。

❑ 单 Master 节点，使用基于本地存储的 UFS Journal 日志。

❑ 单 Master 节点，使用基于 HDFS 存储的 UFS Journal 日志。

❑ 三 Master 节点，使用基于本地存储的 Embedded Journal 日志。

这三种模板可以使用以下命令生成：

```
$ bash helm-generate.sh single-ufs local
$ bash helm-generate.sh single-ufs hdfs
$ bash helm-generate.sh multi-embedded
```

bash generate.sh all 命令可以自动生成全部的三种模板。在命令完成后，生成的模板会出现在对应的文件夹中。其中 Alluxio FUSE 的模板独立于三种配置，单独生成在根目录中：

```
$ ls -al -R ${ALLUXIO_TARBALL}/integration/kubernetes
total 56
-rw-r--r--  1 alluxio-user  alluxio-group   3.0K Mar  9 20:37 CSI_README.md
-rw-r--r--  1 alluxio-user  alluxio-group   3.7K Mar  9 20:37 README.md
drwxrwxrwx  4 alluxio-user  alluxio-group   128B Mar  9 20:37 helm-chart
-rwxrwxrwx  1 alluxio-user  alluxio-group   9.3K Dec 12 16:59 helm-generate.sh
-rwxrwxrwx  1 alluxio-user  alluxio-group   1.7K Aug 27 2021 alluxio-fuse-client.
  yaml.template
-rwxrwxrwx  1 alluxio-user  alluxio-group   3.2K Aug 27  2021 alluxio-fuse.yaml.
  template
drwxrwxrwx  4 alluxio-user  alluxio-group   128B Mar  9 20:37 helm-chart
```

```
-rwxrwxrwx  1 alluxio-user  alluxio-group    9.3K Dec 12 16:59 helm-generate.sh
drwxrwxrwx  8 alluxio-user  alluxio-group    256B Mar  7 23:54 multiMaster-
    embeddedJournal
drwxrwxrwx  8 alluxio-user  alluxio-group    256B Mar  7 23:54 singleMaster-
    hdfsJournal
drwxrwxrwx  8 alluxio-user  alluxio-group    256B Mar  7 23:54 singleMaster-
    localJournal
```

如果需要进行自定义配置，则可以先在对应的模板文件夹路径下创建一个名为 config.
yaml 的配置文件。该配置文件中的 Helm Chart 配置会覆盖来自 values.yaml 的默认配置。
helm-generate.sh 会使用 helm template 命令，根据定义的配置参数和 Helm Chart 模板生成
一系列可以直接使用的 YAML 文件。我们为每一个 YAML 文件加上 ".template" 后缀。

```
$ ls -al -R singleMaster-localJournal
total 16
-rwxrwxrwx   1 alluxio-user  alluxio-group    2.3K Aug 27  2021 alluxio-configmap.
    yaml.template
-rwxrwxrwx   1 alluxio-user  alluxio-group    126B Aug 27  2021 config.yaml
drwxrwxrwx  11 alluxio-user  alluxio-group    352B Mar  7 23:54 csi
drwxrwxrwx   5 alluxio-user  alluxio-group    160B Mar  7 23:54 logserver
drwxrwxrwx   4 alluxio-user  alluxio-group    128B Mar  7 23:54 master
drwxrwxrwx   4 alluxio-user  alluxio-group    128B Mar  7 23:54 worker

singleMaster-localJournal/logserver:
total 24
-rwxrwxrwx  1 alluxio-user  alluxio-group    560B Aug 27  2021 alluxio-logserver-
    deployment.yaml.template
-rwxrwxrwx  1 alluxio-user  alluxio-group    557B Aug 27  2021 alluxio-logserver-
    pvc.yaml.template
-rwxrwxrwx  1 alluxio-user  alluxio-group    557B Aug 27  2021 alluxio-logserver-
    service.yaml.template

singleMaster-localJournal/master:
total 16
-rwxrwxrwx  1 alluxio-user  alluxio-group    1.1K Aug 27  2021 alluxio-master-
    service.yaml.template
-rwxrwxrwx  1 alluxio-user  alluxio-group    4.0K Aug 27  2021 alluxio-master-
    statefulset.yaml.template

singleMaster-localJournal/worker:
total 24
-rwxrwxrwx  1 alluxio-user  alluxio-group    4.3K Aug 27  2021 alluxio-worker-
    daemonset.yaml.template
-rwxrwxrwx  1 alluxio-user  alluxio-group    1.0K Aug 27  2021 alluxio-worker-
    pvc.yaml.template
```

之后用户可以进行必要的定制化，手动重命名文件并用 kubectl 命令创建资源：

```
$ mv alluxio-configmap.yaml.template alluxio-configmap.yaml
$ kubectl create -f alluxio-configmap.yaml
```

3. 访问 Web 页面

使用 Kubernetes 的端口转发可以使 Alluxio 的 Web 页面对集群外可见：

```
#对集群中的每一个Alluxio Master使用端口转发
$ kubectl port-forward alluxio-master-$i 19999:19999
```

在高可用模式下，默认只有 Primary Master 会展示 Web 页面。

8.3 Alluxio 集群的进阶配置

8.3.1 Master 节点的 Journal 日志

Master 节点的 Journal 日志存储包括本地存储和使用 HDFS 存储，下面分别对这两种模式下所需的配置进行介绍。

1. 本地存储的 UFS Journal 模式

```
master:
  #控制Master Pod数量
  count: 1

journal:
  #使用本地存储的UFS Journal模式
  type: "UFS"
  ufsType: "local"
  folder: "/journal"
  size: 1Gi
  #配置Journal日志的Volume类型，可选emptyDir和persistentVolumeClaim
  volumeType: persistentVolumeClaim
  #通过以下配置项定义persistentVolumeClaim
  storageClass: "standard"
  accessModes:
    - ReadWriteOnce
```

2. 使用 HDFS 存储的 UFS Journal 模式

用户需要首先手动创建 Kubernetes Secret，定义 HDFS 的配置文件 core-site.xml 和 hdfs-site.xml：

```
$ kubectl create secret generic alluxio-hdfs-config \
--from-file=${HADOOP_CONF_DIR}/core-site.xml \
--from-file=${HADOOP_CONF_DIR}/hdfs-site.xml
```

之后，使用如下内容配置 Alluxio 挂载 HDFS Journal 日志位置并使用该挂载位置存储 Journal 日志（注意，该 HDFS 路径在 Kubernetes 集群内必须可以被解析，对应的端口必须可以被连接）：

```
journal:
  type: "UFS"
  #使用UFS Journal模式时，可以配置"local"或"HDFS"
  ufsType: "HDFS"
  #指定HDFS Journal日志存储路径
  folder: "hdfs://{$hostname}:{$hostport}/journal"

properties:
  #传入HDFS路径，可以是一个Name Service
  alluxio.master.mount.table.root.ufs: "hdfs://<ns>"
  #通过配置项，让Master Pod读取存储HDFS配置文件的Kubernetes Secret
  alluxio.master.journal.ufs.option.alluxio.underfs.hdfs.configuration: "/
    secrets/hdfsConfig/core-site.xml:/secrets/hdfsConfig/hdfs-site.xml"

#将刚刚创建的Kubernetes Secret挂载到Master和Worker Pod上
secrets:
  master:
    alluxio-hdfs-config: hdfsConfig
  worker:
    alluxio-hdfs-config: hdfsConfig
```

8.3.2　Master 节点的高可用配置

截至 Alluxio 2.8 版本和 Alluxio Helm Chart 0.6.40 版本，Alluxio Helm Chart 只支持使用 Embedded Journal 模式的高可用，配置方式如下：

```
#定义使用3个Master Pod
master:
  count: 3

journal:
  # Journal日志有"UFS"和"EMBEDDED"两种选项
  type: "EMBEDDED"
  #指定了Journal日志在本地的存储路径
  folder: "/journal"
  #配置Journal日志的Volume类型，可选emptyDir和persistentVolumeClaim
  volumeType: persistentVolumeClaim
  size: 1Gi
  #通过以下配置项定义persistentVolumeClaim
  storageClass: "standard"
  accessModes:
    - ReadWriteOnce
```

8.3.3　使用 RocksDB 作为元数据存储

Alluxio Helm Chart 默认使用 Heap 元数据存储模式，即所有元数据都存储在 Alluxio Master JVM 中。在大规模场景下，这会给 JVM 带来比较大的压力。Alluxio Helm Chart 支持将元数据存储模式切换至 ROCKS 模式，使用 RocksDB 存储元数据。

```
properties:
  #配置元数据存储模式为ROCKS
  alluxio.master.metastore: ROCKS
  #指定RocksDB存储位置，我们需要为这个文件夹挂载持久卷
  alluxio.master.metastore.dir: /metastore

metastore:
  #配置元数据存储的Volume类型，可选emptyDir和persistentVolumeClaim
  volumeType: persistentVolumeClaim
  #每个文件需要约4KB的存储空间，总持久卷容量需要根据Alluxio命名空间估算
  size: 1Gi
  mountPath: /metastore
  #通过以下配置项定义persistentVolumeClaim
  storageClass: "standard"
  accessModes:
    - ReadWriteOnce
```

由于 Master 需要在每个操作中频繁读写元数据存储，建议使用本地存储作为元数据存储的持久卷。同样我们不建议使用没有持久化保障的 emptyDir 类型，因为其中的元数据会随着 Master Pod 重启丢失。

8.3.4 配置 Alluxio Worker 多层缓存

Alluxio Worker 支持定义多层缓存，使用多种存储介质来增加总缓存容量。Alluxio Helm Chart 同样支持使用多层缓存方式部署。在 Kubernetes 中部署 Alluxio Worker 时，缓存必须使用本地的存储方式。Alluxio Helm Chart 支持使用 emptyDir、hostPath 和 persistentVolumeClaim 三种类型作为 Worker 缓存的 Volume。如果使用的是 persistentVolumeClaim（PVC）类型，则底层的 PersistentVolume（PV）必须是 hostPath 或 local 类的本地存储。Worker 的存储卷必须使用本地存储有以下两个原因。

- ❏ 缓存能带来速度提升的前提是缓存比直接读远程的底层存储快，使用远程存储作为缓存很难达到这一目的。
- ❏ 基于上一点，现有的设计中 Alluxio Worker 会认为所有的层级存储都是自己独占的本地存储。如果是多个 Worker 同时进行管理，则会在总使用空间的计算和数据块的管理上出现问题。

其中 emptyDir 最为简单，但是随着 Worker Pod 重启会丢失所有内容。下面是一个使用基于 emptyDir 的单层缓存的例子：

```
tieredstore:
  levels:
  - level: 0
    mediumtype: MEM
```

```
    path: /dev/shm
    type: emptyDir
```

hostPath 的使用同样比较简单，并且有宿主机的持久化保障，但很多生产环境中由于权限控制可能无法直接使用宿主机资源。Alluxio 容器默认使用的用户名为 alluxio，UID 和 GID 均为 1000。如果使用 hostPath 类型，则宿主机路径权限必须对容器中的用户开放，即对 UID 1000 的用户开放。如果 hostPath 使用的路径在宿主机中并不存在，Kubernetes 会创建这个路径，但是权限将属于 root 用户。下面是一个使用 hostPath 作为 Worker 两层缓存的例子：

```
tieredstore:
  levels:
  - level: 0
    mediumtype: MEM
    path: /dev/shm
    type: hostPath
  - level: 1
    mediumtype: SSD
    path: /ssd-disk
    type: hostPath
```

persistentVolumeClaim 方式下的可配置度相对更高，因为具体存储可以通过对应的 PersistentVolume（PV）进行定义。由于 DaemonSet 的设计，所有的 Pod 共享 PVC。当 PVC 背后的 PV 是一个本地类型（hostPath 或 local）时，虽然看起来像是多个 Worker Pod 共享一个 PV 的存储，但是实际的读写会发生在每个 Alluxio Worker 本地的对应存储中。下面是一个使用 persistentVolumeClaim 的多层缓存的例子：

```
tieredstore:
  levels:
  - level: 0
    mediumtype: MEM
    path: /dev/shm
    type: persistentVolumeClaim
    name: alluxio-mem
    quota: 1G
  - level: 1
    mediumtype: SSD
    path: /ssd-disk
    type: persistentVolumeClaim
    name: alluxio-ssd
    quota: 10G
```

Alluxio Helm Chart 同样支持在一层中使用多个存储路径，这就需要为每一条路径都准备一个存储卷。Alluxio Helm Chart 只支持每一层中所有路径都使用同一种类型的存储卷，下面是一个例子：

```
tieredstore:
```

```
levels:
- level: 0
  mediumtype: MEM,SSD
  path: /dev/shm,/alluxio-ssd
  type: persistentVolumeClaim
  name: alluxio-mem,alluxio-ssd
  quota: 1GB,10GB
```

8.3.5 配置底层文件系统

配置 Alluxio 底层文件系统（UFS）包括配置根挂载点和配置嵌套挂载点两个不同部分，具体配置方式介绍如下。

1. 配置根挂载点

配置 Alluxio 使用 S3 作为底层存储比较简单，只需要在 Alluxio 配置中按如下方式添加连接 S3 需要的密钥，并保证集群对 S3 的网络畅通即可：

```
properties:
  alluxio.master.mount.table.root.ufs: "s3a://<bucket>"
  alluxio.master.mount.table.root.option.aws.accessKeyId: "<accessKey>"
  alluxio.master.mount.table.root.option.aws.secretKey: "<secretKey>"
```

配置 HDFS 作为底层存储的方式可以参考使用 HDFS 作为 UFS Journal 日志的例子，先创建 Kubernetes Secret，包含连接 HDFS 需要的 core-site.xml、hdfs-site.xml 等配置文件，之后将该 Kubernetes Secret 挂载到 Master 和 Worker Pod 中。

配置其他需要配置文件的底层存储也可以使用与 HDFS 类似的方式，先对配置文件创建 Kubernetes Secret，并将 Secret 挂载到容器中的位置上。Alluxio Helm Chart 支持以 secretName : mountPath 的方式将多个 Secret 挂载到 Master 或 Worker Pod 上。

```
secrets:
  master:
    alluxio-hdfs-config: hdfsConfig
    alluxio-ceph-config: cephConfig
  worker:
    alluxio-hdfs-config: hdfsConfig
    alluxio-ceph-config: cephConfig
```

2. 配置嵌套挂载点

与在物理集群中部署 Alluxio 的方式相同，嵌套挂载点需要在启动 Alluxio 集群后，使用 alluxio fs mount 命令为集群添加挂载点：

```
#进入一个可以运行Alluxio命令的容器，如Alluxio Master容器
$ kubectl exec -it alluxio-master-0 -c alluxio-master bash
#在容器中默认的路径是/opt/alluxio，可以直接在该路径下运行Alluxio命令
bash> ./alluxio fs mount …
```

挂载操作是受 Alluxio Journal 日志保护的，即如果 Alluxio Master 的 Journal 日志不丢失，则在重启后无须再次进行 mount 操作。

8.4　配置 Alluxio 使用 Kubernetes 高级功能

除上述基本 Kubernetes 配置和 Alluxio 自身进阶配置之外，我们还可以通过配置 Alluxio 使用 Kubernetes 的高级功能，例如使用 Service Account 进行权限管控、使用 Node Selector 和 Toleration 进行部署位置控制、使用 hostAliases 连接 Kubernetes 集群外的服务、基于 Deployment Strategy 的滚动升级、基于 imagePullSecrets 的镜像库安全认证等。本节将分别展开介绍。

1. 使用 Service Account 进行权限管控

Kubernetes 使用 Service Account 来对用户进行验证和权限管理，Alluxio Helm Chart 在部署时默认使用当前命名空间的默认 Service Account 来进行部署。

```
#可以在全局进行Service Account配置
serviceAccount: sa-alluxio

#可以对Master和Worker组件进行配置，会覆盖全局的Service Account配置
master:
  serviceAccount: sa-alluxio-master
worker:
  serviceAccount: sa-alluxio-worker
```

有定制化需求的用户同样可以手动按如下方式更改 Controller 的 YAML 文件：

```
kind: StatefulSet
metadata:
  name: alluxio-master
spec:
  template:
    spec:
      serviceAccountName: sa-alluxio
```

2. 使用 Node Selector 和 Toleration 进行部署位置控制

Kubernetes 支持使用 Node Selector 为 Pod 选择带有特定标签的物理节点。Alluxio Helm Chart 支持用以下方式定义 Node Selector：

```
#为所有Pod定义全局Node Selector
nodeSelector: {"app": "alluxio"}

#为某一类Pod定义单独的Node Selector，覆盖全局定义
master:
  nodeSelector: {"app": "alluxio-master"}
```

```
worker:
  nodeSelector: {"app": "alluxio-worker"}
```

Kubernetes 使用 Taint（染色）的方式来干预 Pod 调度到物理节点的过程。例如，可以用以下命令来让所有标签中 env=prod 的节点无法部署 Pod：

```
$ kubectl taint nodes node1 env=prod:NoSchedule
```

为了让某些 Pod 可以部署到染色的节点，Kubernetes 支持使用 tolerations 配置来设置 Pod 可以容忍某些特定染色，从而部署到那些染色的节点。Alluxio Helm Chart 同样支持用以下方式定义 tolerations：

```
#为所有Pod定义全局tolerations
tolerations: [ {"key": "env", "operator": "Equal", "value": "prod", "effect":
  "NoSchedule"} ]

#为某一类Pod定义单独的tolerations，覆盖全局定义
master:
  tolerations: [ {"key": "env", "operator": "Equal", "value": "prod", "effect":
    "NoSchedule"} ]
```

有定制化需求的用户同样可以手动按如下方式更改 Controller 的 YAML 文件：

```
apiVersion: apps/v1
kind: StatefulSet
metadata:
  name: alluxio-master
spec:
  template:
    spec:
      nodeSelector:
        app: alluxio
      tolerations:
        - effect: NoSchedule
          key: env
          operator: Equal
          value: prod
```

3. 使用 hostAliases 连接 Kubernetes 集群外的服务

因为 Kubernetes 中的 Pod 对 Kubernetes 外的环境无感知，无法解析 Kubernetes 外的 IP 地址和服务，所以 Kubernetes 提供了 hostAliases 这种手动为 Pod 添加 NAT 解析规则的方式。用户通过手动建立 hostname 和 IP 地址之间的对应关系，让容器内服务也可以将 hostname 解析为 IP 地址，成功连接 Kubernetes 外的服务。

Alluxio Helm Chart 支持通过在配置文件中用以下方式为 Master 和 Worker Pod 添加 hostAliases，比如连接外部的 HDFS 时就需要对 HDFS 路径进行 hostAliases 配置：

```
hostAliases:
```

```
- ip: "127.0.0.1"
  hostnames:
    - "foo.local"
    - "bar.local"
- ip: "10.1.2.3"
  hostnames:
    - "foo.remote"
    - "bar.remote"
```

使用手动部署方式的用户同样可以直接更改 YAML 文件以达到同样效果：

```
apiVersion: apps/v1
kind: StatefulSet
metadata:
  name: alluxio-master
spec:
  template:
    spec:
      hostAliases:
      - ip: "127.0.0.1"
        hostnames:
          - "foo.local"
          - "bar.local"
      - ip: "10.1.2.3"
        hostnames:
          - "foo.remote"
          - "bar.local"
```

4. 基于 Deployment Strategy 的滚动升级

Kubernetes 通过 Controller 管理多个 Pod，在 Pod 定义发生变化的时候，每个 Controller 都有自己的逻辑来重新创建这些 Pod。这个逻辑由 Deployment Strategy（部署策略）来控制。Kubernetes 的默认策略是 RollingUpdade（滚动升级），会逐个更新由该 Controller 控制的 Pod。Alluxio Helm Chart 支持通过以下配置来控制部署策略：

```
#控制logserver组件的Pod部署策略
logserver:
  strategy:
    type: RollingUpdate
    rollingUpdate:
      maxUnavailable: 25%
      maxSurge: 1
```

使用手动部署方式的用户同样可以直接更改 YAML 文件以达到同样效果：

```
apiVersion: apps/v1
kind: StatefulSet
metadata:
  name: alluxio-master
spec:
  template:
```

```
spec:
  strategy:
    type: Recreate
```

5. 基于 imagePullSecrets 的镜像库安全认证

Kubernetes 支持使用需要安全验证的私人镜像库，此时拉取镜像需要的验证证书一般使用 Kubernetes imagePullSecrets 来存储。Alluxio Helm Chart 支持用以下方式定义 imagePullSecrets：

```
imagePullSecrets:
  - ecr
  - dev
```

使用手动部署方式的用户可以用以下方式直接更改 YAML 文件：

```
apiVersion: apps/v1
kind: StatefulSet
metadata:
  name: alluxio-master
spec:
  template:
    spec:
      containers:
      - name: alluxio-master
        image: private-registry/alluxio:2.8.0
      imagePullSecrets:
      - name: ecr
      - name: dev
```

8.5   Alluxio 的其他 Kubernetes 部署架构

8.5.1   在 Kubernetes 中部署使用 Alluxio FUSE

Alluxio FUSE 支持将 Alluxio 以本地文件系统的方式挂载到服务器上。服务器上的应用可以使用 POSIX 接口，用访问本地文件的方式访问 Alluxio 分布式文件系统中的文件。通过将底层存储挂载到 Alluxio 的命名空间中，上层应用实际上可以通过本地文件的形式访问 Alluxio 管理的底层存储，这为上层应用提供了极大的灵活性，打破了架构底层数据访问 API 不兼容的壁垒，从而实现了高效互通。比如，用户可以将 HDFS 挂载到 Alluxio 上，并使用 TensorFlow 通过 FUSE 接口访问 Alluxio，快速实现基于 HDFS 的机器学习。通过 Alluxio Helm Chart 部署 Alluxio FUSE，只需要按照以下方式进行配置[⊖]：

⊖ 配置方式基于 Alluxio 2.8.0 和 Alluxio Helm Chart 0.6.40 版本，在不同版本中具体配置项可能有所不同，用户应当以所使用的版本文档为准。

```
fuse:
  enabled: true
  mountPoint: /mnt/alluxio-fuse
```

Alluxio Helm Chart 同样支持添加 Alluxio FUSE 配置项、配置 JVM 选项和环境等变量：

```
fuse:
  properties:
    alluxio.fuse.logging.threshold: 1000ms
  jvmOptions:
  - " -Xmx16G -Xms16G -XX:MaxDirectMemorySize=32g"
  env:
    MAX_IDLE_THREADS: "64"
```

使用手动部署方式的用户可以先使用 helm-generate.sh 生成部署 FUSE 需要的 YAML 文件，然后手动进行部署：

```
#通过DaemonSet创建Alluxio FUSE Daemon
$ cp alluxio-fuse.yaml.template alluxio-fuse.yaml
$ kubectl create -f alluxio-fuse.yaml
```

alluxio-fuse-client.yaml 中定义了一个使用 POSIX 接口读取 Alluxio 的示例 Pod。如果在 Alluxio Helm Chart 中 FUSE 的挂载点设为默认的 /mnt/alluxio-fuse，则在示例 Pod 的该目录下可以像访问本地文件一样访问 Alluxio 中的数据。用户可以参考这个例子，在自己的应用中进行对应的挂载，使用 Alluxio FUSE 提供的服务。

如图 8-4 所示，在 Kubernetes 环境中使用 Alluxio FUSE 时，Alluxio FUSE Pod 通过 hostPath 方式挂载宿主机的 /mnt 目录[⊖]，并对宿主机的 /mnt/alluxio-fuse 路径提供 FUSE 服务。通过这种方式，所有对宿主机 /mnt/alluxio-fuse 路径的文件系统请求将会通过 FUSE 服务被重定向到 Alluxio FUSE 进程处理。用户在宿主机业务进程中或者在宿主机上的业务 Pod 中通过 POSIX 接口访问宿主机的 /mnt/alluxio-fuse 路径，但实际上请求通过 Alluxio FUSE 被 Alluxio 分布式文件系统处理。业务容器只需要将宿主机的 /mnt/alluxio-fuse 路径通过 hostPath 方式挂载，就可以使用 Alluxio 文件系统。

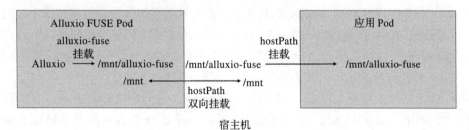

图 8-4　Alluxio FUSE 挂载路径的对应关系

⊖　值得注意的是，由于实现逻辑的因素，截至 Alluxio 2.8.0 版本，当 Alluxio FUSE 对某一目录（如 /mnt/alluxio-fuse）提供服务时，需要将宿主机的父目录（/mnt）挂载到 Alluxio FUSE Pod。如果只挂载目标目录（/mnt/alluxio-fuse），则 Alluxio FUSE 无法正常工作。这一局限可能在未来版本中被解决。

举例来说，如果 Alluxio 中存在文件 /example.txt 且有相应权限，则以下几条路径都可查看该文件：

- ❑ Alluxio：alluxio:///example.txt。
- ❑ Alluxio FUSE Pod：/mnt/alluxio-fuse/example.txt。
- ❑ 宿主机：/mnt/alluxio-fuse/example.txt。
- ❑ 应用 Pod：/host/mnt/path/alluxio-fuse/example.txt。

在上面的例子中，Alluxio FUSE Pod 将宿主机 /mnt 目录使用 hostPath 双向挂载的方式映射到 Pod 内的 /mnt，双向挂载意为在容器内进行的挂载操作会传递到宿主机上，使宿主机的 /mnt 路径下也有挂载点 /mnt/alluxio-fuse，让该路径对其他应用也可见。双向挂载需要在 YAML 文件中声明 volumeMounts 时配置 mountPropagation 项（mountPropagation 功能在 Kubernetes 1.9 版本中作为 alpha 功能被加入）：

```
volumeMounts:
- name: alluxio-fuse-mount
  mountPath: /mnt
  mountPropagation: Bidirectional
```

8.5.2 通过 Kubernetes CSI 使用 Alluxio FUSE

Kubernetes 为容器的存储定义了统一接口，并通过 Container Storage Interface（CSI）开放出来。用户为不同的存储系统实现 CSI 接口，使 Kubernetes 管理的容器可以使用这些存储系统。除使用 Helm Chart 来部署 Alluxio Fuse 的方式之外，Alluxio 同时支持用 CSI 启动 Alluxio FUSE。通过 CSI 使用 Alluxio FUSE 有以下几点优势。

- ❑ Alluxio FUSE 的生命周期和业务容器绑定。当业务容器启动之后，Alluxio FUSE 才会启动。当业务容器结束其生命周期之后，Alluxio FUSE 会同步结束。因此 Alluxio FUSE 不会在不被使用时占用服务器资源。
- ❑ Alluxio FUSE 只会被部署到需要的节点上，而非像 Helm Chart（使用 DaemonSet）将其部署在所有启动 Worker 的节点上。在机器学习场景中，很多情况下进行实际训练的节点不适合启动 Alluxio Worker 存放大量数据，但该节点需要 Alluxio FUSE 提供数据。使用 Helm Chart 进行部署需要进行手动配置，但 CSI 会自动将 Alluxio Fuse 部署到和业务容器相同的节点上，不再需要手动配置。

使用 Alluxio CSI 需要 1.17 版本以上的 Kubernetes，并开启 RBAC 服务。我们建议手动部署 CSI 使用 Alluxio FUSE。用户可使用 helm-generate.sh 生成对应的 YAML 模板，这些模板文件将会生成在 ${ALLUXIO_HOME}/integration/kubernetes/<deploy-mode>/csi 文件夹下。

```
$ mv csi/alluxio-csi-controller-rbac.yaml.template csi/alluxio-csi-controller-
  rbac.yaml
```

```
$ mv csi/alluxio-csi-controller.yaml.template csi/alluxio-csi-controller.yaml
$ mv csi/alluxio-csi-driver.yaml.template csi/alluxio-csi-driver.yaml
$ mv csi/alluxio-csi-nodeplugin.yaml.template csi/alluxio-csi-nodeplugin.yaml
$ kubectl apply -f alluxio-csi-controller-rbac.yaml \
    -f alluxio-csi-controller.yaml -f alluxio-csi-driver.yaml \
    -f alluxio-csi-nodeplugin.yaml
```

Alluxio 会对应生成 PVC 模板，创建对应的底层存储有手动和自动两种方式。

1. 手动创建（Static Provisioning）

在 csi/ 文件夹下生成了 alluxio-pv.yaml.template 和 alluxio-pvc-static.yaml.template 模板文件。Alluxio 给出了通过手动创建 PVC 和 PV 的方式使用的示例。用户可以基于模板进行定制化之后使用 kubectl create 来创建对应的资源。

2. 自动创建（Dynamic Provisioning）

在 csi/ 文件夹下生成了 alluxio-storage-class.yaml 和 alluxio-pvc-static.yaml.template 模板文件，对在创建 PVC 之后通过 StorageClass 进行自动存储资源部署给出了示例。用户同样可以在定制化后使用 kubectl create 来创建对应的资源。CSI 会根据用户创建的 PVC 和 StorageClass 自动生成 PV。

如图 8-5 所示，应用 Pod 应挂载 PVC，从而通过 Alluxio FUSE 使用 Alluxio。csi/ 文件夹下的 alluxio-nginx-pod.yaml 对如何挂载 PVC 作出了示范。业务容器内在 PVC 的挂载路径下可以访问 Alluxio 的数据。PV 和 PVC 会在应用 Pod 启动之前完成绑定。该 PVC 会双向挂载到 CSI 的组件里。从用户启动应用 Pod 到应用 Pod 准备好处理请求会经过如下与 CSI 组件的交互过程。

1）应用 Pod 向 kubelet 请求挂载由 CSI 管理的 PVC，kubelet 通知 CSI。

2）CSI 收到请求，根据 PVC 的 storageClassName:alluxio 定义，运行 Alluxio CSI 驱动。

3）Alluxio CSI 驱动会在 CSI 的组件内将 Alluxio 文件系统挂载到 CSI 提供的路径，之后通知 CSI 挂载完成。

4）CSI 通知 kubelet 请求处理完毕，kubelet 将 PVC 挂载到应用 Pod 中的指定路径上。

当用户删除应用 Pod 时与 CSI 的组件的交互和上面的过程类似，所有请求的挂载变为取消挂载。链路仍然为应用 Pod → kubelet → CSI → Alluxio CSI Driver。

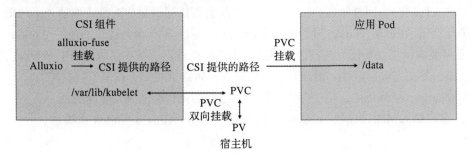

图 8-5　使用 CSI 部署时的 Alluxio FUSE 挂载路径对应关系

注：CSI 提供的路径是 /var/lib/kubelet 的后代目录，如 /val/lib/kubelet/alluxio。

虽然通过 CSI 部署 Alluxio FUSE 使用了持久化卷 PV 和对应的 PVC，但卷内并没有存储任何数据——它们都只是挂载链路的一部分。因此如果 Alluxio FUSE 进程由于某种原因退出了，业务容器并不会因为它使用的是持久化卷就可以继续读取数据，它会因为无法联系到 Alluxio 导致无法读取数据。

在 Alluxio 2.8.0 版本中，Alluxio FUSE 进程存在于 CSI 的 nodeserver 容器里。在未来的版本中它们将会被分离开，Alluxio FUSE 进程会在属于自己的容器里，进一步解耦 Alluxio FUSE 与 CSI 组件的生命周期。共享 PV 与 PVC 的业务容器将会共享一个 Alluxio FUSE 进程。

此外，Alluxio 还可以与 Kubernetes 中的很多上层组件进行集成，从而联合发挥效果，例如，Fluid（CNCF 旗下的开源项目）。Fluid 是云原生环境下向数据密集型应用提供高层数据抽象和弹性加速的一个开源项目。Alluxio 可以作为 Fluid 的一种缓存引擎，实现对数据的弹性缓存加速功能。这部分相关的部署和使用方式可以参考 Fluid 官方文档[⊖]，这里不再赘述。

8.6　Kubernetes 环境下的读写性能优化

8.6.1　读写本地性优化

在 Alluxio 部署在物理机的场景中，Alluxio 客户端和 Alluxio Worker 之间有短路读和域套接字两种本地读写方式。当 Alluxio 部署在 Kubernetes 环境上的容器中时，同样有这两种本地读写方式。但是在发生本地读写之前，客户端需要先发现并找到本地的 Alluxio Worker。

1. 基于短路读写的本地性优化

在短路读（Short Circuit Read）模式中，客户端首先在可以选择的 Worker 名单中通过比较 hostname 找到和自己相同的 Alluxio Worker，之后向这个本地的 Worker 发送一个短路读请求。这个 Worker 在收到请求后，如果发现所请求的数据块有本地的缓存，则直接把缓存数据块文件的路径回复给客户端。之后客户端会直接通过操作系统读取这个本地的文件，这一步是绕过 Alluxio Worker 进行的。在读取完成后，客户端会通知本地的 Worker，因为 Worker 需要确保正在被读取的数据块不能被驱逐或更改，所以在读取过程中 Worker 会将数据块上锁，并在完成后解锁。短路写文件的流程和短路读类似，这里不再赘述。

在 Kubernetes 环境中，由于存在虚拟化，之前的流程会遇到几个问题：

❑ 客户端如何通过比较 hostname 找到宿主机上的 Alluxio Worker Pod？

⊖　https://github.com/fluid-cloudnative/fluid。

❑ 客户端如何找到并读写 Alluxio Worker 管理的缓存文件？

客户端一般部署在和 Alluxio Worker 不同的 Pod 中，由计算应用自己的逻辑进行管理，因此会被分配由 Kubernetes 管理的虚拟 hostname 和 IP 地址。同理，Alluxio Worker Pod 也有自己的虚拟地址，而这个地址是和客户端所在的 Pod 不同的。为了让两方的 hostname 相同，最简单的办法是让双方的 Pod 都通过 hostNetwork 启动，这样两者共用宿主机的网卡，可以拥有相同的网络地址。

为了让客户端可以见到 Alluxio Worker 管理的缓存文件，需要让客户端所在的 Pod 也挂载 Alluxio Worker 用作缓存的存储卷。为了正常读写缓存文件，客户端所在的容器内用户也要有缓存文件需要的读写权限。可以通过以下方式配置 Alluxio Helm Chart 部署 Worker 时使用短路模式：

```
shortCircuit:
  enabled: true
  policy: local
```

使用手动部署方式的用户可以用以下方式直接更改 alluxio-configmap.yaml 文件：

```
#为ALLUXIO_WORKER_JAVA_OPTS添加以下两项
-Dalluxio.user.short.circuit.enabled=true \
-Dalluxio.worker.data.server.domain.socket.as.uuid=false
#移除-Dalluxio.worker.data.server.domain.socket.address
```

为了让短路读写成功，更多地需要用户手动地确保：

❑ 客户端所在的 Pod 挂载 Alluxio Worker 缓存卷，并以具有相关权限的角色用户进行操作；

❑ 客户端和 Alluxio Worker 拥有同样的 hostname。

2. 基于 Domain Socket 读写的本地性优化

短路读写模式下，用户需要进行不少手动配置来保证本地 Worker 发现和读写可以成功。一种更简单的方式是放弃对缓存文件的直接读写，使用 Domain Socket 进行读写。Domain Socket 模式是 Alluxio Helm Chart 的默认部署模式。

在 Domain Socket 模式下，Alluxio 客户端通过一个 UNIX 域套接字文件对本地的 Alluxio Worker 进行数据流的读写。域套接字绕过文件读写的接口，绕过 IP 地址解析的开销，从而比本地端口的网络 I/O 有更好的性能。在域套接字模式下，客户端的读写请求会发送给本地的 Alluxio Worker，因此性能低于绕过 Worker 直接读写缓存文件。但是域套接字模式无须配置权限，使用更加灵活。

为了使用域套接字，Alluxio 在部署 Worker 时会创建一个用来放置域套接字文件的存储卷，Alluxio 客户端所在的 Pod 同样需要挂载这个存储卷，这样才能看到 Alluxio Worker 创建的域套接字文件。

在域套接字模式下，我们通常配置 Alluxio Worker 以自己的 UUID 命名域套接字文件。

Alluxio 客户端从 Alluxio Master 得到当前集群中的所有 Worker 信息时,可以得知每一个 Worker 的网络地址和 UUID。这样,客户端如果看到一个 Domain Socket 文件,就可以通过 UUID 来找到对应的本地 Worker。这样,我们通过 UUID 绕过了 hostname 的比较,避免了虚拟化带来的网络地址不同的问题。

以下是 Alluxio Helm Chart 的默认配置,用来开启域套接字模式的本地读写。Alluxio Helm Chart 会为域套接字文件夹创建一个 PVC,需要用户创建一个对应的本地 PV:

```
shortCircuit:
  enabled: true
  #有local和uuid两种选项
  policy: uuid
  size: 1Mi
  #可选类型有persistentVolumeClaim和hostPath
  volumeType: persistentVolumeClaim
  pvcName: alluxio-worker-domain-socket
  accessModes:
    - ReadWriteOnce
  storageClass: standard
```

使用手动部署方式的用户可以用以下方式直接更改 alluxio-configmap.yaml 文件:

```
#确保ALLUXIO_WORKER_JAVA_OPTS包含了以下两项
-Dalluxio.worker.data.server.domain.socket.address=/opt/domain
-Dalluxio.worker.data.server.domain.socket.as.uuid=true
```

用户需要手动确保 Worker Pod 为域套接字准备了一个存储卷,这个存储卷需要在之后挂载到 Alluxio 客户端所在的 Pod 上。

8.6.2 使用宿主机资源优化性能

Kubernetes 基于虚拟化技术提供了优秀的容器编排功能。在 Kubernetes 中,容器对底层的物理机资源的感知是比较弱的,我们也看到在很多生产环境中,管理员通过权限设置使容器无法直接接触物理机,如存储和网络等资源。

虚拟化势必会带来性能的损失,在某些对性能要求严格的环境和安全性保障要求比较高的环境中,我们在部署时可以适当对容器开放一些宿主机资源以提升性能。比如直接使用 hostPath 的存储可以比使用基于 Ceph 的远程 PV 取得更高的性能,通过 hostNetwork 选项直接使用宿主机网络可以比使用 Kubernetes Service 取得更高的性能。在对性能要求高的环境进行部署时,需要综合权衡性能和安全性做出选择。

同时,在 Kubernetes 集群中也不一定需要把所有服务都部署在 Kubernetes 上。比如,在大规模场景下,Alluxio Master 需要大量资源并且由于需要处理大量的元数据请求,Alluxio Master 可能成为集群中的性能瓶颈。我们观察到一些案例,这些案例通过将 Alluxio Master 直接部署在 Kubernetes 环境中的物理机上来取得最佳性能,同时把 Alluxio Worker

通过 Kubernetes 进行部署，在性能和弹性上取得了平衡。

8.6.3　Alluxio 和不同生命周期的应用集成

在一些计算应用（如 Spark）中，Pod 的生命周期和计算任务一致。使用 Apache Spark 自带的 Kubernetes Operator 时，通过 spark-submit 提交的计算任务会创建自己的 Spark Driver Pod 和 Spark Executor Pod，它们的生命周期到计算任务结束为止。对这种应用而言，建议将 Alluxio 作为一个独立的服务部署在 Kubernetes 集群上，这样每一个 Spark Executor Pod 被启动时，可以在物理机上找到相邻的 Alluxio Worker Pod 并进行数据读写。在这个物理机上可能同时运行着多个计算应用 Pod，它们共享物理机上由 Alluxio Worker 管理的缓存。Alluxio Worker Pod 在物理机上长期存在，持续提供由不同计算任务共享的缓存。

在另外一些应用（如 Presto）中，Pod 的生命周期和计算任务无关，比如 Presto Worker 就是一个长期存在的守护进程。在这种情况下，与其想方设法让计算应用和 Alluxio Worker 进行跨 Pod 的本地读写，不如将计算应用和 Alluxio Worker 部署在同一个 Pod，甚至同一个容器中，通过这样的方式简化本地性。

Chapter 9 第 9 章

Alluxio 在混合云场景中的应用

9.1 混合云业务场景和常见挑战

许多公司将数据存储在本地的 Hadoop 分布式文件系统（HDFS）集群中。作为数据驱动转型工作的一部分，存储的数据量和来自流行框架的额外工作负载正在迅速增大。这种不断增加的负载使现有的大数据环境不堪重负。彻底摆脱昂贵的本地固定基础设施的挑战性显而易见。这里主要有以下几个方面的原因：首先，可能存在法规上的限制，阻碍数据在云上进行持久化，如果不利用现有的本地基础设施，解决方案的性价比可能较差。其次，过于专业的数据导入流程开发也阻碍了数据存储彻底转向纯公有云环境。

过去几年，随着数据分析框架数量增多，企业的数据平台团队不得不在十分繁忙的数据湖上支持更新的流行框架。数据湖已成为所有企业数据的默认着陆区。基于 Hadoop 的数据湖集群高负荷运行的情况并不少见，这些都会导致 Hadoop 集群变得十分庞大。

下面是需要采用混合云部署的典型场景。

❑ Hadoop 集群的 CPU 使用量达到 100%，计算能力达到上限，难以满足即席查询或突发工作负载的响应时间要求。

❑ Hadoop 集群存储达到上限，由于集群规模或物理机本身的限制存储难以扩展。

❑ 业务压力达到了 HDFS NameNode 能力上限，受 HDFS 架构的限制，集群难以扩展。

❑ 重要和非重要业务之间的资源难以隔离。

❑ 扩展私有集群存在成本控制问题，或者机房规模达到上限。

❑ 自行维护基础设施的运营成本使总维护成本增加（尤其是考虑人员薪资在内的间接成本等）。

使用公有云会为架构带来以下几个益处。

❑ 计算和存储独立扩展、按需配置。

❑ 根据业务灵活选择不同的计算引擎。

❑ 通过移动临时工作负载减少现有基础设施的过载。

随着架构向存算分离的方向发展，有很多机会可以利用云中的计算或存储资源并减轻 Hadoop 集群的负载压力。企业可以利用数据编排技术实施混合云，实现二者的完美结合。数据编排技术要通过本地数据中心到公有云或另一个数据中心的网络连接，无缝迁移到存算分离架构，但通常面临以下几个挑战。

数据一致性问题：混合云任意一端的更新，在无人工干预的前提下，即可供另一端使用。本地数据中心的数据导入流程在启用公有云中的访问时应无须更改。

❑ 在本地添加新数据或更新现有数据时，公有云中的应用程序应可看到更新的视图。

❑ 公有云中的应用程序写入的新数据应可供包括本地应用程序在内的所有应用程序读取。

容量管理问题：一般而言，计算集群在与主存储集群分离后存储容量有限。此外，很难准确预知需使用的数据规模。数据编排框架的一个需求是无须将数据完整复制到公有云，即可动态地访问相关数据。

网络延迟和带宽限制：公有云和本地数据之间的高延迟网络链接和带宽限制对性能的影响应当被降到最低，不应对业务造成影响。

安全性问题：本地身份验证工具（例如 LDAP/AD）和授权工具（例如 Ranger）应可继续在公有云中使用，避免需要设置冗余策略和产生相关管理费用。对合规性和数据主权有要求的公司而言，它们甚至可能会阻止将数据复制到云中。这些都意味着如果要实现本地 Hadoop 数据可访问的效果，应用程序很难具备理想的性能。

9.2　Alluxio 与传统方案对比分析

9.2.1　方案一：将数据从本地复制到云存储以运行分析

混合云两端的网络延迟会阻碍在云上使用本地数据运行分析工作负载，因此大多数公司将它们的数据复制到云环境中并维护这些数据副本（这个方案也被称为 Lift and Shift）。通常，用户使用 distCP 等命令将静态数据从 Hadoop 集群复制到 AWS S3 等云存储。

尽管该方法可能使数据移动更加容易，但也会随之产生几个问题。

❑ 数据一旦被移动，便不再同步，变为陈旧数据，因为数据可能会在本地集群上发生变化，而同步数据并无简便方法。

❑ 用户只能对复制到云中的数据运行只读分析工作负载，因为对副本的更改会带来数据一致性问题，这限制了混合部署的价值。

❑ 现有数据集可能达到 PB 级，而实际用于运行工作负载的基本数据集可能要小得多，但是没有简单的方法可以预先确定工作负载所需的数据子集。

❏ 数据导入流程很复杂，无法快速迭代。很难调整流程来适应不断更新的云端数据。

使用类似 distCP 的解决方案管理自定义代码或维护数据呈动态变化的 ETL 管道非常复杂。WANdisco LiveMigrator 等一些解决方案，能够捕获数据变化并将本地数据与云存储同步。虽然该解决方案可以更轻松地处理不断变化的数据，但仍存在一些局限性。

❏ 现有工作负载可能无法直接在云存储上运行，可能需要更改应用程序。此外，性能可能明显低于本地部署。

❏ 迁移到云存储可能无法实现。原因可能是地域法规的监管限制或者很难确定云中的应用程序可能需要哪些数据。注意：如果使用同步工具，无法预测所需数据可能意味着必须将整个本地数据复制到云存储，这会造成很大的存储成本。另外，预测不准确意味着业务用户或分析师将拥有不完整的数据集，由于必须通过手动同步请求数据，因此获取数据洞察的时间会减慢。

9.2.2 方案二：使用 NetApp ONTAP 或 AWS DataSync 等托管服务

用户可以使用 NetApp ONTAP 等产品或 AWS DataSync 等服务，以自动化工具驱动的方式将本地文件系统数据移动到公有云中的对象存储。但是该方法也存在一些挑战。

❏ 这些技术可能很昂贵，而且只能使用有限的 API，而这些有限的 API，例如网络文件系统 API（NFS）等，并不适合用于数据分析。

❏ 移动数据后，除本地存储之外，用户还需要利用云存储来运行分析工作负载。

9.2.3 方案三：使用 Alluxio 数据编排技术的解决方案

Alluxio 是一个用于大数据分析和机器学习应用程序的数据编排平台。通过 Alluxio 的数据编排，可实现跨混合云的高性能数据分析。

Alluxio 与本地私有计算环境和公有云计算环境集成，提供企业混合云分析策略。工作负载可以按需迁移到公有云，而无须事先在计算环境之间移动数据。从架构上来看，Alluxio 被加入云上的计算集群侧（如图 9-1 所示），计算应用程序使用 Alluxio 按需读取数据，而迁移的工作负载的性能与数据共存于公有云中的性能相同。此外，私有计算环境的负载减轻，I/O 的开销也得以最小化。对这个场景来说，Alluxio 的核心功能如下。

❏ 数据局部性：使用 Alluxio，本地数据可以按需迁移到公有计算环境中。Alluxio 与 Presto 或 Spark 位于同一集群，提供高度分布式的缓存能力。

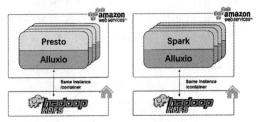

图 9-1　在云上的计算集群中部署 Alluxio
管理远程存储的架构

❑ 数据可访问性：数据一旦进入 Alluxio 后，用户可以通过多种不同方式访问相同的数据，包括 HDFS API、S3 API 或 POSIX API 等多种接口。这意味着为数据分析以及人工智能机器学习（AI/ML）工作负载构建的所有现有应用程序都可以直接在此数据上运行，而无须对应用程序本身进行任何更改。

❑ 数据弹性：Alluxio 可以与分析框架一起自动扩缩而不会丢失数据，例如在公有云计算环境中使用自动扩展策略时。

❑ 按需加载计算驱动数据：尽管 Alluxio 可以挂载整个文件系统，但会视需要加载工作负载所需的数据。临时计算集群几乎可以实时获取数据，而无须等待数据完成复制。此外，还可以根据工作负载预取、固定或设置数据过期时间。

❑ 数据隔离：Alluxio 在加载数据后，实际上 Alluxio 的数据缓存提供了数据隔离能力，可以实现与底层存储的数据分离，满足了跨部门、团队或业务用户的要求，并且可以按照需求独立进行拓展。

9.3　混合云上的 Alluxio 解决方案架构

本节介绍将 Alluxio 与 Presto 或 Spark 连接的部署架构，可将分离的计算集群连接到本地的 HDFS 存储集群。该架构的核心构建也适用于其他混合云环境，尤其是当两个集群之间存在高延迟或低带宽链路时。Alluxio 可以部署在 AWS、GCP、Microsoft Azure、阿里云、腾讯云等几乎所有主流公有云平台上。

以下概述了适用于所有混合云环境的推荐架构的部分显著特征。

❑ 将 Alluxio 与计算集群放在同一位置：数据的局部性确保计算框架和数据编排层可通过手动或自动扩展策略一起扩展，没有额外的开销，同时确保性能得益于数据局部性。

❑ 挂载底层数据源进行管理：HDFS 等本地数据存储可挂载到 Alluxio 命名空间，支持在公有云中按需访问，而无须复制数据。

❑ Alluxio 的本地存储优化读写：Alluxio 会根据需求动态地加载公有云的所有更新，同时充分利用本地的缓存对读写进行优化，通过更高的本地性优化速度和稳定性。

❑ 对业务应用透明：公有云中的计算框架（如 Presto）可以连接到本地现有的 Hive catalog，而无须重新定义表或保存 Hive 元数据的复制实例。这是由名为透明路径（Transparent URI）的 Alluxio 功能启用的（Alluxio 商业版功能）。类似地，如 Spark 之类的计算应用也可以直接通过 HDFS 路径访问数据，同时享受 Alluxio 带来的收益。

9.3.1　Alluxio 架构原理回顾

Alluxio 的基本架构如图 9-2 所示。Alluxio Master 存储文件系统命名空间的元数据。

用户可以将 HDFS 等远程存储系统挂载到 Alluxio 的命名空间中，从而计算引擎可以通过 Alluxio 对远程存储进行访问和缓存。挂载位置的元数据，例如文件大小和位置，从远程存储加载到 Alluxio Master 并无缝同步。Alluxio Worker 存储实际数据。从挂载的存储系统首次访问数据时，Alluxio Worker 就将数据进行了缓存，计算框架的任何后续访问都从 Alluxio Worker 上的本地存储获取。与通过高延迟和低带宽网络链接从远程存储系统读写数据相比，使用 Alluxio 的架构利用了 Alluxio 提供的元数据缓存和数据缓存，可以得到更高的 I/O 吞吐量和性能稳定性。

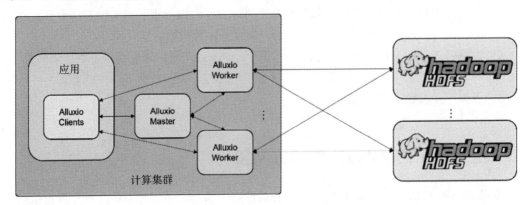

图 9-2　Alluxio 的基本架构

9.3.2　云上计算集群搭配部署 Alluxio 的架构

在如图 9-3 所示的部署场景中，Alluxio 与计算应用部署在云上的计算集群中，而 HDFS 和 Hive 部署在一个私有的存储集群中。图中 Alluxio 和 Presto 位于一个 Amazon EMR 集群上。EMR 集群中的节点既可以是长期运行的（对应 AWS 的 On-Demand 类型），也可以是临时的（对应 AWS 的 Spot 类型），可以根据具体需求和任务性质进行选择。

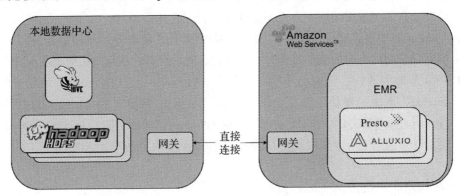

图 9-3　在云上的计算集群搭配部署 Alluxio 的架构

9.3.3　节点的生命周期选择

可以根据业务场景的需求，具体分析配置 EMR 节点的生命周期，如表 9-1 所示。

表 9-1　AWS EMR 节点生命周期情况

场景	主节点生命周期	核心节点生命周期
具有可预测负载的长期运行集群	持久	持久
具有突发性负载的关键集群	持久	临时（自动扩展）
非关键集群或测试集群	临时	临时

对于具有可预测负载的长期运行的 EMR 集群，如果运行具有可预测容量要求的持久性 Amazon EMR 集群，持久节点可确保 Alluxio 元数据和数据缓存的热度，在缓存命中时提供最高的本地性。如果业务可能有突发性负载，持久性主节点可确保 Alluxio 的文件元数据服务稳定。系统中的核心节点，包括 Alluxio Workers，可进行扩缩从而动态改变 Alluxio 提供的缓存容量。对于首次访问的数据，性能可能会有不同。对于可接收数据可用性延迟或性能变化的非关键应用程序，可以使用临时实例来满足成本要求。值得注意的是，如果主节点被回收，会影响 Alluxio 的元数据服务可用性。因此，我们建议使用高可用模式部署多个 Alluxio Master。

一旦根据应用场景调配了 EMR 集群，使用 Alluxio 就可取得以下优势。

❑ 数据本地性：由于 Alluxio 与计算位于同一集群，Presto 读取的工作负载会从本地读写中获得性能提升，极大降低网络带宽消耗。

❑ 易于部署：在计算集群上部署 Alluxio 对应用侵入性低，尤其是 Alluxio 商业版提供了透明路径（Transparent URI）功能使业务无须更改文件路径就可以使用 Alluxio 命名空间。Alluxio 商业版同样提供了一系列简化云上部署运维的功能。

❑ 易于管理：Alluxio 部署易于管理，可随着计算进行弹性扩缩。即使当 Alluxio Worker 缩减到零个实例后再次扩展时，Alluxio 也可以不间断地从本地数据源检索数据。

❑ 数据同步性：Alluxio 由一系列元数据和数据同步机制保证在底层存储中的文件变动可以被 Alluxio 感知，上层应用使用 Alluxio 读写数据，无须担忧 Alluxio 和底层存储的一致性问题。

9.3.4　数据中心链路

托管 Alluxio 的集群和计算框架可以通过虚拟私有云（VPC）⊖连接到企业数据中心。子

⊖　AWS 提供虚拟私有云（Virtual Private Cloud，VPC）功能，在云上为用户模拟一个类似私有云的独立的网络环境，更多信息，可以查看官方文档（https://docs.aws.amazon.com/zh_cn/vpc/latest/userguide/configure-your-vpc.html）。其他云服务均有自己的类似功能实现。

网配置取决于使用案例。

❑ 如果 Alluxio 集群只挂载本地数据存储，VPC 可以配置私有子网和私有网关以连接本地企业网络。

❑ 如果除本地数据存储之外，Alluxio 集群还挂载了 Amazon S3，则应使用公有子网来确保对 AWS 服务的全带宽访问。

本地集群和 AWS 实例之间的链路可通过 VPN 或直接连接（Direct Connect）建立。首选方法是 Direct Connect，因为其允许根据工作负载要求配置带宽。专用链路可确保延迟更低、带宽和安全性更高。

9.3.5 安全

Alluxio 允许在迁移到混合云期间沿用已有系统中的安全机制，Alluxio 提供文件系统权限和访问控制以及兼容流行的用户和组身份验证，如基于 Kerberos 的身份验证和基于 Apache Ranger 或 LDAP 的鉴权。值得注意的是，Alluxio 的安全功能主要由商业版提供，开源版只提供最基本的安全和权限功能。用户可以在 https://www.alluxio.io/editions/ 找到完整的商业版功能列表，从而根据自身场景和架构需求进行选择。

9.3.6 迁移到混合云架构的几大步骤

对于企业而言，推进混合云战略是一个大工程，需要审慎地规划。下面简要概述了该规划的一些必要步骤，这些步骤已使用 Alluxio 等数据编排技术进行了简化。

❑ 链接网络：确定公有云提供商，并在公有云和企业网络之间建立链路和 DNS 解析。使用 Alluxio 将显著降低网络带宽要求。

❑ 完成数据平台配置：如果使用 Amazon EMR 作为云原生大数据平台，请使用所选的实例类型和扩展策略来完成预置计划并分析预计的成本 - 使用情况。

❑ 启动计算集群：一旦确定了集群规范和所需的计算框架，只需在公有云上启动集群。无须规划长距离迁移即可临时访问数据。

❑ 加载预先识别的数据集（如有）：通过预加载任何经常访问的数据集来预热 Alluxio 缓存，或配置一项策略用于将本地数据迁移到云。对此类数据集的识别非严格要求，但可用于性能优化。如果没有，Alluxio 将按需缓存被访问的数据集。

9.4 基准测试

下面使用 Presto 作为计算框架，对存储在不同位置的 Hive 和 HDFS 集群中的数据，运行基于行业标准 TPC-DS 的基准测试。

9.4.1 测试集群架构

本节用于实验的混合云环境包括位于不同 AWS 区域的两个 Amazon EMR 集群,其架构如图 9-4 所示。由于两个集群地理位置分散,因此集群之间存在明显的网络延迟。VPC Peering 用于创建 VPC 连接,以允许两个 VPC 之间的流量通过全球 AWS 骨干网而不受带宽限制。本节接下来提供了详细说明,可按照上面介绍的方式,在 Alluxio 与 Presto 处于同一集群的情况下配置架构。如使用 AWS 作为云服务提供商,用户可按照本节的步骤来再现基准测试结果。

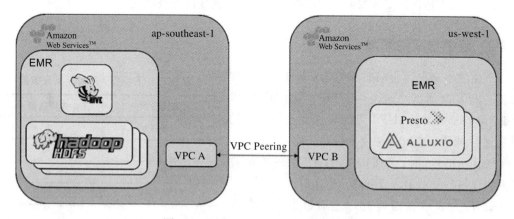

图 9-4   两个 Amazon EMR 集群架构

测试准备工作如下。

❑ 配置用于启动 EMR 集群的 VPC 和子网。

❑ 在两个集群之间建立网络链接。

❑ 跨两个集群的 DNS 解析。

❑ HDFS 存储所有需要的数据。

❑ Hive Metastore 具有指向 HDFS 位置的现有表定义。

启动 AWS 实例

EMR 是一种在 AWS 中按需部署 Hadoop 计算框架、Spark 和 Presto 的选项。Alluxio Bootstrap Action 可用于在预先创建的子网中启动位于同一位置的计算和 Alluxio。

Metastore 配置

借助 Alluxio 的 Transparent URI 功能,具有 HDFS 的集群中现有的 Hive Metastore 可以被其他集群中的计算框架使用而无须修改。有 Alluxio 的集群中不需要 Metastore,并且不必重新定义 Hive 表。

元数据同步

当存储系统(例如本地 HDFS)挂载到 Alluxio 上时,挂载路径下的目录和文件的元数据和数据不会被立即加载到 Alluxio 命名空间中,而是惰性地根据需求进行元数据同步。通过和底层存储系统保持元数据 / 数据同步，Alluxio 提供的元数据服务（例如 getFileStatus 和 getFileBlockLocations）延迟远远低于对 UFS 的元数据访问。我们在下面的基准测试中观察到，在执行单个查询的 10min 内，对 Alluxio 的此类元数据操作超过 100 万个。如果这些元数据请求都访问远程 HDFS，每个操作可能需要花费数十毫秒，会极大影响性能。

数据加载

根据 HDFS 中数据的大小，工作负载可能会通过预取数据来预热 Alluxio 托管存储。Alluxio distributedLoad 命令可用于将经常访问的数据集从 HDFS 加载到 Alluxio 缓存中。pin 命令可用于防止因支持按需获取数据，而导致这些数据集被驱逐。

9.4.2　测试方案和配置

下面使用来自行业标准 TPC-DS 基准的数据和查询进行基准测试。如表 9-2 所示，我们将 TPC-DS 查询的子集分为以下几类（根据此存储库中的可视化）：报告、交互、深度分析和其他。

使用 Alluxio 时，我们为所有 TPC-DS 查询收集两类标签，分别用冷读和热读表示。

表 9-2　TPC-DS 查询分类及数量

查询分类	查询数量
报告	6
交互	8
深度分析	6
其他	83

❑ 冷读表示在查询运行之前数据未加载到 Alluxio 存储的情况。在这种情况下，Alluxio 在查询执行期间按需从 HDFS 获取数据。

❑ 热读指在冷读模式下运行后将数据加载到 Alluxio 存储的情况。在这种情况下，访问相同数据的后续查询不与 HDFS 沟通。

对于上述两种情况，Presto 和 Alluxio 在区域 us-west-1 中运行，而 Hive 和 HDFS 在区域 ap-southeast-1 中运行。每个查询都按顺序运行。对于冷数据模式而言，每次执行查询前都会清除 Alluxio 缓存，手动地模拟缓存失效。

测试数据集与测试硬件环境，以及相关软件配置如表 9-3～表9-7所示。使用 HDFS 时，我们也收集两类标签，分别用本地和远程表示。

❑ 本地是指 Presto 和 HDFS 位于同一区域的情况。该数量向我们展示了当数据在本地而非加载入云时在本地运行计算的性能。

❑ 远程是指 Presto 读取另一个区域的存储的情况。

表 9-3　TPC-DS 数据规格

Scale Factor	格式	压缩方式	数据规模	文件数量
1000	Parquet	Snappy	463.5 GB	234.2 K

表 9-4　EMR 节点规格

Instance Type	Master Instance Count	Worker Instance Count	Alluxio Storage Volume（us-west-1）	HDFS Storage Volume（ap-southeast-1）
r5.4xlarge	1 each	10 each	NVMe SSD	EBS

表 9-5　VPC 网络规格

Link Type	Latency（RTT）
VPC Peering	175ms

表 9-6　测试中 Presto 参数配置（未提及的参数均为默认值）

Presto Configuration	New Value
query.max-memory	500GB
hive.force-local-scheduling	false
hive.split-loader-concurrency	100

表 9-7　测试中 Alluxio 参数配置（未提及的参数均为默认值）

Alluxio Configuration	New Value
alluxio.user.file.master.client.threads	256
alluxio.user.block.master.client.threads	256
alluxio.user.file.passive.cache.enabled	false
alluxio.user.ufs.block.read.location.policy	alluxio.client.block.policy.DeterministicHashPolicy
alluxio.user.ufs.block.read.location.policy.deterministic.hash.shards	3

9.4.3　测试结果

　　基于上述设置，我们比较了基于 Alluxio（冷读和热读）与 HDFS（本地和远程）运行 TPC-DS 测试的性能。基准测试显示，与远程访问 HDFS 数据相比，缓存热读状态下使用 Alluxio 的性能平均提高了 3 倍，如图 9-5 所示。Alluxio 热读的性能类似于本地 HDFS，而 Alluxio 冷读的性能类似于 HDFS 远程读[⊖]。

　　类似地，我们按类别统计了测试结果。总体而言，Alluxio 对 9 号查询的提升最大（7.1 倍），对 39 号查询的提升最小（1 倍，无差别）。如图 9-6 所示，报告类查询中最大性能提升是 27 号查询（3.1 倍），最小性能提升来自 43 号查询（2.7 倍）。如图 9-7 所示，交互类查询中最大性能提升来自 73 号查询（3.9 倍），最小提升来自 98 号查询（2.2 倍）。如图 9-8 所示，深度分析类查询中最大性能提升来自 34 号查询（4.2 倍），最小提升来自 59 号查询（1.9 倍）。

　　⊖　完整测试结果，请参考白皮书内容（https://www.alluxio.io/use-cases/hybrid-cloud-analytics/）。

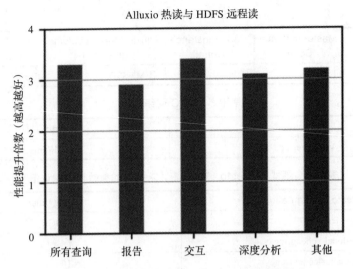

图 9-5　Alluxio 热读对比远程 HDFS 的性能提升

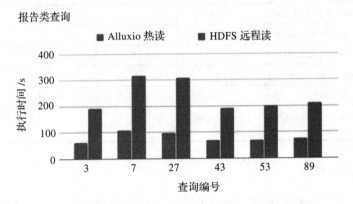

图 9-6　报告类查询的 Alluxio 热读对比 HDFS 远程读时间

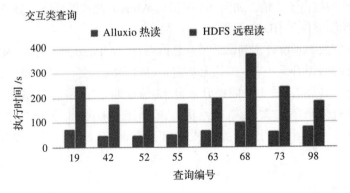

图 9-7　交互类查询的 Alluxio 热读对比 HDFS 远程读时间

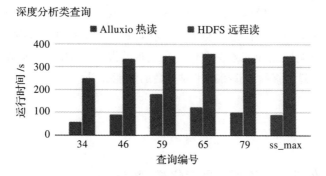

图 9-8　深度分析类查询的 Alluxio 热读对比 HDFS 远程读时间

9.4.4　测试结果分析

将 Alluxio 部署在计算集群时，Alluxio 为计算应用提供了本地的元数据和数据访问，大部分性能提升可以归因于缓存和高本地性。如图 9-9 所示，此次基准测试中，Alluxio 对所有 TPC-DS 查询都带来了或多或少的性能提升，图中横轴为每一个查询所花费的时间（越短越好），纵轴对应查询编号。

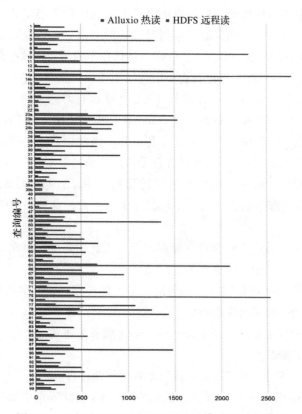

图 9-9　Alluxio 对所有 TPC-DS 查询的加速效果展示

此次测试只是一个小规模的性能提升展示，在更大规模的生产集群中，普遍存在的现象是计算集群和存储集群之间的总带宽有限，在计算需求高时大量的数据请求会遇到网络带宽瓶颈，极大地影响性能和业务稳定性。在这种情况下，Alluxio 提供的本地元数据／数据缓存可以极大地缓解此瓶颈，获得比平时更高的性能提升。

9.5 案例

9.5.1 混合云案例 1：华尔街大型量化基金公司

量化对冲基金使用复杂的金融模型处理大型数据集来推动投资决策。为了获取最大的投资回报，通常会使用机器学习方法不断改进金融模型。华尔街一家管理着超过 500 亿美元资产的对冲基金公司（华尔街最大的对冲基金公司之一），向 Alluxio 寻求解决混合云环境中大规模数据处理任务带来的性能和成本挑战的解决方案。使用 Alluxio 后，每天模型的运行次数增加了 4 倍，计算成本降低了 95%。

金融模型所面对的持续性业务挑战主要是不断开发更强大的模型，以便在更短的时间内以尽可能低的成本做出更加明智的投资决策。本案例中投资模型的开发和测试依赖于应用大量数据的机器学习技术，而且通常数据越多，模型越好。数据来自 10000 多个公开或私有的数据源，总规模超过 35 PB，并且数据总量仍在不断增长。这些数据的处理速度至关重要，用更快的模型运行速度可以进行更多次的模型迭代，从而改进投资策略。

最初，模型运行在 1000 个数据处理节点上，每次运行时间大约为一个小时。该业务使用 Apache Spark 作为计算框架，数据使用 Hadoop 分布式文件系统（HDFS）进行存储。由于工作负载常常变化，存在周期性的负载显著上升。因此，系统架构需要基础设施给出足够的预留空间，以确保处理时间不会变慢并且受负载峰值的限制。

为了解决这个问题，该公司将模型处理转移到云中，云基础设施具有良好的可扩展性和弹性，非常适合处理不断变化的工作负载任务。然而，这种架构的变化也带来了新的挑战。

❏ 出于安全考虑，数据无法全部存储在云上。因此，需要在每次运行之前，将模型所需数据从内部数据中心传输到云上。

❏ 由于数据规模和物理传输速度的限制，云上的模型运行时间增加到三个小时左右，平均每天只能完成两次模型迭代。

❏ 使用更昂贵的预留节点（reserved instance）服务来避免云上运行的中断，然而这将导致性价比的降低。

❏ 对模型参数的任何更改都需要重新启动数据加载过程。

公司使用 Alluxio 来解决这些问题，我们在云上的预留节点中部署了包含 40 个节点的 Alluxio 集群。模型运行时，数据只需加载到 Alluxio 中一次，后续将直接从内存中获取数据。更快的数据访问和动态的缓存加载使业务可以使用临时实例取代昂贵的预留实例。这一变化可以应用于 1000 个计算节点。Alluxio 集群在内存中提供临时的、非持久的数据存储，因此当部署有 Alluxio Worker 的实例关闭时，缓存会被直接删除。此外，缓存在 Alluxio 中的数据已通过客户端被加密，因此即使集群受到攻击，数据仍然是安全的。

通过部署使用 Alluxio，机器学习模型的运行时间减少了 75%，每天的模型迭代次数从 2 次增加到 8 次。随着数据集的大小增加，Alluxio 将能够进行线性扩展以提供相同的性能。数据访问时间大幅减少，同样令使用临时实例的回收风险更小，这两个因素结合将公司的计算成本降低了 95%。Alluxio 与现有基础框架无缝集成，为应用程序提供相同的 API，无须修改应用程序或数据存储方式。Alluxio 对数据进行加密且云端不进行持久存储，数据能够满足我们的数据安全需求。

通过 Alluxio 架构，公司的业务以更低的成本获得了更快的模型开发速度和更多次的模型迭代。在最初的尝试成功之后，Alluxio 被部署到第二个云服务提供商和企业内部的数据中心上，为更多业务提供服务。该公司现在能够更好地利用不断增长的数据集，从而获得更准确的模型。此外，该公司将进一步使用云服务，从而全面提高基础设施的效率。我们看到更多可变工作负载正在云上部署，从而将内部数据中心解放出来以处理耗时且更好预测的任务，而不造成额外的空间浪费。从最终的结果来看，高效的混合云基础架构能够在确保数据的安全性的同时显著提高业务关键型应用程序的性能。

9.5.2　混合云案例 2：某知名电信公司

一家知名的电信公司希望在不影响用户体验的情况下逐步实现数据平台的现代化升级并加入新的功能。该公司首先利用 Alluxio 将数据迁移到云上，而计算引擎仍留在本地。然后，Alluxio 为多个数据中心提供了单一视图，并支持将数据从一个数据中心迁移到另一个数据中心，如图 9-10 所示。

该公司的数据平台包含位于本地和公有云上的跨越不同数据中心的多个计算框架和存储系统。这样的组合给数据的访问带来了前所未有的挑战。Alluxio 在不修改应用的情况下统一和同步数据工作流中使用的来自不同架构环境的数据。

这家公司在其数据平台上充分发挥了 Alluxio 的优势。Alluxio 消除了在各种数据仓之间管理数据的复杂性，让计算框架和存储系统完全分离。应用只需与 Alluxio 交互，由 Alluxio 处理所有操作，不必担心数据存储在哪里或如何移动数据。

部署 Alluxio 后的新平台架构能够分析在全球任何位置的数据，无须进行耗时且易出错的手动迁移操作。Alluxio 为该公司数据平台的现代化升级提供了更为灵活的方式，完全不影响用户的体验。

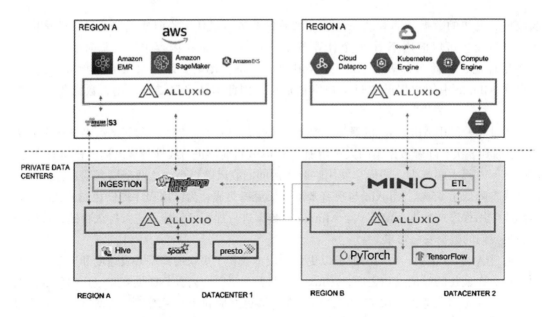

图 9-10 多数据中心混合云上的 Alluxio 部署架构

9.6 Alluxio 在某科技巨头的应用

9.6.1 案例概览

该科技巨头服务全球 10 亿多用户，其数据平台团队管理着 PB 级规模的本地和云数据。在数据平台上，各领域的多个数据科学团队使用基于开源计算框架（如 Spark 和 Trino）构建的应用程序来执行大规模数据分析和机器学习作业。

对于该科技巨头而言，能够敏捷地升级数据平台并支撑更多团队使用应用是至关重要的。设计并实现一个具有前瞻性的数据基础设施能够加速数据分析，增强客户体验，并提高操作效率。

通过部署 Alluxio，该科技公司实现了混合云策略，并具备了多云部署的条件。将 Alluxio 作为全新的数据层后，数据平台团队无须再进行数据拷贝，因而提升了敏捷性，降低了 TCO，并缩短了数据分析所需的时间。Alluxio 也为该公司打造下一代数据平台铺平了道路。本节将深入分析该客户案例，介绍 Alluxio 如何为架构和业务带来优化。

案例亮点
公司简介
❏ 行业：科技（面向消费者）

❑ 部署：混合云和多云
　　○ 应用：本地数据中心和 AWS
　　○ 数据：本地数据中心和 AWS
❑ 数据平台技术栈
　　○ 计算引擎：Spark、Trino 和 Hive
　　○ 存储系统：AWS S3、本地数据中心 HDFS 和对象存储

Alluxio 带来的价值

❑ 商业价值
　　○ 提高混合云和多云部署的敏捷性
　　○ 降低 S3 流量成本
　　○ 缩短数据分析时间
❑ 技术价值
　　○ 无须修改应用，访问存放于任何位置的数据
　　○ 实现数据技术栈的标准化和通用性
　　○ 实现具有前瞻性的架构

9.6.2　云化之路和挑战

　　数据平台是该公司为全球客户提供创新解决方案的关键所在，它集成了来自多个操作应用的数据，并支持大数据分析和机器学习应用。云化之前，该公司数据平台的计算和存储资源都部署在许多本地的数据中心，服务着多个不同团队。随着公有云服务的优势越发明显，该公司也计划从纯本地部署向混合云迁移。其中，计算仍留在本地数据中心，而数据同时在本地和 AWS 云上。数据平台团队开始向 AWS S3 中增加和导入数据，并且停止本地 HDFS 中的数据增长，同时应用侧继续使用本地的 Hadoop 资源。

　　在这样的背景下，跨本地数据中心和公有云之间的数据访问成为上云迁移的主要挑战。在部署 Alluxio 之前，该公司无法实现跨本地数据中心和公有云之间的数据访问。本地 Spark 和 Trino 应用只能使用 HDFS API 访问本地的 HDFS，因此无法直接用 HDFS API 访问 S3 中的数据。为了能够分析 S3 上的数据，数据平台团队必须使用拷贝的方式。每次应用需要访问 S3 桶（bucket）中的数据时，数据平台团队先将 S3 的数据拷贝到 HDFS 中，使 Trino 和 Spark 应用程序可以访问和分析机器学习作业所需的数据。

　　这种基于数据拷贝的方式带来的主要挑战如下。

❑ 巨大的 S3 流量成本：数据科学家经常需要访问 S3 存储桶中的数据，因而产生高昂的流量成本，显著增加了数据平台的长期总拥有成本（TCO）。

❑ 终端用户体验差，数据分析时间长：手动拷贝数据意味着数据不能立即可用。数据可能会有数小时或数天的延迟，继而导致用户体验差和用户投诉。数据不可用大大

拖慢了数据分析的速度。

❏ 因缺乏应用可移植性，云化之路受阻：当将数据同时存放于 HDFS 和 S3 中时，除非对数据进行拷贝，否则必须修改应用才能进行数据访问。由于应用程序不能在本地和云环境之间移植，因此阻碍了混合云和多云部署。

该科技巨头寻求数据平台的长期解决方案，同时希望能够根据云服务和人工运营的成本，灵活地将应用和计算资源部署到任何环境中。这是一个权衡的过程，因为全部迁移到云上带来的成本是巨大的，但是维护本地的数据平台对团队水平有极高要求并且需要大量人力开销。

从战略角度来看，混合云和多云部署可以同时使用私有数据中心和一个以上的公有云厂商，以可扩展和敏捷的方式托管数据平台，并能防止被云厂商锁定。规划和部署混合云和多云的关键是设计出具有应用程序可移植性的数据架构。在数据云迁移过程中，数据平台上的应用持续为数据科学团队提供服务，并将对应用程序的影响降至最低。

该公司在寻找实现混合云和多云架构的解决方案时选择了 Alluxio。

9.6.3 解决方案：赋能混合云和多云架构，实现应用灵活可移植

Alluxio 是存储和计算引擎之间的全新数据层，适用于大规模数据分析和机器学习等各种数据驱动应用。该数据编排层通过将各类数据源完全虚拟化来为应用程序提供数据，使其不必考虑数据存放的位置。这一解决方案适用于云上或本地、物理机或容器化部署。

该公司利用如图 9-11 所示的架构，在本地数据中心部署独立的 Alluxio 集群。

❏ Alluxio Master 在本地，负责存储文件系统命名空间的元数据。

❏ Alluxio Worker 在本地，负责存储实际数据。Alluxio Worker 缓存数据，计算引擎的任何后续访问都由 worker 节点上的本地存储来提供数据。

❏ 挂载 HDFS 和 S3。所有存储系统，包括 HDFS 和 S3，都挂载到 Alluxio 的命名空间中，从而通过 Alluxio 来访问。

❏ 使用 Ranger 在 AWS 中进行权限管理，确保数据访问的安全。

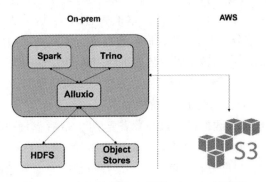

图 9-11　本地数据中心部署 Alluxio 的架构

集群内应用及 Alluxio 组件架构如图 9-12 所示，支持上述架构的功能如下。

Alluxio 核心功能

❏ 缓存：Alluxio Worker 利用本地 NVMe 进行数据缓存。第一次从挂载的存储系统访问数据时，Alluxio Worker 会利用 NVMe 将数据缓存在 Worker 节点上。在某一区域的单个数据中心内部，Alluxio 会充当多个 Spark 实例共享的区域缓存。

❏ 服务器侧 API 转换：Alluxio 管理应用程序与文件或对象存储之间的通信。它透明地将标准客户端接口转换为任何存储接口。因此，使用 HDFS API 的应用程序在访问 S3 存储时无须重新编程。

❏ 统一命名空间：Alluxio 可作为对多个独立存储系统（无论其物理位置如何）的单一访问点。HDFS 和 S3 都挂载到一个通用的 Alluxio 命名空间，为应用程序提供统一访问和标准接口。

❏ 元数据同步：底层存储的元数据将从远程存储加载到 Alluxio Master 并进行无缝同步。Alluxio 从 HDFS 和 S3 异步获取元数据，从而保持数据同步。

企业级安全（仅限企业版）

❏ Ranger 插件：Alluxio 通过 Ranger 插件与 Apache Ranger 集成，支持 AWS 中的数据授权认证。云数据访问将同时采用文件系统权限和访问控制，以及常用的用户和组身份验证。

❏ 数据目录（Catalog）迁移（仅限企业版）。

❏ 透明路径：类似 Trino 这样的计算框架可以连接到本地已有的 Hive Catalog，而无须重新定义表或维护 Hive 元数据实例副本。

❏ 其他：实现 TLS（客户端到服务器，Alluxio Master 到 Worker）和 AWS S3 AssumeRole（Worker 向 Master 请求的临时访问凭证）。

9.6.4　成效：显著的商业价值和技术优势

提升混合云和多云部署的敏捷性

通过使用 Alluxio，该公司得以实现混合云策略，其架构为将来在多个云供应商部署奠定基础。Alluxio 使该公司的数据平台拥有了一个标准化的数据抽象层，应用程序可以统一且便捷地通过 Alluxio 访问所有数据，云迁移的敏捷性也即刻得到保障。数据平台可以在很好地适应业务需求的同时向混合云和多云架构演进。

降低 S3 流量成本

部署 Alluxio 后，数据平台团队无须再手动拷贝数据。Alluxio 可为应用程序提供统一的数据访问，而无须考虑数据的存放位置。由于 Alluxio 的数据缓存功能，该公司无须再从云存储反复拉取数据，因而显著降低了 S3 流量成本。

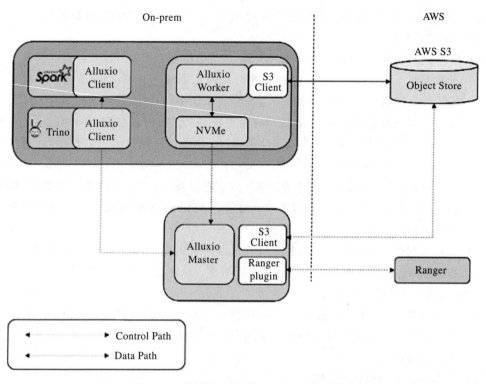

图 9-12　集群内应用及 Alluxio 组件架构

缩短了数据分析时间

用户现在可以立即使用数据，而无须等待漫长的手动数据拷贝和验证过程。数据科学家和其他大数据分析的用户都能够获得到更好的数据可用性和数据一致性，Alluxio 帮助他们缩短获得数据分析结果所需的时间。

无须修改应用，访问存放于任何位置的数据

由于 Alluxio 将来自应用程序的数据访问请求转换为对应的底层存储访问接口，因此 Spark 和 Trino 应用程序可继续使用 HDFS API，无须针对 S3 进行重新编程。该公司现在能够轻松地扩展数据平台并支持更多应用，无须进行复杂的系统配置和管理即可访问位于本地或云上等不同位置的数据。

跨异构环境，实现数据技术栈的标准化和通用性

通过这一全新架构，Alluxio 实现了标准化的数据技术栈和统一的数据访问。通过该标准化，应用程序获得了可移植性，数据平台则可支持多云部署，应用程序可以在本地和云上以及多个云厂商之间无缝迁移。

实现具有前瞻性的计算和存储创新架构

借助于 Alluxio 这一全新的数据层，数据平台实现存算分离，将数据管理与弹性计算资源解耦。该架构对部署环境无感知，能够适应未来计算和存储技术的发展。

9.6.5　展望未来：下一代数据平台

当前的 Alluxio 部署让该公司的数据平台团队能够为未来的发展打下坚实的基础。Alluxio 将继续助力数据平台的长期发展。

该公司目前仍处于数据平台现代化升级的早期阶段。展望未来，该公司向 Alluxio 分享了数据平台的长期愿景。未来发展的理想状态是能够实现降低操作复杂度和优化成本之间的平衡。其最终愿景是能够灵活地在本地或云端上启用计算资源，并随时访问存放于任何位置的数据。

下一代数据平台应满足以下三个要求（具体逻辑架构参如图 9-13 所示）。

- ❏ 全部基于 Kubernetes 容器化部署，并配有负载均衡器，可将流量路由到本地或云上的容器中。
- ❏ 使用单一的 S3 API 实现所有数据访问，包括从 Alluxio 到本地 HDFS、Google 的 GCS 和 AWS 的 S3。在本地和不同云服务厂商提供的多云环境中部署 Alluxio 集群。
- ❏ 统一的安全性验证。所有数据访问都通过 Alluxio 和 Ranger 进行授权验证，大大简化权限管理。

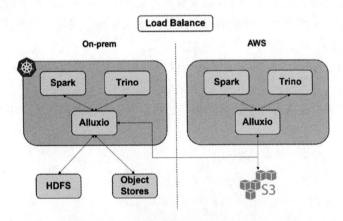

图 9-13　下一代数据平台的逻辑架构

作为计算和存储之间的抽象层，Alluxio 将帮助科技巨头实现上述三个目标，并可以让数据平台服务于更多团队。通过容器化和统一数据访问，数据平台将可以灵活地根据数据可用性和成本来实现计算资源的任意分配。

9.7　结论

本节展示了如何借助 Alluxio 来利用本地主数据中心之外的计算资源，将其用于多个分析框架。这里概述了架构和简化的执行规划，无须为了在计算和存储堆栈分离的公有云中利用计算能力而重新配置主数据中心。该架构具备满足分析师和业务用户需求的能力，而不会影响现有 SLA 或增加响应时间。

❏ 灵活部署：在云中创建新节点比向数据中心添加更多节点要快得多。集群可以根据需要进行配置以处理峰值工作负载。此外，由于零数据复制，可更快地扩缩，变成临时集群。

❏ 缩短获取可用数据的时间：一旦计算集群启动，就可以访问数据，Alluxio 将同步元数据，无须等待数据完成移动。

❏ 更快获得分析洞察：与通过高延迟链接访问数据相比，获取数据时间减少，性能提高，因此可提供更快的业务洞察，改善用户体验。

❏ 节约基础设施成本：通过在公有云中使用专门的节点，可以避免对本地数据基础设施进行昂贵的投资。此外，Alluxio 从本地源恢复数据的能力允许使用临时实例而无须额外的云存储，从而提高了成本优势。性能改进意味着临时集群需要保持运行的时间更短，从而进一步节省成本。

❏ 网络使用：根据本节中未详细介绍的其他客户案例研究，我们发现混合云两端间的网络使用量减少了 80%。较低的带宽消耗显著降低了所需网络基础设施的成本。

❏ 易于维护：无须更改本地应用程序或数据导入流程。现有安全模式继续使用熟悉的 API，无须自定义代码。

❏ 多云策略：Alluxio 与所有主要的云供应商集成，可以以供应商透明的模式构建云采用策略。

❏ 零停机时间：在从另一个云访问相同的数据时，在本地运行的应用程序不会中断。

Alluxio 在大数据分析场景中的应用

Presto（PrestoDB 和 Trino）是非常流行的在多个数据源上运行大规模交互式分析查询的计算引擎。Presto 的定位是 SQL-on-Everything，作为不依赖于存储的查询引擎，可以用来查询在任何位置的分散数据源。从现有的实践来看，虽然 Presto 具有处理海量数据的能力，但其在跨工作流的数据访问方面优化不足。因此，数据平台工程师还需要寻找其他的方案来解决数据冗余、易出错、性能低、不稳定和高成本的问题。

为了解决这些问题，我们提出了一个创新架构，建议搭配部署 Presto 和 Alluxio。Alluxio 是一个数据编排平台，连接计算框架和底层存储系统。Presto 和 Alluxio 的协同工作可实现统一、高性能、低延迟和低成本的分析架构。该架构不仅有利于分析，而且有利于数据工作流各个阶段的工作，包括数据导入、分析和建模。该架构支持跨本地、公有云、混合云和多云环境中的多个存储系统进行快速 SQL 查询。

全球众多公司已经利用 Alluxio 来升级其当前的 Presto 平台，它们把 Alluxio 集成到 Presto 技术栈中，为业务架构带来了极大提升。

10.1 Presto 和 Alluxio 结合的架构及原理

图 10-1 展示了 Presto + Alluxio 部署的典型架构。

Presto 是 Coordinator-Worker 架构。Presto Coordinator 负责处理查询请求并管理 Presto Worker，Presto Worker 负责查询处理。Alluxio 同样采用了类似的 Master-Worker 架构，其中 Alluxio Master 管理元数据并监控和管理 Workers，Alluxio Worker 管理本地存储资源（MEM/SSD/HDD），从存储中抓取数据，并存储缓存数据。

Presto 的典型配置是由 Hive Metastore 提供元数据。Presto Coordinator 首先从 Hive

Metastore 获取元数据，然后调度 Presto Workers 直接从底层存储系统查询数据，再将查询结果提供给 Presto Coordinator。

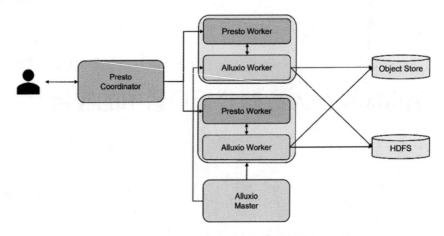

图 10-1　Presto+Alluxio 典型架构

现在将 Alluxio 添加到系统架构中。建议将 Presto Worker 与 Alluxio Worker 部署在同一台物理机中，以便实现数据本地化。Alluxio 作为数据抽象层，将计算框架和底层存储系统连接起来，因此 Presto 只需要与 Alluxio 交互即可。将底层存储系统挂载到 Alluxio，表位置在 Alluxio Master 上，缓存数据存储在 Alluxio Worker 上。

当 Presto Coordinator 从 Hive Metastore 查询元数据时，它实际上是从 Alluxio Master 获取元数据，Alluxio Master 知道数据的位置并能通过最短路径从 Alluxio Workers 抓取数据。命中缓存后，本地或远程的 Alluxio Worker 将把缓存数据返回给 Presto Worker（中的 Alluxio 客户端）。否则，Alluxio Worker 将从底层存储数据源检索数据并将数据缓存在 Alluxio Worker 节点上，方便后续查询。之后，Presto Workers 处理（连接、聚合等）存储在 Alluxio Workers 中的数据，并通过 Presto Coordinator 将结果提供给用户。

将 Alluxio 添加到 Presto 架构的好处在于，无论数据驻留在何处，Alluxio 提供的数据抽象层都可以简化数据存取操作。Alluxio 决定存储数据位置并按需根据数据访问或预定义的策略移动数据，为 Presto 等计算应用提供最大程度的性能和读写本地性。此外，由于 Alluxio 是一个通用的缓存解决方案（one-common-cache-for-all），因此中间的缓存数据会在跨数据工作流的所有计算框架之间共享，包括 Spark、Presto、TensorFlow 等。有了 Alluxio，数据平台工程师不用再考虑数据存储的位置和方式，就能实现高性能访问。因此，如果 Presto 集群已经过载，也可以考虑把 Alluxio Worker 部署在专用节点上，确保缓存不依赖于 Presto 节点，让 Presto 集群实现弹性扩缩，而不会丢失缓存数据，Alluxio 也不会占用任何资源。

将 Alluxio 添加到现有的 Presto 环境非常容易，无须重新定义表、手动复制数据或重写应用程序。Alluxio 商业版提供了透明路径功能（Transparent URI），让上层应用在读写

Alluxio 时继续使用底层存储的文件路径，无须更改文件路径，进一步降低了运维难度。

10.2　Presto 与 Alluxio 搭配部署的架构优势

10.2.1　Alluxio 帮助企业将数据平台升级为混合云数据湖

越来越多的企业正在考虑把数据平台迁移上云，从而实现弹性扩展和大规模数据分析。但要实现上云迁移并不容易。首先，企业可以将分析工作负载（例如 Presto）迁移到云上，以便按需使用计算资源。这样一来，数据平台就实现了 Presto 在云上部署、数据存储在本地的混合云部署。

一般认为，混合云架构不适合用于对延时敏感的交互式查询，因为通过网络获取远程数据会导致延迟较高、过程不稳定，并且会在超时后出现查询失败。此外，多云部署也存在类似的问题，因为计算和存储集群位于不同的位置。因此，在将云数据平台应用于生产环境时，这些问题都将成为巨大的障碍。

在开始云迁移时，许多公司选择采用"Lift and Shift"方案，指的是将一份数据拷贝到云环境中并在本地维护拷贝数据。但是，手动管理数据副本既缓慢又复杂。此外，某些地域法律规定禁止公司在云中保留持久化数据，所以无法实施"Lift and Shift"方案。

Alluxio 采用了另一种方案来支持混合云和多云交互式查询。它将存储层抽象化，为 Presto 提供了对本地、云端和多数据中心数据的快速访问，同时提供了跨存储的数据迁移等功能。Presto 通过 Alluxio 管理底层数据主要有以下几点优势。

❑ "零拷贝"上云，应对云迁移挑战。Alluxio 的"零拷贝"上云功能允许 Presto 在不将数据拷贝到云上的情况下就可以访问本地数据，帮助 Presto 顺利实现工作负载迁移，并且不影响最终用户的体验。

❑ 智能多层缓存，克服网络延迟。Alluxio 作为 Presto 的智能多层缓存，直接将数据本地化，并把数据提供给 Presto。Alluxio 自动利用计算节点的存储介质实现最佳数据访问，以最大限度地减少网络流量并在混合云或多云环境中实现高效稳定的性能。

❑ 加强数据管控，确保数据合规。Alluxio 会在整个数据的生命周期内对公有云中的数据进行严格控制。Presto 只与 Alluxio 交互，而 Alluxio 只进行临时数据存储。即使数据被迁移到公有云上，用户也可以在 Alluxio 中通过策略或配置来控制数据在公有云中保存的时间以及何时删除数据。

10.2.2　Alluxio 支持跨多个数据源的统一数据访问

由于 Presto 不依赖于存储，因此要求支持 Presto 查询的数据平台能够灵活地连接到多个数据源。手动创建并管理所有数据源的副本非常复杂、耗时且容易出错。而 Alluxio 可以通过统一对多个不同数据源的数据访问来简化架构。Presto 与 Alluxio 搭配部署时，可以直接从 Alluxio 获得联合访问权限，并统一所有的数据源。这样的架构主要有以下几个优势。

❑ 通过全局命名空间简化数据管理。Alluxio 通过全局命名空间提供统一的数据视图，极大地简化了数据管理并消除了数据重复。用户无须单独连接到每个数据源，只需要连接到 Alluxio，Alluxio 就会为 Presto 提供需要的相关数据。

❑ 完全解耦计算和存储系统。理想情况下，Presto 将不依赖数据最初的存储或管理方式进行数据访问。这也是 Alluxio 可以很好地与 Presto 匹配的原因。Alluxio 可以按需将数据提供给 Presto，使解耦架构的数据访问不再是问题。

❑ 对应用端无影响。由于 Alluxio 对存储层进行了抽象，因此在现有数据平台上运行的应用（如 Presto）在无须了解数据具体位置情况下即可实现数据访问。此外，在进行存储侧修改时，Alluxio 能在不修改应用程序的情况下提供无缝对接。因此，Alluxio 用户可以更迅速、更便捷地实施数据平台的创新。

10.2.3 Alluxio 使用通用缓存解决方案加速整个数据工作流

数据分析永远都在渴望更低的延时或者更快的速度，特别是仪表板查询和交互式查询，以及任何对外的业务应用。这类工作负载通常具有大量读取、低延迟和高吞吐量的特点，对底层存储的访问缓慢会导致其出现性能瓶颈。

缓存是通过数据本地性和数据共享来提高查询性能的常用解决方案。Presto 提供方便读取的自带缓存（embedded cache，又称为 native cache 或 local cache）。但是，它不支持缓存写入，也不能在不同的 Presto 集群之间共享。使用 Presto 自带缓存会因为要适配多种缓存模式而导致重复存储、存储成本增加、维护复杂以及资源竞争。

Alluxio 提供了一种不同的缓存解决方案，称为统一通用缓存（one-caching-for-all），可实现任何 Presto 自带缓存所无法比拟的巨大优势。

❑ 在整个数据工作流中支持数据共享。数据工作流通常包括一系列阶段，例如首先通过 Spark 执行 ETL，之后使用 Presto 执行 SQL 查询，然后对查询结果运行机器学习算法。Alluxio 数据编排平台支持从数据导入到 ETL 再到分析和机器学习的整个数据工作流。Alluxio 实现数据共享并保存中间结果，让一个计算引擎可以使用另一个计算引擎的输出并获得缓存加速。这种在应用程序之间共享数据的功能进一步提升了性能，减少了数据移动。

❑ 增强所有计算引擎的性能。由于 Alluxio 跨越整个数据工作流，因此它允许任何计算框架利用先前缓存的数据，从而进一步提高工作负载读写的速度。缓存的数据可以保留在 Alluxio 中供工作流下一阶段使用，从而显著提高性能。

❑ 统一、经济高效、易于管理的缓存平台。使用不同计算引擎提供的自带缓存意味着需要管理多个缓存模式，较为复杂。Alluxio 作为各种计算引擎的统一缓存平台，可以管理整个企业的所有缓存，从而减少所需的计算和存储。此外，Alluxio 缓存可以跨所有引擎使用，而无须对引擎本身进行任何修改，因此可以简化部署和管理。

独立部署的 Alluxio 集群允许 Presto 缩减规模，且不会丢失缓存数据。在使用 Presto 的自带缓存时，如果要缩减 Presto 集群的规模，将导致缓存数据丢失，并且丢失的数据通常会导致严重的性能问题。事实上，用户无须将 Presto 和 Alluxio 部署在一起（co-locate），而是可以灵活地配置一个单独的 Alluxio 集群，这样可以独立于 Presto 运行，从而在缩减 Presto 规模的同时保留缓存数据。

有了 Alluxio 缓存方案，Presto 可以实现更快的查询、更低的延迟和更稳定的 SLA。除 Presto 提速之外，整个数据工作流还实现了端到端性能的提升。更好的性能带来更高的数据吞吐量和更好的资源利用率，且无须购买不必要的资源。数据平台可以按需扩展，从而降低总拥有成本（TCO）和基础架构扩展成本。

10.3　常见应用场景和案例研究

以下是通过不同部署模式将 Presto 与 Alluxio 搭配部署的三个常见应用场景，每个应用场景后都有一个用户案例。

10.3.1　单一云上的大数据分析：在任何云存储上实现快速的 SQL

第一个应用场景是单一云部署模式（如图 10-2 所示）。Presto 和 Alluxio 都部署在 AWS 或 Google Cloud 等云环境中。在这种情况下，Alluxio 作为缓存层部署在 Presto 计算集群中，在计算和云存储之间提供缓存以提升查询性能。与直接从云存储本身访问数据相比，Presto + Alluxio 共同部署在云上可确保更稳定的 SLA。由于减少了数据访问量，因此还可以节省云存储的访问成本。Alluxio 不仅保存缓存数据，还管理相应的元数据，避免低效元数据操作，也省去了高昂的元数据服务成本。

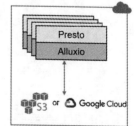

图 10-2　单一云部署场景

某游戏巨头公司部署了创新型平台，该平台将 Presto 作为计算引擎，Alluxio 作为 Presto 和 Amazon S3 存储之间的数据编排层，支持实时数据可视化、仪表板和对话分析，部署架构如图 10-3 所示。由于部署了 Alluxio，因此在处理海量的小文件时，通过元数据缓存实现了高达 5.9 倍的性能提升，并降低了基础架构和 S3 成本。

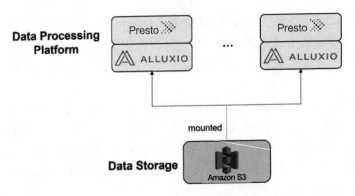

图 10-3　某游戏巨头的部署架构

10.3.2　混合云上的大数据分析：简化上云过程

第二个应用场景是利用公有云上灵活的计算资源，按需将 Presto 迁移上云，并将数据保留在本地，如图 10-4 所示。有了"零拷贝"上云功能，Alluxio 可以根据数据访问模式按需缓存数据，无须手动将数据移动到云上，之后再删除数据。通过将本地数据存储与 Alluxio + Presto 进行集成，可以按需智能地将数据带到 Presto 附近。由于混合云环境中的 I/O 负载减轻，因此性能得以提升，这远比直接访问远程数据要好。

某零售巨头公司在云上部署 Alluxio，帮助 Presto 处理更多工作量并减轻本地部署的 Hive 工作负载。Alluxio 与 Presto 部署在一起（co-locate）实现了数据本地性，如图 10-5 所示。Alluxio 的"零拷贝"上云功能确保数据顺利迁移，同时提高了 Presto 查询性能和并发性。Presto + Alluxio 的搭配部署，可以使相同环境下的计算效率实现 2 倍提升。

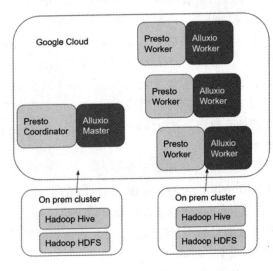

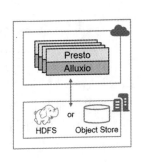

图 10-4　混合云部署场景

图 10-5　某零售巨头公司的部署架构

10.3.3　跨数据中心分析：无处不在的高性能分析

第三个应用场景是多个数据中心，其中 Presto 位于一个数据中心，数据湖位于另一个

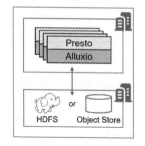

数据中心，如图 10-6 所示。很多公司为了实现高性能和资源隔离选择将 Presto 部署在单独的集群中，但在主集群中依然使用 HDFS。这种部署通常会导致性能不稳定，因为 Presto 始终需要远程获取数据。在卫星集群中将 Alluxio 与 Presto 共同部署有助于提高性能。Alluxio 可以加速从主数据集群远程读取数据，而无须添加额外的 ETL 步骤。智能数据缓存消除了性能瓶颈，降低了主数据集群的整体负载。

在一家全球领先的 SaaS 公司，主数据中心随着工作负

图 10-6　跨数据中心部署架构

载和用户的不断增长而过载，因此，公司希望利用本地主数据中心之外的计算资源来处理 Presto 工作负载（如图 10-7 所示）。通过使用 Alluxio，公司减少了多个数据中心的冗余存储需求，并成功将 Presto 的性能提高了 3 倍，满足了最终用户在查询延迟方面的要求。

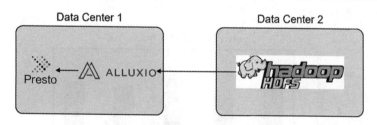

图 10-7　该 SaaS 公司的部署架构

10.4　混合云架构中的基准测试性能

进行基准测试时，这里基于存算分离的架构使用 Presto 运行 SQL 查询。Hive 和 HDFS 在位于 ap-southeast-1 区的集群中，而 Presto 部署在位于 us-west-1 区的集群中，Alluxio 部署在 Presto 集群中以提供高本地性的缓存和数据管理。这两个集群用 VPC 连接，如图 10-8 所示。

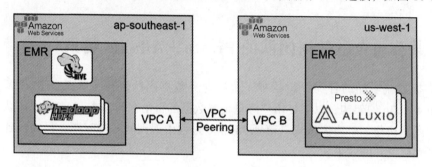

图 10-8　基准测试集群部署架构

这里使用行业标准 TPC-DS⊖基准的数据和查询进行基准测试。根据特点和模拟的业务，查询可以分为以下几类：报告类查询、交互类查询和深度分析类查询。基准测试中使用的 TPC-DS 相关参数如表 10-1 所示，EMR 实例参数如表 10-2 所示。

表 10-1　TPC-DS 参数

比例系数	格式	压缩	数据大小	文件数
1000	Parquet	Snappy	463.5 GB	234.2 K

表 10-2　EMR 实例参数

实例类型	Master 实例数量	Worker 实例数量	Alluxio 存储容量（us-west-1）	HDFS 存储容量（ap-southeast-1）
r5.4xlarge	1 each	10 each	NVMe SSD	EBS

这里对比了 Presto 使用 Alluxio（冷读和热读）与直接从 HDFS（本地和远程）读取数据的性能。基准测试显示，使用 Alluxio 热读与直接从远程读取 HDFS 相比，性能平均提高了 3 倍，如图 10-9 所示。

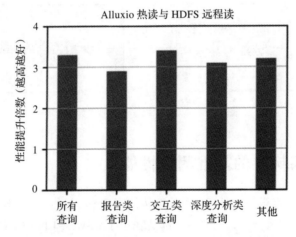

图 10-9　Alluxio 热读和 HDFS 远程读的性能提升比例

10.5　某公司金融数据团队的 Presto + Alluxio 场景

为支持日益增加的各类分析场景，金融业务数据团队进行了大的架构升级，引入了 Presto on Alluxio 的架构，以满足用户海量金融数据的自由探索需求。Alluxio 团队与某公司金融数据团队协作，解决金融场景落地 Alluxio 过程中遇到的各种问题，最终达到了性能和稳定性都大幅提升的效果。

⊖　https://www.tpc.org/tpcds/。

10.5.1　大数据 OLAP 分析面临的挑战

挑战一：从可用到更快，在快速增长的数据中交互式探索数据的需求

虽然这些年 SSD 不管是在性能还是成本方面都获得了长足的进步，但是在未来几年，HDD 还是会以其成本的优势，成为企业中央存储层的首选硬件，以应对未来还会继续快速增长的数据。但是对于 OLAP 分析的特点，磁盘的 I/O 是近乎随机碎片化的，SSD 显然才是更合适的选择。图 10-10 展示的是 OLAP 分析中 Presto 对一个 ORC 文件读取的视图，其中灰色竖条表示具体的分析需要读取的三列数据在整个文件中可能的位置分布。

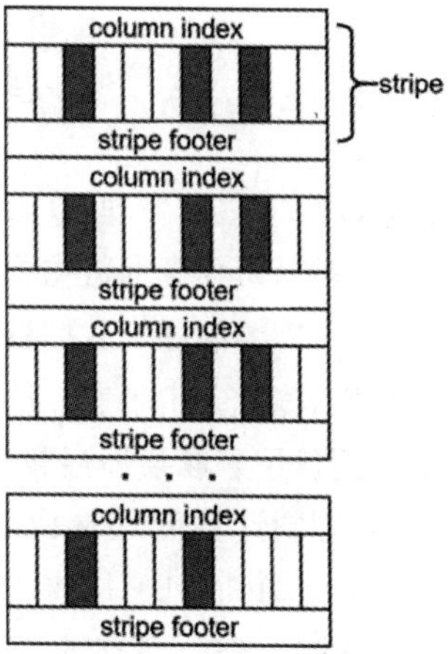

挑战二：在多种计算任务负载中，OLAP 分析的性能如何在 I/O 瓶颈中突围

以下是企业大数据计算常见的两种负载。

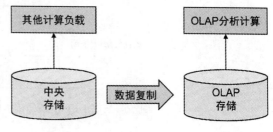

图 10-10　Presto 对一个 ORC 文件读取的视图

- ❏ ETL：数据的抽取（extract）、转换（transform）、加载（load），主要是在数据仓库、用户画像、推荐特征构建上，特点是涉及大部分的数据列。
- ❏ OLAP：在线联机分析处理，主要用在对数据的多维度的分析上，特点是仅涉及少量的数据列，但可能涉及较大的数据范围。

虽然 ETL 的峰值通常会发生在凌晨，但是其实整个白天都会有各种任务在不断地执行，两种类型任务的 I/O 负载的影响看起来不可避免，再加上中央存储层的 HDD 硬盘的 I/O 性能约束，I/O 很容易成为数据探索的瓶颈。

10.5.2　一种常见的解决方案

面对这些挑战，目前很多企业会选择如图 10-11 所示的架构。

将 OLAP 分析需要的热数据（比如近一年的数据）复制到一个 OLAP 专用的存储中，这样不仅可以解决 I/O 竞争的问题，还可以选用 SSD 进一步对 OLAP 进行加速。但是这样的架构却又引入了新的问题：

- ❏ 数据的边界：因为数据需要提前复制，所以如果需要临时分析超出约定范围的数据（比如同比去年），就会导致只能降级到中央存储上的引擎去执行，这里不仅涉及存储的切换，也涉及计算引擎的切换。

图 10-11　数据复制进行 OLAP 的架构

❑ 数据的一致性和安全：数据复制需要面对数据一致性的拷问，另外这部分的数据的权限和安全问题要与中央存储进行关联，否则就要独立管控数据的权限和数据安全，这无疑又是不小的成本，这一点在强监管的金融行业尤其如此。

10.5.3　Alluxio：一个兼顾性能和自动化管理的更优解

重新思考之后发现，OLAP 引擎的存储需求其实是：
❑ 有一份独享的数据副本，最好采用 SSD 存储，满足更高的性能要求。
❑ 不需要额外的数据管理（数据生命周期、权限和安全）成本。

我们首先想到的是在 HDFS 层面解决，Hadoop 在 2.6.0 版本中引入了异构存储，支持对指定的目录采取某种存储策略，但是这个特性并不能解决以下几个问题。

❑ 不同计算负载的 I/O 隔离：因为这部分对于 OLAP 引擎（比如 Presto）和 ETL 引擎（比如 Spark）是透明的，所以无法实现让 OLAP 引擎访问某一个指定的副本（比如 ONE_SSD 策略的 SSD 副本）。
❑ 数据生命周期的管理成本高：如果要根据冷热进行动态策略管理，还有大量的工作要做。

其实数据副本可以分物理和逻辑层面来考虑：
❑ 物理两套，逻辑两套：需要面对两份数据管理的问题。
❑ 物理一套，逻辑一套：难以解决 I/O 隔离的问题。

在上面两种策略不可行的情况下，我们自然有了另一个思路：物理两套，逻辑一套。

Alluxio 恰好在这个思路上提供一种可能性（如图 10-12 所示）。Alluxio 的元数据可以实现与 HDFS 的同步，有比较完善的一致性保障，所以可以理解为 Alluxio 中的数据与 HDFS 中的数据是一份逻辑数据。而基于数据冷热驱逐的自动化机制给更灵活的数据生命周期的管理提供了一条通路。

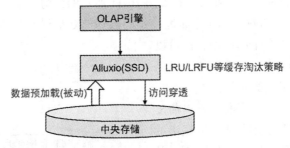

图 10-12　OLAP 引擎使用 Alluxio 管理中央存储的架构

通过这种方式，结合数据的预加载以及 Alluxio 的缓存特性，不仅做到了无边界地访问中央存储的数据，同时也实现了热数据的 I/O 隔离和 SSD 加速。不同于主流的缓存加速的用法，我们使用 Alluxio 的方式更倾向于 I/O 隔离。两种 Alluxio 使用方式及特点如表 10-3 的所示。

表 10-3　Alluxio 使用方式及特点

Alluxio 使用方式（倾向）	特点
缓存加速	co-locate 部署方式获得更高的 I/O 本地性 80/20 法则，更多地保障高频请求加速，维护高频数据 多副本，根据节点请求负载动态调整
I/O 隔离	不要求 co-locate 部署，以远程访问为主 需要更大的存储层，独立扩容，缓存大部分的数据 单副本，或者尽量少，作为 HDFS 的独立副本的思路维护

Alluxio 的缓存策略主要分两种，对应两种不同的存储管理方案，如表 10-4 所示。

- ❑ CACHE：通过 Alluxio 访问后，如果不在 Alluxio 中，则会进行缓存，单位为 block。
- ❑ NO_CACHE：通过 Alluxio 访问后，如果不在 Alluxio 中，不进行缓存。

表 10-4　Alluxio 缓存策略、存储管理方案和优缺点

缓存策略	存储管理方案	优缺点
CACHE	通过 OLAP 引擎侧主动发起预加载查询[○]，让 Alluxio 在读取过程中被动触发预加载	**优点** ● 数据加载路径单一，与查询一致，容易管理 ● 容错性更高，即使遗漏部分数据，也会由查询自动触发载入，不强依赖预加载任务 **缺点** ● 通过 Presto 查询触发，单次查询可能触发多个副本加载 ● 浪费一定的 Presto 计算资源
NO_CACHE	通过命令主动触发 Alluxio 预加载	**优点** 对 Alluxio 的数据的控制更强，不会出现大面积异常数据驱逐问题 **缺点** ● 需要应对多种可能导致文件变更的数据加载，路径复杂（数据回溯、小文件合并、新分区生成等） ● 容错性较低，强依赖加载链路

最后考虑到长期的管理和运维复杂度，我们选择了路径单一、容错性更高的缓存方案，如图 10-13 所示。

10.5.4　新的挑战

基于上述思路，还需要解决以下两大具有挑战性的问题：

- ❑ 如何让 Alluxio 只应用于 OLAP 引擎，而避免修改公共 Hive 元数据中的数据 location？

○ 预加载查询：是指通过 OLAP 应用系统登记注册的分析主题（对应库表），然后构造简单的聚合查询 select count(*)，来触发 Alluxio 的数据加载。

❑ 如何避免一个随意的大范围查询导致其他数据被大面积驱逐？

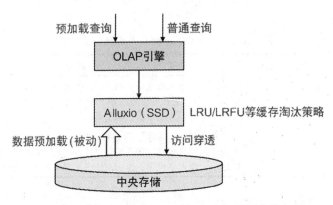

图 10-13　OLAP 引擎使用 Alluxio 预加载缓存的架构

挑战一：让 Alluxio 只应用 OLAP 引擎，而不修改 Hive 元数据

因为 Alluixo 的访问模式是 alluxio://，所以正常情况下使用 Alluxio 需要在 Hive 中将对应表格的地址修改为 alluxio://，但如果那样做，其他引擎（比如 Spark）也会访问到 Alluxio，这是我们不希望的。我们的做法是通过在 Presto 中增加一个 Alluxio 库表白名单模块解决，也就是根据用户访问的库表，将特定表格的地址前缀 hdfs://hdfs_domain/user-path 替换成 alluxio://allluxio_domain:port/hdfs_domain/user-path。这样后续的列举目录和获取文件操作都会因为是 Alluxio 路径而使用 Alluxio，从而解决了 Alluxio 的独享问题。另外对于商业版本 Alluxio，Transparent URI[⊖]的特性可以解决同样的问题。

挑战二：避免大规模即席查询大面积驱逐已有缓存

利用库表白名单，我们实现了对 Alluxio 存储的数据的横向限制，但是依然存在很大的风险。用户可能突然提交一个很大范围的查询，进而导致很多其他库表的数据被驱逐。因为采用的是 CACHE 策略，只要数据不在 Alluxio 中，就会触发 Alluxio 的数据加载，这时就会导致其他数据根据缓存驱逐策略（比如 LRU）被清理掉。为了解决这个问题，我们采用了以下两个关键策略。

❑ 基于时间范围的库表白名单策略：在库表白名单的横向限制基础上，增加纵向的基于分区时间的限制机制，所以就有了后面迭代的基于时间范围的库表白名单策略，我们不仅限制了库表，还限制了一定的数据范围（一般用最近 N 天表示）的分区数据，然后结合用户的高频使用数据的范围，就可以确定一个库表比较合理的范围。

❑ 降低 Alluxio Worker 的异步缓存加载的最大线程数：Alluxio Worker 进行异步缓存加载的线程数由 alluxio.worker.network.async.cache.manager.threads.max 设置，默

⊖ https://docs.alluxio.io/ee/user/stable/en/operation/Transparent-Uri.html。

认是 CPU 核数的 2 倍。我们将它调整成了 CPU 核数的 1/2 甚至是 1/4 来控制异步缓存的流量，以降低短时间内大量查询对存量数据的影响。

通过上述两种方式，我们实际上构建了一个 Alluxio 的保护墙，让 Alluxio 在一个更合理的数据范围内（而不是全局）进行数据管理，提升了数据的有效性。采用这样的策略，部分直接经过 HDFS 的流量不管是耗时，还是对 Alluxio 的内存压力都会有所降低。

10.5.5　最终架构

在落地过程中，为了满足实际存储需求，我们额外申请了 SSD 存储机型扩容了 Alluxio Worker，最终采用 Presto + Alluxio 混合部署以及独立部署 Alluxio Worker 的架构，即有的服务器同时部署了 Presto Worker 和 Alluxio Worker，有的服务器仅部署 Alluxio Worker（如图 10-14 所示），该架构具有计算和存储各自独立扩展的能力。

10.5.6　线上运行效果

我们在某一工作日随机抽取了一批历史查询，将并发数设置为 5 个。由于选取的随机性，因此查询涉及的范围可能包含部分一定不经过 Alluxio 的数据（不在预设的白名单时间范围内，或者没有命中），

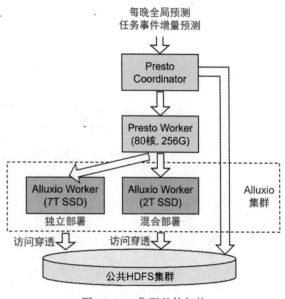

图 10-14　集群整体架构

但是能更真实地反映我们实际使用的效果。我们选取了以下两个时间段进行测试。

❑ 闲时：500 个查询，其中大部分 ETL 任务已经完成，HDFS 大集群负载低，可以观察到 SSD 加速效果。

❑ 忙时：300 个查询，这个时间点还会有很多 ETL，画像标签、推荐特征等任务运行，HDFS 集群繁忙程度较高，可以观察到 Alluxio 提供的 I/O 隔离性。

图 10-15 展示了集群闲时有无 Alluxio 的查询耗时对比，图中横坐标是按耗时从低到高排序后的 500 个查询（去掉异常值），纵坐标为耗时（单位为秒）。从数据中可见，90 分位的 Alluxio 性能提升约为 70%，性能提升的主要原因为 Alluxio 提供的 SSD 缓存。

图 10-16 展示了忙时的查询耗时对比。图中横纵坐标与图 10-15 一致，横坐标是 300 个按耗时排序后的查询，注意因为查询覆盖的数据范围可能超过 Alluxio 的数据范围，所以会出现极端值。

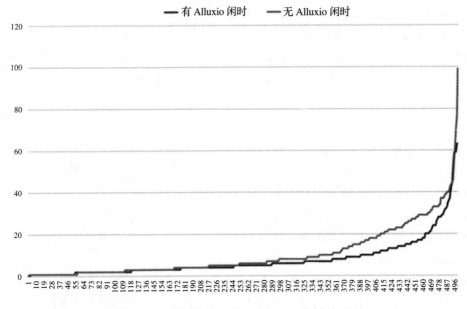

图 10-15　集群闲时有无 Alluxio 查询耗时对比

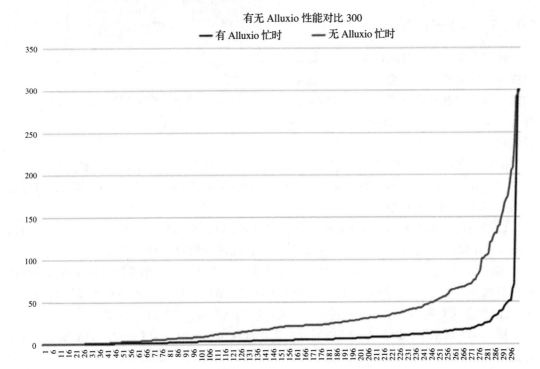

图 10-16　集群忙时有无 Alluxio 查询耗时对比

从测试结果可见：

- ❑ SSD 提速：即使在闲时对 50% 以上的查询都有一定幅度的提升效果，在 90 分位达到了约 70% 的性能提升。
- ❑ I/O 隔离优势：可以看到 HDFS 忙时，无 Alluxio 的 90 分位查询会明显上升，但是有 Alluxio 的查询非常平稳，在 90 分位到达了 300% 的性能提升。

10.5.7　总结展望

Alluxio 不仅为 Presto 带来了显著的缓存加速，还进一步提供了 I/O 隔离，在 HDFS 忙时保证了查询的性能稳定性。在未来，我们希望与 Alluxio 开源社区加强合作，进一步优化 Alluxio 的性能和内存使用效率。

10.6　金山云基于 Alluxio 加速 Presto 查询的性能评估

金山云的企业云团队在交互查询场景下对 Presto 与 Alluxio 结合的架构进行了一系列测试，对影响 Alluxio 加速效果的主要因素进行了分析和验证，并总结了一些 Presto 搭配 Alluxio 使用的建议。本次测试未使用对象存储，计算引擎与存储间的网络延时也比较低。在存储 I/O 耗时和网络耗时较大时，Alluxio 加速收益应会更明显。

测试目的如下。

- ❑ 验证影响 Alluxio 加速收益的各种因素。
- ❑ 记录 Alluxio 在适宜条件下的加速表现。
- ❑ 总结 Alluxio 的使用建议。

10.6.1　测试环境

集群中计算引擎使用 Presto，数据源为 Hive，Alluxio 作为缓存，整体架构如图 10-17 所示。这里共搭建两个集群：Presto+Alluxio 集群和 Hadoop 集群。

Presto+Alluxio 集群配置如下。

- ❑ 机器：4 台 linux 虚拟机。
- ❑ CPU/ 内存：32 核 64GB。
- ❑ 磁盘：60GB SSD + 200GB SSD。
- ❑ 网络：万兆带宽。
- ❑ 关键参数配置如表 10-5 所示。

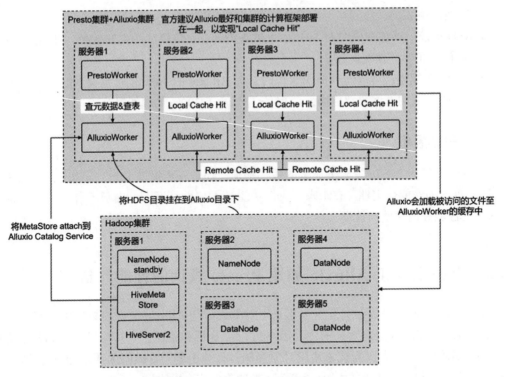

图 10-17　Presto+Alluxio 部署架构

表 10-5　Presto+Alluxio 集群配置

集群	服务	关键参数配置
Presto	1 Coordinator 3 Worker	JVM Xmx: 32G query.max-memory-per-node: 8G query.max-total-memory-per-node: 8G query.max-memory: 24G
Alluxio	1 Master 3 Worker	alluxio master JVM Xmx: 8G alluxio worker JVM Xmx: 8G alluxio.worker.tieredstore.levels=1 alluxio.worker.tieredstore.level0.alias=SSD alluxio.worker.tieredstore.level0.dir.path=/data/ssd_disk alluxio.worker.tieredstore.level0.dir.mediumtype=SSD alluxio.worker.tieredstore.level0.dir.quota=100GB

Hadoop 集群配置（如表 10-6 所示）

❑ 机器：5 台 linux 虚拟机。

❑ CPU/ 内存：16 核 32GB。

❑ 磁盘：60GB HDD + 1200GB HDD。

❑ 网络：万兆带宽。

表 10-6　Hadoop 集群配置

集群	服务	关键参数配置
HDFS	2 namenode 3 datanode	—

测试用数据集列表

测试使用的数据是 TPC-DS 标准数据集。

因测试需要,我们导入了多份不同大小的数据集。每份数据集里的表结构是完全相同的,区别是表中的数据量不同,部分表之间的分区也不相同,如表 10-7 所示。

表 10-7　测试用数据集列表

数据集的名字	数据文件格式	数据文件总大小	是否分区
tpcds_bin_partitioned_orc_4	orc	1002.9MB	事实表均为分区表 同名事实表的分区数相同 维度表均不分表
tpcds_bin_partitioned_orc_20		4.4GB	
tpcds_bin_partitioned_orc_100		23.4GB	
tpcds_bin_no_partitioned_orc_20		4.4GB	所有表均不分区
tpcds_bin_no_partitioned_orc_100		23.4GB	

10.6.2　理想条件下的 Alluxio 加速表现

对 Alluxio 来说,最理想的场景是数据全部存在于缓存中,因此我们设计了以下实验,测试最理想条件下 Alluxio 的具体加速表现。以下查询的数据集是 TPC-DS 数据集 tpcds_bin_partitioned_orc_100,整个数据集的大小为 23.4GB。我们在 TPC-DS 提供的 SQL 中选取了 7 条满足条件的语句,在实验中对 7 条 SQL 各反复查询 10 次,记录每次查询的耗时。每次查询之间的时间间隔为 8~10 秒,给 Alluxio 异步缓存操作一定时间,尽量提高下一次查询的命中率。

多次查询的性能测试结果如表 10-8 所示,该表格记录了多个查询重复进行的耗时和加速收益。

表 10-8　Alluxio 在多次查询下的耗时和加速收益

查询 SQL	第 1 次	第 2 次	第 3 次	第 4 次	第 5 次	第 6 次	第 7 次	第 8 次	第 9 次	第 10 次	查询 SQL	avg	first	加速 收益
query3	30590	10878	7985	7926	7715	7982	7958	8014	7965	7877	query3	8256	30590	73.01%
query7	29840	8120	7372	6311	6222	6730	6021	6001	6404	6347	query7	6614	29840	77.83%
query13	29284	16298	13755	13490	13793	13551	13063	13474	13795	13260	query13	13831	29284	52.77%
query18	19393	5474	5765	5471	5099	5346	5362	5337	4900	4899	query18	5295	19393	72.70%
query55	28201	13427	9588	6420	5526	5504	5957	5577	5757	5761	query55	7057	28201	74.97%
query65	34053	15125	14221	14677	14317	14422	14469	14491	14760	14749	query65	14581	34053	57.18%
query76	57096	17770	17134	16687	17737	16979	16736	18881	17709	16931	query76	17396	57096	69.53%

表 10-8 中耗时单位为 ms，"avg"列的值是第 2 次查询至第 10 次查询耗时的平均数，"first"列的值是第 1 次查询的耗时。"加速收益"列的计算方式为 (first – avg) / first。本次测试中，我们同样记录了不使用 Alluxio，直接对 HDFS 读取写的性能数据，因为数据和 Alluxio 冷读非常接近，为了使图表更加简化，我们在数据展示和对比时将其省略，用户可以近似地认为直读 HDFS 性能和 Alluxio 冷读耗时相同，即为每一个查询第一次的耗时。后文中的其他测试同样如此。

第一次查询时，由于数据还没有被缓存，耗时是最高的，之后随着 Alluxio 的异步缓存加载，Alluxio 缓存命中率逐渐升高，查询耗时逐渐递减。一段时间后，全量数据进入 Alluxio 缓存，此时加速收益达到最高，查询耗时达到最低。

在下面的内容中，我们进一步对影响 Alluxio 加速收益的具体因素提出假设并加以验证。

10.6.3　影响加速收益的重要因素

我们根据测试的结果，结合官方文档描述，总结出几点对 Alluxio 加速收益产生影响的因素，下面对这些因素进行逐一分析。需要注意的是，此处的 Alluxio 加速收益指查询耗时在 Alluxio 缓存命中后整个查询的耗时减少，并不只是查询的 I/O 部分耗时的减少。

1. 因素一：Hive 表底层数据文件的大小和加速收益正相关

结论：文件越大，Alluxio 加速收益越高

使用 Presto 时，如果数据文件很小，每个文件都是一个 split。Presto 解析每个 split，创建 Driver 并调度 Driver 执行，这段耗时是不能被加速的。而如果 Operator 扫描的数据太小，磁盘 I/O 的耗时在整个耗时中占比就会较低，Alluxio 对查询的加速收益就会受到限制，而且创建 Driver 和对应线程 / 资源带来的额外开销会更加明显。在本次测试中，我们观察到当每个数据文件很小（约小于 256KB）时，在查询的整体耗时上加速收益会比较低。当每个 split 达到约 30MB 时，更大的 split 可能不再显著提升加速收益。注意，这里的阈值是我们在该环境和数据集中得出的结论，在具体的业务场景中，建议读者根据自己的实际情况进行测试和调整。

验证一：用一条简单的 SQL 语句进行测试

在验证测试中，我们采用相同的 SQL 语句查询 5 个 TPC-DS 数据集中的同名表，保证查询复杂度相同、表结构相同、分区表的分区数相同，仅仅是数据文件大小不同。我们使用以下 SQL 语句进行查询，并记录每次查询的耗时。

```
select * from web_sales where ws_wholesale_cost=1
```

查询语句中的条件字段"where ws_wholesale_cost=1"并不是分区字段，所以会触发全表扫描。我们通过 Presto 看到执行计划中仅划分出两个 Stage（如图 10-18 所示）。

本次实验查询的 web_sales 表在 5 个数据集中的相关元数据如表 10-9 所示。对于分区表，由于数据文件较小，每个文件就是一个 split。为了进行更清晰的对比，也引入了非分区表的查询，非分区表的数据文件数较少，每个数据文件大小均在 100MB 以上，Presto 会按照 HDFS 文件块大小来划分 split，每个 split 中的数据大概是 28～38MB。

实验结果如表 10-10 所示。通过对表格的分析可以得出以下结论。

❏ 对比同样结构的表格（partitioned_orc_4，partitioned_orc_20 和 partitioned_orc_100），我们可以看出随着数据文件变大，Alluxio 取得的加速百分比明显升高，从 22.28% 上升到 79.52%。通过这三个数据集，我们都可以观察到类似的耗时缩短，大约在第 2～3 次查询时就可以收敛到最佳性能，证明 Alluxio 的异步缓存性能较好。

❏ 对比 partitioned_orc_4 和 partitioned_orc_20，后者数据量和文件大小都是前者的 5 倍，后者的冷读耗时约为前者的 2 倍，而缓存热读耗时和前者非常接近。我们通过分析认为原因是 Presto 执行流程在 I/O 之外仍有不少时间花费在与 I/O 大小无关的调度和计算上，本测试的数据量并未大到计算和调度开销可以忽略不计，因此受到常量影响冷读的时间开销小于 5 倍。对于热读来说，由于 Alluxio 缓存热读比冷读速度高至少一个数量级，因此 I/O 在总时间中占比较小。partitioned_orc_100 行的结果印证了我们的假设，在这个数据集下 I/O 的占比较前两行更大，因此加速效果更加明显。感兴趣的读者可以通过二元一次方程组近似解得冷读和热读中常量部分工作耗时和 I/O 正比部分的工作耗时，在此不做赘述。

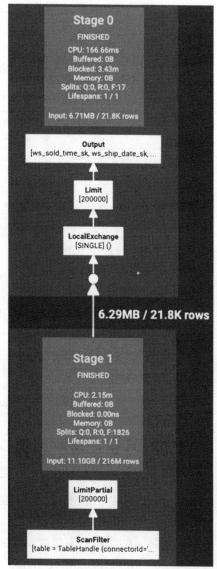

图 10-18　一个简单查询的执行计划

❏ 对比不同结构的表格（partitioned_orc_20，no_partitioned_orc_20），可以看出对这个查询而言热读时非分区表更快，我们同样将其归结于非分区表的单个数据 I/O 更大。

❑ 对比非分区表（no_partitioned_orc_20 和 no_partitioned_orc_100），orc_100 单个文件和理论 split 大小均和 orc_20 接近，因此我们并不认为文件和 split 大小是获得加速效果的主要因素。我们将 no_partitioned_orc_100 的加速效果提升归结于执行过程中 I/O 占比更大，使 Alluxio 提速效果更明显。同时，不能排除冷读时的耗时结果受到系统、网络或 GC 的波动影响。

表 10-9　web_sales 表在 5 个数据集中的相关数据

该表所属数据集	该表分区数	该表行数	该表大小	平均每个文件的大小	平均每个split 的大小
tpcds_bin_partitioned_orc_4	1824	2879360	152.4MB	85.56KB	85.56KB
tpcds_bin partitioned_orc_20	1824	14396103	726.2MB	407.7KB	407.7KB
tpcds_bin partitioned_orc_100	1824	72001237	3.7GB	2.08MB	2.08MB
tpcds_bin_no_partitioned_orc_20	无	14396103	721MB	240MB	30MB
tpcds_bin_no_partitioned_orc_100	无	72001237	3.8GB	194.6MB	31.13MB

表 10-10　不同数据集的加速收益对比

数据集	第 1 次	第 2 次	第 3 次	第 4 次	第 5 次	第 6 次	第 7 次	第 8 次	第 9 次	第 10 次	avg	first	加速收益
tpcds_bin_partitioned_orc_4	2339	2191	1831	1798	1751	1750	1772	1721	1806	1740	1818	2339	22.28%
tpcds_bin_partitioned_orc_20	4291	1746	1777	1888	1701	1700	1777	1727	1747	1695	1751	4291	59.20%
tpcds_bin_partitioned_orc_100	11028	2447	1665	1693	2793	2852	1800	2501	2387	2192	2259	11028	79.52%
tpcds_bin_no_partitioned_orc_20	3343	600	615	593	715	634	585	616	587	600	616	3343	81.57%

值得注意的是，加速效果并不会随着文件的增大而无限增长。Presto 会将大的数据文件切分成 N 个 split 来提升读写的并发度，而一个 split 包含的最大数据量默认为 64MB，也就是说如果一个文件大小超过 64MB，就可以忽略文件大小的增长对加速效果的影响。在表 10-9 中我们看到 split 的大小并没有达到 64MB，这是因为当执行查询时切分出来的 split 很少，Presto 就会减少每个 split 包含的数据量，以提升 split 的数量，因为 split 数量多才能获得较高的并发度。

同样，我们并不认为非分区表因为更大的文件 /split 而一定会比分区表有更大的缓存加速收益。由于创建 Driver 有一定的开销，如果一个 Driver 读取的文件太小，则会造成一定的资源和时间浪费，相反如果使用的线程太少（文件 split 太少）则无法充分利用系统的并发和 I/O 吞吐，最佳的性能来自并发度和单个线程 I/O 的平衡。因此对这个查询来说，非分区表更快可能只是非分区表取得了更好的平衡，也可能只是磁盘 / 网络 /GC 带来的。

在此基础上我们观察到，对比 partitioned_orc_100 和 no_partitioned_orc_100，冷读时分区表更快，而热读时非分区表更快。我们猜测由于 I/O 速度在冷读和热读时相差一个数量级，对于冷读的最佳并发 I/O 平衡对热读可能不再适用。对于一些未分区优化的表格，使用 Alluxio 可能会获得意外的加速效果，如 no_partitioned_orc_100 使用 Alluxio 缓存使总耗时降低为惊人的 5%。

验证二：用 TPC-DS 中的 Query55 进行测试

我们使用另一张表和另一个查询基本复现了验证一的结果。在本测试中，Query55 包含聚合、排序、大小表 join，复杂度一般，Presto 会为其划分 7 个 Stage，较为复杂。Query55 查询的事实表为 store_sales，使用的不同数据集大小如表 10-11 所示。

表 10-11　store_sales 表在 5 个数据集中的相关数据

该表所属数据集	该表分区数	该表行数	该表大小	平均每个文件的大小	平均每个 split 的大小
tpcds_bin_partitioned_orc_4	1824	11519024	393.3MB	220.8KB	220.8KB
tpcds_bin_partitioned_orc_20	1824	5755095	1.9GB	1.06MB	1.06MB
tpcds_bin_partitioned_orc_100	1824	287997024	9.8GB	5.5MB	5.5MB
tpcds_bin_no_partitioned_orc_20	无	5755095	1.9GB	243MB	29.9MB
tpcds_bin_no_partitioned_orc_100	无	287997024	10.3GB	310.2MB	38.6MB

我们对比表 10-12 中的实验数据结果，得到了和验证一类似的结论。

❑ 对比同样结构的表格（partitioned_orc_4，partitioned_orc_20 和 partitioned_orc_100），可以看出随着数据文件变大，Alluxio 取得的加速百分比明显升高，从 18.30% 上升到 77.85%。对于 partitioned_orc_100，我们可以看到在第 6 次查询时耗时收敛，证明 Alluxio 的异步加载对于这个数据规模触碰到了一定的加载速度瓶颈。在实际场景中，由于大量对 Alluxio 读写的存在，异步加载得到的资源百分比会小于该测试场景，因此管理员可以提前进行一些缓存预加载或为 Alluxio 异步缓存加载机制预留一定的时间。

❑ 对比 partitioned_orc_4、partitioned_orc_20 和 partitioned_orc_100，后者数据量和文件大小都是前者的 5 倍，我们可以看到对于这个查询而言，耗时倍数更加接近于数据量倍数，相较于验证一，这说明每个查询因为内部逻辑不同，与 I/O 成正比的工作量占比是不同的。验证一的查询主要是 where 语句扫描，而验证二的查询包含排序和 join 操作。总体来说，我们看到了同样的趋势，由于文件的增大，Alluxio 加速效果更加明显。

❑ 对比分区表和非分区表，我们没有看到因为单个数据 I/O 更大带来的更高收益。分区表使用更高并发度和更小的数据文件，而非分区表使用更低的并发度和更大的数据文件。我们的猜测是，在分区表单个 split 只有 1MB 时，非分区表因其更低的额外开销而占了上风；而在分区表单个 split 达到 5MB 时，创建线程 / 任务的额外开销得到了充分的抵消，因此分区表速度与非分区表速度相等或比非分区表速度更快。

❑ 对比两个非分区表，我们没有马上看到随着数据文件增大而产生的更好加速效果。但是我们注意到 no_partitioned_orc_20 第 7 次查询出现了性能抖动，而 no_partitioned_orc_100 在第 6 次查询时才完成收敛。如果只取两个数据集最后 3 次的查询耗时与第 1 次查询作对比，no_partitioned_orc_20 加速约 86%，no_partitioned_orc_100 加速约 81%，两者比较接近。我们猜测在单个 split 大小约为 30MB 量级时达到了较好的并发 /I/O 平衡和加速效果，更大的 split 不会再显著提升性能。

表 10-12　不同数据集的加速收益对比

数据集	第 1 次	第 2 次	第 3 次	第 4 次	第 5 次	第 6 次	第 7 次	第 8 次	第 9 次	第 10 次	avg	first	加速收益
tpcds_bin_partitioned_orc_4	1857	1537	1639	1618	1514	1538	1543	1540	1953	1479	1596	1857	18.30%
tpcds_bin_partitioned_orc_20	5402	1762	1698	1918	1721	1742	1769	1770	1883	1825	1788	5402	66.91%
tpcds_bin_partitioned_orc_100	27651	7307	6127	6392	6022	5922	6148	5756	5570	5879	6125	27651	77.85%
tpcds_bin_no_partitioned_orc_20	5920	1043	871	833	969	850	1690	816	856	825	973	5920	83.57%
tpcds_bin_no_partitioned_orc_100	22737	15532	7112	6651	5448	4469	4474	4166	4203	4378	6270	22737	72.42%

2. 因素二：执行的 SQL 语句的复杂度和加速收益负相关

结论：SQL 语句越复杂，Alluxio 的加速收益越低

SQL 语句越复杂，计算的耗时就会越长，在整体耗时中，I/O 耗时的占比就会下降。Alluxio 对 I/O 的加速效果没有变化，但是从整个执行过程的耗时来看，加速的百分比会降低。在评估 SQL 复杂度时，我们参考了 Presto 在执行 SQL 时划分的 Stage 的数量来量化 SQL 的复杂度，Stage 越多则说明 SQL 语句越复杂。也可以看查询的执行计划，还可以用肉眼大致判断复杂度。但不管采用哪种方式都很难精准地量化复杂度，仅能把它作为一个大概的参考。

❑ 简单：分组聚合、排序。

❑ 复杂：大小表 join、select 语句嵌套。

❑ 特别复杂：大表 join 大表、更多的表参与 join、多个 select 语句嵌套。

验证一：针对 store_sales 事实表进行测试

我们选取了 TPC-DS 中查询同一张事实表的不同 Query，去查询同一个数据集。实验保证了表结构相同、文件数相同、文件大小相同、分区数相同，仅仅 SQL 不同。Query 中

除事实表之外还会查询维度表，不同 Query 涉及的维度表可能不同，但是维度表的数据量极小（比事实表小 1000 倍至 10000 倍），且都不是分区表，所以在这里可以忽略维度表不同所带来的影响。测试时反复执行同一条 SQL 语句，记录每次执行的耗时。每次查询之间的时间间隔为 8～10 秒。以下测试数据集选择 tpcds_bin_partitioned_orc_100，事实表选择 store_sales（如表 10-13 所示），使用了 6 条不同复杂度的查询（如表 10-14 所示）。

表 10-13　store_sales 表的相关元数据

该表所属数据集	该表分区数	该表行数	该表大小	平均每个文件的大小	平均每个 split 的大小
tpcds_bin_partitioned_orc_100	1824	287997024	9.8GB	5.5MB	5.5MB

表 10-14　6 条不同复杂度的查询和复杂度分类

查询 SQL	复杂度	Stage 数量
Select * from store_sales where ss_wholesale_cost=1	简单	2
Query55	一般复杂	7
Query7	一般复杂	11
Query13	一般复杂	12
Query65	一般复杂	13
Query88	特别复杂	57

测试结果如表 10-15 所示，可以看出最简单的 SQL 加速收益非常高，可以达到 84.21%。在测试中，面对一般复杂的 SQL，Alluxio 仍然可以取得很好的加速收益，为 50%～75%。整体来看，Stage 数量小于 15 时，Alluxio 都有不错的表现。

表 10-15　不同复杂度查询获得的加速收益对比

数据集	第 1 次	第 2 次	第 3 次	第 4 次	第 5 次	第 6 次	第 7 次	第 8 次	第 9 次	第 10 次	avg	first	加速收益
简单 SQL	32036	5624	5565	4436	4955	4724	5943	4270	4853	5168	5060	32036	84.21%
Query55	28201	13427	9588	6420	5526	5504	5957	5577	5757	5761	7057	28201	74.97%
Query7	29840	8120	7372	6311	6222	6730	6021	6001	6404	6347	6614	29840	77.86%
Query13	29284	16298	13755	13490	13793	13551	13063	13474	13795	13260	13831	29284	52.77%
Query65	34053	15125	14221	14677	14317	14422	14469	14491	14760	14749	14581	34053	57.18%

验证二：测试查询的数据文件较小且 SQL 语句很复杂

我们补充了一个实验，分析当查询的数据文件较小而 SQL 语句又复杂时的 Alluxio 加速效果。本实验的 SQL 语句使用 Query88，查询了两个文件大小不同的数据集（如表 10-16 所示）。

表 10-16　文件大小不同的两个实验数据集

该表所属数据集	该表分区数	该表行数	该表大小	平均每个文件的大小	平均每个 split 的大小
tpcds_bin_partitioned_orc_4	1824	11519024	393.3MB	220.8KB	220.8KB
tpcds_bin_partitioned_orc_20	1824	57598932	1.9GB	1.06MB	1.06MB

测试结果如表 10-17 所示，可以看到在这种很不适宜 Alluxio 的条件下，加速收益会比较低。

表 10-17　Alluxio 对不同数据集获得的加速收益

数据集	第 1 次	第 2 次	第 3 次	第 4 次	第 5 次	第 6 次	第 7 次	第 8 次	第 9 次	第 10 次	avg	first	加速收益
tpcds_bin_partitioned_orc_4	37986	34061	33967	32431	34713	34229	34017	33020	33691	33631	33751	37986	11.15%
tpcds_bin_partitioned_orc_20	36019	36168	35928	36247	36149	36511	36724	35659	35624	36968	36220	36968	2.02%

3. 因素三：查询语句返回的数据量大小和加速收益负相关

结论：查询返回的数据量越小，Alluxio 的加速收益越高

Presto 在查询的最后会使用一个 Driver 对所有的计算结果进行 reduce 操作，因此数据量越大，reduce 的耗时越长（这里主要包括计算耗时和网络 I/O 耗时）。如果扫描表时过滤的数据就很少，那么参与计算的数据量就会增加，增加了计算耗时就降低了 I/O 耗时在整个查询耗时中的占比，最终结果就是 Alluxio 对整个查询耗时的提速百分比变小了。换言之，Alluxio 对 I/O 的加速效果没有变，只是查询返回的数据量越小，I/O 耗时在整个执行流程中的占比就越大。

验证：使用 where 和 limit 关键字控制返回数据量进行测试

我们使用两条简单的 SQL 语句查询同一张表，用 where 条件和 limit 控制返回的数据量。实验中使用了 tpcds_bin_partitioned_orc_100 中的 web_sales 表（如表 10-18 所示）。

表 10-18　web_sales 表的相关元数据

该表所属数据集	该表分区数	该表行数	该表大小	平均每个文件的大小	平均每个 split 的大小
tpcds_bin_partitioned_orc_100	1824	72001237	3.7GB	2.08MB	2.08MB

我们对表格进行了以下两次不同的查询。

❑ 查询 SQL 为 " select * from web_sales where ws_wholesale_cost=1"，返回的数据条数为 7.35K，数据大小为 2.12MB。

❑ 查询 SQL 为 " select * from web_sales limit 2000000"，返回的数据条数为 2M，数

据大小为 558.87MB。

实验结果如表 10-19 所示，可以看到在返回少量数据时，查询的整体耗时很短，加速收益非常好。在返回大量数据时，查询的整体耗时大幅增加，加速收益不太好。

表 10-19　两次查询的加速收益

数据集	第 1 次	第 2 次	第 3 次	第 4 次	第 5 次	第 6 次	第 7 次	第 8 次	第 9 次	第 10 次	avg	first	加速收益
SQL1（返回数据大小为 2.12MB）	11951	1891	1807	2701	1668	1982	1674	1718	2207	3255	2100	11951	82.43%
SQL2（返回数据大小为 558.87MB）	50194	48989	48882	48789	49146	57687	48940	49126	49437	49033	50003	50194	0.38%

4. 因素四：影响加速收益的硬件环境因素

Alluxio 的加速收益还受以下硬件因素的影响。

❏ Alluxio 缓存读写速度。

❏ UFS 磁盘读写速度。

❏ 网络带宽。

10.6.4　本测试的意义

本节的所有测试均在较为理想的环境下进行，测试的理想性主要分为以下几点。

❏ 上述所有测试都没有考虑同时扫描的数据文件大小超过了 Alluxio 缓存的情况，在查询时，数据可以被全量缓存，达到全部本地命中的效果。所以我们看到每次查询耗时在经过 2 到 4 次查询的递减后，就会收敛到一个很小的范围内，总的来说耗时比较稳定。

❏ 在生产环境可能会面临很多查询并行执行，需要扫描大量数据，数据文件的总大小会超过 Alluxio 缓存的大小，就会触发数据的淘汰。因为每个查询都不可能达到完全的缓存命中和零驱逐，所以在实际场景中查询的耗时会在一个更大的区间范围内波动。

❏ 上述测试没有涵盖数据文件存储在对象存储的场景，也没有使用物理距离更远的存算分离集群。如果使用对象存储 S3，预计会有更显著的加速效果。存算集群网络带宽受限或竞争激烈的场景的效果同理。

需要注意的是，不同场景和架构应用 Alluxio 所取得的效果会根据实际情况有所不同。上述测试旨在分析 Alluxio 影响加速收益的重要因素以及对用户的场景选择做出建议，在用户环境和业务中应用 Alluxio 的具体加速效果，需要根据自己的实际情况具体分析并进行测试验证。

10.6.5 Alluxio 使用和优化建议

Alluxio 并不能在所有场景下都达到良好的加速收益，要发挥 Alluxio 更大的价值，我们总结了以下几点使用和优化建议。

建议一：预先加载热数据

Alluxio 的加速需要先把数据加载到缓存中，这需要等待用户先访问一次数据，也就是说第一次查询是没有加速收益的。那么对于热点数据，我们可以在用户访问前就把该数据预先加载到缓存中。对于长时间不会改变且热点的数据，还可以把数据固定（pin）在缓存中，使这一部分缓存不会被淘汰。

建议二：动态判断查询是否需要被加速

有些查询被 Alluxio 缓存可以带来很好的加速收益，有些则不行。我们可以在查询时动态地判断是否需要让 Alluxio 缓存。在查询时，解析 SQL 语句得到查询的表，先拿到表的元数据，判断数据文件的大小，同时结合 SQL 的大致复杂度，再决定查询是否要经 Alluxio读取。

建议三：设置单层缓存，使用 SSD 作为存储介质

Alluxio 官方建议不要设置多层缓存，数据在多层缓存中的下沉和上浮可能会对性能有些影响。使用单层内存缓存容量受限，而 HDD 速度又太慢。出于成本和性能的综合考虑，单层缓存的存储介质建议使用 SSD。

建议四：合并小文件

小文件过多会影响 Alluxio 的加速收益，对于热点数据，可以在查询前先执行小文件的合并。

建议五：Presto+Alluxio 混部时开启 Presto 软亲和性

开启 Presto 软亲和性，可以保证在 Presto 集群不繁忙时，对同一个文件的 split 每次都交给同一个 Presto Worker 处理，数据也就只会缓存在与其处于同一台服务器的 Alluxio Worker 中。这样每次查询时都可以触发本地命中，在保证数据本地性的前提下，降低了缓存数据的冗余，可以让 Alluxio 集群缓存更大的数据量。

第 11 章 *Chapter 11*

Alluxio 在 ETL 场景中的应用

如今，数据通常存储于本地、云上或者跨多个地理区域的数据湖、数据仓库和对象存储等数据孤岛中。对于一个全球化公司而言，其跨地域的数据平台经常会导致数据的价值转化慢、成本高、敏捷性降低等问题。Apache Spark 是一种支持 ETL（离线数据处理）等各类大数据分析作业的开源计算框架。Spark 使用内存数据模型并具有快速处理的特性，因此在数据驱动型企业中得到了普遍应用。

然而，构建统一的、多数据源并有效支持 Spark 的数据平台，在选取合适的解决方案上的挑战显而易见。端到端的数据工作流要求 Spark 与其他计算框架（如 Presto、TensorFlow 等）一起使用，这就需要在设计数据平台的架构时统筹考虑。此外，许多企业还在使用上一代的数据平台，缺乏云原生能力或者需要经历复杂的云迁移过程。

Alluxio 与 Spark 来自同一个大学的研究实验室——加州大学伯克利分校的 AMPLab。Alluxio 是连接计算和存储的开源数据编排平台。通过 Alluxio 赋能 Spark，能够统一数据孤岛，提供跨计算框架的数据共享，并且在不同存储环境间进行数据的无缝迁移。Alluxio 与 Spark 联合部署可以实现一个灵活敏捷和经济有效的现代化数据平台。本节对 Spark + Alluxio 技术栈 / 解决方案进行概述，并深入介绍系统架构、实践案例和性能及成本基准测试的结果。

11.1 Spark 和 Alluxio 结合的架构及原理

图 11-1 是一个典型的 Spark + Alluxio 部署架构。Spark 有多种运行模式，下面以 Spark on YARN 模式为例进行介绍。应用节点上的 Spark Context 根据计算作业的内容和底层存储系统（UFS）中的文件元数据对计算作业进行分解和调度。Spark Context 向以 YARN 为

代表的集群资源管理系统发送请求，YARN 响应请求，在集群上的工作节点中启动 Spark Executor 处理计算任务。Spark Executor 执行计算任务，对 UFS 进行读写，并将结果返回 Spark Context 进行汇总。

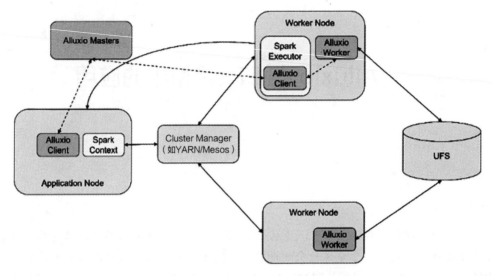

图 11-1　Spark + Alluxio 部署架构

　　Alluxio 分布式文件系统采用了 Master-Worker 架构，其中 Alluxio Master 管理元数据、监控和管理 Workers，Alluxio Worker 管理本地存储资源（内存 / 固态硬盘 / 磁盘），从存储中抓取数据并存储缓存数据。将 Alluxio 添加到系统架构中之后，Alluxio 作为数据抽象层将计算框架和底层存储系统连接起来，因此 Presto 只需要与 Alluxio 交互即可。Alluxio 客户端运行在应用端的 Spark Context 和 Spark Executor 中，计算应用不再直接接触 UFS，而是通过 Alluxio 客户端使用 Alluxio 文件系统进行读写。在 Spark Context 端的 Alluxio 客户端向 Alluxio Master 请求文件元数据并根据元数据进行调度，Spark Executor 通过 Alluxio 客户端向 Alluxio Worker 读写数据完成计算任务，Alluxio Worker 根据缓存管理机制对 UFS 进行读写。我们建议将 Spark Executor 与 Alluxio Worker 部署在同一台物理机上，以提供数据本地性。

　　将 Alluxio 添加到现有的 Spark 环境非常容易，无须重新定义表、手动复制数据或重写应用程序。Alluxio 商业版提供了透明路径（Transparent URI）功能，让上层应用在读写 Alluxio 时继续使用底层存储的文件路径，无须更改文件路径，进一步降低了运维难度。

11.2　ETL 场景中搭配部署 Alluxio 的架构优势

　　Alluxio 是位于计算栈（如 Spark、Presto、TensorFlow、MapReduce）和存储系统（如

Amazon S3、HDFS、Ceph）之间的数据编排平台，为技术和业务均带来诸多益处。

11.2.1　技术优势

统一数据访问——无须手动迁移数据，解决数据孤岛问题

对于计算应用而言，理想情况是拥有单一可信的数据源，但随着分析应用和业务团队的增多，数据孤岛不可避免。将多个数据源拷贝到集中式存储库中的做法并不理想，因为手动迁移和复制既费时又容易出错。Alluxio 在计算和存储之间搭建了抽象层，从而实现了所有数据源的统一。统一命名空间允许访问多个独立的存储系统，不受其物理位置的限制，因此实现了以下的架构优势。

- ❑ 为 Spark 等应用提供单一的数据源：Alluxio 为所有的数据（无论存储位置在哪里）提供了单一的数据访问点。由于 Alluxio 将存储层抽象化，因此允许把任何存储系统作为文件夹挂载到 Alluxio。Alluxio 负责统一管理数据源，无论底层存储有多复杂，Spark 只需要连接到 Alluxio 即可。

- ❑ 避免手动复制和不必要的数据移动：Alluxio 为所有数据提供统一视图，因此无须管理数据副本或手动移动数据。数据仍位于其原先的存储位置，可以在本地、云上或混合云环境中。如果底层存储系统的数据发生更新或其他变化，Alluxio 中的数据会自动与底层存储进行同步。Alluxio 通过维护最近更新的数据副本或直接从底层存储获取数据，确保数据是最新的。

- ❑ 支持存算分离：存算分离架构优化了存储和计算资源的分配和利用率，但也导致了延迟问题，尤其是计算和存储位于异地时。Alluxio 可以与 Spark 同地部署，并管理其存储介质。当 Spark 访问异地的数据时，由于 Alluxio 为热数据提供本地化，上层的 Spark 应用能达到与数据在本地时同样的访问性能。

- ❑ 对应用侧无影响：在对存储侧进行修改时，现有的包括 Spark 等数据分析应用可以直接在 Alluxio 上层运行，无须进行任何代码修改。Alluxio 为现有的应用提供完全相同的 API，从而为应用层的用户提供了良好的使用体验，加速了新技术栈的广泛采纳和应用。

高效的数据共享——跨计算引擎的高性能数据共享

典型的数据处理工作流会包含一系列的步骤，包括数据导入、数据预处理、数据初步分析和复杂机器学习等，可能需要依次使用不同的计算引擎，比如先用 Spark 进行 ETL，接着用 Spark 或 Presto 进行 SQL 查询，之后使用 Spark MLib 或 PyTorch 将查询结果用于机器学习训练。

Alluxio 贯穿了整个数据工作流，以分布式缓存的方式使多个数据源在多个处理步骤间共享数据。数据导入、ETL、分析和 ML 都可以共享中间结果，使一个计算引擎可以直接使用另一个引擎的输出，这带来了以下优势。

❑ 增强所有计算引擎的性能：由于 Alluxio 贯穿了整个数据工作流，无论什么计算框架都能使用已缓存的数据，因此有利于读写工作负载。Alluxio 管理位于（Spark 或其他计算框架的）计算节点上的本地存储。当 Spark 作业在数据导入阶段向 Alluxio 写入时，同样的数据会被缓存在 Alluxio 中，供后面的阶段使用。这样不仅加速了 Spark 分析作业，也让整个数据工作流获得了更好的端到端性能。

❑ 提高整体数据工作流的数据吞吐量：随着计算处理能力的提升，一些工作负载不再受限于计算，而是受限于 I/O。Alluxio 可提供数据本地性，从而实现更高的读 / 写吞吐量。对于机器学习训练等 I/O 需求较大的工作负载，降低网络延迟和提高数据吞吐量可以显著提高对昂贵的 GPU 资源的利用率，从而提高整体数据平台的资源利用率。

使用 Alluxio 的优势还在于，Spark 作业之间可以通过 Alluxio 共享缓存和中间结果。如果有多个 Spark 作业使用同一份热数据，则这些 Spark 作业都可以从 Alluxio 缓存中获得加速，这是 Spark 自己的内存缓存无法做到的。

除跨计算引擎的数据共享之外，在数据管道中的多个 Spark 作业也可以通过共享 Alluxio 缓存受益。常见的模式是多个 Spark 作业之间的数据传输经常依靠外部的持久化存储完成，前一个作业将结果输出到外部存储中，由后一个作业读取并继续下一步计算，如图 11-2 所示。在这种场景中，作业之间的数据传输受到外部存储的速度限制。而在计算集群中，由于结果需要对所有节点可见，因此无法简单使用一个本地路径来在读写中间结果时取得更好的速度。

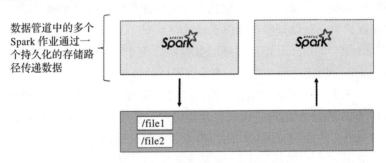

图 11-2　依靠外部存储在 Spark 作业之间传递数据

当在集群中部署 Alluxio，使用缓存作为中间结果的存储时，Alluxio 提供了良好的本地性和内存速度的读写性能，充分满足了存储中间结果的需要，如图 11-3 所示。如果某些结果需要更高的持久化保证，Alluxio 可以异步地将结果持久化写入外部存储，同时满足性能和持久化需求。

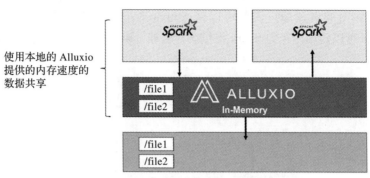

使用本地的 Alluxio 提供的内存速度的数据共享

作业间的数据传输速度可达到内存速度

图 11-3　使用 Alluxio 缓存在 Spark 作业间传递数据

无缝数据迁移——实现数据平台现代化并加速云迁移

构建在 Spark 上层的应用依赖于底层的数据平台，而数据平台必须不断地进行扩展和现代化升级，来满足不断增长的工作负载和数据需求。当数据平台无法承载数据量或满足数据速度要求时，就需要考虑数据迁移。如果用户想摒弃旧有的数据平台，那么无论是把数据从本地迁移到云上，还是从一个数据中心迁移到另一个数据中心，数据迁移的过程都绝非易事。

这种情况下，Alluxio 可以发挥重要作用。Alluxio 的数据编排功能不仅能基于异构数据源呈现统一的视图，还可以将混合数据平台环境中的数据工作流从本地逐步迁移到云上。Alluxio 可以将数据从一个存储系统无缝迁移到另一个存储系统，而正在运行的 Spark 作业不会受到干扰。

- ❏ 混合云迁移：云迁移可以从数据源位于本地而 Spark 应用运行在公有云上来开始。"零拷贝"混合云迁移允许利用位于云上的计算资源，同时让数据留在本地。随着云迁移的开启，本地数据平台也可以与基于云的现代化数据平台共存。

- ❏ 零宕机将数据"热"迁移到云存储：传统的数据迁移需要首先将数据从源端复制到目的地，在使用新的 URI 对所有现有应用进行更新后，最后删除原始数据副本。使用 Alluxio 的数据迁移策略后，就可以无缝地完成这一过程。当将数据从本地存储迁移到云上或从一个数据中心迁移到另一个数据中心时，正在运行的应用和使用的数据目录均不受干扰。

- ❏ 支持混合云和多云架构：很多企业将混合云视为一种架构的选择，而不是上云的中间状态。旧有系统和现代系统可以在混合或多云环境中共存，满足合规性要求，保护用户的当前投资，并避免被云服务厂商锁定。Alluxio 可以实现低延迟的混合云架构，并且获得与数据位于云计算集群上相同的性能。无论数据在哪里，Alluxio 都能安全地为您管理数据。

性能和成功率保障——更高的读写本地性和作业容错性

当 Spark 使用远程数据存储时，读写性能受到网络性能和带宽的限制，难以获得理想的本地性，如图 11-4 所示。因此可以将 Alluxio 在计算集群中和 Spark 一起部署（co-locate）。Alluxio 可以使用内存为 Spark 提供缓存服务，以提升读写的本地性，读写速度最高可达内存速度。

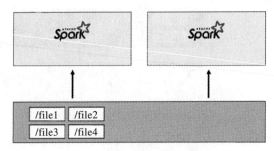

图 11-4　Spark 作业使用远程数据存储

在部署 Alluxio 之后，Alluxio 通过多层缓存介质为 Spark 提供缓存加速服务，如图 11-5 所示。大部分的请求可以达到更好的本地性，尽量减少对远程存储的访问，如图 11-6 所示。

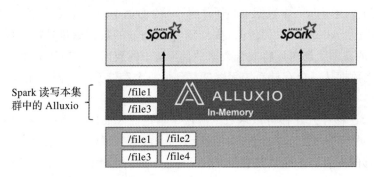

图 11-5　使用 Alluxio 缓存的 Spark 架构

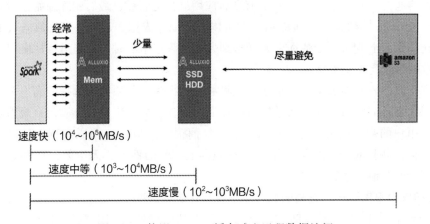

图 11-6　使用 Alluxio 缓存减少远程数据访问

Spark 使用 RDD 管理数据时，RDD 存储在内存中。因此当 Spark 进程意外退出时，内存中的数据会一起丢失，在下一次启动时需要重新通过网络拉取远程的数据，如图 11-7 所示。

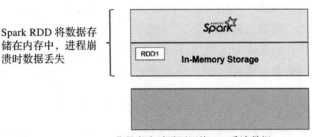

Spark RDD 将数据存储在内存中，进程崩溃时数据丢失

进程崩溃时需要网络 I/O 重读数据

图 11-7　Spark RDD 在进程崩溃后丢失

为了解决这一问题，用户可以在 Spark 作业执行中将存档点写入 Alluxio。这样即使 Spark 进程意外退出，也可以直接从本地的 Alluxio 中以缓存速度读取存档点，避免再次访问远程数据，如图 11-8 所示。

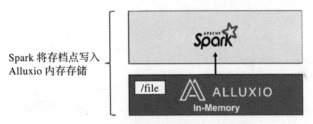

Spark 将存档点写入 Alluxio 内存存储

进程崩溃时需要网络 I/O 重读数据

图 11-8　Spark 通过 Alluxio 读取存档点

11.2.2　商业价值

Spark 最终是为商业分析师和数据科学家服务的，帮助企业从数据中获取价值。通过共同部署 Alluxio 和 Spark，数据编排能够为企业赋能，使其更快地获取分析结果，提高运营效率，降低成本，增加灵活性和敏捷性。

更快地获取分析结果

数据平台工程师经常因为业务用户的需求过大而不堪重负，企业被迫长时间等待关键问题的分析结果，导致价值实现时间过长。由于 Alluxio 可以为孤立的数据提供单一数据源，因此部署 Alluxio 后就能立刻获取数据，更快地进行数据分析。另外，Alluxio 支持的高性能处理可以大大减少等待时间，使企业能够更快地实现价值，并有能力进行更多的数据分析。对企业而言，更快的分析结果可以转化为更明智的商业决策，从而打造核心竞争优势。

显著降低成本

云迁移的主要原因之一是能够经济有效地扩缩容，避免采购新的存储硬件。Alluxio 有助于充分利用云计算的优势。在使用云对象存储时，Alluxio 通过数据缓存，避免重复地从云存储中获取数据，可显著降低网络流量成本。此外，如果 Spark 应用的运行时间较为灵活且不担心被干扰，那么临时实例（Spot）性价比最高。Alluxio 可以作为一个独立的集群部署，提供高可用性和容错性，并允许在临时实例上与 Spark 集群分开进行独立的缓存扩展。

组织敏捷性和灵活性

Alluxio 通过统一数据孤岛，帮助企业更好地访问数据。这减轻了数据平台工程师的压力，由于不需要重新设计数据工作流，因此更容易引入新的用例。这也大大减少了准备新的基础设施所需的时间，降低了基础设施的运维成本。Alluxio 使数据平台应用新的技术栈更加方便和灵活。由于行业发展迅速，数据工具和技术在未来一两年内会持续演进，因此构建一个对计算、存储以及云环境均无感知的架构来适应技术栈和业务需求的变化至关重要，而这正是 Alluxio 的优势所在。部署 Alluxio 后，您将在技术栈各层上实现操作的灵活性。

11.3　案例研究

这里介绍两个常见的 Spark + Alluxio 应用场景，每个场景都附有一个实践案例。

11.3.1　通过从预处理到训练阶段的数据共享提高模型训练效率

第一个用例是计算框架之间的数据共享。以机器学习工作负载为例，与传统大数据分析应用相比，机器学习工作负载往往对海量小文件有更频繁的 I/O 请求。Alluxio 使数据共享贯穿于整个端到端工作流的数据预处理、加载、训练和输出各个阶段。通过提高 I/O 效率，工作流的处理速度和 GPU 利用率得到了显著提升。在基准测试中，Alluxio 可以实现 9 倍的 I/O 效率提升。

在某在线招聘平台，Alluxio 通过与 Fluid 开源项目整合被用作 ETL 和模型训练的数据共享层，如图 11-9 所示。Spark 和 Flink 从 Alluxio 读取数据，对数据进行预处理，然后将预处理完的数据写回 Alluxio 缓存。Alluxio 在后端将预处理完的数据持久化写入底层存储 Ceph 和 HDFS。通过这种架构，TensorFlow、PyTorch 等机器学习训练应用和其他 Python 应用无须等待 Ceph 或 HDFS 的持久化写入完成，就可以从 Alluxio 缓存中读取经过预处理的数据来进行训练。

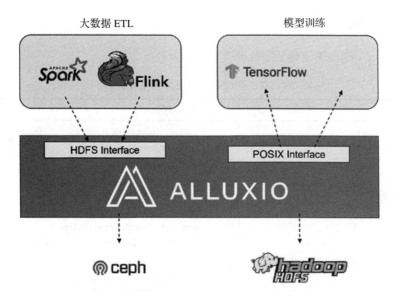

图 11-9　计算框架之间通过 Alluxio 共享数据

11.3.2　混合云分析：计算引擎在云上，数据存储在本地

如图 11-10 所示，第二个用例是将 Spark 工作负载迁移到公有云上运行，而数据则存储在本地私有的 HDFS 或对象存储集群中。Alluxio 连接本地的数据存储，并按需智能地将数据缓存到靠近 Spark 的位置。该架构能够在混合云环境中实现高性能，且无须手动移动数据。

一家知名的对冲基金企业将 Alluxio 用于该场景，由于该企业需要每天根据数据更新机器学习模型，其主要需求是高性能、安全性和敏捷性。部署 Alluxio 后，Spark 作业运行在谷歌云上，数据仍存储在本地 HDFS 中。通过使用 Alluxio，该公司实现了性能提升，每天的模型运行量增加了 4 倍，计算成本节省了 95%。其数据平台在部署 Alluxio 时，无须对现有的应用或存储架构进行任何修改。

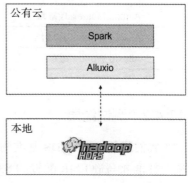

图 11-10　存算分离架构

数据在 Alluxio 中是加密的，无须持久化存储在云上，因此可确保满足安全性要求。

11.4　性能基准测试和成本节约测算

下面使用行业标准 TPC-DS[⊖]基准的数据和查询进行基准测试。

⊖　https://www.tpc.org/tpcds/。

11.4.1　测试规格

表 11-1 展示了测试平台相关的软硬件规格和参数。

表 11-1　测试平台软硬件规格和参数

节点规格	c5d.9xlarge
Spark 配置	spark.executor.cores = 30 spark.executor.instances = 5 spark.default.parallelism = 300 spark.executor.memory = 40GB spark.driver.memory = 40GB spark.dynamicAllocation.enabled = false spark.yarn.executor.memoryOverhead = 4GB spark.yarn.driver.memoryOverhead=4GB spark.yarn.scheduler.reporterThread.maxFailures = 5
Master 节点	1 个 Alluxio Master + Spark Driver
Worker 节点	5 个 Alluxio +5 个 Spark Workers
部署方式	AWS EMR 5.29.0 US East
性能测试基准	同一 AWS 区域内的 S3
Alluxio 版本	企业版 2.4.1
Spark 版本	2.4.3
Alluxio Master JVM 堆	8GB
Alluxio Worker JVM 堆	4GB
Alluxio Worker 缓存	97 GB NVMe Tier

11.4.2　测试结果

我们比较了 TPC-DS 基准测试中包含的所有 100 个查询的总执行时间，结果显示，与采用标准亚马逊 EMR 配置的 S3 相比，部署 Alluxio 后性能提升了 57%，具体查询性能提升如图 11-11 所示。

11.4.3　云上计算集群使用临时实例的成本优化方案

对于计算在云上、存储在本地的混合云架构而言，在云上的计算集群中使用 AWS EC2 Spot 实例可以大大降低成本。在 AWS 上，Alluxio 可以作为按需（On-Demand）实例独立部署，用来存储缓存数据，不会被回收，承担较高的价格为计算提供稳定的缓存和数据管理。而 Spark 计算节点可使用临时实例来节约成本。由于计算实例可以被回收，而使用按需实例进行缓存不受干扰，因此提供了数据的高可用性，保证加载到云端的数据不会因为节点被回收而丢失。此外，临时实例成本小很多，而 Alluxio 使用的按需实例的数量可以仅占总成本的一小部分。不仅是 AWS，其他云服务商也都提供了类似的部署选项，在此不一一讨论。

为了使用临时实例在测试中模拟真实场景，我们通过 AWS 控制台手动终止实例来进行模拟，手动关停 Spark 节点将迫使 Spark 驱动程序重新调度现有节点上的任务。作为基准结果，我们运行了两次无打断的迭代，然后再运行两次手动打断的 Terasort 作业，运行时间如表 11-2 和表 11-3 所示。

接着，我们运行了 DFSIO 来测量写入吞吐量，并发现 1 个 Alluxio 集群可以同时支持 14 个 Spark 集群，而不会出现性能下降或延迟增加的情况。另外，在云上把 Alluxio 作为独立集群使用也能保持类似的性能。参照该基准结果，我们计算出使用 Spot 实例为支持 Spark 而独立部署的 Alluxio 集群所节省的云服务的成本。

如表 11-4 所示，Alluxio 集群只占解决方案总成本的一小部分，与不使用 Spot 实例相比，部署 Alluxio 的架构可以节省 56%～75% 的成本。

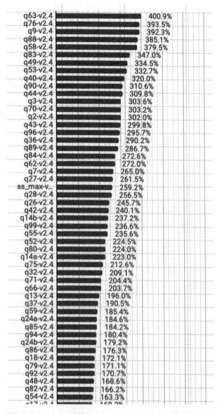

图 11-11　不同 TPC-DS 查询的性能提升

表 11-2　无打断的 Terasort（100 GB）运行时间

Spark on S3	Spark on Alluxio
4min12s	4min24s

表 11-3　手动打断的 Terasort（100 GB）运行时间

Spark on Alluxio（10 Alluxio Workers）	Spark on Alluxio（20 Alluxio Workers）
8min56s	7min14s

表 11-4　云环境中使用 Alluxio 节省的成本

	AWS	GCP
面向单用户的环境拓扑（Topology to Support 1 User）	59%	56%
面向 50 个用户的环境拓扑（Topology to Support 50 Users）	74%	75%

11.5 Alluxio 在某知名大型企业的应用

本节来自某大型集团的数据平台大数据工程师的分享，内容围绕两个 Spark 和 Alluxio 的使用场景——分布式缓存和存算分离进行介绍。

11.5.1 分布式缓存提升性能

由于企业内部存在多个数据处理与分析的业务，这些业务根据业务特性分散在不同的平台。不同的数据库支持不同的业务类型，带来不同的挑战，如表 11-5 所示。

❑ 使用 GreenPlum 数据库平台上用于处理对计算时间有严格要求的批处理业务。但是，当 GreenPlum 集群规模达到几十台时，集群扩容遭遇瓶颈，相应的业务扩展也给运维工程师带来很大挑战。

❑ 使用 Hive 运行 T+1 批处理业务，但内存、CPU 等资源消耗比较大，导致业务并行度低，运行速度缓慢。

❑ 一些传统统计业务运行在 Oracle 平台上，但是 Oracle 平台单机的性能较差，价格也比较昂贵，企业期望能有其他数据分析平台替代 Oracle。

表 11-5　不同数据库支持的业务类型

	GreenPlum	Hive	Oracle
业务类型	对计算时间有严格要求的批处理业务	T+1 批处理业务	部分传统统计业务
主要问题	集群规模达到瓶颈	资源消耗大、速度慢	单机性能瓶颈、价格昂贵

为了将各种类型的业务整合在统一的计算存储平台上，企业使用 Spark + HDFS 的体系来搭建统一的计算存储平台。但是，这样的解决方案主要存在以下三个问题。

❑ 平台性能受限，无法承载具有严格时间限制的业务。原先对性能有严格要求的业务运行在 GreenPlum 数据库上，使用 Spark+HDFS 体系难以提供等同于 MPP（Massively Parallel Processing）数据库的性能。

❑ 平台性能受限，无法满足交互式查询业务的性能需求。

❑ 欠缺稳定性、大批量迭代计算任务容易失败。批处理任务的任务周期一般涉及几万次的 SQL 查询，在这样规模的迭代计算之下，计算平台的频繁失败与重新执行相同的任务会使业务执行效率较低。

为了加速 Spark 计算，企业在技术架构中引入了 Alluxio，Alluxio 带来以下三个好处。

❑ 加速数据的读写性能。

❑ 提高数据写入稳定性。

❑ 接管缓存，提升 Spark 作业稳定性。

使用案例 1——Alluxio 作为 Spark 的缓存

数据编排在整个架构中处于缓存加速层，以加速迭代计算，下游 SQL 读取速度得到提升，读写数据稳定性也得到提高。对迭代计算来说，使用 Alluxio 作为缓存加速层后，整个架构实现了优化的数据通路。在原有的 Sink-Source 数据串联上，我们将 Alluxio 作为中间层：Sink 直接写入 Alluxio，然后下一个 SQL 的 Source 从 Alluxio 读取所需的 Sink。这样可以比较显著地提升整个数据流的稳定性。由于 Alluxio 缓存机制的存在，内存承担了大部分读操作，使磁盘的压力得到了显著降低；同时，直接读取内存也提高了整个数据流的运行速度。

使用案例 2——Alluxio 实现 Spark 作业之间的数据共享

第二个使用案例是通过 Alluxio 在 Spark 作业之间共享数据，替换 Spark 缓存。由于 Spark 缓存方式对 Executor 的 JVM 造成比较大的压力。然而，随着 Spark 中间数据的增大，Alluxio 对性能的影响可以预测，是线性而非指数性上涨的。综合上述原因，我们选择使用 Alluxio 实现 Spark 作业之间数据的共享。

使用案例 3——多副本内存提高热数据访问速度

由于 Alluxio 支持特定路径的多副本加载，因此为了增加特定数据读取的性能，在执行一些固定任务之前，用户可以通过 Alluxio 的 distributedLoad、setReplication 等命令提前将数据加载到内存中，从而提高整个管道的运行速度。此外，Alluxio 还支持 pin 等缓存布局命令，方便更好地管理缓存。通过 Alluxio 的这些功能，可以针对特定的管道对内存的缓存布局实现管理和优化。

使用案例 4——确定性哈希策略优化数据备份

在数据编排方面，Alluxio 也提供了诸多策略。比如，我们使用 Spark 重复读一段数据时，Spark 缓存会在每个 Worker 上创建多个该数据的副本，这样可能会迅速占用大量的缓存空间。对于这种情况，Alluxio 提供一种确定性哈希（DeterministicHashPolicy）的策略，该策略可以使特定数据固定地在某几个 Worker 上备份，无须占用其他 Worker 的内存空间去备份。这使集群中的缓存总副本数增加，有效空间的比例大幅增加。

使用案例 5——调整数据分布策略，实现负载均衡

除此之外，Alluxio 还支持一些负载均衡相关的策略，比如最大可用策略（MostAvailableFirstPolicy），它会选择整个集群内空间剩余量最大的 Worker 读取，这样可以使所有 Worker 的缓存空间使用比较均衡。但是，Spark Executor 如果大量去请求同一个 Alluxio Worker，那么可能会导致这个 Worker 的使用量短时间内迅速上升，出现性能降级的情况。针对这种情况，我们选择轮询（RoundRobinPolicy）策略，轮询使用若干有剩余量的 Worker，这样可以较好地实现集群的负载均衡。

缓存加速的使用效果

从总体使用效果来看，Alluxio 带来了比较大的性能与稳定性的提升。从对 Spark 任务的统计来看，Alluxio 对整个 GC 的时间优化和整个任务总耗时的优化的收益都是比较显著的。总的来说，Alluxio 带来了显著的性能提升，并降低了每批次作业的重算概率，从而使整个过程更加稳定、更加可预测。

11.5.2 存算分离实现弹性扩容

企业的集群会根据业务的需求进行扩展，但随着业务的快速增长，集群的计算存储资源会出现碎片化的情况。例如，在第一年，公司新建了一个机房，每个业务部门都各占用了一部分机器。到第二年的时候，第一年所建机房中的机器已被全部占用，于是第二年公司再新建机房，每个业务部门只能去申请新机房的机器，这就导致所有机器不具有连续性，导致相同业务的运行跨机房、跨楼甚至跨数据中心。同时业务以逐年倍增的速度迅速扩展，资源申请周期又非常长，至少需要一年的时间才能交付，导致的后果就是集群呈现碎片化。

更为糟糕的是，在业务增长过程中，对于不同类型的资源需求是不平衡的，这种不平衡主要是存储资源与计算资源之间的不平衡。对于业务来说，对历史数据的存储需求是逐年递增的。可能原来的业务只需要保留 1～2 个月的数据，但是因为一些历史的趋势分析等需求，业务数据需要保存 12～24 个月。业务数据每个周期之间的环比涨幅在 10% 左右，涨幅大时甚至有 5～10 倍涨幅的情况。此外，存储规模的涨幅是计算规模涨幅的 5～6 倍，这也是存储计算发展不平衡的表现。

使用案例——利用其他业务资源满足计算扩容需求

我们使用存算分离的新架构来解决这些问题。在解决计算资源问题方面，我们向其他业务租借了一个现有的集群，利用该集群空闲的夜间完成数据加工作业。我们在上面部署了 Spark 和 Alluxio 来与位于自己集群中的 HDFS 构成一套存算分离的数据分析系统。为什么不在该集群中部署 Hadoop 呢？原因是租借的业务集群已经搭建了一套 Hadoop，不允许二次搭建 Hadoop，也不允许去使用它们的 Hadoop。所以，我们就用部署在该业务集群的 Alluxio 去挂载平台的 HDFS。挂载 HDFS 之后就与自己的平台保持相同的命名空间，这样看起来都是一样的，基本上做到用户无感知。

对于部署在两个不同的集群的 Alluxio 而言，位于 Alluxio 命名空间下的相同路径（Path1，Path2），都是映射到 HDFS 的一个路径。我们在读写位于不同 Alluxio 命名空间中的路径的时候，会让不同的 Alluxio 分别执行读写操作。比如远程 Alluxio 对 Path1 是只读的，负责写 Path2，本地 Alluxio 负责写 Path1，Path2 则只读，这样就避免了两个 Alluxio 相互之间发生冲突。

在具体落实方案上，我们还使用了一些自己的设计，来避免存算分离会遇到的一些问题。

首先，在远程业务集群方面，我们使用基于 Alluxio RocksDB + Embedded Journal HA 的方式解决无本地 HDFS 时 Alluxio HA 元数据操作性能的问题。因为我们的 HDFS 位于我们业务的集群中，如果直接采用原来依赖 ZooKeeper 的 UFS Journal HA，则需要在其他业务的集群上部署 ZooKeeper，并将元数据放在自己集群的 HDFS 上，跨网络元数据交互可能会带来很多的不确定性。比如带宽占用过高、网络波动会导致 Alluxio 本身的性能抖动，甚至可能出现因为数据写入或者读取超时导致整个 Alluxio 集群宕机的情况。所以，我们选择了 Alluxio 2.x 作为实际部署，并以不断去建设和完善 Alluxio RocksDB + Embedded Journal HA 的方式去解决这个问题。

其次，在我们自己的业务集群中，为了满足所有中间数据的存储以提升整个计算性能，使用 HDD 作为 Alluxio 缓存的存储介质。Spark 作业的中间过程数据直接写在 Alluxio 的缓存磁盘里，不会与 UFS 有任何交互，所以对于用户来说，使用存算分离模式不会对实际计算性能造成影响。

再次，最终结果可以持久化至存储集群。因为最终结果的数量也不是特别大，所以写入耗时处于可以接受的范围内。

最后，针对跨集群部署的需求，我们在租借的业务集群中搭建了 Dolphin Scheduler Worker，通过 Dolphin 的调度策略，帮助用户把特定任务运行在远程集群的 Worker 上面。对于用户来说，在业务层只需要进行配置文件的更改，作业提交入口以及管理入口都是相同的，解决了跨集群作业管理的问题。

实现计算混合部署之后，我们又遇到了大量的数据存储需求，但是集群在短时间内无法扩容，所以我们申请了一批大容量存储，并把大容量存储挂载到 Alluxio，将历史数据自动化降级到大容量存储上，查询的时候就经由 Alluxio 访问。我们会把前 2 个月至前 12 个月的历史数据降级到大容量存储上，本地集群上只保留最近几个月会频繁参与计算的数据。对于用户来说，访问的路径跟之前还是一样的，我们通过 mount 方式屏蔽了历史数据分层管理的差异性，这显著提高了单位服务器的存储容量，大容量存储可以独立扩容，从而缓解了很大的存储压力。

完成存算分离后取得了不错的实际效果，在算力提升方面：首先，某核心用户租借算力占平台分配算力的 80%，这是比较大的提升；其次，承接新业务使用租借算力占比达到 50%；同时，Alluxio 管理的 ETL 过程数据超过 100TB，是相当大的数据规模。为了管理 100～200TB 这个数据量的数据，我们与 Alluxio 社区一起做了很多工作，包括 Worker 启动超时等优化，以满足中间数据存储的需求。在存储提升方面：单台服务器的存储容量提升 5 倍，大容量存储使单台机器就能存储 100TB 级数据；另外，在服务器台数相同的情况下，由于容量提升比较明显，历史数据存储显著降低，扩容成本降低了 80%。

第 12 章

Alluxio 在 AI/ML 场景中的应用

随着人工智能（AI）和机器学习（ML）领域的蓬勃发展，大规模的 AI/ML 应用越来越广泛地出现在业务场景中。AI/ML 业务的一个明显特征是，模型质量随着数据量和训练量不断提升。因此，支持更大数据集的训练能力往往可以避免实际中因训练速度不够而牺牲模型质量。本章将深入分析 Alluxio 在 AI/ML 场景中的应用和最佳实践。

12.1 AI/ML 模型训练对数据平台的常见需求

当进行模型训练时，我们需要通过高效的数据平台架构快速生成分析结果，而模型训练在很大程度上依赖于大型数据集。执行所有模型训练的第一步都是将训练数据从存储输送到计算引擎的集群，而数据工作流的效率会大大影响模型训练的效率。在现实场景中，AI/ML 模型训练任务对数据平台常常有以下几个需求。

需求一：具备对海量小文件进行频繁数据访问的 I/O 效率

AI/ML 工作流不仅包含模型训练和推理，还包括前期的数据加载和预处理步骤，尤其是前期数据处理对整个工作流有很大的影响。与传统的数据分析应用相比，AI/ML 工作负载在数据加载和预处理阶段往往对海量小文件有较频繁的 I/O 请求。因此，数据平台需要提供更高的 I/O 效率，从而更好地为工作流提速。

需求二：提高 GPU 利用率，降低成本并提高投资回报率

机器学习模型训练是计算密集型的，需要消耗大量的 GPU 资源，从而快速准确地处理数据。由于 GPU 价格昂贵，因此优化 GPU 的利用率十分重要。这种情况下，I/O 就会成为瓶颈——工作负载受制于 GPU 的数据供给速度，而不是 GPU 执行训练计算的速度。数据平台需要达到高吞吐量和低延迟，让 GPU 集群完全饱和，从而降低成本。

需求三：支持各种存储系统的原生接口

随着数据量的不断增长，企业很难只使用单一的存储系统。不同的业务部门会使用各类存储，包括本地分布式存储系统（HDFS 和 Ceph）和云存储（AWS S3、Azure Blob Store、Google 云存储等）。为了实现高效的模型训练，必须能够访问存储于不同环境中的所有训练数据，用户数据访问的接口最好是原生的。

需求四：支持单云、混合云和多云部署

除支持不同的存储系统外，数据平台还需要支持不同的部署模式。随着数据量的增长，云存储成为普遍选择，它可扩展性高、成本低且易于使用。企业希望不受限制地实现单云、混合云和多云部署，实现灵活和开放的模型训练。另外，计算与存储分离的趋势也越来越明显，这就需要远程访问存储系统，数据需要通过网络传输，从而带来性能上的挑战。数据平台需要满足在跨异构环境访问数据时也能达到高性能的要求。

综上所述，AI/ML 工作负载要求能在各种类型的异构环境中以低成本快速访问大量数据。企业需要不断优化升级数据平台，确保模型训练的工作负载能够有效地访问数据，保持高吞吐量和高 GPU 利用率。

12.2　Alluxio 与传统方案的对比分析

本节介绍业界常用的两种方案，用于解决分布式训练中的数据访问挑战，并将这些方案与 Alluxio 方案进行比较。

12.2.1　方案 1：在本地存储数据副本

第一种方案如图 12-1 所示，将远端存储中的完整训练数据集复制到每个用于训练的服务器本地存储中。基于此方案，训练作业实际上是从本地读取数据，而非远程访问数据。

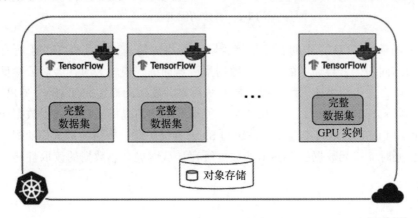

图 12-1　在本地存储数据副本

由于所有数据都在本地，因此该方案可以达到最大的 I/O 吞吐量，并最大限度地让所有 GPU 处于繁忙状态。但是，这要求每台训练节点的本地存储空间足够保存全量数据集。随着输入数据集的增大，数据复制耗时将越来越长且更容易出错，这些都会导致昂贵的 GPU 资源被闲置。此外，复制数据至所有训练节点可能会给存储系统和网络带宽带来巨大压力。另外，该方法适合只读类型的训练作业，并需要假定底层存储中的数据是静态的。当输入数据发生变化时，数据同步将非常难以实现。例如，当我们基于 S3 云存储服务和 EC2 实例搭建训练集群时，常见操作是使用 S3 CLI[一]将完整数据集从 S3 bucket 拷贝至其中一个训练节点，并将数据集拷贝到所有其他训练节点。 S3 CLI 易于使用、高度可调且支持高并发。但是，它仅支持单节点工作，不适用于大型数据集。

12.2.2 方案 2：直接访问云存储

如图 12-2 所示，另一种流行的解决方案是跳过本地节点上的数据拷贝，由训练作业对云存储上的目标数据集进行远程访问。与上一个解决方案相比，该方案克服了数据集大小的限制，但也面临着一系列新的挑战。

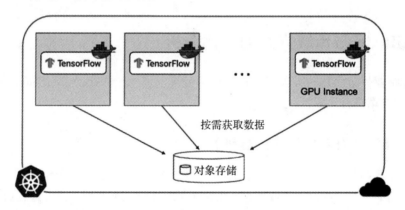

图 12-2　直接访问云存储

在这个场景中，I/O 操作的吞吐量将受限于网络传输速度。此外，由于所有训练节点需要同时访问同一个云存储中的同一个数据集，当训练规模较大时，会对云存储系统造成巨大的负载压力。当网络速度缓慢或存储系统因高并发访问而造成拥塞时，GPU 利用率会变得很低。以 s3fs-fuse 为例，s3fs-fuse 是一种当下流行的提供云存储远程数据访问的实现方式，它运用 FUSE 技术将本地文件系统与 S3 云存储关联，按需为训练作业提供数据。它便于使用，同时支持元数据缓存和本地数据缓存，从而提高热数据的读取性能。我们将在

⊖　https://docs.aws.amazon.com/cli/latest/reference/s3/。

12.3 节使用 s3fs-fuse[⊖]作为性能测试的方案，讨论和分析它在高并发分布式数据加载应用场景中的性能。

12.2.3　方案 3：使用 Alluxio

使用 Alluxio 管理数据存储的架构拥有以下优势。

通过数据抽象化统一数据孤岛

Alluxio 作为数据抽象层，可以做到数据的无缝访问而不用拷贝和移动数据，无论在本地还是在云上的数据都留在原地。数据通过 Alluxio 被抽象化从而呈现统一的视图，大大降低了数据收集阶段的复杂性。

由于 Alluxio 已经实现与存储系统的集成，机器学习框架只需与 Alluxio 交互即可从其连接的任何存储中访问数据。因此，我们可以利用来自任何数据源的数据进行训练，提高模型训练质量。在无须将数据手动移动到某一集中的数据源的情况下，包括 Spark、Presto、PyTorch 和 TensorFlow 在内所有的计算框架都可以访问数据，不必担心数据的存放位置。

通过分布式缓存实现数据本地性

如图 12-3 所示，Alluxio 的分布式缓存让数据均匀地分布在集群中，而不是将整个数据集复制到每台机器上。当训练数据集的大小远大于单个节点的存储容量时，分布式缓存尤其有用，而当数据位于远端存储时，分布式缓存会把数据缓存在本地，这样有利于数据访问。此外，由于在访问数据时不产生网络 I/O，机器学习训练速度更快、更高效。

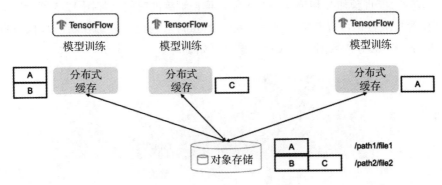

图 12-3　Alluxio 的分布式缓存

如图 12-3 所示，对象存储中存有全部训练数据，两个文件（/path1/file1 和 /path2/file2）代表数据集。我们不在每个训练节点上存储所有文件块，而是将文件块分布式地存储在多台机器上。为了防止数据丢失和提高读取并发性，可以将每个文件块同时存储在多个服务器上。

⊖　s3fs-fuse 支持将 S3 地址通过 FUSE 方式挂载到本地路径，通过 POSIX 接口访问，见 https://github.com/
　　s3fs-fuse/s3fs-fuse。

优化整个工作流的数据共享

在模型训练工作中，无论是单个作业还是在不同作业之间，数据读取和写入都有很大程度的重叠。Alluxio 可以让计算框架访问之前已经缓存的数据，供下一步的工作负载进行读取和写入，如图 12-4 所示。例如，在数据准备阶段使用 Spark 进行 ETL 数据处理，数据共享可以确保输出数据被缓存，供后续阶段使用。通过数据共享，整个数据工作流都可以获得更好的端到端性能。

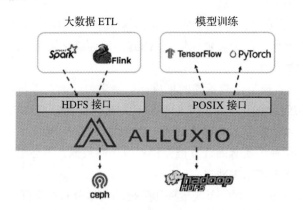

图 12-4　通过 Alluxio 在工作流之间传递数据

通过并行执行数据预加载、缓存和训练来编排数据工作流

Alluxio 通过实现预加载和按需缓存来缩短模型训练的时间。如图 12-5 所示，通过数据缓存从数据源加载数据可以与实际训练任务并行执行。因此，训练在访问数据时将得益于高数据吞吐量，不必等待数据全部缓存完毕才开始训练。

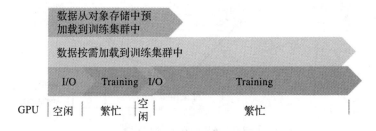

图 12-5　Alluxio 数据加载提升 GPU 利用率

虽然一开始会出现 I/O 延迟，但随着越来越多的数据被加载到缓存中，I/O 等待时间会减少。在本方案中，所有环节（包括训练数据集从对象存储加载到训练集群、数据缓存、按需加载用于训练的数据以及训练作业本身）都可以并行地、相互交错地执行，从而极大地加快整个训练进程。

12.2.4　三种方案的对比

本节从功能和性能两个方面将 Alluxio 与同样能为云分布式训练作业提供数据访问的两种替代方案（S3 CLI 和 S3 FUSE）进行比较。

1. 功能对比

S3 CLI、S3 FUSE 和 Alluxio 在各项功能上的比较结果如表 12-1 所示。

表 12-1　S3 CLI、S3 FUSE 和 Alluxio 功能对比

功能	S3 CLI	S3 FUSE（s3fs-fuse）	Alluxio
访问远程数据	√	√	√
将数据缓存至本地	√	√	√
数据规模无限制		√	√
在训练前无须拷贝完整数据集		√	√
确保数据最终一致性		√	√
支持分布式缓存			√
支持高级数据管理			√

S3 CLI 与 Alluxio 的比较。S3 CLI 适用于数据集较小（每台机器都可以缓存完整数据集），训练数据集相对独立且具备确定性，无须进行磁盘管理时的场景。相对而言，Alluxio 具备以下几个优势。

❑ 对数据大小没有限制：当数据集的规模超过单机存储容量上限时，Alluxio 可以在整个集群中缓存完整数据集。

❑ 几乎不需要准备工作：将完整数据集从 S3 拷贝到一个训练节点不仅非常耗时，而且导致的 GPU 资源闲置也令人难以接受。而 Alluxio 可以使用多个 Worker 节点分布式缓存整个数据集，并且可以按需缓存，这可以大大减少从 S3 到训练集群的数据加载时间。

❑ 确保数据一致性。使用 S3 CLI 时，所有数据同步都需要手动完成。而使用 Alluxio 时，数据同步是自动完成的。在训练集群数据集上添加或删除的文件最终会反映到底层 S3 bucket 中，反之亦然。

S3 FUSE 与 Alluxio 的比较。s3fs-fuse 在缓存功能上与 Alluxio 类似，区别在于，Alluxio 是分布式解决方案，因此能够较好地克服 s3fs-fuse 这种单节点解决方案存在的应用场景限制。在以下情况发生时，Alluxio 将是更好的选择。

❑ 训练数据集较大（例如大于 10TB），尤其是当训练数据集包含大量小文件/图像文件时。

❑ 训练节点或多个训练任务共享相同的数据集。作为分布式缓存，Alluxio 缓存的所有数据都可以被集群内部或者外部的训练任务共享。而使用 s3fs-fuse 时，每个节点

都只缓存自己会用到的数据集，无法跨节点共享。

❑ 需要高级数据管理功能。除数据加载和缓存等 s3fs-fuse 已经提供的基本功能外，Alluxio 还支持自动缓存释放、数据预加载、pin（固定）热数据、TTL 和其他高级数据管理工具。

2. 性能对比

上面对两种流行解决方案与 Alluxio 从功能方面进行了比较。下面给出三种数据访问方案读取初始数据的性能分析。这里我们关注的是不同数据访问机制下的第一个 Epoch 性能表现。后续章节中会提供更详细的性能测试，以比较不同 S3 数据访问解决方案在高并发和数据密集型训练下的实际性能。

方案 1：使用 S3 CLI

根据方案 1，训练作业会等待数据完全加载到训练集群后才开始，如图 12-6 所示。由于训练脚本直接从本地目录加载数据，因此该方案有可能使训练性能达到最佳。

图 12-6　使用 S3 CLI 时的 GPU 使用率

方案 2：使用 S3 FUSE（s3fs-fuse）

采用方案 2 时，所有数据操作（例如列出目录和读取文件）都需要通过远端存储系统和训练集群之间的网络远程进行。如果元数据访问延迟大，数据读取吞吐量低，则训练集群的 GPU 资源将常处于等待训练数据读取完成的状态中，无法被充分利用，如图 12-7 所示。

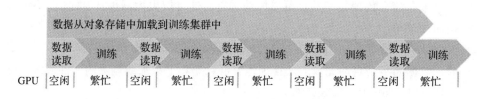

图 12-7　使用 S3 FUSE 时的 GPU 使用率

方案 3：使用 Alluxio

在不进行数据预加载的情况下，Alluxio 能达到与 s3fs-fuse 相似的性能，所有操作都需要通过网络来远程获取必要的元数据和数据。

在进行预加载的情况下，Alluxio 可以同时在多个节点中启动多线程任务，将底层存储中的数据一键加载到训练集群中。与 S3 CLI 方案不同，本方案中训练作业可以在训练数据集完全加载到集群之前就开始。一开始也会出现类似于 s3fs-fuse 和 Alluxio（无数据预加载）方案中的 I/O 等待情况，但是随着越来越多的数据被加载到 Alluxio 缓存中，I/O 等待时间会越来越短，如图 12-8 所示。在本方案中，所有环节（包括训练数据集从底层存储加载到训练集群、数据缓存、训练作业从本地 Alluxio 挂载点读取训练数据，以及训练作业本身）都可以并行地、相互交错地执行，从而极大地加快了整个训练进程。

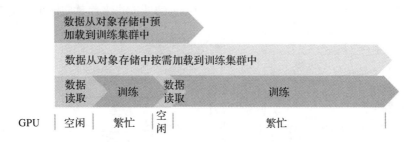

图 12-8　使用 Alluxio 时的 GPU 利用率

12.3　性能测试

12.3.1　测试架构

我们采用一类现实生产中的常见训练作业（即使用 PyTorch 训练 ImageNet 模型）作为性能测试的用例，其架构如图 12-9 所示。

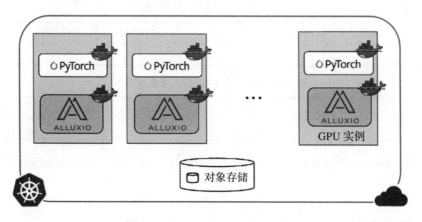

图 12-9　PyTorch + Alluxio 架构

训练作业和 Alluxio 服务器部署在同一个 Kubernetes 集群中。具体地，我们启动一个 AWS EKS 集群，同时部署 PyTorch 性能测试任务以及 Alluxio 或者 s3-fuse 服务来进行 ImageNet 模型训练。此外，还启动了一个 EKS 客户端节点与此 EKS 集群进行交互。测试使用 DALI（NVIDIA 数据加载库）⊖作为测试的工作负载生成器，包括以下步骤（如图 12-10 所示）。

❑ 将底层存储中的数据加载到训练集群中。

❑ 使用 DALI 从本地训练节点加载数据并开始进行数据预处理。

❑ 利用加载到 DALI 中的数据开始训练。为了去除训练中的噪声从而重点测量 I/O 吞吐量指标，本测试使用一个耗时恒定（0.5s）的伪操作来代替实际训练逻辑。

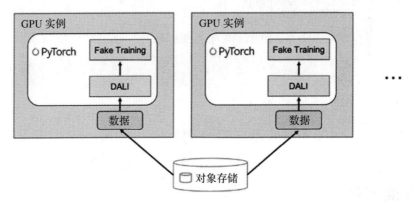

图 12-10　PyTorch 训练逻辑

12.3.2　测试规格

表 12-2 和表 12-3 展示了 EKS 集群和客户端节点集群的规格。

表 12-2　EKS 集群的规格

实例类型	主实例数目	工作实例数目	实例卷	实例卷容量	实例 CPU	实例内存
r5.8xlarge	1	4	gp2 SSD	256	32vCPU	256GB

表 12-3　EKS 客户端节点集群的规格

实例类型	实例数目	实例卷	实例卷容量	实例 CPU	实例内存
m5.xlarge	1	gp2 SSD	128	4vCPU	16GB

我们使用 Imagenet 数据集，需要用到的数据集是 ILSVRC2012_img_train.tar 和 ILSVRC2012_img_val.tar。

12.3.3　测试结果

本节将对上述性能测试结果进行汇总和展示。我们将 Alluxio 与 S3 FUSE 的性能进行

⊖　NVIDIA 数据加载库（NVIDIA Data Loading Library，DALI）是 NVIDIA 提供的数据加载工具：https://developer.nvidia.com/dali。

了比较（以 s3fs-fuse 为例）。性能测试显示，部署 Alluxio 后的端到端训练吞吐量平均提高了 8 倍[⊖]。

测试每个方案时都启动了两个集群。

❑ Alluxio：对 Alluxio FUSE 挂载点运行性能测试。数据没有被预加载到 Alluxio 中。

❑ S3 FUSE：对 s3fs-fuse 挂载点运行性能测试。

针对每个测试配置，Alluxio 集群或 S3 FUSE 集群都使用相同的 PyTorch 脚本。该脚本在 4 个节点上启动，每个节点开启 8 个工作进程。整个数据集被平均拆分到每个节点的每个进程中以进行端到端的训练，包括数据加载、数据预处理和模拟训练作业等步骤。

每个进程执行三个 Epoch 的端到端训练。为了防止操作系统缓存影响吞吐量测试结果，系统缓冲区的缓存数据在每个 Epoch 完成后会被清理。

每个进程在完成每个 Epoch 时都会记录两条信息，即完成端到端训练所花费的总时长和在此过程中该进程处理完成的总图像数。我们通过将总持续时间除以总图像数生成单进程单 Epoch 的吞吐量（图像 /s）。在每个 Epoch 中，将所有进程的吞吐量相加得出集群 per-Epoch 吞吐量，如图 12-11 所示。

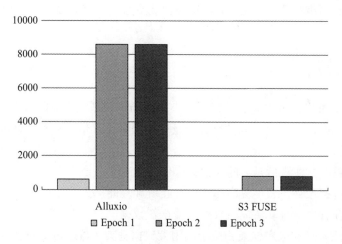

图 12-11　Alluxio 和 S3 FUSE 性能对比

测试结果表明，在第一个 Epoch 时 Alluxio 冷读吞吐量与 S3 FUSE 类似，之后的 Epoch 命中 Alluxio 缓存得到加速，使用 Alluxio 比 s3fs-fuse 的吞吐量高 8 倍。使用 Alluxio 可以显著提高涉及百万个小文件场景的训练作业的数据访问速度。

Alluxio 在包括数据加载、数据预处理和模拟训练在内的端到端训练任务中的表现明显优于 S3 FUSE。数据预处理和模拟训练这两个过程通常独立于选用何种数据访问解决方案，我们可以认为即使采用不同的数据访问方案，这两个过程花费的时间也类似。因此，对

⊖　完整的白皮书，请参见 https://www.alluxio.io/resources/whitepapers/alluxio-for-machine-learning_cn/。

整体性能差异影响最大的是数据加载这一过程。下面罗列了可能导致数据加载性能差异的因素。

❑ S3 FUSE 更加专注 POSIX 兼容性，而 Alluxio FUSE 则针对各类数据密集型工作负载来实现必要的 POSIX 兼容功能，并专注于在高并发型负载下优化训练性能。

❑ Alluxio 可灵活配置且支持高并发度。我们可以根据不同的训练挑战来调优 Alluxio，比如可以通过启用更多线程来响应读写和文件列表等并发请求，从而最大限度地利用 I/O 带宽资源。此外，为了尽可能消除训练过程中的瓶颈，Alluxio 也在代码并行化方面做了改进。

需要说明的是，在此次比较 Alluxio 和 S3 FUSE 性能的测试中，并没有用到 Alluxio 一些特有的优势。在基本功能（包括访问远端 S3 数据和本地缓存数据）方面的对比中，Alluxio 明显优于 S3 FUSE。当涉及下列 Alluxio 具备独特优势的应用场景时，Alluxio 能进一步拉开与 S3 FUSE 的性能差距。

❑ 训练数据集的大小超过单节点的缓存容量。

❑ 训练节点间或多个训练任务共享同一个数据集。

❑ 需要用到高级数据管理（例如数据预加载或数据迁移等高级管理功能）。

12.4　场景总结

使用 Alluxio 可以显著提高涉及百万个小文件场景的训练作业的数据访问速度。性能测试显示，部署 Alluxio 后的端到端训练吞吐量平均提高了 8 倍。在整个训练流程中，Alluxio 还提供了以下优势。

❑ 元数据缓存，实现低延迟的元数据操作性能。

❑ 分布式数据缓存，获得更高的数据吞吐量和性能。

❑ 自动缓存管理，自动清理旧数据，缓存新数据。

❑ 支持多种 API 和应用框架，便于使用大数据框架（Presto/Spark）对训练数据进行预处理。

❑ 高级数据管理，可根据用户需要预加载、pin（锁定）、同步和删除数据。

下面是适合部署 Alluxio 的训练场景。

❑ 需要进行分布式训练。

❑ 有大量的训练数据（数据量大于等于 10 TB），尤其是当训练数据集中包含海量小文件 / 图像时。

❑ 网络 I/O 不足以让 GPU 资源处于忙碌状态。

❑ 工作流涉及多个数据源和多个训练 / 计算框架。

❑ 希望在能够满足额外训练任务需求的同时依然保持底层存储系统稳定。

❑ 多个训练节点或任务共享同一个数据集。

如果将 DALI 与 Alluxio 配合使用，那么包括底层存储的数据加载、数据缓存、数据预处理和训练在内的各个环节都可以并行地交错进行，使集群 CPU/GPU 资源得到充分利用，从而大大缩短训练流程的生命周期。以下将分别介绍由哔哩哔哩工程师和云知声工程师分享的实战案例。

12.5　Alluxio 在哔哩哔哩机器学习场景中的应用

哔哩哔哩（Bilibili）是中国年轻一代的标志性品牌及领先的视频社区。Bilibili 网站创立于 2009 年 6 月，并于 2010 年 1 月正式命名为"哔哩哔哩"，该网站提供全方位的视频内容以满足用户多元化的兴趣喜好，并且围绕着有文化追求的用户、高质量的内容、有才华的内容创作者以及他们之间的强大情感纽带构建社区。在其社区中，用户及内容创作者能够发现基于不同兴趣的多元内容并进行互动，这些内容覆盖生活、游戏、娱乐、动漫、科技和知识等众多领域。在最新的财报中，该网站的月活跃用户数已经达到 2.3 亿。

Bilibili EasyAI 是 Bilibili 自研的基于 Kubernetes 的云原生 AI 平台。该平台目前广泛支持各种内部业务，包括广告、计算机视觉、自然语言处理、语音识别、电商、弹幕、评论排序等。该平台目前支持一站式的机器学习训练流程，包括模型开发、模型训练、模型存储以及最后的模型服务。整个平台基于 Kubernetes 并广泛采纳了很多云原生组件，包括 Volcano、VPA，还有 Hawkeye（Bilibili 自研的云原生观测系统）以及 Alluxio 和 Fluid。Bilibili 的存储层目前主要是自研的 OSS 和 HDFS。

EasyAI 平台架构如图 12-12 所示。EasyAI 将 Alluxio 集群部署在 Kubernetes 环境中。我们使用单独的节点部署 Alluxio Master Pod 以提供元数据服务，将 Alluxio Worker Pod 部署在机器上提供缓存服务，并使用 Alluxio FUSE 提供 POSIX 接口和 Alluxio 接口的转换。应用 Pod 使用 Alluxio FUSE，以 POSIX 接口使用 Alluxio 文件系统。

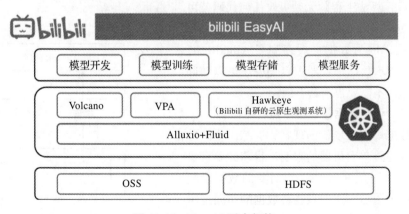

图 12-12　EasyAI 平台架构

EasyAI 平台使用 Fluid 来管理 Kubernetes 中的 Alluxio 集群。Fluid 是一个数据的编排者和加速者，类似于 Alluxio 的 Kubernetes Operator。Fluid 与 Alluxio 一起在 Alluxio 的文件系统基础上提供了一个数据集的抽象，为每一个数据集单独部署独立的 Alluxio 集群。EasyAI 使用数据集来对 Alluxio 中的文件进行管理。

12.5.1　技术挑战和解决方案分析

经过对业务和架构的分析，我们发现业务场景的数据使用模式主要面临四个挑战。我们先后参考了业界的一些开源软件，发现 Alluxio 和 Fluid 的组合可以满足需求。下面对这四种挑战和对应的解决方案进行介绍。

挑战一：使用本地路径访问数据时需要将数据下载到容器内

在传统的训练场景中，算法工程师一般会把数据下载到容器中，然后以访问本地数据的形式去做训练，如图 12-13 所示。但在 Kubernetes 中容器通常是无状态的（Stateless），一旦容器崩溃或被 Kubernetes 驱逐，所有数据都需要在重启后重新下载，会浪费大量时间以及 GPU 算力。

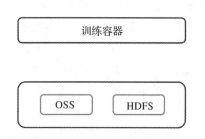
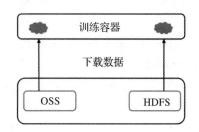

图 12-13　将数据下载到容器中

对应这一挑战，Alluxio 可以分布式缓存海量数据，同时 FUSE 可以兼容目前使用的POSIX 接口，算法工程师无须更改任何代码就可以使用。使用 Alluxio 之后，即使容器退出也不会丢失数据，因为数据被缓存到了 Alluxio 中，如图 12-14 所示。用户容器重启之后还可以访问原来的数据，不需要再重新下载。

挑战二：训练数据量超过单点容量限制

基于数据爆发式增长的现状，训练需要的数据量经常会超过单台机器的限制。目前的单台机器数据容量普遍是 1～2TB，当需要的数据量超过单台容量上限后，用户只能将数据的访问逻辑用数据流的方式重写。在重写过程中用户需要不

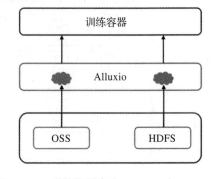

图 12-14　将数据缓存在 Alluxio 中

断重复"造轮子",比如访问 OSS 和 HDFS 等不同 API,以及执行各种重试和重连逻辑,很多时候用户被迫采取比较低级的重跑任务方式,从而造成资源的浪费。

对应这一挑战,Alluxio 本身是分布式的文件系统,多个 Alluxio Worker 可解决单点的机器容量限制问题,如图 12-15 所示。

挑战三:需要将中间结果写入外部存储

很多算法工程师会在 EasyAI 提供的 Jupyter 服务上做数据预处理,在没有数据缓存的时候,他们需要把数据预处理的结果回写到底层存储,如图 12-16 所示。比如用 Python 来处理一些图片文件时将结果写回到 OSS,或者在使用 Spark 或 Hive 时将结果写回到 HDFS。在训练任务的时候,又需要把这些处理好的数据重新从远端存储再拉到本地,这其实是一种浪费。

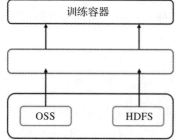

图 12-15　使用 Alluxio 分布式存储数据

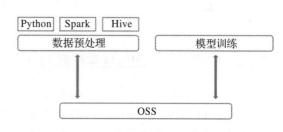

图 12-16　中间结果写入 OSS 存储

对应这一挑战,EasyAI 将 Alluxio 与大数据处理进行结合,我们使用 Alluxio 作为这个中间结果的存储,如图 12-17 所示。这样在数据预处理时写入的数据也自然有了高本地性的缓存,在随后的数据读过程中可以获得高本地性的缓存速度。

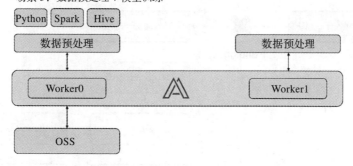

图 12-17　中间结果写入 Alluxio 缓存

在数据预处理过程中,我们将数据加载到 Kubernetes 的 Alluxio 集群中,之后所有与数据的交互就与 HDFS 或者 OSS 做了隔离。这样也减少了对远端存储的访问压力，特别是当 HDFS 负载比较高的时候，如果直接去读 HDFS，对存储造成的负载压力和产生的波动会非常大。

挑战四：API 转换

如上所述，我们的训练任务会首先选择将数据下载至本地，这样可以使用 POSIX API 直接访问本地路径。当数据大小超出本地容量时，用户需要根据不同的底层存储特性，在训练任务代码中重复地"造轮子"。POSIX、OSS、HDFS 三种不同的 API 转换给我们带来了很大的开发和维护成本，很多训练任务由于数据加载逻辑不够优化，也造成了不小的资源浪费。

对应这一挑战，首先，Alluxio 统一管理 OSS 和 HDFS 这两种不同的底层存储，用户无须再对这两种存储进行特别的了解和处理。其次，Alluxio FUSE 为上层应用提供了通过本地路径访问 Alluxio 文件系统的方式，训练任务从此只需要以本地路径方式使用 POSIX API 访问文件，极大简化了数据访问方式。此外，Alluxio 作为分布式的文件系统，自带错误处理逻辑及针对不同底层存储的特殊优化，隐藏了底层细节，用户和训练代码都可以更专注于业务逻辑本身。

12.5.2 生产环境中的最佳实践经验

在 Alluxio 落地的过程中，Bilibili 也做了很多调整来实现数据加速的最佳实践。

Alluxio FUSE 使用 Serverless 的方式进行部署。通常，服务器运行在机房，服务与机器强绑定，这就是一种传统的 Serverful 的模式。但是在机器学习的场景中，每一个机器学习的任务都是独立的，在这种情况下，作为机器学习的服务，缓存和训练任务都和机器没有绑定关系，因此我们采用了 Serverless 的架构启动 Alluxio FUSE，来保证资源的最大化利用，以及保证服务和训练任务周期保持一致。

Serverful 架构的问题

Serverful 架构下存在资源冲突问题，如图 12-18 所示。

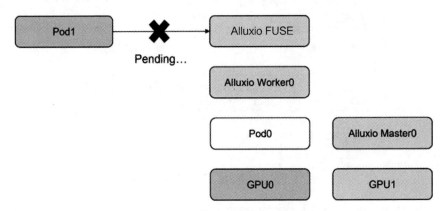

图 12-18　两个节点上的资源冲突问题

我们有两台机器，每台机器上有一个可使用的 GPU。机器 1 上有一个 GPU1 和 Alluxio Master Pod，机器 0 上由 Alluxio Worker0 提供缓存并启动了 Alluxio FUSE 以提供 FUSE 服务，同时机器 0 上已经在 Pod0 中运行一个任务，正在使用 GPU0 的资源。如果此时再创建一个任务 Pod1，既要用 GPU0 上所需要的缓存，又需要 GPU 资源，这时 Pod1 会发现 GPU 资源已经被 Pod0 占用，如图 12-18 所示。在这种情况下 Pod1 就必须等待 Pod0 释放 GPU0 资源之后才可以运行。这种情况是不能接受的，因为 Pod0 可能占用资源且长期不释放，导致 Pod1 长时间等待。注意，此时 Pod1 是不能运行在机器 1 上的，因为机器 1 上没有启动缓存和 FUSE 服务。虽然可以采取另一种方案，即把 Alluxio FUSE 部署在所有节点上，但这样会造成巨大的资源浪费，因为每个 FUSE 都是一个单独的 Pod。我们使用 Serverless 方式解决了这个问题。

Serverless 方式解决方案和细节展示

我们的 Serverless 解决方案是把 Alluxio FUSE 作为训练任务 Pod 的一部分启动，如图 12-19 所示。这样可以保证无论 Pod 被 Kubernetes 调度到哪一个节点上，都能保证和 FUSE 是同节点启动的，能够获得 FUSE 提供的本地文件服务。通过这样的方法，我们解除了 Alluxio FUSE 和缓存对服务器的绑定。

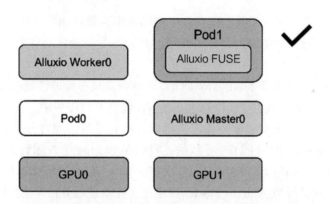

图 12-19　将 Alluxio FUSE 作为训练 Pod 的一部分启动

我们通过 Fluid[⊖]将 Alluxio FUSE 以 Sidecar 的方式注入训练任务 Pod 中，如图 12-20 所示。Alluxio FUSE 将宿主机的一个路径以 hostPath 方式挂载到自己的容器中，并将对这个路径的读写转化为对 Alluxio 分布式文件系统的请求。应用容器通过挂载这个宿主机路径，经过 Alluxio FUSE 的转发，访问 Alluxio 文件系统。Alluxio FUSE Sidecar 一方面为应用提供 FUSE 服务；另一方面，作为 Sidecar 容器，它会保持和应用容器相同的生命周期，这就最大限度地避免了资源的浪费。在 Pod 中，我们添加了另一个守护进程，检查 FUSE 并在

⊖　https://github.com/fluid-cloudnative/fluid。

出现问题时自动进行重启和重挂载，通过这样的方式向应用保障了 Alluxio FUSE 服务的可用性。

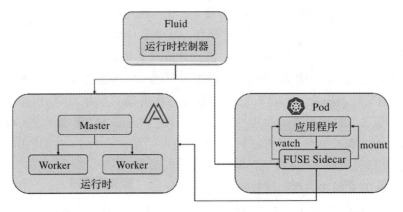

图 12-20　使用 Fluid 将 Alluxio FUSE 注入训练任务 Pod

12.5.3　落地过程中的 Alluxio 调优

在落地 Alluxio 的过程中，我们发现在生产场景中直接使用默认配置的 Alluxio 时，如果文件规模大就会遇到 JVM 的内存压力问题，我们通过与社区合作对 JVM 和 GC 进行了不少观测和调优。

在文件数量不大的场景下，Alluxio 工作得非常好，缓存读取性能明显优于远端读取性能。但是在一些千万文件级别（文件总大小为 TB 级别）的任务中，我们通过监控数据发现 Alluxio Master 的服务质量非常不稳定，读取速度非常慢。通过分析，我们发现服务质量问题是 Alluxio Master JVM 的 GC 导致的，我们在 GC log 中观测到 Master 在 1h 内会有 5～10 次的 Stop-The-World（STW）GC，每次 30～60s，在此过程中，JVM 会暂停一切工作进行垃圾回收。这就导致 Alluxio Master 提供的文件系统服务长时间暂停，Alluxio FUSE 会认为 Master 无响应而报错，最终导致用户任务失败。

我们通过与 Alluxio 社区及社区中其他开源用户的合作，对 JVM 大小和一些参数进行了调优，使用 Java 11 并将 GC 升级为 G1 垃圾收集器。之后我们观测到 Master GC 的频率显著降低，不再出现长时间的 Full GC 情况。随着服务的稳定，用户的训练速度也得到了很大提升。

另外，Alluxio FUSE 作为客户端，在一段时间内访问不到 Master 后会认为服务不可用，正在进行中的请求就会报错。对 FUSE 来说，这个错误会被抛回给使用本地文件的训练任务，导致训练失败。在我们的场景中，因为每一次训练的时间和资源成本都很高，我们不希望训练任务失败，因此调大了 Alluxio 客户端的重试次数和时间，对 Master 的无响应更加容忍，通过更长的等待时间换来更少的失败请求。

12.5.4　实际场景下 Alluxio 的性能表现

下面通过两个用户场景展示 Alluxio 的加速效果。Bilibili 的一个重要目标是降本增效。在 AI 的训练场景中，降本和增效的意义是完全相同的，如果可以加速用户的训练过程，那么就可以在同样的时间内做更多轮的训练，这就是增效。如果读取速度更快，那么可以减少一部分机器资源消耗，不管是自有还是租赁的资源消耗，这对于控制成本是有意义的。

第一个用户场景是音频语言识别模型，其场景规模如表 12-4 所示。这个模型训练共有两百多万个文件，文件大小共计约 800GB。我们申请了两个 500GB 缓存的 Alluxio Worker 作为这次训练的缓存。我们把 Alluxio FUSE 和另外两种之前使用的方式作对比，一种是将数据全量下载到本地 SSD，另一种是使用 S3 FUSE。结果如表 12-5 所示，可以看到 S3 FUSE 用 240h 才完成 20 个 Epoch 的训练，使用 Alluxio Cache 只需要 64h，加速比达到 3.78，和本地 SSD 的速度接近。在这种文件数量多的情况下，我们通常使用 S3 FUSE 避免给磁盘带来问题，因此 Alluxio FUSE 与使用本地 SSD 相比也是有一定优势的。综合来看，Alluxio 缓存在性能和可用性方面优于其他两种方案。

表 12-4　音频语言识别模型场景规模

深度学习框架	PyTorch
神经网络类型	TDNN 神经模型
总迭代轮次	20
文件数量	255 万左右
文件大小	每个文件约 300KB，总体量约 800GB
GPU 型号与数量	4 个 Nvida V100/16G GPU
Alluxio	2 个 Alluxio Worker，每个 Worker500GB 的存储空间

表 12-5　Alluxio 和另外两种方案的性能对比

	OSS S3 FUSE	本地 SSD	OSS Alluxio 缓存
执行时间	242.56h	63.48h	64.17h
加速比	1	3.82	3.78

第二个用户场景是视频识别的训练任务，场景规模如表 12-6 所示。这个训练任务需要在非常大的数据集上进行训练来取得更好的训练效果。以前没有足够大的磁盘去做这样的训练，所以需要自研开发一系列的分布式远程读取工具，这带来了很大的额外成本。同时，分布式的训练可能需要提供更多 GPU 以供短时的训练所需，对资源的占用比较大。在使用缓存之后，我们就可以用一个简单的单机多卡的训练任务完成这样大规模的训练。该训练总共会训练 50 个 Epoch，有 2000 万个文件，文件总大小约 2TB，使用 4 个 600GB 缓存的 Alluxio Worker。

表 12-6 视频识别训练任务场景规模

深度学习框架	PyTorch
神经网络类型	TDNN 神经模型
总迭代轮次	50
总文件数量	2000 万左右
文件大小	每个文件大小约为 100KB，总大小约 2TB
GPU 型号与数量	4 个 Nvida V100/32GB GPU
Alluxio	4 个 Alluxio Worker，每个 Worker 600GB 的存储空间

在引入 Alluxio 之前，这样的训练几乎难以运行成功。其中一个重要原因是无法将数据下载到单个节点。在这个前提下，如果我们不想承担额外的开发成本，S3 FUSE 几乎是唯一的选择，然而它在千万文件级别的情况下表现非常糟糕，有很大的抖动。引入 Alluxio 之后，我们发现每一个 Epoch 的运行时间稳定在 18h 左右，训练性能和效果有显著提升，模型正确率提升了约 2%。

12.6 云知声 Atlas 超算平台——基于 Fluid + Alluxio 的计算加速实践

云知声是一家具有自主知识产权的语音公司。该公司技术栈包括语音、语义、图像、文本理解等多模态的 AI 技术基础，通过云上、用户端、AI 芯片端三大解决方案支撑 AI 技术的落地（如图 12-21 所示）。目前在医疗、教育、智慧酒店、智慧家居等领域都有落地的解决方案。云知声 Atlas 超算平台是公司 AI 模型研发与迭代的基础架构，为 AI 生产提供了高效的计算能力以及海量数据的访问能力。

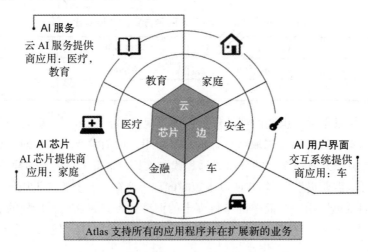

图 12-21 公司技术栈

12.6.1　Atlas 超算平台架构

Atlas 的深度架构如图 12-22 所示，支持深度学习模型端到端的训练。深度学习的整个生命周期包含数据处理、模型训练以及模型推理。架构上层支持各种 AI 应用，比如语音、语义、图像的处理。支持的计算包括数据的预处理、特征提取以及数据的分析。具体模型包括深度学习模型、大数据计算。其中核心控制层包括基于云原生的组件进行二次开发以及早期自研的一些组件。具备的功能包括帮助用户自动分配任务、调度到后端底层硬件节点等。架构的最底层是海量 GPU 卡，包括 A100、V100、RTX6000 等高性能计算卡。底层存储包括多套分布式文件系统，以 Lustre 分布式文件系统为主。异构化网络包括 100GB InfiniBand 高性能网络以及 40GB 以太网。

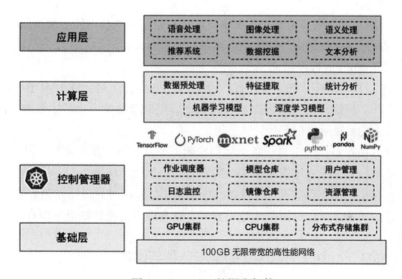

图 12-22　Atlas 的深度架构

Atlas 为用户提供命令行及 WebUI 方式，用户可以用命令行提交任务；Atlas 核心层帮助用户进行任务的分发与调度；最后到达底层硬件进行计算。Atlas 的模型训练基于 Kubernetes 的容器化方式，容器读取存储基于 hostPath 方式，在每个存储节点都会安装分布式存储客户端。GPU 的端口直接通过 hostPath 与存储客户端进行交互，客户端再与分布式存储进行数据交互。

12.6.2　Atlas 早期遇到的问题和解决方案

Atlas 早期在架构的迭代中遇到了以下几个问题。

❑ 存储带宽瓶颈：Atlas 有上千块 GPU 计算卡，每块卡的计算能力非常强，存储带宽与 IOPS 要求比较高。但由于底层的分布式存储系统带宽有限，而且有些节点并发的带宽就达到数 GB/s，因此整个集群上千块 GPU 计算卡所需要的总体带宽非常大。带宽与计算能力之间存在差距，出现了部分任务计算效率较低的情况。

❑ 同 GPU 节点的 I/O 带宽竞争：如 TDS 场景下链路是单机单卡、单机双卡或单机三卡，同 GPU 计算节点会有 5～6 个用户链路。多个链路在同 GPU 节点上会出现 I/O 带宽竞争。通过监控可以看到，由于 I/O 吞吐率没有满足计算的需求，导致 GPU 利用率低。

❑ 海量小文件：存在大量的 WAV 格式语音文件以及 JPG 格式图像文件，这样的小文件太多会造成存储系统元数据压力大。

❑ 数据冗余：每个部门或组、合作单位都以目录形式存储在分布式存储中。不同目录的权限不同，造成相同数据集分布在不同的目录上，存在重复存储，导致存储冗余和空间浪费。

针对以上问题，平台提出了对应的解决方案，但是都未能从本质上解决所问题。

❑ 存储资源限制：在每个计算节点上限制最高带宽；存储侧基于用户级别的 uid 和 gid 对带宽与 IOPS 进行限制。

❑ 限制小文件：限制用户的文件数，要求用户将小文件聚合成 LMDB、TFRecord 这类大文件。但这种大文件格式对音频处理的模型降噪效果会产生影响，因此限制小文件并不能解决所有的问题。

❑ 重构任务调度器：优先将任务调度到空闲的节点，添加调度策略，从根本上避免同节点竞争。但由于整体资源紧张，问题还是很难彻底解决。

❑ 多级缓存：提供单节点的多级缓存，任务提交与完成时，自动复制数据和删除数据。但该方案缺少自动化机制与元数据管理，且为单点实现，缺乏对缓存的控制。

12.6.3　Atlas + Fluid + Alluxio 的架构选型与优势

Atlas 研发团队在 2019 年接触到 Alluxio，经过技术调研和分析，最终选择了 Alluxio+Fluid 的架构来帮助 Atlas 解决上述几个平台痛点。团队经过数月功能、性能和稳定性的测试，从功能上与业务系统进行了适配，包括上层与业务系统的适配和底层与存储系统的适配。

1. Atlas + Fluid + Alluxio 的架构选型

Atlas 上层业务基于 TensFlow 和 PyTorch 框架，它们全都用 POSIX 方式进行文件读写。Alluxio FUSE 正好提供了 POSIX 的接口方式，与 Atlas 业务可以进行天然适配。Atlas 的底层存储与业界不同。业界通常以 PV/PVC 方式访问对象和分布式存储，Atlas 则是基于 hostPath 的方式。而 Alluxio 在 Kubernetes 上的部署支持基于 hostPath 的存储挂载方式。以上是引入 Alluxio 的关键点。

Alluxio 同样支持权限的继承，底层的权限能继承到缓存上，Alluxio 在功能上能够满足业务端的要求。Atlas 对业务端的性能进行了测试，包括语音、降噪等测试。另外，Alluxio

支持使用二进制、容器和 Kubernetes 方式进行部署。Atlas 与 Alluxio 的技术栈匹配度非常高，并能以廉价的方式解决带宽与性能的瓶颈问题。

　　Fluid 项目在 Alluxio 的基础上提供了基于数据集的抽象和基于数据集部署分隔的 Alluxio 集群的能力，Fluid 是一个 Kubernetes 原生的数据编排控制系统。近几年来，越来越多用户在云上使用 Fluid 部署 Alluxio 优化数据访问方式。2020 年，在 Fluid 早期开源时，Atlas 作为第一批用户加入 Fluid 社区。选择 Fluid 主要带来了以下收益。

- ❏ Alluxio 有数百个配置项，这样的调优配置非常适用于 Atlas 繁杂的应用和数据类型，包括小文件、中文件和大文件的不同场景。但如果统一为所有应用部署一个 Kubernetes 上的 Alluxio 集群，则会失去针对应用场景定制化调优的能力。而使用 Fluid 为每个 Dataset 部署一个 Alluxio 小集群的方式恰好可以满足针对业务 / 数据集调优的需求。
- ❏ 在 Kubernetes 上部署单套 Alluxio 集群的爆炸半径大，集群异常会影响所有应用；而使用 Fluid 部署分隔的 Alluxio 小集群可以使部署更轻量级、爆炸半径更小，方便应对意外情况，尽力保证用户的应用不受影响。
- ❏ 在对性能进行测试时，我们发现把整套 Alluxio 作为缓存数据集部署到某台 GPU 节点上会占用较多资源，而 Fluid Dataset 方式则更加轻量级。
- ❏ Fluid 基于数据集的抽象和管理方式使缓存具有可观测性和可操作性。而在 Kubernetes 直接部署 Alluxio 的方式下，缓存会直接调度到节点上的 Alluxio Worker，用户无法直接观察和管理。
- ❏ 通过 Fluid 可以添加更多调度策略，可以基于特定 GPU 卡类型和网络类型，调度到特定节点，使调度更加高效和精确。

　　Atlas 平台优化后的整体架构如图 12-23 所示。该架构中的核心控制层是 Kubernetes + KuberFlow。在数据缓存的控制层部署了 Fluid。Fluid 有 Dataset 和 Runtime 的概念，用核心控制层部署相应的 Fluid 组件。Fluid 作为中间数据管控层管理、并部署 Alluxio 集群，并部署 Alluxio Master、Worker 和 FUSE，使用 Alluxio 管理底层分布式存储。

　　整个平台的运行流程也随之发生了变化。在旧架构中，用户直接将任务请求提交到核心控制层，任务调度器进行调度，将请求分发到 GPU 计算节点，GPU 节点通过 hostPath 直接读取存储。全新的架构流程为：用户首先创建一个缓存，添加相应的策略（比如调度到 A100、V100 节点）并明确所需的缓存介质后交给 ABS Server，之后请求会被转交给 Fluid 控制，Fluid 会帮助用户进行调度，将任务调度到相应的 GPU 节点，节点使用 Alluxio FUSE 对 UFS 进行读写。

　　如图 12-23 所示，Fluid 负责部署两个 Alluxio Worker Pod，并将它们调度到两个节点上。然后，Fluid 准备好相应组件，用于与底层 UFS 进行交互、FUSE 的对接、PV/PVC 的挂载。Alluxio 缓存创建完成之后，用户提交使用缓存的任务，任务调度器会自动选择带有缓存的节点，任务通过与 Alluxio FUSE 的交互使用 Alluxio 读取 UFS 中的数据。

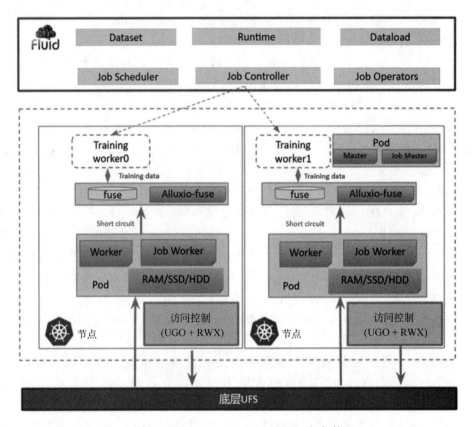

图 12-23　Atlas + Fluid + Alluxio 新架构

2. 架构优势

Atlas + Fluid + Alluxio 新架构提供了统一视图和数据预热两大主要功能来解决业务痛点。在 Atlas + Alluxio + Fluid 架构落地的过程中，我们还加入了一些自己的业务适配和定制化，如集成用户认证和权限管理，以及为用户包装了自动化的任务提交工具。

统一资源视图

通过 Alluxio 提供的统一资源视图，Atlas 可以管理多套分布式存储系统，每个用户可以访问多套存储系统。如果用户的数据集比较大（TB 级），数据会分布在不同的存储系统上。为避免大量的无效数据迁移，我们通过 Alluxio 接口同时挂载多套存储系统，通过 Alluxio 的透明命名机制提供了统一资源视图的能力，并实现了在主目录下挂载不同存储系统子目录的功能，做到了对多套分布式存储系统和资源的统一管理。

数据预热

在数据预热方面，基于 Alluxio 提供的 distributedLoad 功能，用户可以提前把 TB 级海量小文件的数据集按需预热好，从而避免几十个小时的数据加载过程，可以快速获得缓存数据带来的收益。

12.6.4　基于 Atlas 全新架构的性能实验

Atlas 团队基于新架构进行了一系列不同场景下的性能实验。

业务场景 1——语音降噪（小文件）

语音降噪场景中的语音文件都是非常小（小于 1MB）的 WAV 格式元文件。之前的直接读取方式会导致 I/O 效率低。

Atlas 团队基于业务需求对 Atlas+Alluxio 的新架构进行了实验，配置如表 12-7 所示。在小文件场景下，采用 10 卡 RTX6000、全部内存缓存读取数据，新的调度方式在速度方面会有 10 倍的提升，如图 12-24 所示。

表 12-7　语音降噪场景相关配置

模型	DLSE
深度学习框架	PyTorch
数据规模	183GB
数据量	500 000 个文件
数据说明	公开数据集 LibriSpeech + 自有数据
数据特点	小于 1MB 的 WAV 文件
GPU 服务器	10 台 Quadro RTX 6000/24GB/512GB MEM/56 核 CPU
Alluxio	1 个 Worker(Mem Cache)

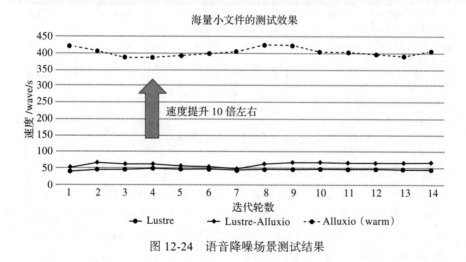

图 12-24　语音降噪场景测试结果

从测试结果可以看到：

❏ 训练效率有提升。

❏ 训练时的底层存储占用带宽显著降低，从监控上看，节点的带宽基本为 0。

❏ GPU 利用率也有比较大的提升，原因是数据供给充分，GPU 利用率得以提升。

业务场景 2——图像分类（中等文件）

Atlas 团队对图像分类业务场景进行了性能测试。该测试使用 ResNet50 读取 ImageNet (TFRecord) 格式数据集，在 RTX 6000 节点上模拟独占 7 卡（3 卡另外有任务），配置如表 12-8 所示。

表 12-8　图像分类场景相关配置

模型	ResNet50
深度学习框架	PyTorch
数据规模	150GB
数据量	1 000+
数据说明	ImageNet(TFRecord)
数据特点	138MB 左右的图像文件
GPU 服务器	10 台 Quadro RTX 6000/24GB/512GB MEM/56 核 CPU
Alluxio	1 个 Worker(Mem Cache)

测试结果如图 12-25 所示，第一行和第二行的单位是每秒能处理图片的张数（越大越好），第三行是端到端时间（越小越好）。不难看出，在 Lustre 上使用 Alluxio 缓存将处理图片的效率直接提升了约 2.5 倍，引入 Alluxio 对中等大小的文件有着较大的收益。

	Lustre	Alluxio（预热）	内存	理论最优值
（抢占）每个GPU在2500步的训练速度（images/s）	236.9	601.8	N/A	708.9
（独占）每个GPU在4000步的训练速度（images/s）	247.2	702.6	699.1	765.9
端到端时间	50 min	20 min		15min

加速 2.5倍

图 12-25　图像分类场景测试结果

业务场景 3——大文件

第三个实验是大文件测试，整个数据集是 125GB 的 LMDB，对其进行文本识别。测试后发现，Alluxio 缓存可以带来 30 倍的速度提升，如图 12-26 所示。此外，通过实验我们还发现，加入 Alluxio 之前 LMDB 的带宽是 1GB 以上，而引入 Alluxio 之后节点带宽占用立刻下降，同时 GPU 利用率上升了 31.5%。

业务场景 4——语音识别（DDP+Alluxio）

第四个业务场景由 Atlas 团队和算法团队联测，采用 4 机 40 卡、5 机 50 卡这类场景进行大量语音识别模型的训练。测试采用原生 PyTorch DDP 方案，提前将数据转化为 NumPy 格式。测试时，由于已经实现了数据异步读取，此时带宽利用率比较高。实验对 200GB 数据集在 2 机 20 卡场景下进行 PyTorch 分布式训练，在 75 个 Epoch 上收敛。每个节点上部署了 100GB 的数据缓存。配置如表 12-9 所示。

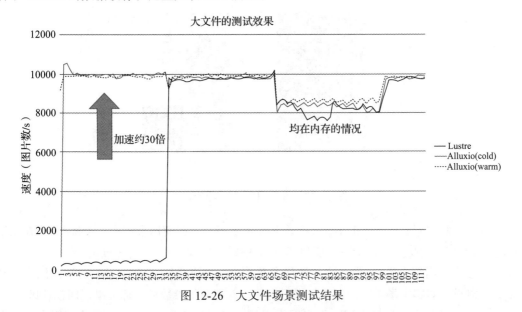

图 12-26　大文件场景测试结果

表 12-9　语音识别场景相关配置

模型	E2E-SD-conformer
深度学习框架	PyTorch（DistributedDataParallel）
数据规模	225GB
数据量	1000+
数据特点	语音 npy 格式数据
GPU 服务器	10 台 Quadro RTX 6000/24GB/512GB MEM/56 核 CPU
Alluxio	2 个 Worker(Mem Cache)

　　如图 12-27 所示，通过 Alluxio 方案调优，时间由原来的 20min 缩短为 18min，提速 10%。这说明在数据处理较好的情况下，依然能有 10% 的提速。

12.6.5　收益总结与未来展望

通过在架构中加入 Alluxio + Fluid，新的 Atlas 平台获得了以下收益。

❑ 提高了模型的生产效率，小文件场景有 10 倍的提速。

❑ 降低了底层分布式存储系统的负载。大量用户使用时，对带宽的占用大幅下降。

❑ 增加了集群 GPU 利用率，提升了用户数据的读取效率。

❑ 更加高效的缓存管理，通过可视化方式观察算法占用缓存数量及进度并加以度量，提升了工作过程的可观测性。

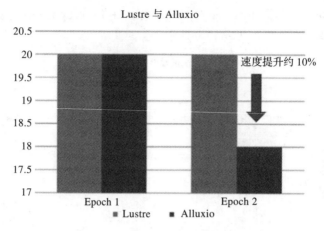

图 12-27　语音识别场景测试结果

目前平台在单机单卡、单机多卡场景下有较多用户，在使用过程中，Atlas 团队在以下几个方面发现了优化空间，希望后续和其他团队及社区一起进一步合作推进。

❑ 用户使用的是 Atlas 所提供的调优参数，Atlas 平台团队希望通过与算法团队合作和测试，对特定场景的调优参数进行优化，并把调优参数做成标准集，回馈社区。

❑ 之前的数据集规模有限，很多因为规模在 TB 级或小于 TB 级，直接使用内存来做缓存。现在集群的每个节点上都部署了几块 TB 以上的 SSD，我们希望在以后的缓存调度上可以做到更加高效。这是 Fluid 社区一直在努力的方向，Atlas 团队也会不断同步合作、跟进磁盘的调度能力。

如何贡献开源项目——以 Alluxio 为例

本附录可用于指导开源社区新手完成新手贡献者任务并成为 Alluxio 开源项目的贡献者。

在开始之前，请读者确保满足以下条件。

❑ 计算机系统是 macOS 或 Linux。

❑ 计算机上已安装 Git，下载地址为 https://git-scm.com/downloads。

❑ 登录 GitHub（https://github.com/）。

A.1 在 GitHub 上复刻（fork）Alluxio 存储库

首先，在你的个人 GitHub 账户下复刻 Alluxio 存储库（https://github.com/alluxio/alluxio），作为本地修改推送的目的地。具体来说，可以通过点击 Alluxio 存储库主页[⊖]右上角的 Fork 按钮（如图 A-1 所示）。

图 A-1　点击 Fork 按钮

如果复刻过存储库，GitHub 上会出现"You've already forked alluxio"（你已经复刻了 alluxio）的提示信息。

⊖　https://github.com/Alluxio/alluxio。

这一步完成后，你就已经成功地在你的 GitHub 账户下创建了自己的 Alluxio 存储库的复刻，可通过 https://github.com/<YOUR-USERNAME>/alluxio 浏览该存储库，将 <YOUR-USERNAME> 替换成你的 GitHub 账户 ID。

A.2　在计算机上创建存储库副本

下一步，在你的计算机上用 Git 创建 Alluxio 的一个本地副本，并将复刻的所有文件下载到你的计算机上。打开计算机终端并运行该命令。

```
$ git clone https://github.com/<YOUR-USERNAME>/alluxio.git
```

这行命令将在 alluxio/ 目录下创建所有文件的副本。完成这一步骤可能需要几分钟的时间，具体取决于网速，完成后即可看到如下输出：

```
Receiving objects: 100% (493591/493591), 137.79 MiB | 5.81 MiB/s, done.
Resolving deltas: 100% (241641/241641), done.
```

A.3　配置本地存储库

在贡献之前，你还需要对本地存储库进行一些配置。接下来的命令均假设当前工作目录位于复制到本地的存储库的根目录（alluxio/）下。

```
$ cd alluxio
```

你需要在 Git 中设置提交贡献的邮件信息（https://docs.github.com/en/account-and-profile/setting-up-and-managing-your-personal-account-on-github/managing-email-preferences/setting-your-commit-email-address#setting-your-commit-email-address-in-git），以便跟踪和确认你的贡献。

```
$ git config --local user.email "email@example.com"
```

在这个配置中，email@example.com 是你与 GitHub 账户关联的电子邮件。如果你的电子邮件尚未与 GitHub 账户关联，请检查你的 GitHub 配置文件中的电子邮件设置（https://github.com/settings/emails）。

A.4　选取一个新手贡献任务

从 Alluxio 新手贡献者任务列表（https://github.com/Alluxio/new-contributor-tasks/issues）中，你可以选择任何一项尚未分配的（unassigned）任务。如果你想要将某个 issue 分配给自己，可在 issue 里评论，如 /assign @yourUserName，表明你正在处理该 issue。在开始之前，确保已将该 issue 分配给自己，以便社区里的其他人知道你正在处理该 issue。

下面就可以开始处理任务了。

A.5　在本地的副本中创建功能分支（Feature Branch）

在向 Alluxio 提交修改时，你需要将同一个 issue 的所有修改保存在对应的分支中。你可以创建新的分支来处理你承担的新手任务。例如，如果要基于 Master 分支（默认分支）创建一个名为 awesome_feature 的分支并切换到该分支，你需要运行：

```
$ git checkout -b awesome_feature master
```

现在，你可以通过修改必要的代码来处理该 issue。

A.6　创建本地提交（Commit）

你在处理 issue 时，可创建代码本地提交，这在完成对已经定义好的部分的修改后会很有用处。

首先，使用以下命令为要提交的文件设立阶段（stage）：

```
$ git add <file you changed>
```

相应的文件阶段完成后，使用下述命令创建修改的本地提交：

```
$ git commit -m "<concise but descriptive commit message>"
```

如果你想要了解有关如何更新 Alluxio 源代码的更多信息，请阅读 Alluxio 编码规范（https://docs.alluxio.io/os/user/stable/en/contributor/Code-Conventions.html）。关于创建提交的更多信息，请查看创建提交指南（https://git-scm.com/book/en/v2/Git-Basics-Recording-Changes-to-the-Repository）。

A.7　推送本地修改

在完成该 issue 的所有修改后，你就可以向 Alluxio 项目提交拉取请求（pull request，PR）了！具体操作方式请查看发送拉取请求的详细说明（https://docs.github.com/en/pull-requests/collaborating-with-pull-requests/proposing-changes-to-your-work-with-pull-requests/about-pull-requests）或参照下述常规操作：将你提交的分支推送到 GitHub 上你复刻的存储库中。针对 awesome_feature 分支，可以使用下面的命令推送到 GitHub：

```
$ git push origin awesome_feature
```

A.8　创建拉取请求

打开浏览器，输入"https://github.com/<YOUR-USERNAME>/alluxio/pull/new/awesome_feature"，会出现如图 A-2 所示内容，填写后可创建拉取请求。

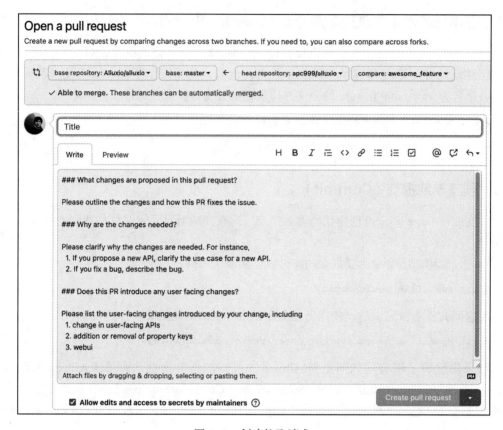

图 A-2 创建拉取请求

为你的拉取请求取一个有效的标题非常重要。以下是根据现行规定（https://cbea.ms/git-commit/#seven-rules）总结的有关标题的建议和规则。

❑ 标题不宜过长（应小于 50 个字符），也不宜过短（应描述清晰）。

❑ 标题以祈使动词（imperative verb）开头。

　　○ 正确示例：Fix Alluxio UI bugs, Refactor Inode caching logic。

　　○ 错误示例：…Fixed Alluxio UI bugs…，…Inode caching refactor…。

　　○ 从标题起始词清单（https://github.com/Alluxio/alluxio/blob/master/docs/resources/pr/pr_title_words.md）中选用合适的动词。

❑ 标题的首词需大写。

❑ 标题结尾不加句号。

以上规则也有例外。标题的开头可加前缀，前缀应使用大写字母，并与标题的其他部分以空格隔开。以下是可以使用的前缀。

❑ [DOCFIX]：该前缀可用于文档更新的拉取请求。

示例：[DOCFIX] Update the Getting Started guide, [DOCFIX] Add GCS documentation

❑ [SMALLFIX]：该前缀可用于不影响逻辑的小修改，比如拼写错误。

示例：[SMALLFIX] Fix typo in AlluxioProcess, [SMALLFIX] Improve comment style in GlusterFSUnderFileSystem

写好拉取请求描述也十分重要。请注意，GitHub 上所有新手贡献者的 issue 都有编号。该编号在 issue 标题后面，比如 #123。当创建拉取请求来处理该 issue 时，应添加一个链接到该 issue 的 link/pointer, 因此需要在拉取请求的描述中添加一些文字。例如，如果 issue 的编号是 #123，则拉取请求描述中应包括以下内容。

❑ Fix Alluxio/new-contributor-tasks#123。

❑ Close Alluxio/new-contributor-tasks#123。

现行规则相关文章（https://cbea.ms/git-commit/#seven-rules）很有帮助，你可以参考其中的建议和规则。

全部设置完毕后，点击 Create pull request（创建拉取请求）按钮。

恭喜！你的第一个 Alluxio 拉取请求已提交！

A.9 完成代码审核

你的拉取请求提交后，可在 Alluxio 存储库拉取请求页面（https://github.com/Alluxio/alluxio/pulls）上查看。在提交后，社区的其他开发者会对你的拉取请求进行审核。其他人可能对你的拉取请求添加评论或进行提问。社区将针对你的修改进行测试和审查，确认修改安全，可以合并。在代码审核过程中，请回复审核人留下的所有评论，以便跟踪哪些评论已被处理以及如何处理。

如果审核人提出意见或者测试和审查不合格，则可能需要对代码进行额外的修改。在本地做完所需修改后，应创建一个新的提交，并将其推送到远程分支。GitHub 会检测到源代码分支的新修改，并自动更新相应的拉取请求。以下是更新远程分支的工作流程示例：

```
$ git add <modified files>
$ git commit -m "<another commit message>"
$ git push origin awesome_feature
```

当拉取请求已处理所有的评论和问题后，审核人会回复 LGTM（Look Good To Me，看起来不错）并批准你的拉取请求。在至少得到一次批准后，维护者（maintainer）会将你的拉取请求合并到 Alluxio 代码库中。

祝贺你！你已经成功地为 Alluxio 项目做出贡献！感谢加入 Alluxio 开源社区！

A.10 更多

Alluxio 有不同难度的开源开发任务。我们强烈建议新手贡献者在承担更高级别的任务之前先完成两个新手贡献者任务。这些新手贡献者任务很容易解决，不需要对 Alluxio 代码非常熟悉，但可以帮助你熟悉社区贡献的整个流程。

除这些新手贡献者任务外，我们还有其他不同级别的任务。

❑ 简单任务适合新手，通常只需要修改单个文件。

❑ 中级任务适合中级贡献者，通常需要修改多个文件，但修改所需要的上下文都在一个包（package）里。

❑ 困难任务适合高级贡献者，往往需要修改多个文件，并且要求贡献者十分了解架构和工作流程。

我们期待新的贡献者加入 Alluxio 社区。加入我们的 Slack 频道（https://alluxio.io/slack）与我们交流吧！

参考文献

[1] 用于数据分析的"零拷贝混合云"——战略、架构和基准测试报告 [EB/OL]. (2022-04-23) [2023-04-06]. https://www.alluxio.com.cn/zero-copy-hybrid-cloud-for-data-analytics-whitepaper/.

[2] 应用无修改、数据零拷贝的混合云部署 [EB/OL]. (2022-01-23) [2023-04-06].https://www.alluxio.com.cn/zero-copy-hybrid-bursting-with-no-app-changes-whitepaper/.

[3] 为财富 50 强科技巨头赋能下一代数据平台 [EB/OL]. (2022-10-27) [2023-04-06]. https://www.alluxio.com.cn/achieving-hybrid-and-multi-cloud-architecture-with-application-portability-case-study/.

[4] Presto+Alluxio 概　览 [EB/OL]. (2022-10-14) [2023-04-06]. https://www.alluxio.com.cn/pair-spark-with-alluxio-to-modernize-your-data-platform/。

[5] Building a high-performance platform on AWS to support real-time gaming services using Presto and Alluxio[EB/OL]. (2022-08-04) [2023-04-06]. https://www.alluxio.io/blog/building-a-high-performance-platform-on-aws-to-support-real-time-gaming-services-using-presto-and-alluxio/.

[6] Enterprise Distributed Query Service Powered by Presto & Alluxio Across Clouds at WalmartLabs[EB/OL]. (2019-11-07) [2023-04-06]. https://www.alluxio.io/resources/videos/enterprise-distributed-query-service-powered-by-presto-alluxio-across-clouds-at-walmartlabs/.

[7] Running Presto in a Hybrid Cloud Architecture[EB/OL]. (2020-07-17) [2023-04-06]. https://prestodb.io/blog/2020/07/17/alluxio-hybrid-cloud.

[8] Spark + Alluxio 解决方案概览 [EB/OL].（2022-04-28）[2023-04-06]. https://www.alluxio.com.cn/spark-with-alluxio-overview-whitepaper/.

[9] Evaluating Apache Spark and Alluxio for Data Analytics[EB/OL]. [2023-04-06]. https://www.alluxio.io/resources/whitepapers/evaluating-apache-spark-and-alluxio-for-data-analytics/.

[10] Best Practice in Accelerating Data Applications with Spark and Alluxio[EB/OL]. [2023-04-06]. https://www.alluxio.io/resources/videos/best-practice-in-accelerating-data-applications-with-spark-and-alluxio/.

[11] 云原生大数据平台部署 Alluxio 的实战 [EB/OL].（2021-11-22）[2023-04-06]. https://www.alluxio.com.cn/deployment-practice-of-alluxio-in-cloud-native-platform.

[12] Hedge Fund Improves Machine Learning Model Performance 4X with Alluxio[EB/OL]. [2023-04-06]. https://www.alluxio.io/resources/case-studies/hedge-fund-improves-machine-learning-model-performance-4x-with-alluxio/.

[13] Alluxio 助力企业解决分布式云端训练的数据访问难题 [EB/OL]. (2022-01-18) [2023-04-06]. https://www.alluxio.com.cn/alluxio-for-machine-learning-deep-learning-in-the-cloud-whitepaper/.

[14] 范斌，顾荣 . Alluxio 大数据统一存储原理与实战 [M]. 电子工业出版社，2019.